心理统计学与SPSS应用

邓 铸 朱晓红 编著

华东师范大学出版社

目　录

目
录

心理统计学与ＳＰＳＳ应用

心理统计学与ＳＰＳＳ应用

第一章 引 论

⬤ 内容提要

　　"心理统计学"是一门应用统计学,它要讨论的是如何利用数理统计方法来分析心理学以及相近学科中的研究资料。统计学并没有想象中的那么复杂和难学,其概念、原理和计算技术均源自社会生活本身,是从随机事件的概率分析中发现随机现象的运动规律,认识事物运动偶然性中的必然性,简明而有趣。在我们看来,统计学是研究随机现象的方法论,是心理学研究设计和资料分析的技术;是心理学实证研究结果表达的有效语言;是心理学专业学生应该熟练掌握的应用技术。在心理学研究中,可以依托称名量表、顺序量表、等距量表和等比量表,获取离散型和连续型的数据资料。对于不同性质的变量和数据,拟用不同的统计方法进行分析。我们强调:将统计学的概念、原理、技术与心理学的研究模式、生活中的实际问题相结合,将统计学的计算原理与 SPSS 软件的操作相结合。

　　统计学(statistics)乃数学,何以成为心理学专业的必修课? 不少同学纳闷。特别是:有些同学从小就不喜欢数学,好不容易跨过高考的数学关,没想到,教统计学的教授又走进了你大学的课堂,"敬畏"之心油然生成,不是对老师,而是对统计学。"敬畏"的情绪没有意义,你不妨放宽心态,随那些睿智的教授去讨论随机事件。等着瞧吧,你会着迷的,因为统计学中蕴藏着无限的美妙。可能你没有想到,统计学能应用于众多学科:心理学、教育学、社会学、生物学、……,甚至物理学! 还记得杨利伟从太空返回地球时指挥中心在内蒙草原划出一个宽广的降落区吗? 他会落在哪一点? 谁能完全说得准呢! 任何事物的运动变化都具有随机性,但随机之中有必然。统计学就是研究随机事件运动规律的科学,就是要寻找偶然中的必然性。

第一节　为什么要学习统计学

　　选择心理学,是要了解人的心理活动的规律,将来从事与人有关的工作,又不是都去做科学家,难道也要学习统计学吗? 对心理学来说,统计学是什么?

一、统计学是研究随机现象的方法论

　　从方法论的角度看,统计学贯彻着形而上学的因果决定论,同时又充满辩证法的

思想。

　　世间万物,变化是永恒的,所有的变化都有原因。当原因太多、太复杂和具有不确定性时,变化的过程和结果也就具有了不确定性,即通常所说的随机性。任何事物的变化都具有随机性,但随机之中有必然,二者辩证统一。统计学的方法能够帮助我们从随机性中发现必然性,这种必然性叫做统计规律,是在对大量随机事件的观测和统计分析中发现的。

　　"随机之中有必然",这句话也可以颠倒过来说:必然性会被随机性所掩盖!于是统计学的逻辑变得简单了:通过对随机事件的观测与统计分析来把握随机现象的变化,然后将其中的随机性剥落,隐藏在随机之中的必然规律也就显露出来了。

　　玩过抛硬币游戏吧?把质地均匀的硬币随机地往上抛起,上升,下降,硬币落在你的手掌上或桌面上,哪一面朝上,能够事先确知吗?不能!要么A面朝上,要么B面朝上,这就是随机性。因为随机性,你从这一次试验发现不了规律。你不能根据这一次试验的结果是A面朝上或B面朝上就说如此抛投硬币的结果总是A面朝上或B面朝上。再投一次,结果可能一样但也可能不一样。要想清楚其中的规律,就要投很多次硬币。比如投10次,结果会怎样呢?还是具有不确定性,A面朝上的次数可以是0、1、2、……、10,共有11种可能。这能让我们发现规律吗?还是不能,所以还要投很多次,当次数很多的时候,你会发现,A面和B面朝上的次数均接近50%,这就是规律。所以,运用统计学去发现规律,常常要求试验次数或观测随机事件的次数足够多,即所谓的大样本。比如,要测量你所在学校学生的智力水平:有的学生智商是110,有的学生智商是95,……,测量结果也不确定,具有随机性。所以,测量一个学生不能反映全部学生的智商分数,那就多测一些同学,你可能会发现:这些学生的智商围绕着某一个居中的数据上下波动。这个居中的数据往往能更好地代表学生的水平,而且用这个数据描述全体同学的智商水平,比用某一个同学的智商描述全体同学的智商水平要可靠得多。大家非常认同这一点。有没有意识到:统计学要讲的这些方法和逻辑,你其实早就知道,而且生活中就是这样使用的,不是吗?

　　统计学总是要求观测大样本吗?现实中并不是总能做到这一点。那么小样本如何能够保证认识到事件的规律呢?刚才所说的抛投10次硬币,会有11种可能的结果,这肯定难以保证规律的发现。不过,如果我们让许多同学分别抛投10次硬币,统计一下A面朝上为0、1、2、……10这11种结果发生的次数各是多少时,就会发现居中的5发生的频数最多,接近5的结果也有较高的频数,远离5的0和10出现的次数都极少。由此,我们又得出结论:观测一个样本的结果,具有随机性;观测很多个样本时,就能发现规律。所以许多时候,统计学不是用一个对象或一个样本的观测结果去认识规律;而是用许多样本观测的结果去认识规律,用一个样本的观测结果去预测各种结果发生的概率。我们不能确定抛投10次硬币A面朝上的次数一定是多少,但是我们可以利用统计学方法,确定A面朝上为"0、1、2、……、10"等11种结果发生的概率各是多少,而且知道:为5的概率最高,为0和10的概率最低。

　　统计学研究的就是随机现象,是帮助人们发现随机现象运动规律的科学。其基本技术就是分析随机现象的各种表现,认识随机事件发生的概率及分布规律。

二、统计学是心理学研究设计的技术

　　心理学及其他行为科学领域的研究者,经常接触大量的具有随机性的数据资料。如何充分利用这些资料所蕴涵的信息,发现其中的规律性,用以指导人们的实践,是一个很重要的问题。初涉研究的青年学生,经常遭遇这样的尴尬:在课程学习或学位论文工作中,翻译文献、拟定题目;再到辛辛苦苦地做实验、做调查,收集数据资料;到了分析数据资料的时候却"卡了壳"。于是找到导师,导师皱着眉头,看了半天,"噢"了一声,似有所悟,最后说:研究设计有问题,不符合统计学的要求,所以一些数据统计技术不能用! 前期工作中始终高涨的研究热情,一下子消失殆尽。

　　心理统计学是应用统计学的一个分支,它不仅仅是对已有数据资料进行分析的技术,也是根据研究目的和研究对象的特点,确定搜集何种资料、如何搜集、如何整理、如何分析以及如何根据这些数字资料所传递的信息,进行科学推论,找出客观规律的一门科学。

　　在谈及心理统计学的基本内容时,不少学者都认为有三个部分:描述性统计、推断性统计和研究设计。其中研究设计部分,就是讨论如何设计实验或调查方案,使搜集来的数据资料能最有效地反映所欲研究的问题,并使数据的意义更丰富;讨论采用什么方法对搜集来的数据资料进行整理、分析,使其所蕴藏的信息得以最充分地显现,实现对实验或调查结果的科学解释,找出事物的客观规律。心理学作为一门科学,其实证资料的积累主要依靠两种方法:科学实验法、心理测量法。不过,科学实验和心理测量都有局限性:心理学实验或测量搜集来的数据资料,往往来自于局部对象。仅凭少数人的经验直接得出结论是不可靠的,如何从局部得来的资料推论全局的情形,得出合乎规律的科学结论,只有借助于统计学才能实现。可见,心理统计学是对心理学研究的全程进行管理的科学:它从研究设计的环节开始,一直到数据分析及其结果解释,都起到非常重要的作用,是心理学研究不可缺少的科学工具。

　　科学实验中获得的数据,大都具有随机性。统计学就是利用这种随机性,分析其中的规律。统计学是适应科学研究的需要而发展起来的一种有效工具,其理论基础就是关于随机现象的概率论。数理统计学,侧重于数理统计原理与方法的数学证明;而心理统计学侧重于讨论统计方法如何应用到心理学的研究中,对于统计方法及其应用的条件、如何解释分析所得的结果等介绍较多,对各种统计方法及公式的推导、理论说明则较少。一般来说,心理统计学所介绍的方法,是数理统计学已确认的。但随着心理学研究的发展和深入,实验中会提出更多的数据分析问题需要心理统计学加以解决,这又为统计学提供或补充了新的研究内容。可见,数理统计学与心理统计学既有区别,又有联系。统计学中的不少内容简直就可以看成是心理学研究的解决方案或设计方案。

　　虽然说,学习了数理统计学的理论和方法,并不一定能从事心理学的实验研究或各种定量调查。但是,如果没有学习心理统计学,即使系统学习了心理学的其他相关课程,例如实验心理学、心理测量学,也依然难以胜任研究设计,因为心理统计学是心理学研究设计的基本方法学基础。

三、统计学是心理学研究资料分析的技术

心理学的实验研究和调查研究要解决什么问题呢？简单地说，主要有三类：

一是特征描述，即对研究对象进行多方面的测量，如心理品质的测量、情绪状态的测量、生理指标的测量、行为倾向的测量等等。此类测量一般不是为了描述个体，也不是为了描述少数的一些人，更多地是为了描述一个大的群体，但是实际参加测量的只能是少数个体。比如，为了调查中国公众对手机品牌的偏好，你不可能针对中国所有手机用户进行普查，只能调查其中很小的一部分人，然后推知中国公众对手机品牌的偏好。这里所说的中国公众中的手机用户构成了一个很大的人群，统计学上将其称为"总体"(population)。你实际调查到的那一小部分手机用户，就是来自这个总体中一个很小的样本(sample)，其测量结果所反映的特征在某种程度上代表了总体的特征。心理统计学用平均数、中位数、众数等集中量数描述样本的特征，并由此估计总体的特征；用标准差、方差、四分位距等描述样本数据的分散程度，进而估计标准误来反映总体数据的分散程度。描述性统计分析是统计学中数据分析的最基础的部分。

二是进行差异比较，以考察不同人群之间的某些差异，以及实验干预是否造成了某种心理品质或心理状态的明显改变。比如，一般性的比较言语材料记忆的性别差异、认知策略发展的年级差异、心理健康水平的校际差异；临床上比较服药组和控制组患者病情转变进程；实验心理学上比较不同感觉通道接受刺激的反应时间长短等等。这类研究多以心理学实验研究的方式出现，其数据资料分析主要是依赖于心理统计学中的 t 检验和 F 检验方法。有了 t 检验和 F 检验等方法，研究者就可以从样本数据的差异性推断样本所在总体之间是否存在差异，或者说，可以推断总体之间的差异性程度。

三是相关性分析以及基于相关分析进行的距离判断、回归分析、聚类分析和因子分析，也包括测量学中的信度分析等等。相关性研究，一般是尽量在较为自然的情况下，搜集研究对象的一系列心理体验、行为倾向或行动指标，利用统计学方法，来考察各方面变量对应的数据资料之间是否具有某种共变关系。变量间的共变关系就是指一个变量随着另一个变量的变化而变化，表现出某种变化关联性，即相关。心理学研究中，如果发现了变量与变量之间存在某种变化关联性，往往意味着这两个变量之间存在两种关系中的一种：因果关系、存在共同因子。一般借助于心理测验量表开展的研究，更多地要用到相关分析，包括信度和效度检验、调查项目之间的相关性、项目之间是否存在内部结构即存在公共因子等等，所有这些均可以用心理统计学来解决。

四、统计学为心理学研究提供了有效的表达语言

心理统计学已经成为心理学专业本科生和研究生的必修课程，也成为心理学研究者的重要知识基础，其基本符号、基本术语、结果表达方式和解释方式已经成为心理学研究报告的语言要素，成为心理学实证研究者的语言习惯。简单地说，统计学已经成为心理学研究结果表达的有效语言。

我们可以随手翻开身边的某一本心理学专业期刊，很容易地找到类似下面的结果表述：

"对反应时的数据进行两因素方差分析。结果表明，ISI 的主效应非常显著，$F_1(1,120)$

$=8.13, p<0.01; F_2(1,68)=96.45, p<0.001$。随着 ISI 延长,对视觉词的反应时变短。视觉词语音的主效应非常显著,$F_1(1,120)=16.59, p<0.001; F_2(1,68)=64.85, p<0.001$。…ISI 和视觉词语音的交互作用显著,$F_1(1,120)=4.63, p<0.05$。简单效应分析表明,…"[①]。

统计学的语言已经在相当程度上成为心理学研究报告撰写的"行话",这对我们提出了两点要求:一是,要借助统计学的知识阅读心理学的研究报告;二是,在撰写研究报告的时候,要使用统计学的概念与符号说"内行"话。

五、统计学成为心理学专业的应用技术

近年来,越来越多的心理学专业毕业生进入企业或公司,从事人力资源管理、品牌测试和产品界面评价工作。我也受理了越来越多类似的已毕业学生的求援:他们一般会先自我检讨一番,说些当初学统计学、SPSS 时不太用功而学业不精的话,然后是诸如"这个多项选择方式的调查资料怎么处理"、"这个是使用聚类分析的方法处理吗"、"这个因子分析要怎样确定因子数呢"、"老总要我一周内拿出数据分析报告,我该怎么办啊"之类的话语。

此类情形,早在我预料之中,尽管当初我会不断地强调统计学的重要、SPSS 的便利,但没有过"难为"体验的时候,自然会有学生把老师的话当作"耳旁风"。这很正常,我们不是常说,"实践才是最好的老师"嘛! 其实,作为教师,我们并不要求学生在进入实践领域之前就一定要掌握多少的技能操作,我们只希望他们能够在大学的学习中掌握一些基本的理论、概念和操作之后,学会自己解决问题,学会借助于各种文献和工具书去自学。

今天的中国社会,对心理学有了更多的期待,几乎所有的实践领域都有心理学可以作为的地方,但是有一点,心理学必须在技术层面有所发展和应用,包括各种不同性质、不同规模的数据资料分析技术的发展和应用。学习了心理统计学,你就可以将一个理论的假设转变为一项实证研究的方案;你就可以借助于各种测评工具对各个不同实践领域中的人群进行心理测评与支持;你就可以帮助企事业单位进行人力资源的开发与管理;你就可以编制一套有效的评估指标对一些品牌进行市场调查,你就可以从纷繁的数据资料中发现样本与总体的特征、变量之间的预测关系、隐藏于人的表面行为背后的潜在人格特质等等。

熟练地掌握了统计学和 SPSS 应用,你就多了一双慧眼,能洞察复杂中的简单:就会成为行为科学领域中的"多面手",许多问题不再成为问题。

第二节 心理学研究中测量的性质

一、数字的特性与测量

(一) 数字的特性

从古老的人类,到现代或者说后现代人,对数字(data)的依赖程度都是很高的。数字

① 张积家、陈栩茜:"句子背景下缺失音素的中文听觉词理解的音义激活过程,"《心理学报》,2005,37(5),第 584 页。

系统来源于人类对现实生活现象的高度抽象和高度符号化，是高级思维的产物。从某种意义上说，现代大学中的数学课程也是一种思维方式的训练课，它不仅可以帮助学生接受这样一种高级思维氛围的熏陶，而且使我们对事物的把握更便利，这种便利来自于数字本身具有的特征。

数字作为自然数时，至少具有四方面特征：一是同一性或区分性，1就是1、2就是2，……，不同数字可以有效反映事物属性的某种规定性或差异性，比如当盘子里有三个苹果时，你可以说3个而不能说1个，另一个盘子里是一个苹果，可以说是1个而不能说是3个。用数字可以区分事物的特征。二是等级性或位次性。用数字1、2、3……可以有效地反映诸如喜好程度、情绪强度、教育层次、态度偏向、比赛名次、考试成绩排列顺序等信息。三是等距性。数字本身包含着"等距性"，比如2比1大1；8比7也是大1……。这种等距性可以有效地反映事物之间在某些属性上的差异程度。特别是在具有相等单位的度量系统中，它能准确地表达两个事物的某种差异性。例如20℃的气温比15℃的气温高5℃；37℃的气温比32℃的气温也是高5℃，这两个差异量相等。四是可加性。数字本身的可加性可以有效地反映事物相加后产生的结果。比如数字的"2＋3＝5"，使得我们很便利地表达长度的"2m＋3m＝5m"。当然，在实际应用时，数字相加是有条件的，它需要相等的单位。

利用数字，可以有效地把握事物特征，但是要实现这一点，需要测量。也就是说，要想把事物属性转化为数字资料，需要借助于测量。

（二）测量的涵义及要素

所谓测量（measure），就是依据一定的法则、程序，借助于一定的工具，以数字形式对事物或事物的属性进行描述的过程，它由事物、法则和数字三个基本元素组成。事物是测量的对象，其属性构成测量的目标；法则就是测量过程中必须遵循的规则和执行的程序，以及必须的工具；数字是测量结果的表达形式，即以数字表达的结果是测量的直接结果。比如：要测量一张桌子的长度，桌子是测量对象；长度是测量的目标；尺子是测量的工具；而测量程序要求将尺子的0刻度与桌子一端边缘对齐，读取桌子另一端边缘与尺子相对的刻度值，该刻度值如果是120cm，即得到120这个数字所表达的测量结果。再比如要测量中学生的认知策略水平，中学生是测量对象；其认知策略的发展水平是测量目标；编制的"认知策略测验"是工具；要求学生按照测验的标准化程序进行反应，即就认知策略测验中的每一个题目作出回答，根据学生的回答或反应，参照计分规则得到学生的一个分数，再根据这个分数在常模样本中的排位得到该学生认知策略水平的标准排位数字。

测量一般需要两个要素，即参照点和单位。要确定事物的量，必须要有一个计算的起点，这个起点就叫做参照点。参照点也叫零点，包括绝对零点和相对零点两种。例如测量身高、体重等都是以零为参照点的，这个零点的意义是"无"，表示测不到长度或重量。另一种零点是人为设定的参照点，即相对零点，例如摄氏温度的零点是人为规定的水的冰点温度值。如果一个测量系统有一个绝对零点，就可以测量到精确的绝对量，但在有些领域这个绝对零点不存在或很难确定，只能采用人为标定的相对零点，其测量结果具有相对性。

单位是测量的另一要素,其种类、名称繁多,即使是测量同一事物的同一种属性,也有许多种不同的单位可供选用。比如,重量的测量单位可以有毫克、克、千克、吨等。好的单位要具备两个条件:一是确定的意义,即对同一单位,所有人的理解是一致的,意义要相同;二是相同的价值,即相邻两个单位点间的差别量是相等的。

(三) 测量量表

测量是在定有单位和参照点的连续体上把事物的属性表示成数字,该连续体就是量表(scale)。如要测量某事物的属性,只要将欲测量的该事物属性放在这个连续体的适当位置上,看它们距参照点的远近,便会得到一个测量值,这个测量值就是对这一属性的数量化说明。

由于制订量表的单位和参照点不同,量表的种类也不同。根据量表的精确程度,斯蒂文斯(S. S. Stevens)将测量从低级到高级分成四个水平,即称名量表、顺序量表、等距量表和等比量表。

1. 称名量表(nominal scale)

称名量表是测量水平最低的一种量表形式,既无参照点和单位,也没有等级或位次性,只是用不同的数字作为代码区分事物在某种性质上的差异,其数字已经失去了自然数的意义。这种量表又分为两种:(1)代号:用数字来代表个别事物,如学生的学号、运动员比赛时的号码等;(2)类别:用数字来代表具有某一属性的事物的全体,即把一些事物确定到不同性质的类别中,如性别属性,可用 1 代表女、2 代表男,就把人规定到两类中了;还比如在调查中,涉及到的调查对象包括文、理、工、艺术四类专业的大学生,也可以用 1、2、3、4 把调查对象规定到四个类别中去。

在称名量表中,数字只具有标记性质,不能作数量化的分析,没有大小变化的关系,因此不能作加、减、乘、除的运算。

2. 顺序量表(ordinal scale)

顺序量表也叫做等级量表,该类量表可以用一组数字将事物规定为不同的类别,其测量的水平高于称名量表,因为它的数字不仅可以具有标记类别的功能,同时也含有类别的大小或某种属性的程度高低的比较关系。如学生的年级,可以用 1 年级、2 年级、3 年级等将学生规定为不同的类别,同时也表达了教育程度的高低,有一定的排列顺序。学生考试成绩的等级、职员工资级别、消费者对各种品牌手机的喜好程度等,当用数字表示的时候,其中都包含某种顺序或等级高低的数量关系。

在顺序量表中,既无相等单位,又无绝对零点,数字仅表示等级或位次先后,并不表示某种属性的真正量或绝对值。例如,我们只是知道了在 100 米短跑比赛中李平获得第一名、王红获得第二名,由此我们知道了这两位选手的排列顺序,但仅凭名次信息并不知道李平比王红快多少。

3. 等距量表(interval scale)

当规定了相对零点和相等单位后,对事物的测量就可做到更为精细一些,不仅可以获得被测量对象在这一属性上的顺序关系,而且可以得到对象之间在某种属性上的差距有多少个单位。等距量表的测量水平比顺序量表更高,其结果可以进行加、减运算及差异量的计算。但由于没有绝对零点,并不能测量出事物属性的绝对量,得到的数字仍然具有相对性,不能进行乘、除运算。如摄氏温度量表中的 0℃ 就是一个相对零点,是人为地将水的冰点温度规定为 0℃,它并不是没有温度之意。因为该量表具有相等单位,所以能比较不同温度的差异量,即相差多少个单位。

4. 等比量表（ratio scale）

等比量表是具有绝对零点和相等单位的量表,其对事物属性的测量最为精细,量化水平最高。等比量表是参照一个零点来确定一系列类,而且这里的零点不是随意规定的一个位置,它是一个意义丰富的点,代表被测变量的绝对缺失(完全的不存在)。存在一个绝对的、非随意规定的零点意味着我们可以测量变量的绝对量,即测量其离开 0 的距离,这就使得按照比例关系来比较不同的测量值成为可能。比方说,一个人解决一个问题需要 10 分钟(比 0 多 10),另一个人解决这个问题只需要 5 分钟(比 0 多 5),那么前者花费的时间是后者两倍那么多。有了等比量表,我们不仅能够比较两个测量值的差异量和差异方向,而且也可以按照比例关系对两个测量值的关系进行描述,对等比量表测量得到的结果可以进行加、减、乘、除运算。

在测量中,事物的不同属性往往以不同的变量来标识,而测量的结果就表示为变量值。为后续表述的方便,我们需要先来对心理学研究中的变量类型及其数值类型进行分析。

二、心理学研究中的变量[①]

所谓变量(variable),就是可以在数量或性质上发生变化的事物的属性。根据其来源,心理学研究中的变量可以分为三类:刺激变量、机体变量和反应变量;根据测量结果的数值类型,可以分为离散变量、连续变量;根据研究过程中的处理方式,可以分为自变量、因变量和控制变量。

(一) 刺激变量、机体变量和反应变量

从被试角度看,心理学研究中的变量包括三类:刺激变量(stimulus variable,常以 S 表示)、机体变量(organism variable,常以 O 表示)和反应变量(reaction variable/response variable,常以 R 表示)。心理学的研究就是要探明这三类变量间的相互关系,主要是相关关系和因果关系。因此现代心理学研究的方程式可以写成 $R = f(S, O)$,它表示人的心理或行为改变是刺激变量与机体变量共同作用的结果。

1. 刺激变量

刺激变量是来自外部环境的刺激,所以也可叫环境变量(environment variable),是研究者感兴趣或注意到的对被试(participanter/subject)心理或行为可能产生影响的外在条件或因素。在一项心理学的研究过程中,可能对被试发生影响的刺激很多,如环境光线、声响刺激、人际交互等。心理学的许多研究都涉及到环境因素,而要对环境因素进行测量时,会以变量来标记环境属性。例如,在一项关于家庭教养方式对儿童责任意识及责任能力发展影响的研究中,父亲或母亲等监护人如何对待孩子的过错、良好行为表现;如何关注孩子的学业成绩;是否给孩子自主选择的机会;每周给孩子多少零花钱;每

---

① 邓铸:《应用实验心理学》,上海教育出版社,2006 年版,第 41—43 页。

天允许其看多长时间的电视节目;家庭成员之间的人际关系等,都是被调查的环境因素,因此也就可以成为研究中的变量。还比如,在一项关于视觉刺激下简单反应时间影响因素的研究中,灯光的颜色、强度、面积、持续时间以及环境噪音、主试者特征等,都可能对被试的反应速度发生影响,是刺激变量。

2. 机体变量

在心理学研究中,那些参与到研究过程中、接受观测的对象叫做被试(participant/subject);而主持测试过程的人叫做主试(experimenter)。机体变量是指可能对被试的心理或行为发生影响的、被试自身的特征或身心状态。如被试年龄、性别、身心健康水平、受教育程度、特殊训练、动机、性格、内驱力强度等,都是常见的对被试自己的某种反应可能产生影响的变量。这类变量虽然是研究者不能随意操纵的,但研究者可以按照实验设计的要求主动选择机体变量的水平并将其作为分组变量。如研究学生智力的性别差异、认知策略的年级差异、思维风格的专业差异、心理健康水平对学生学业成绩的影响等等。

3. 反应变量

反应变量是指研究过程中,被试的反应或内外变化,也叫因变量(dependent variable)。反应变量是在研究中需要观测和记录的变量,通常包括反应的速度、强度、难度、准确度和频数、态度偏向等。如不同光照条件下的反应时间,这是反应速度;不同刺激情境下,皮电测试仪指针偏转的读数,这是反应的强度;智力测验中,完成作业的难度等级,这是反应的难度;走迷宫实验中,完成一次操作走入盲巷的次数,这是反应的准确度;不同教育方式下,学生利他行为的次数,这是反应的频数。这些变量,都是易于观测和记录的变量。

(二) 离散变量和连续变量

根据测量结果的数值类型,可以将变量分为离散变量(discrete variable)和连续变量(continuous variable)两类。所谓离散变量,其可能的取值都是相互分离的、间断的,不能连续变化。换句话说,将所有可能的数据点都排列出来,得到的是不能连接起来的分离的点。这样的变量在心理学研究中经常遇到,如学生上学迟到的次数、获得"三好生"称号的次数、参加体育比赛的名次、判断题做对多少个以及工人完成的产品件数、工资等级、奖金等级等,这些变量的取值都可以是1、2、3……,在1和2之间、2和3之间都没有可能的其他取值。

所谓连续变量,其可能的取值是可以连续变化的。或者说,在任何两个取值之间都还包含有无穷多个可能的取值。如果将所有可能的取值都列出来,这些取值点就连接在了一起,所以叫做连续变量。比如,长度变量就是连续变量,在1米和2米之间还有无穷多种的长度。

离散变量和连续变量的量表不同,所得结果的性质不同,能够适用的计算也不相同。比如,1米和2米,这是使用等比量表测量得到的连续变量值,可以相加再平均得到1.5米;但是第1名和第2名是顺序量表测量得到的等级变量值,不能相加后平均得到"第1.5名"。因为1.5米是长度变量的一个可能值,但在名次的等级量表上不存在"第1.5名"的可能取值。当然,在有些情况下还是可以粗略地将一些运算运用到离散变量中。比如在对赤、橙、黄、绿、青、蓝、紫七种颜色进行喜好度的评价时,小王将红色排在最喜爱的等级 7;小李将红色排在中等喜爱度的等级 4。如果将两个人对红色的喜爱度平均,则得到 5.5。严格地说:这种运算是不合适的,因为这一测量中本身就没有5.5 的等级,而采用这种运算也是为了描述这两个人对红色喜好度的总体情况。或者说:在做这种运算时,我们已经把等级评定粗略地看作是等距量表了。

(三) 自变量、因变量与控制变量

在心理学研究中,研究者常常面临两类课题:一类课题是要探明人的心理活动是否受到某一种或某一些因素的影响,即心理活动过程中的因果关系。研究者要有意地改变或选择不同条件,然后对被试的一些行为指标或心理活动进行测量,以便确定这些行为或心理因素是否随着条件的改变而变化。如果因为研究者操纵改变的条件引起了被试某些行为和心理指标的变化,则这些变量之间可能存在因果关系或相关关系。但是,这里又往往需要注意控制一些其他因素,以避免这些因素的变化所造成的混淆。比如,为了探明奖金发放方式是否会影响职员的工作绩效,研究者选择了两个工组分别采用两种不同的奖金发放方式:在其中一个工组每月发放一次奖金;在另一个工组半年发放一次奖金。实验周期为一年,一年结束时比较两个工组完成的工作绩效。如果观察到了两个组工作绩效有明显差异,则说明奖金的发放方式很可能影响到了员工的工作积极性。在这一研究中,要想得到相对可靠的结论,就要在两组间进行实验条件的控制,即除了发放奖金方式的不同外,其他因素在两个组中应该基本一致,如车间的通风条件、照明条件、气温条件,员工受教育程度、从事相应工作的年限、年龄和性别比例在两个工组间是平衡的。这个例子中,有一些变量是研究者感兴趣的,拟考察其是否对被试的心理或行为改变发生了影响,这些变量叫自变量(independent variable);为了有效地测量出被试的心理或行为是否随着自变量的改变而变化,要进行测量和记录的变量叫做因变量(dependent variable)。除自变量和因变量外,还有许多要进行控制的变量,这些变量就叫额外变量(extra variable)或控制变量(control variable)。就上面这个例子来说,奖金发放方式是自变量;工作业绩是因变量;而所有其他一些要在两个工组间保持相等或平衡的因素,就是控制变量或额外变量。

心理学研究的另一类课题,则是探索变量间的相关关系,或者说是共变关系,即两个变量在数值变化上是否存在关联性。如我们抽取某一班级同学的数学、物理两门课程的考试成绩,将两门课程成绩排名进行对照后发现:如果一同学的数学成绩比较好,他的物理成绩也可能比较好;反之,数学成绩比较差则物理成绩也可能比较差,两门课程成绩具有某种程度上一致性的变化关系。于是,不难想象,利用数学成绩可在一定程度上预测物理成绩。这时,也可以把数学成绩叫自变量;物理成绩叫做因变量;其他诸如年龄、年级、教育环境等因素也属于控制变量,即要想观察数学与物理是否具有一致的变化关系,需要将年龄、年级、教育环境等控制在同一个水平上。

三、测量中的系统误差与随机误差

前文已经指出,任何事物的变化都具有一定的随机性,科学测量也具有随机性。测量结果表现出某种不确定的波动,这种波动中包含着一定的误差波动。换句话来说,任何测量都存在可能的偏差,这种偏差也表现出确定性和不确定性两个方面。比如说,给

某位驾校学员测量反应时间,可以通过心理学实验室中的简单反应时间测试仪来完成:要求被试看着测试仪上的一个圆形窗口;把食指放在一个按钮上做好按键准备;主持测试的人喊"预备",随后灯泡点亮;被试一看到灯泡亮就尽快按键;测试仪就记录下从灯泡亮到被试按下键之间的时间间距,这就是视觉刺激的简单反应时间。此过程重复进行很多次,你会发现,测试结果具有一定的波动性,下列数据就是笔者为一学生测试20次的结果(单位:ms):

```
200   165   189   230   212   190   145   220   210   195
173   190   168   180   206   260   230   186   207   217
```

这一测试结果处在不断的变化中,其中必然存在一些稳定的或不稳定的因素,这些因素造成了每一次测量结果都可能偏离被试本来的反应时间,该偏差就叫做误差(error)。统计学的思维是具有因果取向的,所以在这里就会说,误差总是有原因的。在众多的测量案例中,要分析误差的原因,也就是误差源,你会发现有两类:一类是具有确定性的误差源,它造成的测量偏差具有某种确定性。比如说,反应时间测试仪对按键反应的响应有20ms的滞后,它就会造成一个恒定的20ms误差,即每一次测量都会多出这20ms,它使得每一次测量的结果都比被试的实际反应时间多出来20ms,这种误差来源于测试系统本身,所以叫做系统误差(system error),也叫做常误(constant error)。除非对测试系统本身进行检测,或者将一个系统测试的结果与同类的其他系统测试结果进行比较,否则系统误差是很难被发现的。

还有一些因素处在不断变化中。这种变化本身具有随机性,所以对测试结果的影响也具有随机性,即造成的测试偏差幅度、偏差方向都具有有不确定性:有时是正误差,有时是负误差;有时是较大的误差,有时是较小的误差。此类随机性的误差就叫做随机误差(random error),在很多次的重复测量中,随机误差造成数据在一定范围内上下随机波动。如果将重复很多次测量的结果相加平均,正负误差相互抵消而接近于0,所以重复测量的平均值就能接近于真值,随机误差为0时的测量值就是测量的真值,也叫真分数。

在心理学研究中,测量结果的变化分别受到系统因素和随机因素的影响。而统计学就是帮助我们在这些变化中将随机误差与系统误差分离,发现具有一定确定性的系统变化。如:为了研究个体在声、光刺激通道下反应速度的差异性,就可以分别在两种条件下测量得到两个数据样本,然后分别计算出数据变化中的随机变化和系统变化。系统变化是由于刺激通道不同引起的;随机变化是其他偶然因素引起的。如果声光刺激变化引起的反应时间的系统变化明显大于随机误差量,我们就可以说人们在声光不同刺激条件下的反应速度明显不同。

第三节 量化研究的逻辑:从样本到总体

心理学研究存在两种截然不同的传统,即定量研究(quantitative research)和定性研究(qualitative research),前者也叫实证主义(positivism)研究,偏于形而下;后者也叫后实证主义(post-positivism)研究,偏于形而上。两种研究取向所持的方法论思想有很大不同,研究假设、研究目标也不同,但并无孰轻孰重、孰优孰劣之分。采用统计学,就是出于量化研究的需要。那么心理学研究为什么需要量化研究呢？量化研究的基本假设是什么？

一、量化研究的基本假设

顾名思义，定量研究少不了数据；数据来自于测量；而测量的直接对象，往往是可观察的现象。所以，在不少研究者看来，心理学领域中的定量研究，在相当程度上沦为对人的外部行为进行观测，是行为主义的。定量研究的基本假设是："社会环境特征构成了独立存在的现实，而且这些特征具有相对时间和情境而言的不变性。实证主义研究人员借以发展知识的力量是：收集样本中可以观察到的行为方面的资料，并运用数学方法来分析这些资料。"[1]具体而言，定量研究存在以下假设或特点：

(一) 对研究对象的认识

在心理学领域，定量研究的实证取向，首先表现为把心理现象看成是一个客观的社会现实。心理学研究是主观对客观的反映过程，所以这里首先存在一个主、客观的分离。这种分离导致对研究者理性的、矛盾性的认可，即一方面承认人的认识力，强调客观现实是可知的；另一方面又表现出对人类理性的不信任性，看到理性的弱点。所以，引入各种观察的技术、资料分析的技术、监督的机制来制约人的理性不足。从认识论的层面看，定量研究取向持以下基本观点[2]：

(1) 存在着客观的社会现实，即对于研究者来说，心理现象也是一种客观存在，是可以加以研究和认识的。

(2) 假定社会现实在时空方面具有相对的不变性，即心理现象的发生、发展和变化具有内在的规律性或确定性，这就是研究者企图去寻找的真理。

(3) 从机械论的角度来看待社会现象之间的因果关系。心理现象的规律具有不变性，表现为变量之间的相互制约关系，在这些制约中也包含因果关系，这构成了心理实验的理论基础。

(4) 对研究被试及其所处情境采取客观而不偏不倚的态度。既然是基于现实的研究，研究者在对心理现象进行研究的时候，就应站在理性的、公正而中立的立场，尽量避免研究结论的个人化。

(二) 研究对象的可操作化

简化或操作化往往是定量研究所必须采用的方法，因为许多研究对象都是多变量相互作用的复杂系统。毫无疑问，心理活动更是一个巨系统，要想探明其中的各种规律和机制，也必须进行研究对象的操作化，即让研究情境简单化、虚拟化和可测量化。否则，定量研究就会充满混乱而变得不可行。研究中常常采用的方法是：

(1) 研究个体或代表性样本。研究总是或只能针对少数个案来进行，但是在作出研究结论的时候，研究者总想得到普适性的"真理"。这是研究者常见的价值高估倾向，可以理解。但是借助于样本的研究总会存在抽样偏差和测量的随机误差，所以在依据样本

① [美]梅雷迪斯.D.高尔等著,许庆豫等译：《教育研究方法导论》,江苏教育出版社,2007年版,第27—28页。
② [美]梅雷迪斯.D.高尔等著,许庆豫等译：《教育研究方法导论》,江苏教育出版社,2007年版,第27页。

的形成结论时,必须估计误差因素,特别是随机误差的影响,这就是统计学手段的作用。

(2) 研究行为和其他可以观察的现象。采用量化研究或实证研究,包括心理学、社会学等,研究者所获取的主要是被试的行为资料、可通过观察获取的资料,然后进行理论推断。

(3) 研究自然环境中或虚拟环境中人的行为。研究中,资料可来自于对自然情境中人的行为的直接观测,也可以来自于对虚构情境中人的反应的记录等。比如科尔伯格研究儿童道德判断发展过程所使用的就是虚构的情境。此外,还可以是研究者有意创设的情境,这多半属于实验的方法。

(4) 把现实作为变量来分析。研究过程往往是经过设计的,即先编制研究方案,然后有计划地实施。而研究设计离不开变量分析,因为在将研究的社会现实分解为不同事物属性后,我们看到了众多相互交叉的变量,所以研究设计往往是从变量分析开始的。

(5) 根据预先定义的概念和理论来确定应该收集哪些资料。研究往往是基于研究假设进行,所以研究中首先要获取的就是有利于检验假设的那些资料。这有时也会导致错误,因为研究者的个人信念或偏见会影响观测资料的选择。

(三) 研究过程的技术化

把心理活动看作是随机现象的时候,统计学就成为心理学研究的重要技术手段了,心理学也因此更具有科学特征。心理学量化研究的技术:

(1) 产生表达现实的数字资料。量化研究的重要手段就是对研究资料进行定量分析,所以会尽可能地将研究资料数量化:形成等级的、等距的、等比的数字系列。

(2) 运用统计学的推断程序,从某一样本的研究结果推及一个界定明确的总体,获得一般结论。

(3) 撰写不受个人情感影响的、客观公正的研究报告。实证研究报告要保证呈现资料的清晰性、客观性、信息的易获取性,具有固定的撰写格式和要求。有些研究者视之为令人生厌的"八股文"。殊不知,厌恶源自一种立场,有时是一种偏见。

二、总体、样本与个案

心理学研究中的测量常常是针对个案进行的。测量的许多个案构成样本,而样本如果是属于某一总体的代表性样本时,其特征能够在很大程度上反映总体特征。这里,对三个概念及其关系做适当说明。

总体(population)是指具有某一特征的一类事物或人的全体。简单地说,它是包含某一研究课题涉及的所有可能的研究对象。就不同的课题来说,总体大小会有很大不同。构成总体的个体大多是指人或物,心理学研究中,个体也可指心理活动,例如思维能力、学习策略、反应时间等。总体的性质是由个体的性质决定的,所以理论上讲,要了解总体就要对每一个体进行观测,这实际上做不到,研究者一般是对总体中的部分个体进行观测,这些部分个体组成样本。

样本(sample)是按一定规则从总体中抽取出来的部分个体组成的集合,该集合中的个体数叫做样本容量,一般用 n 表示。样本对总体应具有很好的代表性,才能保证推论的正确。一位资深的统计学家曾说过,数据有两种:好数据和坏数据。好数据是根据合理、正确的统计学原理搜集到的数据；坏数据是通过刻意的或不合理的方法搜集到的数据。我们可以通过下面两人的对话，发现搜集数据中存在的问题[1]。在一个办公室里，一个男职员和一个女职员就一项关于"什么是男人最重要的事情"的调查结果在讨论。女士说："根据这个调查，63%的男人把家庭放在事业、金钱甚至是朋友的前面"。男士答道："那也许是真的，但是你必须知道调查是怎么一回事，而且还必须了解它所用的方法，然后才能相信它们。比如说，当被调查者在答题时，他们的妻子是否在身边"。毫无疑问，任何调查数据的获取都有当时的情境。情境不同，结果可能也是不同的。这就需要研究者作出选择或判断，哪样的情境下，结果更为可靠。上述例子中的被调查者在答题时，如果他们的妻子不在身边，很可能就会是另外一个结果。数据的搜集受很多因素的影响，一般在搜集数据之前都要进行充分地思考和设计，使得数据搜集的方法和过程合理有效。

构成总体或样本的每一个基本单元称为个案（case）。例如：我们调查女性消费者对化妆品品牌的偏爱程度，那么每一女性消费者就是一个个案；要在一所高中研究学生学习策略的使用情况，那么这所学校中的每一位高中生就是一个个案。

每一项研究都是一个独立事件，多数情况下是对一个或多个样本进行观测。但大部分研究试图要解答的都是关于较大群体的一般问题，而不是关于较小群体的、少数特定人的问题。因此，研究者一般都期望将他们的研究结论推广到研究被试之外的范围。这其中存在一对矛盾：一方面要选取较少被试参加实验；另一方面又期望将结论推广到一个大的群体。这一矛盾如何解决呢？

为使研究结果能被推广到总体，选取的样本就要具有代表性，即形成代表性样本（representative sample）。所谓代表性样本，就是在与研究有关的特征方面，样本与总体基本一致（误差在允许范围内）。相反，如果样本特征与总体特征相差甚远，超出了误差许可的范围，这样的样本就叫做有偏样本。在被试选择中，尽量得到代表性样本，避免有偏样本的出现。

需要指出的是，不管采取何种方法，从一个总体中抽取样本，误差总是存在的。所以样本特征与总体特征必然存在差异，而且这种差异符合统计学规律——即如果进行许多次抽样，抽样的误差分布往往符合某种统计学分布规律。因此，所谓代表性样本是指在统计学意义上该样本能代表总体。那么如何进行被试选取，才能保证得到代表性样本呢？在行为科学研究中，样本选取的方法包括概率抽样（probability sampling）和非概率抽样（nonprobability sampling）两大类。其中概率抽样主要包括简单随机抽样、分层随机抽样、按比例分层随机抽样、整群抽样；非概率抽样主要是便利抽样[2]。

1. 简单随机抽样

简单随机抽样（simple random sampling）的基本要求是：总体中的每一个体具有相等且独立的被抽中概率。概率相等意味着任何个体都不比其他个体更有可能被选中；相互独立则意味着某一个体的被选择不会影响对另一个体的选择。简单随机抽样的过程一般包括三步：

---

[1] 车宏生、王爱平、卞然：《心理与社会研究统计方法》，北京师范大学出版社，2006年版，第13页。

[2] 邓铸：《应用实验心理学》，上海教育出版社，2006年版，第48—54页。

心理统计学与SPSS应用

步骤1：确定一个总体，即你预备从中选取样本的总体。

步骤2：列出总体中的所有成员，形成个体表列。通常对表列中的所有个体编号。

步骤3：根据研究需要，使用随机过程从表列中选择出一定数量的个体。这里所讲的随机过程可以是"抽签法"，也可以是"随机数表法"等。

抽签法，是先将总体中的每一个体编号，并把每一个体的号码写在一张纸条上；再将纸条搓成团，混在一起并摇匀；最后随机捡出若干纸团，这些纸团上的编号就是被选取的被试的编号。

"随机数表"是由0~9的数字随机排列构成的数码表，如附表1所示。它以5个数字为一组，如图1-1所示就是随机数表的一个小片段。"统计学"或"心理方法学"的教材一般都会将"随机数表"作为附录。随机数表法的操作程序是：先将被试编号；然后随机地从"随机数表"中划出一个数表片段，从该片段的开始部分依次向后或向下搜索；当遇到一组数字的后边几位正好与某一个体的编号相同时，就将该个体作为被试选出；依此方法继续进行，直到选够所需的被试数为止。比如，要想从100人的总体中抽取一个20人的样本。可以先将这100名个体编成00~99号；然后从数表中随机选择一个片段，如图1-1中第5到第7行、第1到第7栏；接着按顺序选号。这里选到的编号是：12、18、55、70、51、41、82、42、81、39、72、97、47、61、59、16、23、09、99、40，构成一个20人的样本。

23157	54859	01837	25993	76249	70886	95230	36744
05545	55043	10537	43508	90611	83744	10962	21343
14871	60350	32404	36223	50051	00322	11543	80834
38976	74951	94051	75853	78805	90194	32428	71695
97312	61718	99755	30870	94251	25841	54882	10513
11742	69381	44339	30872	32797	33118	22647	06850
43361	28859	11016	45623	93009	00499	43640	74036
93806	20478	38268	04491	55751	18932	58475	52571
49540	13181	08429	84187	69538	29661	77738	09527
36768	72633	37948	21569	41959	68670	45274	83880

图1-1 随机数表的片段

简单随机抽样从理论或逻辑上排除了选择偏好，一般可以得到代表性样本。但是，需要注意的是：简单随机抽样是通过把每一次的选择都置于随机性的规则之下来消除偏好的，它可以在较长的抽样过程中得到很好的代表性样本，就如投掷几千次硬币，最后的结果会是正面朝上和反面朝上各约占50%。但如果抽样过程较短，就可能得到有严重偏向的样本，就像投掷一种质地均匀的硬币10次，甚至会出现10次都是正面朝上的结果；从100名女生和100名男生组成的总体中随机抽选10人，甚至会出现抽取的10人全为男生或全为女生的情况。为了避免出现这种非代表性样本，研究者可以采用分层随机抽样和按比例分层随机抽样的方法。

2．分层和按比例分层随机抽样

多数情况下，一个总体可以区分出各种不同的子群(subgroup)。如一所大学里的学生可以分为不同年级、不同专业、不同性别的子群等等。要保证在一个样本中，各子群都能得到代表，可以使用分层随机抽样(stratified random sampling)方法：首先确认样本中应包括哪些具体的子群或层；然后使用与简单随机抽样完全一样的步骤，从每个预先确认的子群中选择数量大致相等的子群随机样本;最后把这些子群样本合并成一个较大的样本。比如计划从某学院的研究生中抽取 50 人的样本:可以首先从男生中随机抽取一 25 人的样本,再从女生中随机抽取一 25 人的样本,最后将这两个子群样本合并起来,就构成了想要的分层随机样本。

当研究者想对总体中的各个部分进行描述或比较时,分层随机抽样方法就显得特别有用了。采用这种方法,样本中的每一子群必须包含足够的个体以便它能代表总体中与其对应的部分。

当研究焦点集中到总体中的某一特定子群时,最好采用分层随机抽样方法来选择被试。也就是说,当研究要考察各具体子群并对他们进行比较时,这种方法是比较适当的。但如果研究的目标是考察整个总体,这种抽样技术可能会带来问题。最典型的情形是,总体中每个子群的实际人数不相等,但样本中各子群的代表人数都相等。比如说,在一个总体中某一子群的人数只占总体的 3%,但它在样本中却占到了 25% 的分量。克服这一问题的方法是采用按比例分层随机抽样,做法是:首先区分出总体中的各个子群或层,并确定总体中相应子群所占的比例;然后根据计划的样本容量和各子群在总体中的比例数确定每一子群应抽取的被试数;最后从每一子群中抽取相应的被试数,合并在一起,就可以得到一个其比例关系与总体中的比例关系完全匹配的样本。这种抽样就叫做按比例分层随机抽样(porportionate stratified random sampling),或简称为比例随机抽样(porportionate random sampling)。

3.整群抽样

研究者通常都是从总体中选择单个的个体而得到样本,但有时个体是以现成整群形式存在,所以研究者可以随机地选择整组。比如研究者想从某个城市的学校中抽取一个由 300 多名初中二年级学生组成的样本,他不是一次选择一个学生,而是随机地选择了 8 个班(每个班的学生人数为 40 名左右),这一程序就叫整群抽样(cluster sampling)。只要在感兴趣的总体中存在很多个界定清楚的整群,就可以使用这一程序。这种技术有两个明显优点:第一,它相对快捷,容易得到大样本;第二,对被试的处理和测量常以整群方式进行,可以大大加快研究进程。在整群抽样中,研究者不是选择单个被试,不是对单个被试施加处理,不是每次只测量到一个分数;而常常是对整群施加处理,每次可检测一群人,从一次实验中就能很便利地取得很多个被试的数据。

4.便利抽样

便利抽样(convenience sampling)是一种非概率性抽样方法,也是心理学研究中实际上最有用的抽样方法。在便利抽样中,研究者只使用那些容易得到的个体作被试,被选的人必须是那些找得到的、乐于参加研究的。所以,在心理学研究中,使用大学生被试最常见,这些学生通常就是研究者的学生。

便利抽样被看作是一种比较弱的抽样方法。因为研究者不试图去了解总体,在选择被试时也不使用随机过程,对样本的代表性很少控制,所以得到有偏样本的可能性很大。像广播电台听众热线电话调查或杂志社使用通信方式进行的调查,都是特别值得怀疑的。这些情况下的调查样本应该是存在偏差的,因为只有那些倾向于收听这个电台节目或倾向于阅读这个杂志又对调查的主题感兴趣的人,才愿意去花费这些时间,这些人不可能是一般人群的代表。

尽管存在明显缺点，但是便利抽样可能还是被使用最多的方法。与那些既需要详细了解总体中所有成员情况、又需要采用费时费力的随机过程来选择被试的方法相比，便利抽样更容易、更廉价、更快捷。便利抽样虽然不能保证总能得到有代表性的无偏样本，但也不能草率地将其看作是一种毫无补救希望的抽样方法。通常，可以使用两种策略来纠正便利抽样中的主要问题。首先，研究者尽可能地确保他们的样本具有相当的代表性而无大的偏差；其次，详细地说明样本是如何得到的、参加研究的被试是哪些人。

最后，还需要说明的是：如何确定样本容量。样本容量没有绝对的标准，也不存在严格的计算方法。但依据研究本身的特点和目的，确定样本容量实际上是要在可行性与准确性之间进行平衡。一般来说，样本容量越大，结果准确性越好，但研究实施的难度越大；样本容量越小，结果准确性越差，但研究实施的难度越小。如何取舍，除考虑准确性外，还要看研究的内容与研究的类型。以下三个方面的考虑对于确定样本容量是有帮助的：

第一，研究的内容。研究中所要测量的心理现象或心理品质，越是受到生物性的制约，个体间的差异就越小，需要的研究样本就可以较小。如关于感知机制的研究、事件相关电位(ERP)变化模式的研究等。研究中所要测量的心理现象或心理品质，越是受到社会文化的制约，个体间的差异就越大，需要的研究样本就越大。

第二，研究对象个体间的同质性。总体中个体间的同质性越高，个体差异越小，根据抽样规律，抽样误差也越小，需要的样本容量就可以较小；反之，需要的样本容量就较大。

第三，研究的类型。利用心理实验室严格控制实验条件，对被试的心理活动或心理特征进行观测，测量过程中产生的误差较小，研究样本可以较小；利用自陈量表对被试的心理特征进行测量，被试反应容易受到多种因素的影响，测量误差会比较大，研究样本就需要较大。

三、从样本推断总体的风险

研究者总是希望以样本观测的结果推断总体特征和运动规律。可是抽样过程会在一定程度上造成样本特征与总体特征的偏离，同时测量本身的随机误差也会造成样本观测结果偏离总体特征。抽样偏差和测量中的随机误差都属于随机误差，它是导致样本推断总体出现错误的主要风险源。

举例来说，某中学教师为了改进教学，对两种解决数学应用题的教学方法进行比较，于是对全校高中二年级的学生进行了数学应用题解题能力的测试，再从测试成绩非常接近的120名学生中随机抽取了20名同学作为被试，这些被试又被随机分成A组和B组，每组10人。对A组被试采用教学方法一，对B组被试采用教学方法二，教学周期为一个学期。学期结束时，对两组被试进行数学应用题解题能力测试，结果发现A组同学的平均分数为85分，B组同学的平均分为76分。A组平均比B组被试高出了9分，那么能否认为教学方法一比教学方法二更为有效呢？

我们不妨来分析一下，造成这个9分之差的可能原因有哪些。应该说，以下因素都是可能的原因：(1)分组偏差：虽然分组前进行了测试，但是测试本身是会存在误差的，120名分数接近的同学并不一定真的是数学解题能力和学习能力接近的，他们必然存在差异，这种差异也会造成分组的偏差，即可能造成A组和B组被试在教学实验开始之前，

第一章 引论

平均的解题能力和学习能力就存在差异;(2)教学实验过程中的各种干扰因素,如老师讲课的个人风格,学生学习的个人风格、刻苦程度、接触的学习材料的差异性,各种环境因素的影响等等,都可能造成这 20 名同学一个学期中学习成绩的分化,出现成绩差异;(3)学期结束时的成绩测试也会存在许多偶然因素的影响;(4)两种教学方法所产生的教学效果不同;……。这样说来,9 分之差可能是教学方法不同带来的,也可能是其他一些随机因素的变化引起的。

统计学的分析逻辑是:如果假设样本之间的差异完全与实验者操纵的、系统性改变的变量无关,那么这些差异就是由于随机误差因素带来的。在这样的假设下,统计学会帮助我们分析,随机误差造成样本间这种差异的概率是多少呢? 拿上述的例子来说,A 组与 B 组的 9 分差异完全由随机误差因素造成的概率是多少呢? 假如,这个概率是很小的,小于 5%,就被认为是小概率,而小概率事件就是"不大可能"事件,换句话说,如此大的 9 分差异不大可能是随机误差造成的,而是很可能由教学方法的不同所造成;假如,这个概率是 8%,大于 5%,统计学就不再将其看作是小概率,这个 9 分的差异有大于 5% 的可能性是随机误差造成的,等于是说:不能太确定这个 9 分之差是由教学方法造成的。为了避免可能的错误结论,于是会接受"教学方法可能与成绩间的差异无关"的结论,尚不能确定教学方法一好于教学方法二。

心理统计学中相当的篇幅都是在讨论类似于这个例子的统计推断,即从样本观测的结果是否具有一般意义。可是,我们看到,这种统计推断不管得到什么结论,都存在错误风险。上述例子中,如果 9 分差异由随机误差造成的概率小于 5%,这时否定"教学方法与学生成绩无关"的假设,就会有不到 5% 的错误风险;如果 9 分差异由随机误差造成的概率是 8%,这时接受"教学方法与学生成绩无关"的假设,就会有更大的错误风险。

统计学在数据资料分析过程中,是基于概率来得到结论的,所以总是存在错误风险,风险控制因不同的课题性质而定。

第四节　请计算机代劳:SPSS 浏览

一、SPSS 的诞生与发展

SPSS 是 Statistics Package for Social Science 的英文缩写,它最初是由斯坦福大学的三名大学生于 1968 年开发的统计软件分析系统,并基于该系统于 1975 年在芝加哥合作成立了 SPSS 公司。该公司不断地对统计分析软件进行改进,先后出现了 10 余个版本。该软件目前仍处于不断地更新和完善过程中,是一种国际上最著名和使用最广泛的统计分析软件,也是教育学、心理学研究中最有效的资料分析工具。SPSS 的统计分析功能十分强大,能完成许多简单与复杂的数据分析过程。

SPSS 公司在 20 世纪 90 年代连续收购了多家同类公司后,由原来单一统计产品的开发与销售向企业、教育科研及政府机构提供全面信息统计决策支持服务,成为走在最新流行的"数据仓库"和"数据挖掘"领域前沿的一家综合统计软件公司,公司最近决定将其英文全称更改为 Statistics Product and Service Solutions,意为"统计产品与服务解决方案",其英文缩写不变。

二、SPSS 的基本视窗

就本章来说,不对 SPSS 的操作原理做具体说明,只是给出一个概貌的描述。SPSS 系统最基本的视窗有三个:数据编辑器、语句编写器和结果输出视窗。

(一) SPSS 数据编辑器(SPSS Data Editor)

数据文件编辑窗口一般是 SPSS 程序启动后默认打开的视窗,打开后的状态如图1-2 所示。这个窗口也是 SPSS 的工作台面,即用户可以在这个界面上进行数据文件的建立、查阅和编辑,并通过点击菜单条进行各种统计分析和制图工作。

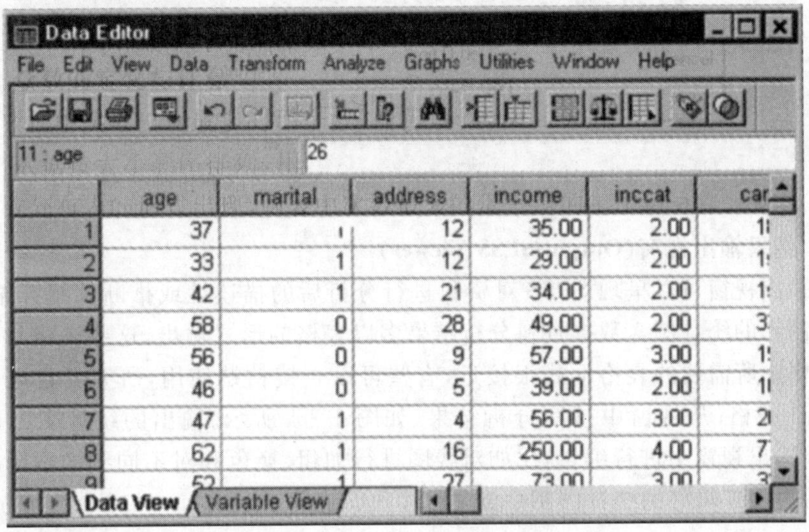

图 1-2　SPSS 数据编辑器图示

该视窗简捷明晰,其主区由变量列和个案行对应的数据组成。也就是说,数据表列中的每一列都代表一个变量,每一行都代表一个被测量的独立个案。一般情况下,研究中的每一个独立个案必须占据数据文件窗口中的一行。

(二) SPSS 语句编写器(SPSS Sytax Editor)

SPSS 的早期版本是以 DOS 系统支持的,不能使用视窗设计,所以主要通过编写语句来完成数据分析功能。目前,在 Windows 操作系统支持下,研究者越来越喜欢采用菜单操作,即通过菜单打开相应的对话框,对话框能更直观地显示软件的统计分析功能。即使如此,一些特殊的操作可能还需要借助于语句完成,而且有时语句的操作可以带来一些方便。例如,进行一项大学生人格特质与心理健康等关系的调查,调查者使用了"卡特尔16PF 问卷"和"SCL-90 状态自评量表",那么建立的 SPSS 数据文件就需要定义277 个以上的变量,如果采取直接在数据编辑器中写出变量名是很繁琐和费时间的。采用在"SPSS 语句编写器"中写命令的方式就非常简捷了,只需要在语句编写器中写出并运行"DATA LIST FREE/KTE1 TO KTE187 SCL1 TO SCL90.",就可以在数据编辑器中生成 277 个变量名。图 1-3 所示就是一个 SPSS 语句文件,其运行结果是将图中被试的性别、数学成绩、语文成绩读入数据文件视窗,以便能够进入统计分析状态。

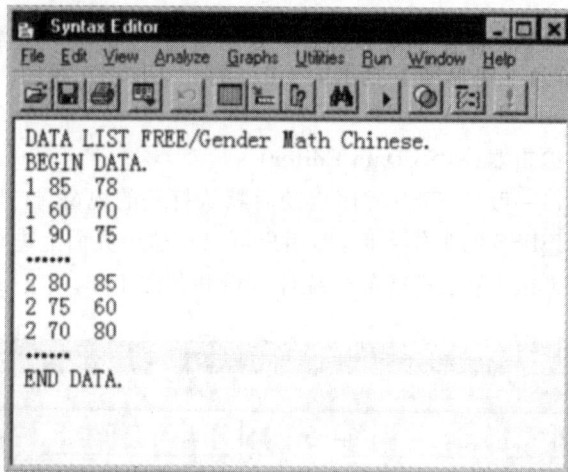

图 1-3 SPSS 语句编辑器

(三) 结果输出视窗(Output-SPSS Viewer)

结果输出视窗可以呈现 SPSS 对资料进行分析后的描述性或推断性统计结果,以及按照要求制作的统计图。数据资料分析结果多以表格的形式输出,这些表格与心理学研究报告写作中所需要的表格形式很接近,有些可以直接粘贴使用,研究者也可以根据需要重新设计表格,从视窗中抄写分析结果,如图 1-4 所示。输出的统计图则可直接在 SPSS 结果输出视窗中进行编辑,比如对线图进行加粗、换色和对不同线加不同标记符等处理,然后再将编辑好的统计图粘贴到文档中去。

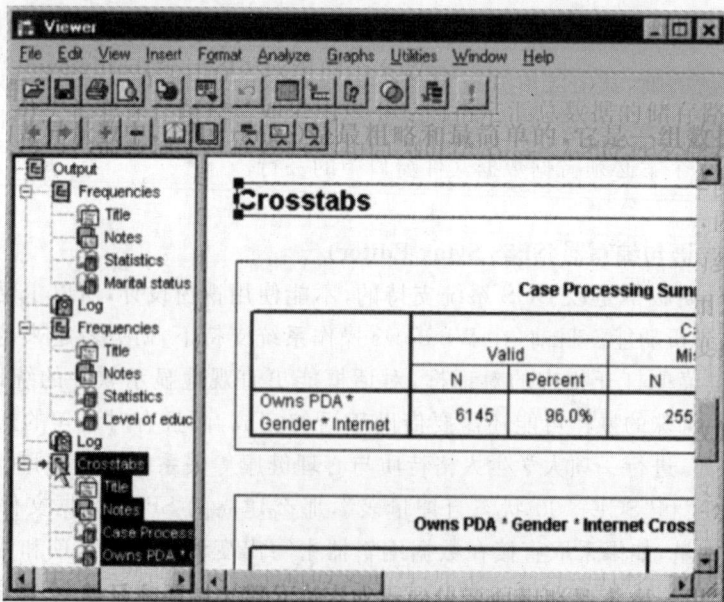

图 1-4 SPSS 结果输出视窗

三、SPSS 应用的一般过程

借助于 SPSS 进行研究资料分析的一般过程是:

步骤 1:根据研究设计建立正确的 SPSS 数据文件。这一步骤的关键就是要准确理解研究的程序与设计模式,正确识别变量的数量及变量的性质,准确识别独立的个案数。例如,某学校高三年级主任想要系统分析全年级 8 个班 360 名学生在语、数、外三门课程考试成绩上是否存在性别差异、班级差异。这个 SPSS 数据库如何建立呢? 首先要识别变量:语文分数、数学分数、外语分数、学生性别、学生所在班级,然后确认参与考试的学生是 360 名,如果为了区分不同的学生而将学生的学号也作为一个变量,那么这个数据文件就是六个变量和 360 个个案,即 6 列 360 行。如何定义变量,在以后章节中专门介绍,此处暂略。

步骤 2:根据数据分析的目标而调用相应的菜单和对话框。常规的统计分析都可以通过菜单条打开对话框,借助于对话框可以非常便捷地与计算机对话,提出数据分析的要求和参数设置。如要进行学生数学成绩的性别差异比较,可以通过"Analyze"中的"Compare Means"菜单条打开平均数的差异性 t 检验对话框,并将要分析的数学成绩变量名置入要检验的变量表列"Test Variables",将性别变量的变量名置入到分组变量定义框"Grouping Variable"中,如图 1-5 所示。

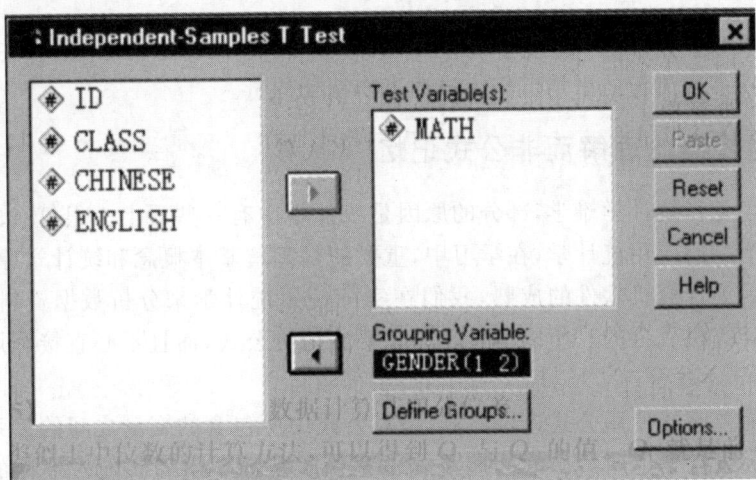

图 1-5 独立组平均数差异 t 检验

步骤 3:输出并选择分析结果。在对话框的设置完成之后,点击"OK"按钮就可以输出结果,根据分析要求选择所需要的结果,并以适当的表格或图形表示。

步骤 4:对结果进行解释。针对具体变量的性质和调查的过程解释所得结果的意义。

第五节 如何更好地掌握心理统计学

有些同学还不了解"心理统计学"就盲目地认为它难学,进而产生畏难情绪,这其实大可不必。"心理统计学"的学习远比有些同学想象的容易。为了更好地掌握心理统计学的概念、原理和技术,以下几点意见或许是可以参考的。

一、重视理解随机现象与随机误差

心理统计学属于概率统计,概率统计就是通过统计随机事件的概率来把握随机现象的特征和运动规律,所以学习中首先要真正理解随机现象。所谓随机现象(random phenomenon),就是其运动变化具有多种可能的结果,哪种结果会出现具有一定的不确定性。比如,某一学生参加英语四级考试,他能取得一个什么样的分数,就具有一定的不确定性或随机性。可能会是 70 分,也有可能会是 56 分,甚至得 0 分或 100 分的可能性也是存在的。

随机现象的运动也有规律,这种规律的把握就是通过统计其中各种随机事件的概率。以上述学生四级英语考试为例,不同条件下,不同分数出现的概率就不一样。如果这名学生目前正在生病,能不能参加正常的考试尚不能确定,其得 0 分的概率就增大;如果这名学生是大学英语专业高年级的学生,其得满分的概率就增大;如果这名学生的英语水平在大学生中属于中等或偏上的水平,那么他得 70 分的概率就增大。这一例子告诉我们:事物的运动虽有随机性,但随机之中具有规律性。统计学就是要在这些随机变化的现象中认识规律性。即便考试分数具有随机性,它还是能够大体反映学生的学业水平的。

随机误差会上下波动,在重复很多次测量的过程中,随机误差的代数和接近于 0,所以我们经常以多次测量的平均值作为描述事物特征的量。

二、重视概念理解而非公式记忆

不少学生觉得统计学难学,部分的原因是统计学中有一些看上去很复杂的公式。心理统计学作为一门应用统计学,在学习中,重要的是理解基本概念和统计学原理,而不是记忆公式。因为计算机软件的成熟,我们在实际使用统计学来分析数据资料时,其间的计算都是由计算机代劳的。所以不仅没有必要去记忆公式,而且不必直接利用公式进行繁琐的计算。

虽然不需要直接使用公式进行计算,但对公式中所包含的变量之间的关系要有清晰准确地理解。统计学上所给出的一些公式也是为了帮助学生理解随机事件的概念和规律,理解后你会发现这些公式中的道理都是很简单的。

进行过心理学实验研究的学生感叹:对数据进行方差分析太复杂了!真的很复杂吗?方差分析,还不如说是方差分解呢。为什么要进行方差分解呢?假如你想比较一下:是没喝酒的时候反应快,还是在喝酒之后反应快?于是准备了些酒水;随机选来了 20 名驾校学员;再随机分成两个相等的组,一组 10 人;让一组学员在不喝酒的情况下测试反应时间;另一组学员在喝酒之后测试反应时间;于是得到了 20 个人的反应时间。分析这 20 个反应时间,你会发现其中存在差异:有的反应快些,有的反应慢些。分析一下原因,就很容易知道:两组之间存在喝酒与不喝酒的系统差异和一些难以控制的偶然差异。系统差异可能带来两个数据组的差异;偶然差异则带来一组数据内部的差异。于是,用统计学中的方差方法计算 20 个数据的差异性,再将其分解为组间方差和组内方差,它们分别代表这些数据之中的系统差异性和随机差异性。如果系统差异明显偏大,说明喝酒和不喝酒条件下反应时间不一样。其中的计算虽然复杂了些,但包含的道理非常简单,应该不难理解。只要理解了其中的道理,就能比较准确地告诉计算机该怎么做,计算机自然就会给出你想要的结果。所以,现在这个时代,学习心理统计学真是容易之至。当然,这也要有一个条件,那就是你在学习心理统计学的同时,还要学会一些 SPSS 软件的使用与操作方法!

三、联系生活实际与心理学研究实例

经常有学生抱怨:"老师讲课的时候,我觉得学会了统计学。但是一遇到实际的实验数据、调查问卷资料,还是一筹莫展,无从下手!"出现这种情况的原因是什么呢?其中的关键就是:学习中没有注意将统计学与实际的生活现象或心理学研究过程紧密结合。

我们学习统计学,就是为了解决心理学研究中、实际调查中的数据分析。所以学习过程中,应当避免统计学与心理学的研究、社会生活实际相脱节。在学习统计学的基本概念、原理和计算过程时,要联系生活实际中相应的现象、心理学研究的模式、心理学研究所得到的数据模式和数据分析目的,这样不仅使看似抽象的统计学术语变得更为具体和生动,而且在该课程中掌握的数据分析方法也很容易迁移到实际的研究案例上去,真正做到学以致用!

四、依靠 SPSS 技术但不要迷失"自我"

在"心理统计学"教学中,我们主张将其与 SPSS 软件的使用结合起来,即在一定程度上将统计学的概念、原理和数据分析过程与 SPSS 系统的操作融合在一起。这样既可以减少繁琐的计算过程对学习者认知资源的消耗,又可以消除这两个方面不同内容教学之间的分离,达到事半功倍之效。

但是,在这样的教学处理的过程中,要防止走极端,学习者不能因为 SPSS 软件的操作界面非常简明、快捷,就懒得再花费太多的时间和精力去学习统计学的概念、计算原理。在对统计学的原理理解不清的情况下,如果过于依赖 SPSS 的界面操作,机械地执行 SPSS 的操作,不加理解地生搬硬套,容易导致三个错误:(1)数据分析操作的方向性错误。由于心理学研究中所要分析的数据资料,可能是在各种不同条件下取得的,资料所获取的条件不同、测量的变量不同、数据的性质不同,应选用的统计分析手段,以及 SPSS 操作的参数设置都应是不一样的,所以,只有准确地理解了资料的获取过程,才能准确地选用数据分析的方法和手段。(2)数据分析结果的剪裁不当。什么样的研究、什么样的数据资料,在其统计分析中,都有相应的结果要求,在准确理解研究设计及数据获取过程的情况下,才能获取适当的数据分析结果,并剪裁出所需要的分析结果。(3)对结果的解释不足或不准。数据分析所得结果能够说明什么问题、不能说明什么问题,都要给出恰当的解释,解释不当就会导致错误的结论。

所以,在依靠 SPSS 软件系统的过程中,不能忽视对心理统计学本身知识体系的掌握,应当系统而准确地理解心理统计学的基本概念、基本原理和计算过程,否则,就是背本逐末了。

1. 数字的特性有哪些？

2. 测量的量表有哪些种类？各有什么特性？

3. 什么是离散变量和连续变量？

4. 说明总体、样本与个案的关系。

5. 常用的抽样方法有哪些？

6. 什么是 SPSS？其主要的视窗有哪些？

第二章 数据的图表描述与特征量

内容提要

科学研究都是从分类开始的,心理学及其他行为科学也不例外。在分类的标志上要求具有单向性,以避免资料把握的混乱。在对总体或样本进行研究时,先要获取一系列有关变量变化的观测资料,建立变量值变化的次数分布图、分布表系统,这是资料统计分析的起点。就离散变量和连续变量来说,次数分布表的形式有所不同,前者直接给出各不同变量值的次数分布,后者则是给出不同取值区间的次数分布,对应的图示分别为条形图和直方图。对数据资料的定量描述有集中量数、差异量数和地位量数等,集中量数主要包括平均数、中位数和众数,差异量数主要包括方差、标准差、四分位差和全距等,地位量数主要包括百分位数、百分等级。通常把描述对象总体的特征量叫做参数,描述对象样本的特征量叫做统计量。本章还介绍了 SPSS 数据文件的建立与编辑,以及利用SPSS 系统计算描述性统计特征量的过程。

研究者所搜集到的资料,一开始往往显得很杂乱。这就需要借助于一些有效的手段进行整理和描述,以使研究者及欲了解相关信息的人,更容易把握数据资料的特征、认识观测的对象,为进一步的统计分析作准备。对资料初步整理与描述的方法大多通过统计表列和图示,然后进行初步汇总和描述,得到一些能反映数据特征的量数,主要是集中量数、差异量数和地位量数。为描述数据特征所进行的这些初步统计分析,叫做描述统计(descriptive statistics)。

第一节 统计资料的表列与图示

和许多传统的学科一样,包括心理学在内的行为科学的研究也常常是从分类开始的:需要根据测量的变量值对研究对象进行分类,然后进行各种差异性、相关性的研究。所以,统计学所介绍的方法首先就是数据的分类方法,后续内容也由此开始逐渐推展开去。

一、资料分类

在预先设计的心理学研究中,所搜集的资料很多时候就是按照不同类别记录的,其本身可能就是分类资料。也有些时候,资料是杂乱的,需要加以初步整理,即按照一个或多个变量的测量结果将资料归类,凸显资料中所蕴含的信息,为进一步统计分析和资料缩减提供条件。这其中被用来作为分类依据的变量叫做分类标志。

分类后的资料或数据常以表列、图示形式表示。统计表采用数字,统计图采用点、线、颜色等,来描述类别与类别之间的相互关系。以表列和图示的形式所表现的类别化数据更直观明确、易于理解,但其质量高低取决于分类的合理性和有效性。具体地说,要遵循两个原则[①]:

1.根据研究目的确定分类标志

不管是针对什么样的研究对象,研究目标总是针对一个或多个变量来进行的,更多时候是考察多个变量之间的关系。所以,数据分类要服从于研究目的,根据研究目的选择分类标志。如果研究中要考察不同研究对象之间的差异性,就需要对研究对象进行分类,对来自于不同对象群的数据进行归类。当研究对象是在校学生时,常用的分类标志如性别、年级、家庭状况、学业成绩、对某事物的态度、是否选修某门课程等等。但在具体研究中,只有依据研究目的选择分类标志才是适当的。如果研究学习成绩的性别差异,那就要选择性别和学业成绩两个变量作为分类标志;如果要研究职业价值观与选修课程门类之间的关系,就需要选择其对各种职业定向的态度以及选修课程的门类作为分类标志。这样做,不仅使得数据资料清晰有序,而且便于进一步考察变量间的关系。甚至在将资料按照选择的标志归类并以图表形式呈现时,变量的关系就已经显而易见了。

2.每一个分类标志都具有单向性

选定分类标志后,就可以将观察对象划分为不同类别。要保证分类的合理性,必须首先保证分类标志的单向性,即每一个分类标志都必须是建立在对象的某一确定特征上的。例如,按照体育测试成绩可以把学生划分为"达标"与"未达标"的两类,或者"优"、"良"、"中"、"差"四类。但是"成绩较好"、"成绩较差"与"训练刻苦"、"训练不刻苦"就属于不同的特征,不能同时出现在一个分类标志中。分类标志要具有单向性,就必须满足周延性和互斥性。

(1)周延性。按照一个分类标志所作出的类别划分必须是周延的,即分类对象的全体都无一遗漏地被列举出来。或者说,所有对象都能被划归到该分类标志所划分出的一个类别中。

(2)互斥性。按照一个分类标志划分出来的类别都具有互斥性,即各个类别不能出现相互包容或交叉的情形。按照一个分类标志,属于某一类别的对象,就不能再属于其他任何类别。

如表2-1中的分类就不能满足分类标志单向性的要求,因为按照表中所分,并列的5个类别并不具有互斥性,而恰恰是具有相互包容性。

表 2-1 某心理学院研究生的情况汇总表

类　　别	男	女	基础心理学	发展与教育心理学	应用心理学	合　　计
人　　数	63	119	62	50	70	182

① 王晓柳:《教育统计学》,苏州大学出版社,2001年版,第19—20页。

实际上,这里包含的是两个分类标志,使用了双向的分类。为了更有效地表达分类对象的结构成分,可以使用表2-2所示的双向分类表:以性别分类标志定义表格的行;以研究生的招生方向定义表格中的列。这样的分类表格既能够有效地反映该学院研究生的组成,又使得两个分类标志相互分开,都满足分类的单向性。此外,表2-2中的信息还很容易显示出,学生分布中"性别"变量与"研究方向"变量并不是完全独立的两个变量,而是相互关联的两个变量:

表2-2　某心理学院研究生的情况汇总表(双向)

		专业方向			合　计
		基础心理学	发展与教育心理学	应用心理学	
性　别	男	30	10	23	63
	女	32	40	47	119
合　计		62	50	70	182

通过统计图表对研究资料进行简缩,常常是研究过程中必须做的事情。但也必须看到:数据简缩在凸显某些关键信息或主要特征的同时,也必然会丢失部分信息,毕竟原始资料中的信息才是最充分的。在运用什么变量、如何简缩数据以及保留哪些信息方面,均要服从于研究目的的需要,使得保留的信息相对于研究目的来说是充足的。比如说,我们从不同地区的不同学校抽取了不同年级的学生参加心理健康水平的测试,在资料的简缩过程中要保留哪些信息就要看研究的目的。如果是为了比较不同地区学生的心理健康水平,可以使用"地区"变量作为分类标志简缩数据;如果是为了研究不同年级学生的心理健康水平,可以使用"年级"变量作为分类标志;如果是想研究不同地区和不同年级学生的心理健康水平,则分类标志要同时包括"地区"和"年级"两个变量,采用双向分类表;如果是要筛选出一些有严重心理健康问题的学生,则保留学生个人的测查资料才是充分的。

我们已经看到:统计分类可以带来不少便利,而且统计分类的结果往往以统计表格的形式呈现出来。在实际使用中,统计表的形式多种多样,也不是必须采用哪一种形式。只要符合上述原则,能充分表达研究者的需要,并且容易被他人所理解的统计表,就是合理有效的。不过,在统计表的制作上,还是有一些要求的。尤其是在心理学研究领域,有些学术期刊编辑部对数据表格有明确而具体的规定。一般来说,表格的编号和标题置于数据表之上,尽量使用三线表,在表格的最左边和最右边不要加封闭线,保持表格的一种开放性。

二、次数分布表

次数分布表又称频数分布表。在测量中,它反映各个变量值出现的次数或某一变量值取值区间内变量值出现的次数,也可以反映各类别中测量对象的数量。

如果分类标志本身就是类别或者顺序变量,那么次数分布表的编制就很简单。例如表2-3所示的数据。

表 2 - 3 某心理学院三个专业方向的研究生人数分布表

专业方向	基础心理学	发展与教育心理学	应用心理学	合　计
人　数	62	50	70	182

如果分类标志是等距连续（定量的）变量，编制次数分布表的程序就要复杂一些。表 2 - 4 所示的是某一中学高三年级 520 名学生参加全市统考的语文成绩分布表，就是连续变量测量结果的次数分布表，它是采用区间计数方法制作的。

表 2 - 4　520 名高三学生语文考试成绩的次数分布表

组　限	次　数	频率%	向上累计		向下累计	
			次　数	频率%	次　数	频率%
（1）	（2）	（3）	（4）	（5）	（6）	（7）
90—	6	1.15	520	100.00	6	1.15
85—	26	5.00	514	98.85	32	6.15
80—	45	8.65	488	93.85	77	14.81
75—	90	17.31	443	85.19	167	32.12
70—	150	28.85	353	67.88	317	60.96
65—	130	25.00	203	39.04	447	85.96
60—	53	10.19	73	14.04	500	96.15
55—	15	2.88	20	3.85	515	99.04
50—	5	0.96	5	0.96	520	100.00

通常情况下，表 2 - 4 中的前三列就已经构成了一个简单的次数分布表，可以完整地反映各个不同取值区间内出现的取值次数。如果要用次数分布表来反映某分值以上或某分值以下出现的次数，则可以加上如表 2 - 4 中的第（4）、（5）、（6）和第（7）列。

制作简单次数分布表的一般步骤[①]：

步骤 1：计算全距（range）。$R = X_{max} - X_{min}$，即全部测量值中的最大值减去最小值的差。

步骤 2：确定组数、组距、组限。组数与组距相互制约，组数少组距就大。但是，组数越少，进一步统计分析处理的误差也就越大；而组数太多，又失去了分组简缩资料的本意。研究中，一般将数据组数控制在 10～20 之间；而组距一般采用 2、4、5、10 等，更便于计算数据的等距间隔；组限也就取在这些整数值上，如表 2 - 4 所示的第（1）列。

步骤 3：登记次数，如表 2 - 4 中的第（2）列。对于恰为组限的数据，一般按照"包含下限不包含上限"的原则处理。例如观测结果恰为 80 分时就将其归入到 80～85 一组、观测结果恰为 85 分时就将其归入到 85～90 一组。

步骤 4：登记频率，如表 2 - 4 中第（3）列。所谓频率，就是该组次数（频数）除以观测总次数 n 所得的商数。频率可以表示成小数的形式，也可以表示成百分数的形式。

较为完整的次数分布表，还可以包括累计次数、累计频率。累计的方式又包括"向上累计"和"向下累计"两种情况，如表 2 - 4 中的第（4）、（5）、（6）和（7）列。

① 王晓柳：《教育统计学》，苏州大学出版社，2001 年版，第 23 页。

三、次数分布图

与统计表一样,只要符合统计分类的基本原则,能够准确、清晰地表达研究者的意图,便于他人理解,就是一张好的统计图。

统计图也要有一个简单明了的标题。与统计表不同,习惯上将统计图的编号和标题放在统计图的下方。次数分布图是最常用的统计图。

(一) 条形图

分类标志是类别或顺序变量时,其变量值都是离散的数据,相应的次数分布图一般采用条形图(Bar Charts)。如图 2-1 所示的资料是关于某大学一个班级 56 名同学毕业论文的成绩等级分布,各成绩等级对应的人数是:"不及格"的 2 名、"及格"的 8 名、"中等"的 13 名、"良好"的 25 名、"优秀"的 8 名。

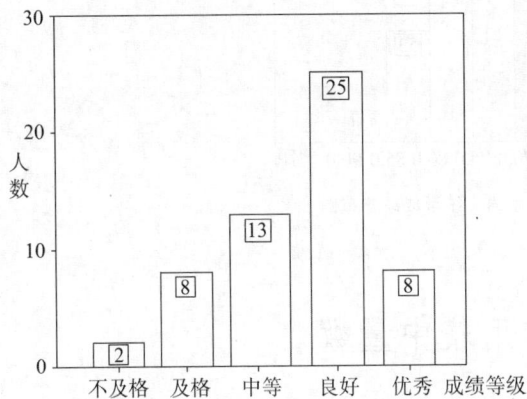

图 2-1 学生毕业论文成绩等级分布图

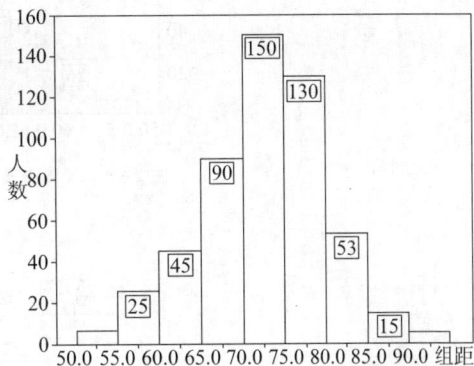

图 2-2 某校高三学生语文统考成绩分布图

(二) 直方图

如果分类标志是等距或等比变量,绘制次数分布图要用直方图(Histograms)。图 2-2 为表 2-4 中 520 名高三学生语文统考成绩的分布直方图。每一直方条都是以组距为其宽度,以该组的观察次数(或频数)为其高度。与条形图不同的是,直方图的直条之间没有空隙,是紧靠在一起的,而且横轴上标记的数值是各组的组限。

(三) 折线图

折线图是等距连续变量次数分布图的另一种形式。绘制折线图要比绘制次数分布直方图更为简便。折线图以各组的组中值为横坐标,以该组的观察次数(或频率)为纵坐标,首先在二维坐标系中描点,再用线段依次将这些点连接起来。我们还使用表 2-4 中的数据为例来做折线图,图 2-3 所示的就是某校高三学生语文统考成绩分布的折线图。

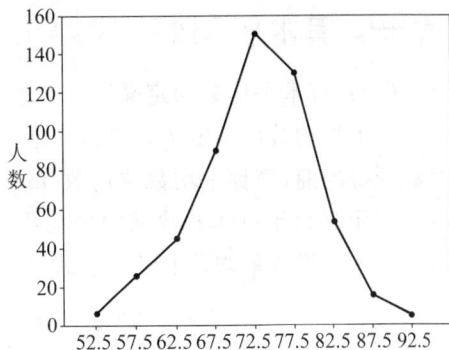

图 2-3 某校高三学生语文统考成绩分布的折线图

(四) 关于"曲线"下的面积

在连续变量的次数分布图中，介于 $X_1 \sim X_2$ 之间的"曲线"下的面积与整个"曲线"下总面积之比，就等于观察数据中取值介于 $X_1 \sim X_2$ 之间的个案数在观察对象总数中所占的比例。如果将"曲线"下的总面积规定为 1，那么介于 $X_1 \sim X_2$ 之间的面积就表示取值介于 $X_1 \sim X_2$ 之间的个案所占的比率。如图 2-4 所示灰色部分的面积代表的是取值在该范围内的个案总数 135，而该部分面积与分布图总面积的比例 135/520 就代表取值在这一范围的学生数占总的学生数的比率。

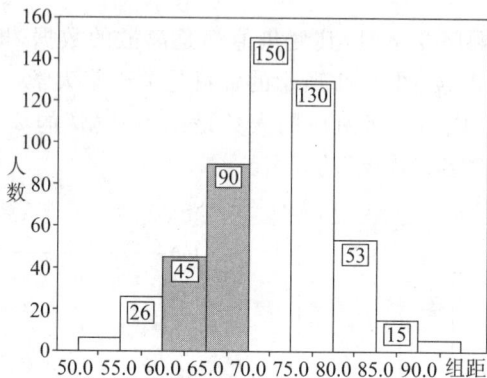

图 2-4 某校高三学生语文统考成绩分布图

第二节 常用集中量数

集中量数，是用来描述一组数据分布集中趋势的数量指标。在研究中，获得的数据往往都是围绕着一个重心（或中心）呈现出上下波动的局面。而数据的集中趋势是指在一组数据分布中，数据的取值有向分布中心集中的趋势。一般情况下，集中量数正好反映了一组数据的重心位置，同时也反映了数据的集中趋势。

可以反映数据集中趋势的集中量数很多，如算术平均数、几何平均数、加权平均数、调和平均数、中位数、众数等等。在心理学研究中，最常用的集中量数有：算术平均数、中位数和众数。

一、算术平均数

(一) 算术平均数的定义

算术平均数（arithmetic mean）是一组数据中所有观测值 X_i 的代数和除以总的数据个数所得的商，简称平均数或均数（mean）。为区分总体与样本的特征量，一般用 μ（读作 miu）表示来自于总体的数据的平均数；用 $\overline{X}$（读作 X bar）表示来自于样本的数据的平均数。总体与样本平均数的计算公式可以分别写为：

$$\mu = \frac{\sum_{i=1}^{N} X_i}{N} \text{（式中 } N \text{ 是指总体中数据的个数）} \qquad \text{（公式 2-1）}$$

心理统计学与SPSS应用

$$\overline{X} = \frac{\sum\limits_{i=1}^{n} X_i}{n} \text{（式中 } n \text{ 是指样本中数据的个数，也称样本容量）} \qquad \text{（公式 2-2）}$$

一般，将数据代入上述公式，就可以计算出总体平均数或样本平均数。但是，有时数据并非是以原始的单个数据存在，而是以分组数据存在的，即给出各组数据取值区间和数据个数，其平均数如何计算呢？这时，只能采用近似方法估算平均数：将每一分组区间的中间值 X_c 看做是这一数据组的平均数，将一个数据组的数据个数记为 f，先以 $X_c \cdot f$ 计算出各组数据和的近似值；然后再将各组所计算的数据和相加，即得到数据组的近似总和；最后除以数据的总个数即得到近似平均数。其计算公式可以写为：

$$\overline{X} = \frac{\sum X_c \cdot f}{n} \text{（式中 } X_c \text{ 为组中值，} f \text{ 为数据组中的数据个数）} \qquad \text{（公式 2-3）}$$

今后，为叙述方便，本书中凡涉及算术平均数的，如不作特别说明，皆简称为平均数。并且，如果不是特指总体平均数 μ 的话，一般用样本平均数符号 $\overline{X}$ 表示，有时也用符号 M（为 mean 的缩写）表示。不管是样本平均数还是总体平均数，它们作为平均数的特性是一样的。另外，在使用求和符号"$\sum$"时，$\sum\limits_{i=1}^{n} X_i$ 可以简写为 $\sum X$，两者的意义是一致的。

（二）算术平均数的特性

算术平均数是最常用的集中量数，也被认为是一种良好的集中量数，因为它能最好地反映数据组的集中趋势，同时因为它具有如下一些特性，也给研究者的资料分析带来很多便利。

（1）所有观测值的总和等于平均数与数据个数的积，很显然：$\sum X = \overline{X} \cdot n$。

（2）各观测值与平均数的差叫离均差，简称离差。一组数据的离差和为 0，即 $\sum (X - \overline{X}) = 0$。

（3）每个观测值同时加上（或减去）任意常数 C 后，其平均数等于原来的平均数加上（或减去）常数 C，即 $\dfrac{\sum (X \pm C)}{n} = \overline{X} \pm C$。

（4）每个观测值同时乘以任意常数 $C(C \neq 0)$ 后，其平均数等于原来的平均数乘以 C，即 $\dfrac{\sum (X \cdot C)}{n} = \overline{X} \cdot C$。

（三）算术平均数的优缺点

作为一种良好的集中量数，算术平均数既有优点，也有缺点。其优点主要有：

（1）反应灵敏。根据平均数的定义和计算过程，它的大小与数据组中所有的数据都有关系，数据分布中发生的任何一个哪怕是微小的数据变化都会引起平均数的改变。换句话说，平均数能够非常灵敏地反映全体数据的变动。

（2）有严格的确定性。根据计算公式，一组确定的数据的平均数也是确定和唯一的。

（3）适合进一步的代数运算。这一点是中位数和众数无法做到的。

（4）受抽样变动的影响较小。如果从总体中随机抽取多个样本，不同样本间的样本平均数起伏变化较小，反映出较小的抽样误差。相比之下，中位数和众数容易受到抽样过程的影响，不同样本间的差异可能很大。所以，在后续一些涉及统计推断的章节中，当需要用样本数据推测总体特征时，样本的算术平均数就是总体平均数的最佳无偏估计值。

当然，事物往往都具有两面性，平均数的主要优点是对数据变化比较敏感，但有时这恰恰又是它的缺点，平均数最主要的缺点就是易受极端值影响而失去典型性。所谓极端值，就是在一组数据中出现的极大值或极小值，它们的出现极易使平均数发生较大变动，失去典型意义，从而使平均数明显偏离中心位置。

【例 2-1】 某公司有 15 名员工，他们某一年的年薪收入（单位：元）分别为：15000、15000、15000、15000、15000、17500、18000、17500、21000、21000、26000、21000、40000、100000、60000，请计算这家公司员工的平均年薪收入，并思考这个平均数能代表该公司员工的典型年收入吗？

【解】 根据题意，计算 15 名员工年薪收入的算术平均数：

$$\overline{X} = \frac{\sum X}{n} = \frac{15000 + 15000 + \cdots + 100000 + 60000}{15} = 27800$$

该公司员工这一年的平均年薪收入为 27800 元。但在所有的 15 名员工中，年薪收入超过这个数字的只有 3 人，其余员工收入都低于或远远低于这个数字。显然，27800 并不能代表该公司员工的典型收入或中间趋势。在此类情况下，算术平均数就不再是良好的集中量数，应改用其他的量数反映数据的集中趋势。

在很多娱乐或运动类电视节目中，经常会看到：在给选手计算最终得分时，往往会"去掉一个最高分，去掉一个最低分，平均得分……"。这种做法就从某种程度上克服了可能的极端值对算术平均数造成的影响，使评判结果更具典型性和可靠性。

另外，当记录的数据性质不同时，不能计算数据的总和。如某商人到外地出差，所带现金中有 2000 美元、1000 元人民币、500 欧元、10000 日元，这就不能说他所带的现金一共为（2000+1000+500+10000）=13500 元。该商人所带现金的币种不同，单位就不一样，因此数字大小的意义不一样，不能直接相加，可以先按照金融市场当时的价格关系将其转换成相同的币种和单位，如都换算成人民币，使其从"不同质"的数据转换成"同质"的数据，然后求和。

所谓"同质"，即性质相同。统计学中，同质性数据是指用相同测量标准或测量工具得到的用来说明相同事物属性的数据。"不同质"的数据不能求和，因此也就不能计算平均数。假如某人曾到美国、英国、越南旅游，均在当地购买了同一品牌的同一日常用品，分别花去 20 美元、14 英镑、20000 越南盾，请问能否说他购买一件这样的日用品平均花费现金是（20+14+20000）÷3=6678 元？显然不可以。也是必须先根据外汇牌价将"不同质"的数据转换成"同质"的，才能计算平均数。

二、中位数

（一）中位数的定义

中位数（median），又称中数，常用 Md 表示。将一组数据按照大小顺序排位后，位于中间位置的那个数，就是中位数。因此，中位数将一组数据分为大的一半和小的一半。需要指出的是，中位数既可能是现有数据列中一个实际有的数，也可能只是一个潜在的数。这一点将在后面的计算实例中体现出来。

（二）中位数的计算

在统计学中，连续变化的数据才可以计算平均数和中位数。而这种数据常常有两类不同的记录方式：一类是保留了原始的每个数据的记录方式，被称为"未分组数据列"；一类是以分组区间并登记了每个区间内数据发生次数的记录方式，被称为"分组数据列"。这两类数据列的中位数的计算方法有所不同。

1. 未分组数据列的中位数计算

步骤1：排列数据。将所有数据按照从小到大（也可以从大到小）的顺序排列。

步骤2：确定中位数的位置及中位数。若数据的总个数 n 为奇数，则第 $\frac{n+1}{2}$ 个数就是中位数；若数据的总个数 n 为偶数，则取第 $\frac{n}{2}$ 个数与第 $\left(\frac{n}{2}+1\right)$ 个数的中间数（即这两个数据的平均数）作为中位数。

【例2-2】 试计算例2-1中公司员工年薪收入的中位数。

【解】 因为此数据列是未分组的数据，先将所有数据按升序（从小到大）排列如下：15000、15000、15000、15000、15000、17500、17500、18000、21000、21000、21000、26000、40000、60000、100000。

因为数据个数为 $n=15$ 是奇数，所以取第 $\frac{n+1}{2}=8$ 个数据作为中位数，得到 $Md=18000$。

【例2-3】 如果在例2-1中的公司于2007年初新引进了一名员工，其当年的年薪收入为22000元，试计算将该名员工的工资数加入数据表列后员工年薪收入的中位数。

【解】 现将公司16名员工年薪收入数据按升序排列如下：15000、15000、15000、15000、15000、17500、17500、18000、21000、21000、21000、22000、26000、40000、60000、100000。

这时数据个数 $n=16$ 是偶数，中位数应位于第8个数和第9个数之间。第8个数是18000，第9个数是21000，所以 $Md=\dfrac{18000+21000}{2}=19500$。前面曾经提到，在有极端值情况下，如果用算术平均数来描述例2-1中公司员工的年薪收入状况典型性不佳。此时若用中位数，其典型性就比较好了。

2. 分组数据求中位数

对于已经分组的数据，其原理与未分组数据是一样的，但计算相对要繁琐一些。主要包括以下几个步骤：

步骤1：计算数据总个数 n，并确定中位数所在的分组区间，即找到第 $\frac{n}{2}$ 个数所在的区间。

步骤 2:计算中位数所在区间以下各区间的次数和(即中位数所在区间下限以下的次数累加),记为 F_b。

步骤 3:计算 $\frac{n}{2}$ 与 F_b 之差。

步骤 4:计算在数据系列中第 $\frac{n}{2}$ 个数值即为中位数。

为表述方便,将中位数所在区间内数据次数记为 f_{Md},中位数所在区间的精确下限记为 L_b。假设中位数区间内的 f_{Md} 个数均匀地分布在这个宽度为 i 的区间内,那么每个数占据的宽度为 $\frac{i}{f_{Md}}$,而中位数到该组下限之间的数据个数为 $\left(\frac{n}{2}-F_b\right)$,因此中位数与所在区间的下限 L_b 之间的距离就是 $\left(\frac{n}{2}-F_b\right) \cdot \frac{i}{f_{Md}}$,所以 $L_b+\left(\frac{n}{2}-F_b\right) \cdot \frac{i}{f_{Md}}$ 也正好是中位数了。

概括地说,中位数的计算公式为:

$$Md=L_b+\frac{n/2-F_b}{f_{Md}} \cdot i \qquad (公式\ 2-4)$$

同理,如果把中位数所在区间的精确上限记为 L_a,将该上限以上的数据次数累计记为 F_a,则中位数的计算公式即为:

$$Md=L_a-\frac{n/2-F_a}{f_{Md}} \cdot i \qquad (公式\ 2-5)$$

【例 2-4】 某年研究生入学考试中,某考区 120 名考生"普通心理学"课程的考试成绩的次数分布如表 2-5 所示,试计算这 120 名考生"普通心理学"考试成绩的中位数。

表 2-5 某考区考生"普通心理学"成绩的次数分布表

分组区间	次 数	向上累计次数	向下累计次数
90—	1	120	1
80—	9	119	10
70—	35	110	45
60—	62	75	107
50—	10	13	117
40—	3	3	120
$\sum$	120		

【解】 从理论上讲,考试成绩是连续变量。因考生数为 120 名,所以数据个数为偶数,可以认为考生成绩中位数的位置是在第 $\frac{n}{2}$ 个与第 $\left(\frac{n}{2}+1\right)$ 个之间,即第 60 个与第 61 个数之间。不过,分组数据的个数都是比较大的,所以在这种情况下,为了简化计算过程,不再区分 n 的奇偶数。这里,中位数所在区间的精确下限为 $L_b=60$、精确下限之下次数累加 $F_b=13$,中位数区间数据次数 $f_{Md}=62$,区间间距 $i=10$,将这些数据代入公式 2-4 即可计算出该数据列的中位数:

心理统计学与SPSS应用

$$Md = L_b + \frac{n/2 - F_b}{f_{Md}} \cdot i = 60 + \frac{60 - 13}{62} \times 10 = 67.58$$

使用公式 2-5 也能得到同样的结果：该未分组数据列的中位数约为 67.58。

（三）中位数的应用及其优缺点

中位数也具备了良好集中量数的某些特征，比如，定义明确、计算简便，且不会受到极端数值的影响，受抽样变动的影响也较小（但比平均数受到的影响要大）。然而它的灵敏性不如平均数，也不适合进一步的代数运算。中位数作为集中量数，一般用于一组数据中出现极端数值、个别不确切数据，或者其他不能用算术平均数作为集中量数的情况。当数据属于顺序量表水平时，可以用中位数来度量其集中趋势。

三、众数

（一）众数的定义与计算

一组数据中次数出现最多的那个数，即为众数（mode），用 Mo 表示。其计算也很简便，只需将数据按大小顺序排列，用观察法直接寻找出现次数最多的那个数即可。如果数据以次数分布表的形式出现，则表中次数最多的那一组的组中值可作为众数。

例 2-1 中公司员工年薪收入的众数就比较简单。先将所有数据按从小到大的顺序排列，然后就会发现，其中出现次数最多的是 15000，共有 5 次，所以 $Mo = 15000$，该公司员工的年薪收入的众数为 15000 元。

（二）众数的应用及优缺点

众数作为一种集中量数，其性能不及平均数和中位数优良。这是因为，众数虽然定义简单、明确，也不受极端数值的影响，但它不适合代数运算，受抽样变动的影响较大。而且，当次数分布表设定不同的组距时，众数的数值就会发生很大的变化，因此它的适用范围非常有限。一般在需要极其快速而粗略地估计一组数据的集中趋势时，才会用到众数。另外，当一组数据出现不同质的情况时，也可用众数来表示典型性情况，如工资收入、学生成绩等有时会以次数最多者作为代表值。

相对而言，算术平均数、中位数和众数是三个较为常用的集中量数，都能在一定程度上反映数据列的集中趋势，所以具有内在的关联性。在数据的次数分布图完全对称的特殊情况下，这三个集中量数就会相等，在数轴上重合为一点，如图 2-5（b）所示，$M = Md = Mo$。

如果数据分布是不对称的，其次数分布图表现为偏于左边或右边的情形，那么平均

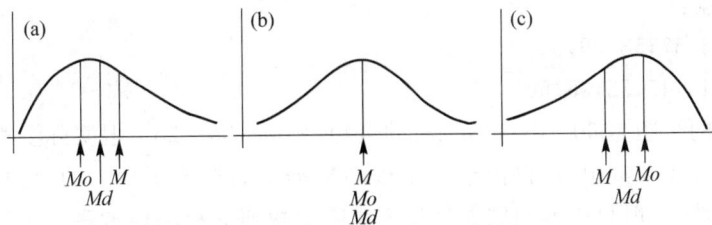

图 2-5 在不同的分布中，三个集中量数的关系不同

数、中位数和众数就不再相等。由于平均数更容易受到极端值的影响，因此平均数的值肯定会因为一边出现了极偏的值而也随之偏向于这一边。具体地说，以测量值作为横坐标，以分布次数或频率作为纵坐标，当数列中出现极大值的时候，分布图中在正的方向出现了明显偏大的值，叫做正偏态，如图2-5(a)所示，通常在这一分布中，$M>Md>Mo$；当数列中出现极小值的时候，分布图中在负的方向出现了明显偏小的值，叫做负偏态，如图2-5(c)所示，通常在这一分布中，$M<Md<Mo$。

第三节 差异量数

利用平均数、中位数、众数等集中量数可以描述一组数据的中间趋势，从一个侧面反映出数据列的特征。但是，在实际中，人们发现仅仅有数据列的集中趋势未必能够较全面地描述数据列的特征。我们不妨来比较下列三组数据的特点：

> 甲组：50,50,50,50,50
> 乙组：48,49,50,51,52
> 丙组：30,40,50,60,70

显然，三组数据的平均数都是50，但这并不意味着三个数据组的特征一样。可以看到：甲组的数据最"集中"，均为50；乙组的数据分散在48～52之间，分散程度比较小；丙组的数据分散在30～70之间，分散程度比较大。可见，三组数据的集中量数虽然一样，但是分散程度却不一样，所以看上去具有不同的特征。要全面描述一组数据，只有集中量数是不够的，还必须要有能够描述数据分散程度的特征量，我们将这种特征量称为差异量数。常用的差异量数包括全距、四分位差、平均差、方差、标准差等，其中最重要的是方差和标准差。

一、全距、四分位差和平均差

(一) 全距

在所有的差异量数中，全距(range)是最粗略和最简单的，它是一组数据中最大值与最小值之差。一般来说，全距越大，说明数据越分散，反之数据越集中、越整齐。上述三组数据中，甲组数据的全距为$50-50=0$，乙组数据的全距为$52-48=4$，丙组数据的全距为$70-30=40$。这说明甲组数据最集中；乙组数据有较小的分散性；丙组数据分散性较大。分散性大，也可以说成是差异性大。然而，由于全距的计算只是使用了数据列中最大和最小的两个数据，所以它极易受极端值的影响而降低其对数据分散程度的反映力。就如以下两组数据：

> 一组：0,56,57,58,59,60
> 二组：35,40,45,52,55,60

其中一组的全距是$60-0=60$，二组的全距是$60-35=25$。但实际上第一组的其他数据都很接近或比较集中，仅仅由于一个极端数据0而造成了较大的全距。所以，全距有很大的局限性，一般只在编制次数分布表或需要快速而粗略地考察一组数据的分散程度时才使用。

心理统计学与SPSS应用

（二）四分位差

前文已经提到，为了避免受到极端值的影响，日常生活中，我们经常采取去掉最高分和最低分的方法，即主要看中间部分的分数。这样做的确可以在某种程度上减少极端数值的影响，找到更具有代表性的数据，提高测量的稳定性和准确性。统计学中，也可以借用这种方法剔除更多的高分和低分数值，而看排列在中间的 $\frac{n}{2}$ 个数据的分布情况。

四分位差（quartile），也叫四分位距。计算中先去掉数据列中最大的 $\frac{1}{4}$ 部分和最小的 $\frac{1}{4}$ 部分的数据，剩下来的中间这一半数据的全距被称为四分差全距，四分差全距的一半就叫四分位差，一般用 Q 表示。

$$Q = \frac{Q_3 - Q_1}{2} \qquad \text{（公式 2-6）}$$

公式 2-6 中，在由小到大排列的数据中，Q_3 和 Q_1 分别是去掉最高的 $\frac{1}{4}$ 和最低的 $\frac{1}{4}$ 数据后，所剩下的数据的最大值与最小值，正好是位于原来 $\frac{3}{4}$ 处和 $\frac{1}{4}$ 处的数据。如图 2-6 所示，Q_1、Q_2、Q_3 可将一组按大小顺序排列的数据分为个数相等的四份，所以这三个位置的分数也叫做四分位数。其中 Q_1 叫做第一四分位数；Q_2 叫做第二四分位数（也正好是中位数）；Q_3 叫做第三四分位数；Q_1、Q_3 又正好是前半段和后半段数据的"中位数"。四分位数的计算可参照中位数的计算方法进行。

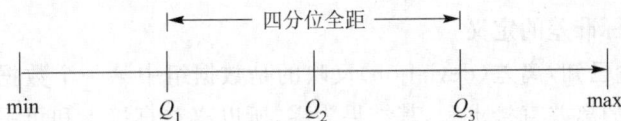

图 2-6　四分位全距示意图

【例 2-5】　根据表 2-5 中的数据计算其四分位差。

【解】　类似于中位数的计算方法，可以得到 Q_1 与 Q_3 的值。Q_1 就是前 60 个数的中位数，Q_3 就是后 60 个数据的中位数。在整个数据列中，Q_1 是第一四分位数，它是由小到大排列的整组数据中的第 $\frac{1}{4} \times 120 = 30$ 个数，位于"60—"这组；Q_3 是第三四分位数，它是整组数据中的第 $\frac{3}{4} \times 120 = 90$ 个数，位于"70—"这组。参照公式 2-4 计算如下：

$$Q_1 = L_b + \frac{n/4 - F_b}{f_{Md}} \cdot i = 60 + \frac{\frac{1}{4} \times 120 - 13}{62} \times 10 = 62.74$$

$$Q_3 = L_b + \frac{3n/4 - F_b}{f_{Md}} \cdot i = 70 + \frac{\frac{3}{4} \times 120 - 75}{35} \times 10 = 74.29$$

$$\therefore \quad Q = \frac{Q_3 - Q_1}{2} = \frac{74.29 - 62.74}{2} = 5.775$$

参照公式 2-5 的计算方法也能得到同样的结果。未分组数据求四分位差的计算过程要简单一些：就是将数据按从小到大的顺序排列后，找到排位在第 $\frac{1}{4}n$ 和第 $\frac{3}{4}n$ 位置上的分数，二者相减即得到四分位差全距，该四分位差全距的一半为四分位差。在此不再举例。

与全距相比，四分位差剔除了极端数值，似乎可靠了许多。但从另外角度看，其计算相对较繁琐，且忽略了大量信息，不适合做进一步的代数运算，实际中较少使用。

（三）平均差

平均差（average deviation）是指一组数据中所有数值与平均数距离（离均差的绝对值）的平均数，一般用 AD 表示。其计算公式为：

$$AD = \frac{\sum |X - \overline{X}|}{n}$$ （公式 2-7）

平均差的意义明确，它是以平均数为中心，将每一数值与平均数之间的差值（$X - \overline{X}$，也叫做离差）看作误差，平均差有"平均的误差"之意。只不过离差有正有负，如果直接计算总和，根据前面说过的平均数的性质，则离差之和为 0。所以，要计算平均差，就要对每个离差取绝对值后再求总平均。由于平均差的计算过程要使用取绝对值的步骤，使得代数运算过程不方便，形成了平均差应用过程中的制约因素，所以平均差在实际数据分析中也不常用。

二、方差与标准差

（一）方差与标准差的定义

根据前文讨论已知，离差（deviation）反映的是数据组中某一个数据离开平均数的距离，而将所有数据的离差直接求和，其结果为零，所以离差直接求和再平均所得结果不能反映一组数据的离散性。而取绝对值后求和再平均所得到的平均差又不方便进一步的代数运算，于是统计学家采取以下策略来解决这一问题：将数据组中所有数据的离差平方再求和，所得结果叫做离差平方和，也叫平方和（sum of square，简称 SS），其代数表达形式是 $SS = \sum (X - \overline{X})^2$，离差平方和除以数据个数 n 得到平均的离差平方和，在统计学中叫方差（variance）。通常，样本数据的方差用 S^2 或 S_n^2 表示，总体数据的方差用 σ^2 表示。如果将该定义中的所有要素一一对应地在公式中体现出来，这样的公式称为定义公式。样本方差 S^2 与总体方差 σ^2 的定义公式如下：

$$S^2 = \frac{\sum (X - \overline{X})^2}{n}$$ （公式 2-8）

$$\sigma^2 = \frac{\sum (X - \mu)^2}{N}$$ （公式 2-9）

显然，与平均差相比，方差先将离均差平方然后再求其平均数，避免了使用绝对值所引起的计算不便，同时也非常好地避免了直接对离均差求平均数（导致结果为零）的缺陷。

进一步分析离差平方和的意义。就一数据组来说,离差平方和 $SS=\sum(X-\overline{X})^2$ 所反映的其实是这一数据组中各个数据间的相互差异性。比如,数据组中各个数据都相等时,此时数据之间没有差异性,即差异量为 0,每个数据都会等于平均数,所以 $SS=0$;当数据组中数据集中于一个较小范围内,此时数据间的差异性较小,同时数据总体上离平均数也会比较近,所以 SS 比较小;当数据组中数据分散在一个较大的范围内,此时数据间的差异性较大,同时数据总体上离平均数也会比较远,所以 SS 比较大。可见,SS 可以反映一个数据组中数据间的差异性,所以也叫差异量和变异量。

当比较数据组中 n 个数据之间的差异量时,要做多少次的比较才是全面的呢?其实很简单,如果选择其中一个数据作为参照点,剩下的 $(n-1)$ 个数和这个参照点一一作比较,就可以全面评估这组数据之间的差异量。也就是说,n 个数据之间的差异性实际上是 $(n-1)$ 次变化量的总和。当用离差平方和作为一组数据中数据间差异量的评估指标时,它除以 $(n-1)$ 所得到的结果才是真正意义上的平均变异量,即真正意义的方差。所以,统计学上更为准确的方差计算公式是:

$$S^2 = \frac{\sum(X-\overline{X})^2}{n-1} \qquad (公式\ 2-10)$$

或写作

$$S_{n-1}^2 = \frac{\sum(X-\overline{X})^2}{n-1} \qquad (公式\ 2-11)$$

统计学研究也已发现,当用样本的方差来估计总体的方差时,S_n^2 并不是 σ^2 的最佳估计量,而是一个有偏估计量。后来证明,S_{n-1}^2 是 σ^2 的无偏估计量,也是最佳估计量。所以,在方差计算中,如果是按照定义进行,就使用公式 2-8 或公式 2-9;如果要求更为精确地计算,使用无偏估计量的计算方法,则使用公式 2-10 或公式 2-11。

很显然,对于实际的测量数据来说,方差的单位与原始数据的单位不一致,前者是后者的平方。拿计算一组长度测量数据(假如单位为"米")的方差来说,其原始数据的单位为"米",方差的单位就是"平方米",二者就无法进行加减等运算。于是,统计学家又提出了标准差的概念:标准差(standard deviation,简称为 SD 或 S)就是方差的平方根。根据不同的方差计算公式,得到了下列三种不同的标准差计算公式:

数据总体的标准差:

$$\sigma = \sqrt{\frac{\sum(X-\mu)^2}{N}} \qquad (公式\ 2-12)$$

根据定义得到的样本数据的标准差:

$$S_n = \sqrt{\frac{\sum(X-\overline{X})^2}{n}} \qquad (公式\ 2-13)$$

根据无偏估计量要求得到的样本数据的标准差:

$$S_{n-1} = \sqrt{\frac{\sum(X-\overline{X})^2}{n-1}} \qquad (公式\ 2-14)$$

那么,依据什么原则选择计算标准差的公式呢?因为多数情况下两种方法计算得到的结果不会差别太大,所以通常不对此作过多和过于严格的规定。一般来说,当有明确要求时,按照要求选择计算公式;当数据样本容量 n 比较小(如 $n<30$),或者是为了进行统计推断的时候,尽量使用公式 2-14 计算标准差 S_{n-1};若样本容量 n 比较大(如 $n\geqslant30$),使用公式 2-13 计算 S_n^2 或使用公式 2-14 计算 S_{n-1} 均可,所得结果相差不大。

(二) 方差与标准差的计算

根据定义公式即可计算方差与标准差。但使用定义公式时都要先求平均数,再求离均差。如果平均数不是整数,或者是一个除不尽的数,则计算过程就会比较麻烦且易带来误差。此时,也可直接根据原始数据计算方差与标准差,而不需先计算出平均数。对应公式为:

方差:
$$S_n^2 = \frac{\sum X^2}{n} - \left[\frac{\sum X}{n}\right]^2 \qquad (公式 2-15)$$

标准差:
$$S_n = \sqrt{\frac{\sum X^2}{n} - \left[\frac{\sum X}{n}\right]^2} \qquad (公式 2-16)$$

如果要求方差和标准差是总体方差和标准差的无偏估计量,则相应的方差和标准差公式为:

方差:
$$S_{n-1}^2 = \frac{\sum X^2}{n-1} - \frac{(\sum X)^2}{n(n-1)} \qquad (公式 2-17)$$

标准差:
$$S_{n-1} = \sqrt{\frac{\sum X^2}{n-1} - \frac{(\sum X)^2}{n(n-1)}} \qquad (公式 2-18)$$

【例 2-6】 根据定义公式,试就本节开始所举三个数据样本分别计算方差与标准差。

【解】 由于三组数据的平均数均为 $\overline{X}=50$,则:

甲组数据的方差:
$$S_n^2 = \frac{\sum(X-\overline{X})^2}{n} = \frac{(50-50)^2+\cdots+(50-50)^2}{5} = 0$$

标准差: $S_n = 0$

乙组数据的方差:
$$S_n^2 = \frac{\sum(X-\overline{X})^2}{n}$$
$$= \frac{(48-50)^2+(49-50)^2+(50-50)^2+(51-50)^2+(52-50)^2}{5} = 2$$

标准差: $S_n = \sqrt{2} = 1.414$

丙组数据的方差:
$$S_n^2 = \frac{\sum(X-\overline{X})^2}{n}$$
$$= \frac{(30-50)^2+(40-50)^2+(50-50)^2+(60-50)^2+(70-50)^2}{5} = 200$$

标准差：$S_n = \sqrt{200} = 10\sqrt{2} = 14.14$

如果遇到分组数据，如何计算方差与标准差呢？根据前面对分组数据求平均数的思路与公式 2-3，以及公式 2-15、2-16，可以推导出对分组数据求方差与标准差的公式，读者可以根据该公式自行计算表 2-5 数据的方差与标准差。计算公式为：

$$S_n^2 = \frac{\sum X_c^2 \cdot f}{n} - \left[\frac{\sum X_c \cdot f}{n}\right]^2 \qquad (公式\ 2-19)$$

$$S_n = \sqrt{\frac{\sum X_c^2 \cdot f}{n} - \left[\frac{\sum X_c \cdot f}{n}\right]^2} \qquad (公式\ 2-20)$$

公式中 X_c 代表分组数据中某一组数据的组中值、f 代表与 X_c 组中值对应组的数据个数。

(三) 方差与标准差的优缺点

方差与标准差在计算过程中要用到一组数据中的所有数值，无一遗漏，因此，它们具有反应灵敏的优点，但与此同时也带来一个缺点，即易受极端值影响。不过，方差与标准差定义明确，计算并不复杂，并且适宜于进一步的代数运算。而且根据样本资料计算得到的 S_{n-1}^2 是总体方差 σ^2 的最佳无偏估计量。所以，总体来说，它们具备了良好差异量数的特征。

(四) 标准差的应用

1. 差异系数

标准差作为一个良好的差异量数，用途非常广泛，其最直接的意义就是可以用来比较几个不同的数据组之间的离散程度。一般说来，标准差越大，数据的离散程度越大；反之，则离散程度越小。然而，有时候情况并不如想象的那么简单，例如下列两种情况：

(1) 当两组或几组数据资料单位不同时，不能直接用标准差比较离散程度的大小。

【例 2-7】 已知某地区 6 岁儿童的平均身高是 1.15 米，标准差是 0.08 米；平均体重 23 公斤，标准差是 4.2 公斤，问身高和体重的离散程度哪个大？

如果仅仅根据身高的标准差 0.08、体重的标准差 4.2 这两个数字的大小来判断，作出身高的离散程度小、体重的离散程度大的结论，肯定是不恰当的。假如将身高的单位由米换成厘米，则其标准差的数值将变为"8"，岂不是"大于"体重的标准差了吗？可见，对于有不同测量单位的两组数据来说，不能直接比较其标准差的大小。

(2) 当两组或几组数据资料的单位相同，但它们的平均数相差较大时，也不能直接根据标准差来比较它们的离散程度。

【例 2-8】 有人用同一份数学试卷同时对一至五年级小学生进行测试，结果发现：五年级学生的平均成绩是 80 分、标准差是 5 分，而一年级学生的平均成绩是 40 分，标准差也是 5 分。问这两个年级的测验分数中哪一年级的离散程度大？

本例中，如果仅仅从标准差的大小来看，可能有人会作出一年级和五年级的数学成绩离散程度一样的结论，因为两者标准差的值是相同的。然而仔细分析即可发现五年级与一年级学生的平均成绩相差很大:标准差相同的情况下,五年级学生平均成绩高,相对差别较小;一年级小学生平均成绩低,相对差别较大。可见,直接用标准差来比较离散程度的大小,是不科学的。

那么,该如何比较这两种情况下数据离散程度的大小呢?可以使用相对差异量数。最常用的相对差异量数是差异系数。所谓差异系数,也叫相对标准差,一般用符号 CV 表示:是指标准差与其算术平均数的比率,常用百分数来表示。它没有单位,是一种相对系数,其计算公式为:

$$CV = \frac{S}{\overline{X}} \times 100\%$$
（公式 2-21）

公式中:S 为其样本资料的标准差,$\overline{X}$ 为该样本资料的平均数。

现在,分别对【例 2-7】与【例 2-8】求解如下:

在【例 2-7】中:
$$CV_{身高} = \frac{0.08}{1.15} \times 100\% = 6.96\%$$

$$CV_{体重} = \frac{4.2}{23} \times 100\% = 18.26\%$$

通过比较差异系数,可知该地区 6 岁儿童体重的离散程度比身高的离散程度大。

在【例 2-8】中:
$$CV_{五年级} = \frac{5}{80} \times 100\% = 6.25\%$$

$$CV_{一年级} = \frac{5}{40} \times 100\% = 12.5\%$$

通过比较差异系数,可知一年级学生的测验分数的离散程度大。

在应用差异系数比较相对离散程度时,应注意,由公式 2-21 可知,如果平均数为 0,则差异系数没有意义。从测验理论来说,只有等比量表测量的数据组的平均数才不会等于零(因为它的测量起点是绝对零,所以测得的任何一个数据都应是大于零的)。因此严格地说,也只有等比量表的数据才能计算差异系数。不过,那些用等距量表或接近等距量表水平的测量数据资料,如果平均数不等于零,如百分制考试成绩等,也可以降低限制条件,使用差异系数。总之,使用差异系数时,数据资料至少应为等距量表水平,因为只有此时,计算的平均数和标准差才有意义。

2.标准分数

在统计学中,与标准差有关的一个重要概念就是标准分数。所谓标准分数,又称基分数或 Z 分数,是以平均数为中心、标准差为单位,表述一个原始分数在其团体中所处相对位置的数量。这个相对位置,是针对平均数而言的。一个原始数据离平均数有多远,可以用标准分数来表示它在平均数以上或以下几个标准差,从而明确该原始分数在团队中的相对地位。

（1）标准分数的计算公式
$$Z = \frac{X - \overline{X}}{S}$$
（公式 2-22）

或

$$Z = \frac{X - \mu}{\sigma}$$
（公式 2-23）

公式中 Z 为标准分数、$\overline{X}$ 为样本平均数、S 为样本标准差;μ 为总体平均数、σ 为总体标准差。

以上公式也非常明了地显示了 Z 分数的意义。它是离均差除以标准差之后所得的商数,没有实际单位。它既可以是一个正数(当原始分数大于平均数时),也可以是一个负数(当原始分数小于平均数时),还可以为零(当原始分数正好等于平均数时)。可见从 Z 分数的大小就可以看出某一原始分数在团体中的相对位置。

【例 2-9】 一次期中考试,某班同学的数学平均成绩为 68 分、标准差是 10 分。考生甲、乙、丙三人的成绩分别为 60 分、68 分、88 分,试计算他们数学成绩的标准分数各是多少?

【解】 已知 $\overline{X}=68$,$S=10$,$X_{甲}=60$,$X_{乙}=68$,$X_{丙}=88$

根据公式 2-22 可计算得到:

$$Z_{甲}=\frac{60-68}{10}=-0.8,Z_{乙}=\frac{68-68}{10}=0,Z_{丙}=\frac{88-68}{10}=2$$

所以,甲、乙、丙三人的数学标准分数分别是 -0.8、0、2。

(2) 标准分数的性质

性质Ⅰ:Z 分数无实际单位,是以平均数为参照点,以标准差为单位的一个相对量。

性质Ⅱ:一组数据中,所有原始分数的 Z 分数之和为零,Z 分数的平均数亦为零,即:$\sum Z=0$,$\overline{Z}=0$(很容易根据其计算公式来证明)。

性质Ⅲ:一组数据中,原始分数转化为 Z 分数后,其标准差为 1,即 $S_z=1$(根据性质Ⅱ和标准差的计算公式可以证明)。

性质Ⅳ:如果原始分数呈正态分布,则转换后得到一个所有 Z 分数的均值为 0,标准差为 1 的标准正态分布(具体说明见第三章)。

(3) 标准分数的应用

应用Ⅰ:用于比较几个分属性质不同的观测值在各自数据分布中相对位置的高低。

【例 2-10】 小明和小平是兄弟俩,分别上小学五年级和一年级。期中考试结束后,妈妈发现,小明的数学考了 80 分,小平的数学考了 85 分。能否说明小明的数学成绩不如小平?已知小明所在班级的数学分平均为 70 分,标准差为 10 分;小平所在班级的数学分平均为 90 分,标准差为 5 分。

【解】 显然,兄弟俩分属于性质不同的团体,不能直接比较两者成绩的高低,而应从各自团体的情况作具体分析。Z 分数恰好可以反映兄弟俩在各自团体中所处的相对位置,从而通过比较 Z 分数的大小来比较兄弟俩成绩的高低。根据公式 2-22,计算可得到:

$$Z_{小明}=\frac{80-70}{10}=1.0,Z_{小平}=\frac{85-90}{5}=-1.0$$

所以,尽管从分数上看,小明的 80 分低于小平的 85 分,但小明在他所属班级中的水平处于平均数以上一个标准差的位置,而小平则处于平均数以下一个标准差的位置。可见,就他们在各自班级中成绩的排名看,小明的数学成绩要好于小平。

在实际的心理与教育研究中,经常会遇到属于几种不同质的观测值。这时不能对它们进行直接比较,而应根据各自数据分布的平均数与标准差,分别求出 Z 分数后再进行比较。

应用Ⅱ:计算不同质的观测值的总和或平均值,以比较其在团体中的综合排位。

前面在讲到平均数的使用时,曾提到,直接将不同质的数据相加计算成绩的总和或平均值是不合适的。但如果这些不同质的观测值总体分布为正态时,可以将它们都转化为 Z 分数后相加求总和或平均数,这样就变得有意义了。例如,以往对高考成绩的计算,常常是将几门课程的成绩直接相加求总分,但实际上这样做是不科学的,因此也是不公平的。因为这几门课程的试卷难易程度很难做到完全相同,会造成各科成绩实际上的不同质。所以不能直接以相加的方式求总分,而应改为先对各门课程的成绩求 Z 分数,再将各科成绩的 Z 分数相加求总分或平均分。这样的计分才更加科学和公平。类似地,期末考试各科成绩的总和也可以用 Z 分数来合成,使之更趋科学、合理。

【例 2 - 11】 下表是甲、乙两名考生某年的高考成绩。试问根据考试成绩应该优先录取哪名考生?

表 2 - 6 甲、乙两名考生高考成绩的比较

考试科目	原始成绩		全体考生		Z 分数	
	甲	乙	平均分	标准差	甲	乙
语 文	95	98	85	10	1.0	1.3
政 治	77	72	75	5	0.4	−0.6
外 语	68	75	70	8	−0.25	0.625
数 学	85	75	80	5	1.0	−1.0
理 化	78	85	75	8	0.375	1.25
$\sum$	403	405			2.525	1.575

【解】 如果按以往将原始成绩直接相加得到考生的总分,则考生乙的总分高于甲,乙应优先被录取;若通过公式 2-23 计算考生各门课程成绩的标准分,然后相加得到标准分总分,则考生甲的总分高于考生乙,甲应优先被录取。那么究竟采用哪一种算法更合理呢?由于各科考试试卷的内容不同、难易程度不同,各门课程的成绩分数具有不同的性质。这时如果将原始分数简单相加求总分是不科学的,因此,科学的方法应当是用 Z 分数来求和。从 Z 分数的总和看,考生甲的多数成绩是在平均数以上,即使有一科成绩低于平均数,但差别也很小;而考生乙有两门成绩低于平均数,且相差的幅度较大。用 Z 分数来确定优先录取的考生更为合理。

应用Ⅲ:经过线性转换后表示标准测验分数。

由于标准分数能清楚地表明某一分数在相应团体中的排位,所以很多标准化的心理和教育测验都使用 Z 分数来表示测查结果。但是 Z 分数往往含有小数、负数,不易为非专业人士所理解,为克服这些缺点,常常对其进行线性转换,使其分数形态更易为人们所接受,其实质性意义不发生改变,即这种线性转换不改变相应分数在团体中的排位。标准分数线性转换的一般公式为:

$$Z' = A \cdot Z + B \qquad \text{(公式 2-24)}$$

公式中,Z 为转换前的标准分数,Z' 为转换后的标准分数,A、B 为常数。转换过程中,在原来的 Z 分数前乘一常数 A,是为了省略小数;加上一个常数 B 是为了消除负数。

例如,某一学生的数学成绩是 65 分,而其所在年级学生考试分数的平均分为 80 分、标准差为 10 分,于是可以计算得到该学生数学成绩的标准分数 $Z=-1.5$,为了消除小数和负号,将这一标准分数乘以 10 变为 -15,再加上 100,该标准分数就转换为 $Z'=85$。

标准分数经过这样的线性转换之后,仍然保持着原始分数的分布形态,同时仍具有原来标准分数的一切优点。例如,韦氏成人智力量表中使用离差智商表示一个人在同龄团体中的相对智力。

$$IQ=15Z+100$$

在这个公式中,$Z=\dfrac{X-\overline{X}}{S}$,其中,$X$ 为被试在智力测验中的原始分数,$\overline{X}$ 为某年龄团体的平均原始分数,S 为该年龄团体的标准差。而公式中的常数 100 与 15 实际上是转换后分数的总平均数与标准差。类似地,比奈-西蒙智力测验中使用了 $Z'=16Z+100$ 公式,普通分类测验(AGCT)使用了 $Z'=10Z+100$ 等等。

3. 异常值的取舍

在统计学中,异常值的出现会影响到数据列集中量数与差异量数的计算,有时为了消除这种影响,可以把那些异常值从数据列中删除,但是这里的数据删除不是随意的,而是有一定标准的。这个标准一般被称为"三个标准差"原则:在一个正态分布中,平均数上下一定的标准差处,包含确定百分数的数据个数;以平均数为中心,平均数的 3 个标准差之内约包含 99.739% 的数据。即使不是正态分布,根据切比雪夫定理"在平均数的 h 个标准差之内至少包含有 $1-\dfrac{1}{h^2}$ 的数据个数",也即平均数的 3 个标准差之内至少包含有约 89% 的数据个数。所以,在整理数据时,常采用三个标准差原则取舍数据,即:若数据的值落在平均数加减三个标准差的范围之外,则在整理数据时,可将此数据作为异常值舍去。

第四节 地 位 量 数

中位数在按大小顺序排列的数据列中占有特殊地位,它正好位于中间;而三个四分位数分别位于数据列中的四分之一、四分之二和四分之三处,将数据列中的数据个数按分数由低到高的顺序划分为四等份。这些划分或排列都是按照数值大小顺序进行的,各个数值排列位置的不同,也反映这些数值在数据系列中地位的不同,所以这些排位数也叫地位量数。地位量数就是反映特定观测值在一个数据系列中所处位置或地位的量数,常用的有百分位数和百分等级。

一、百分位数

按照类似于确定四分位数的方法,分别以数据列中的 1%、2%、……、99% 位置上的数值为分界点,则可以将数据列划分为人数相等的 100 等份,而这里的 99 个分界点正好就是 1% 的位数、2% 的位数、……、99% 的位数,统计学将这些位数统称为百分位数。所以,百分位数是以一定顺序排列的一组数据中某个百分位置所对应的值,一般用 P_p 表示。例如，P_{70}就表示70％的位数，或叫做第70个百分位数。它代表在按照从小到大顺序排列的一组数据中的一个可能数值，小于这个数值的数据个数占70％，大于这个数值的数据个数占30％。

三个四分位数中，第一四分位数正好是25％的位数，第二四分位数正好是50％的位数或中位数，第三四分位数正好是75％的位数。可见，中位数、四分位数都是一些特殊的百分位数。

已分组数据百分位数的计算方法可以参照中位数和四分位数的计算方法，其原理不再重复。计算公式如下：

$$P_p = L_p + \frac{\frac{P}{100} \times N - F_b}{f_p} \times i \qquad (公式 2-25)$$

或

$$P_p = U_p - \frac{\left(1 - \frac{P}{100}\right) \times N - F_a}{f_p} \times i \qquad (公式 2-26)$$

公式中，N 为总次数

L_p 为百分位数所在组的精确下限、U_p 为百分位数所在组的精确上限

F_b 为小于 L_p 的累计次数、F_a 为大于 U_p 的累计次数

i 为组距、f_p 为百分位数所在组的次数

【例 2-12】 根据表2-5中数据计算其 P_{40}。

【解】 要求计算的是40％的位数，即第40个百分位数。因为表2-6中的数据共有120人，所以从最小值开始计算的40％的位置就是第48人，不难看出，这个人应在"60—"这组。根据公式2-25，可得：

$$P_{40} = 60 + \frac{\frac{40}{100} \times 120 - 13}{62} \times 10 = 60 + 5.65 = 65.65$$

或根据公式2-26，可得：

$$P_{40} = 70 - \frac{\left(1 - \frac{40}{100}\right) \times 120 - 45}{62} \times 10 = 70 - 4.35 = 65.65$$

二、百分等级

百分等级是百分位数的逆运算，它是某个数值在以一定顺序排列的一组数据中所对应的百分位置，用 PR 表示。在例2-12中，如果先给出一个数65.65，要求计算该数值在整个数据表列中的位置，根据前面计算所知 $P_{40} = 65.65$，所以该例中也肯定能计算得到 $PR = 40$。

根据百分位数的计算公式可以推导分组数据的百分等级计算公式如下：

$$PR = \frac{F_b + \frac{(X - L_p)}{i} \times f_p}{N} \times 100 \qquad (公式 2-27)$$

或

$$PR=\left[1-\frac{F_a+\frac{(U_p-X)}{i}\times f_p}{N}\right]\times100 \qquad\text{（公式 2-28）}$$

公式中：X 为需要求出其百分等级的数值，其余符号意义与公式 2-25 和公式 2-26 相同。

【例 2-13】 根据表 2-5 的数据列计算 $X=68$ 所对应的百分等级。

【解】 根据题意可知 $X=68$，处于"60—"数据组。根据公式 2-27 可得：

$$PR=\frac{13+\frac{(68-60)}{10}\times62}{120}\times100=\frac{13+49.6}{120}=52.17$$

或根据公式 2-28 可得：

$$PR=\left[1-\frac{45+\frac{(70-68)}{10}\times62}{120}\right]\times100=52.17$$

所以，与 68 对应的百分等级是 52.17，即在 52.17%处。

第五节 SPSS 数据文件的建立与编辑

SPSS 对数据的处理是以变量为前提的，因此下面先介绍定义变量、输入数据，再介绍保存数据、操作数据文件等。

一、定义变量

启动 SPSS 后，出现如图 2-7 所示数据编辑窗口。由于目前还没有输入数据，因此显示的是一个空文件。

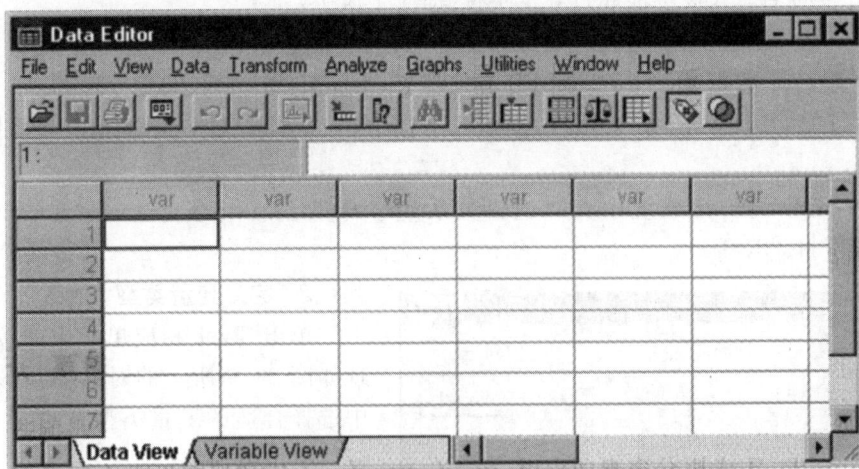

图 2-7 SPSS 数据编辑器示意图（数据视窗）

输入数据前首先要定义变量，即定义变量名、变量类型、变量长度（小数位数）、变量标签（或值标签）和变量格式。

单击数据编辑窗口左下方的"Variable View"标签或双击列的题头(Var),进入如图 2-8 所示的变量定义窗口,在此窗口中即可定义变量。

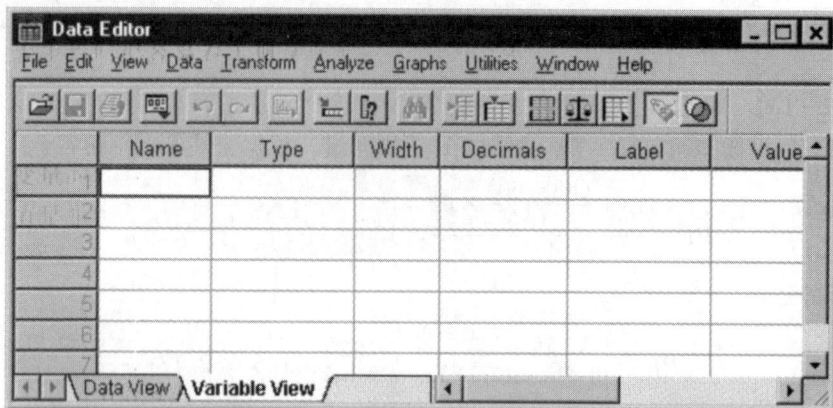

图 2-8　SPSS 数据编辑器示意图(变量视窗)

(一) 变量的定义信息

该窗口的每一行代表一个变量的定义信息,包括 Name、Type、Width、Decimal、Label、Values、Missing、Columns、Align、Measure 等。

1. 定义变量名 Name

SPSS 默认的变量为 Var00001、Var00002 等。用户也可以根据自己的需要来命名变量。SPSS 变量的命名和一般的编程语言一样,有一定的命名规则,具体内容如下:

(1) 变量名必须以字母、汉字或字符@开头,其他字符可以是任何字母、数字或_、@、＃、＄等符号。

(2) 变量最后一个字符不能是句号。

(3) 变量名总长度不能超过 8 个字符(即 4 个汉字)。

(4) 不能使用空白字符或其他特殊字符(如"!"、"?"等)。

(5) 在一个数据文件中,变量命名必须唯一,不能有两个相同的变量名。

(6) 在 SPSS 中不区分大小写,例如,HXH、hxh 或 Hxh 对 SPSS 而言,均为同一变量名称。

(7) SPSS 的句法系统中表达逻辑关系的字符串不能作为变量的名称,如 ALL、AND、WITH、OR 等。

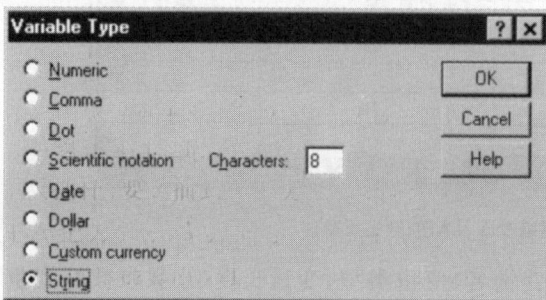

图 2-9　变量类型定义对话框

2. 定义变量类型 Type

单击 Type 相应单元中的按钮,出现如图 2-9 所示的对话框,在对话框中选择合适的变量类型并单击 OK 按钮,即可定义变量类型。

SPSS 的常用变量类型如下:

(1) Numeric:数值型。定义栏宽(columns)和数值宽度(Width),即"整数部分＋小数点＋小数部分"的位数,

心理统计学与SPSS应用

默认为 8 位；定义小数位数(Decimal Places)，默认为 2 位。

（2）Comma：加显逗号的数值型，即整数部分每 3 位数加一逗号，其余定义方式同数值型，也需要定义数值的宽度和小数位数。

（3）Scientific notation：科学记数型。同时定义数值宽度(width)和小数位数(Decimal)，在数据编辑窗口中以指数形式显示。如，将栏宽和数值宽度均定义为 9、小数位数定义为 2 时，数值 345.678 在数据表就显示为 $3.46E+02$。

（4）Custom currency：用户自定义型，如果没有定义，则默认显示为整数部分每 3 位加一逗号。用户可定义数值宽度和小数位数。如 12345.678 显示为 12,345.678。

（5）String：字符型，用户可定义字符长度(Characters)以便输入字符。

3．变量长度 Width

设置变量的长度，当变量为日期型时无效。

4．变量小数点位数 Decimal

设置变量的小数点位数，当变量为日期型时无效。

5．变量标签 Label

变量标签是对变量名的进一步说明或注释，变量只能由不超过 8 个字符组成，而 8 个字符经常不足以说清楚变量的含义。而变量标签可长达 120 个字符、可显示大小写，需要时可借此对变量名的含义进行较为清晰地解释。

6．变量值标签 Values Labels

变量值标签是对变量的每一个可能取值的进一步描述。当变量是称名变量或顺序变量时，这是非常有用的。例如，在统计中经常用不同的数字代表被试的性别是男或女；被试的职业是教师、警察，还是公务员；被试的教育程度是高中以下，还有本科、硕士、博士等信息。为避免以后对数字所代表的类别发生遗忘，就可以使用变量值标签加以说明和记录。比如用 1 代表"male"（男）、2 代表"female"（女），其设置方法为：单击 values 相应单元，出现如图 2-10 所示的对话框；在第一个 Value 文本框内输入 1，在第二个 Value 文本框内输入"male"；单击 Add 按钮；再重复这一过程完成变量值 2 的标签，就完成了该变量所有可能取值的标签的添加。

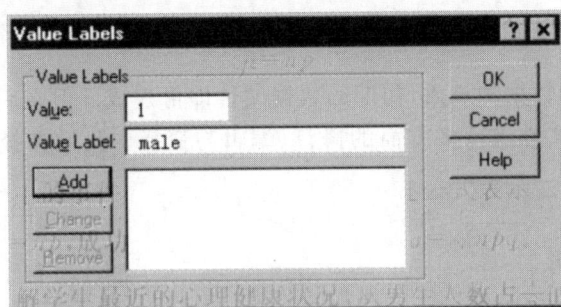

图 2-10　变量值标签定义对话框

7．变量的显示宽度 Columns

输入变量的显示宽度，默认为 8。

8．变量的测量尺度 Measure

前一章已经介绍，变量按测量水平可被划分为称名变量、顺序或等级变量、等距变量和等比变量几种。这里可根据测量量表的不同水平设置对应的变量测量尺度,设置方式为:称名变量选择 Nominal;顺序或等级变量选择 Ordinal;等距或等比变量均选择 Scale。

(二) 变量定义信息的复制

如果有多个变量的类型相同,可以先定义一个变量,然后把该变量的定义信息复制给其他类型相同的变量。具体操作为:先定义好一个变量,在该变量的行号上单击右键,在弹出的快捷菜单中选择"copy"命令,然后选样其他同类型变量所在行,单击鼠标右键,在弹出的快捷菜单中选择"Paste"。这样就复制了同样的变量定义信息给一个新的变量,用户再根据需要将自动产生的新变量名改为所要的变量名。

二、数据的输入与保存

(一) 数据输入的一般方法

定义了所有变量后,单击"Data view"标签,即可在数据视图中输入数据。数据编辑窗口中黑框所在的单元为当前的数据单元,表示用户正在对该数据单元录入数据或正在修改该单元中的数据。因此,在录入数据时,用户应首先将黑框移至想要输入数据的单元格上。

数据录入时可以逐行录入,即完成一个个案行所有变量数值的录入,再转入下一行即下一个个案;也可以逐列录入,即按照变量录入数据,录完一个变量列后再转入下一个变量列。

(二) SPSS 数据文件的保存

在录入数据时,应及时保存数据,防止数据的丢失,以便以后再调用该数据。具体步骤如下:

选择"File"菜单的"Save"命令,可直接保存为 SPSS 默认的数据文件格式(*.sav)。

选择"File"菜单的"Save As"命令,弹出"Save Data As"对话框,根据自己的需要指定数据文件储存的路径和文件名。

三、数据文件的编辑与转换

经过变量定义与数据的录入,初期的数据文件即可建成。但在后续的数据分析过程中,常常需要对数据文件进行多方面的修订、编辑与变换。我们选择其中最为常用的操作给予简明地介绍。

(一) 数据的编辑

1. 增加和删除一个个案

研究者经常需要在某个个案前面或后面插入新的个案。例如要在第 6 个观察单位前增加一个观察单位(即在第 6 行前增加一行,使原来的第 6 行下移成为第 7 行)。可先激活第 6 行的任一单元格,然后选择"Data"菜单中的"Insert Cases"命令,系统自动在第 6 行前插入一个新的行,原第 6 行自动下移一行成为第 7 行。然后把新增个案的各个变量值输入相应的单元格。

如要删除第 9 行（即删除这个个案的所有观察值），则可先单击第 9 行的行头，这时整个第 9 行被选中（呈黑底白字状），然后按 Delete 键或选择"Edit"菜单中的 Clear 命令，该行即被删除。

2. 数据的排序

在数据文件中，可根据一个或多个排序变量的值，重排个案的顺序。选择"Data"菜单的"Sort Cases"命令，弹出对话框，如图 2-11 所示。

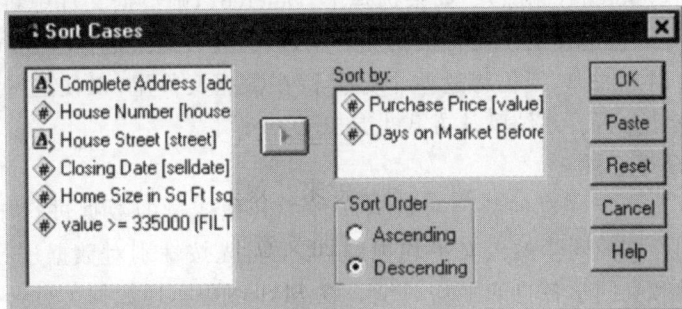

图 2-11　根据变量值对个案重新排序对话框

在变量名列表框中选择 1 个需要按其数值大小排序的变量（也可选多个变量，系统将按变量选择的先后逐级依次排序），单击图中" ▶ "按钮使之添加到"Sort by"框中，然后在"Sort order"框中选择是按升序（Ascending，从小到大）还是降序（Descending，从大到小）排列，单击 OK 钮即可。

3. 选择个案子集

在数据统计中可从所有资料中选择部分数据进行统计分析。选择"Data"菜单中的"Select Cases"命令，弹出对话框，如图 2-12 所示。通过单击该对话框上不同的按钮，可

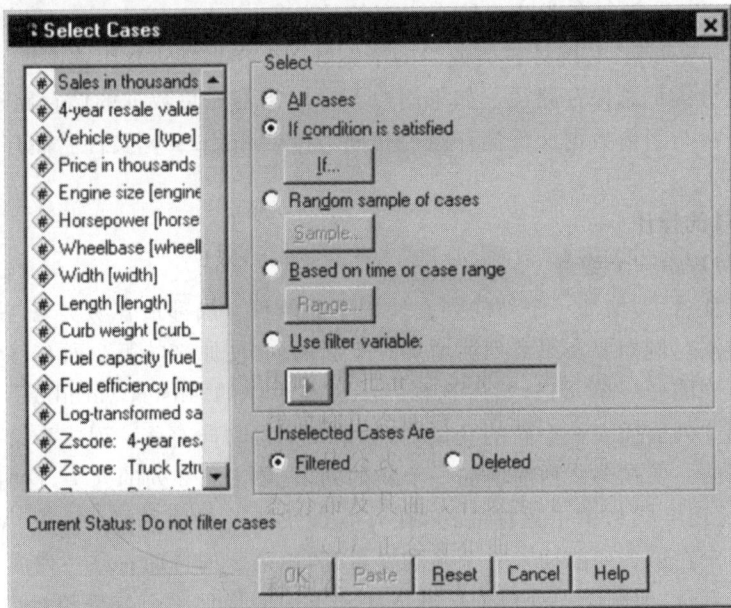

图 2-12　选择个案子集对话框

以确定用不同的方式对个案进行选择。系统提供的选择方式有五种，但是常用的主要有如下两种：

（1）All cases：选择所有的个案（行），该选项可用于解除先前的选择。

（2）If condition is satisfied：按指定条件选择。单击 If 按钮，弹出 Select Cases：If 对话框，先选择变量，然后定义条件。

定义完成后，还要确定未被选择个案的处理方式。主对话框给出两个选择："Filtered"（过滤）和"Deleted"（删除）。如果选择了"Deleted"，则数据文件中将只保留被选择的那些个案，那些未被选择的个案将被删除。不过，研究者通常选择"Filtered"方式，将未被选择的个案暂时过滤掉，但仍将这些个案保留在数据文件里，以便这些个案还可以参与后续的其他统计分析。系统默认方式也是"Filtered"。

4. 数据的分类汇总

用户还可以按指定变量的数值对数据文件中其他变量的数据进行归类分组汇总。例如要了解不同性别的同学的语文平均成绩，需要首先按性别对数据进行分类，然后分别计算出男同学和女同学各自的平均成绩。在 SPSS 中，实现数据文件分类汇总需要三个步骤：一、指定分类变量和汇总变量；二、计算机根据分类变量的若干个不同取值将个案数据分成若干类，并对每类个案计算汇总变量的描述性特征量；三、将分类汇总计算结果保存到一个文件中。主要通过以下步骤实现：

（1）选择"Data"菜单中的"Aggregate"命令，弹出对话框。

（2）在变量名列表框中选择分类变量，比如"性别"，使之进入"Break Variables"框中。

（3）在变量名列表框中选择汇总变量，例如"语文"变量，使之进入"Aggregate Variables"框。因为欲求语文成绩的平均值，故单击"Function…"按钮，弹出"Aggregate Data：Aggregate Function"对话框。选择"Mean of values"，然后单击"Continue"按钮返回。分组汇总提供的函数形式达到二十几种，但是常用的主要有以下几种：Mean，计算各类或各组的平均值；Sum，计算各类或组所有观察值的总和；Standard deviation，计算各类或各组的标准差；Unweighted，统计各类或组的个案数。

（4）指定分类汇总保存路径。如果用户不专门指定汇总数据的储存路径与文件名，则系统默认路径与当前数据文件储存路径相同，且以"Aggr. sav"文件名储存。

（二）变量的操作

1. 增加和删除一个变量

增加一个变量，即增加一个新的列。使用下面两种方法都很容易实现这一目的：

菜单操作法。例如要在第 2 列前增加一个新的列，使原来的第 2 列右移变成第 3 列，可先激活第 2 列的任一单元格，然后选择"Data"菜单中的"Insert variable"项，则系统自动为用户在第 2 列前插入一个新的变量列，原第 2 列自动向右移一列成为第 3 列。

选中某列法。要在第 2 列前增加一个新的列，先单击第 2 列的列头，这时整个第 2 列被选中（呈黑底白字状），单击鼠标右键，在其右键快捷菜单中选择"Insert Variable"项，系统自动为用户在第 2 列前插入一个新的变量列，原第 2 列自动右移一列成为第 3 列。

删除一个变量，即删除一列数据。其方法和上面的增加一个变量相对应。例如要删除第 5 个变量列，可先单击第 5 列的列头，这时整个第 5 列被选中（呈黑底白字状），然后按 Delete 键或选择"Edit"菜单中的"Clear"命令,或者单击鼠标右键,在其快捷菜单中选择"Clear"项,该列即被删除。

2．指定加权变量

在实际的统计中,经常需要计算数据的加权平均数。例如,希望了解某超市一天售出商品的平均价格。如果仅以各种商品的单价平均数作为平均价格显然是不合理的,还应考虑各商品的销售数量对平均价格的影响。因此,以商品的销售量作为权重计算各种商品单价的加权平均数才是我们需要的结果。在 SPSS 过程中就需要将商品销售数量作为加权变量。操作方法是选择"Data"菜单中的"Weight Cases"命令,出现如图 2 - 13 所示的对话框。

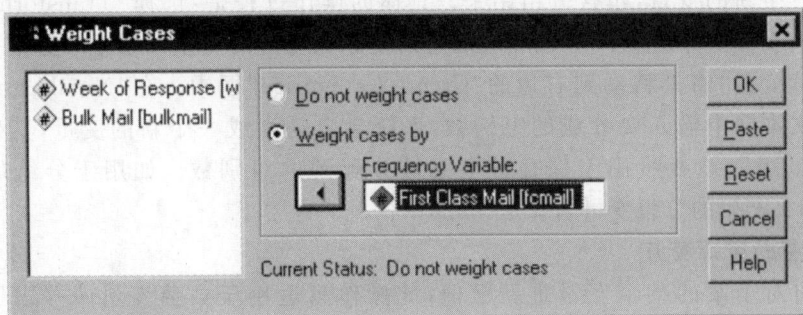

图 2 - 13 指定加权变量的对话框

其中,"Do not weight cases"项表示不做加权,这可用于取消加权;"Weight cases by"项表示选择 1 个变量做加权。在加权操作中,系统只对数值变量进行有效加权,即大于 0 的数按变量的实际值加权,0、负数和缺失值加权为 0。

3．根据已有变量建立新变量

在数据统计分析中,有时候需要通过数据转换来提示变量之间的真实关系。这时需要通过对已经存在的变量进行处理,从而生成新的变量。

操作过程是选择"Transform"菜单中的"Compute"项,打开如图 2 - 14 所示的的对话框。

在对话框的"Target Variable"(目标变量)框中输入变量名,目标变量可以是现存变

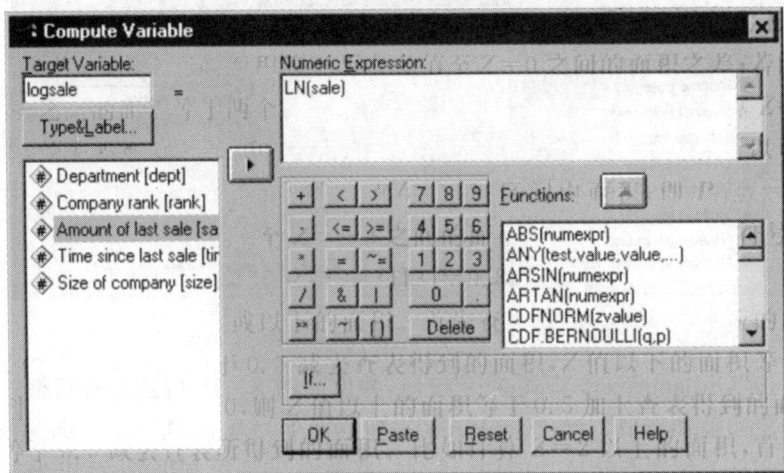

图 2 - 14 借助于 Compute 产生新变量的对话框

量或新变量。然后在"Numeric Expression"（数值表达式）框中输入计算目标变量值的表达式。表达式中能够使用左下框中列出的现存变量名、计算器板列出的算术运算符、常数。"Functions"（函数）列表框中给出了 70 多个函数，可用于对目标变量计算式的编辑。

4．产生分组变量

在统计过程中，往往需要对某个连续变量进行分组，使其变成离散的组别变量。如对于某课程成绩，可以规定 90 以上是 A 等，80～90 是 B 等，70～80 是 C 等，60～70 是 D 等，小于 60 是 E 等。这时候就需要将成绩变成离散的组别变量。

调用 SPSS 中的"Transform"菜单的"Categorize Variables"命令可以实现这个功能，程序将会产生新的变量，包含分组结果。具体的操作过程是：选择"Transform"菜单的"Categorize Variables"命令，弹出相应的对话框。在左边的变量列表框中选定一个用于分组的连续变量，将其移动到右边的"Create Categories"框中。在"Number of categories"后的文本框中输入要分成的组别数，系统会自动生成一个新的变量，其变量名是"n＋原变量名"，该变量用于保存各个案被分配到的组别数。如用于分组的变量是"math"，那么产生的分组变量名就是"nmath"。

5．变量的重新赋值

用户可对个案的某个变量重新赋值，此操作只适用于数值变量。方法是先选择"Transform"菜单中的"Recode"项，此时有两种选择：一种是对变量自身重新赋值即"Into Same Variables"，产生的新变量值覆盖原有变量值；另一种是赋值到其他变量或新生成的变量即"Into Different Variables"，产生的新变量值以另一个变量名保存。通常为了保留原变量的信息而倾向于选择第二种方法，弹出如图 2-15 所示的"Recode Into Different Variables"对话框。

先在变量名列表中选择 1 个或多个变量，使之添加到"Numeric Variable→output Variable"框中，同时在"Output variable"框中确定新变量名和标签（可以是左侧列表中已有的变量，也可以是用户重新定义的新变量名），单击"Change"确认。

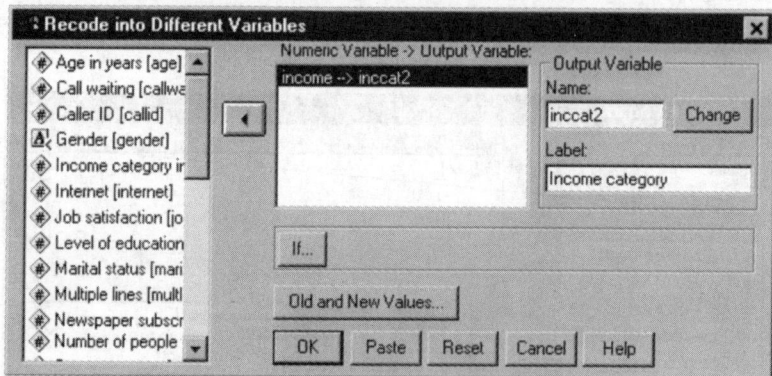

图 2-15　借助于重新赋值产生新变量的对话框

然后单击"Old and New Values…"按钮，弹出如图 2-16 所示的对话框。用户根据实际情况确定旧值和新值，单击"Continue"按钮返回上一画面，再单击"OK"按钮即可。

在数据文件的编辑与转换功能中，还有一些命令也是很有用的，可以为数据分析带来便利。比如"Data"菜单中的"Transpose"命令可以实现数据编辑器中数据的行与列互

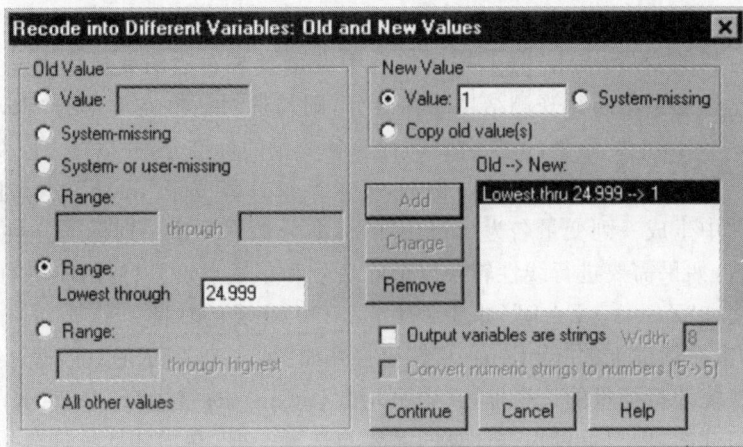

图 2-16 变量重新赋值时新变量值定义对话框

换；"Merge Files"命令可以将两个符合一定要求的文件合并成一个文件；"Transform"菜单中的"Count"命令可以产生一个计数变量，以反映各个个案符合若干规定条件中的几项。此处不再对这些命令的使用进行介绍，需要的用户可以直接点击相应命令打开对话框，按照对话框的提示能够很容易完成相应操作。

第六节 描述性特征量计算的 SPSS 过程

有了上一节关于 SPSS 数据文件建立与编辑的基础之后，我们就可以将大部分的研究资料录入计算机，生成可以进行统计分析的 SPSS 数据文件。而统计分析中最基础的部分当然是描述性特征量的计算。

一、Descriptive 过程

利用 SPSS 软件，对一组数据进行描述性统计量或特征量的计算是一个很简单的过程，众多的特征量几乎可以通过一个对话框就可完成。具体操作是选择"Analyze"菜单中的"Descriptive Statistics"，然后单击"Descriptive"（如图 2 - 17a 所示），打开如

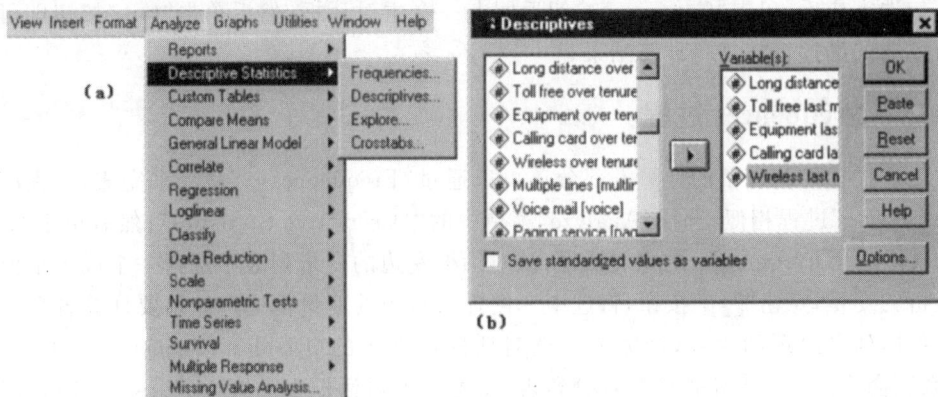

图 2 - 17 描述性统计分析的菜单打开方式和主对话框

图 2-17b 所示的描述性统计分析的主对话框。从对话框左边的变量列表中选择一个或多个要进行分析的变量,点击"▶"按钮将选中变量置入右边的变量框中。如果要计算各个个案在这些变量上所得观测结果的标准分,则勾选对话框左下角的"Save standardized values as variables"命令,系统会自动计算各变量的标准分,并以"z+原变量名"的变量名将计算结果存入数据编辑器中。例如,要求系统计算变量"math"的标准分,系统就会在数据文件中生成一列变量名为"zmath"的标准分数据。这一列标准分数有正、有负,而且还有小数,如果需要进行线性转换以消除负号和小数点,可以使用前述的"Compute"命令来完成诸如"$Z'=A \cdot Z+B$"(如 $T=10 \cdot Z+50$)一类的转换。

接着,单击对话框上的"Options…"按钮打开如图 2-18 所示的对话框。对话框上有一系列描述性统计特征量的选择框,其中平均数(mean)、标准差(Std. deviation)的默认状态就是被勾选的,用户可以根据计算的需要勾选。一般,在描述性统计分析中,常常需要计算的特征量是平均数、总和(Sum)、标准差、方差(Variance)、全距(Range)、最小值(Minimum)和最大值(Maximum)。

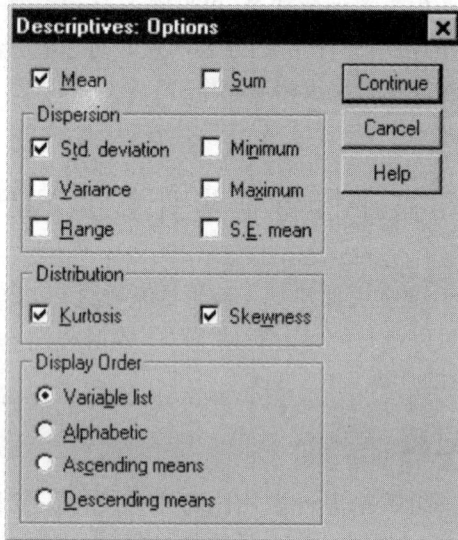

图 2-18　描述性特征量选项对话框

勾选完成后,单击"Continue"按钮返回上一个主对话框,然后单击"OK"按钮即可输出所需要的描述性特征量计算结果。

二、Frequences 过程

上述描述性统计量的计算大部分还可以通过"Frequences…"命令来完成,其程序与"Descriptive"过程相似:选择"Analyze"菜单中的"Descriptive Statistics";然后单击"Frequences"打开 Frequences 的主对话框;从对话框左边的变量列表中选择一个或多个要进行分析的变量,点击"▶"按钮,将选中变量置入右边的变量框中。如果要计算各个变量值在数据列中出现的次数,则需要勾选对话框左下角的"Display Frequency Tables"命令,系统会输出一个变量值的频数分布表;接着单击对话框上的"Statistics…"按钮,就可以打开如图2-19所示的对话框。

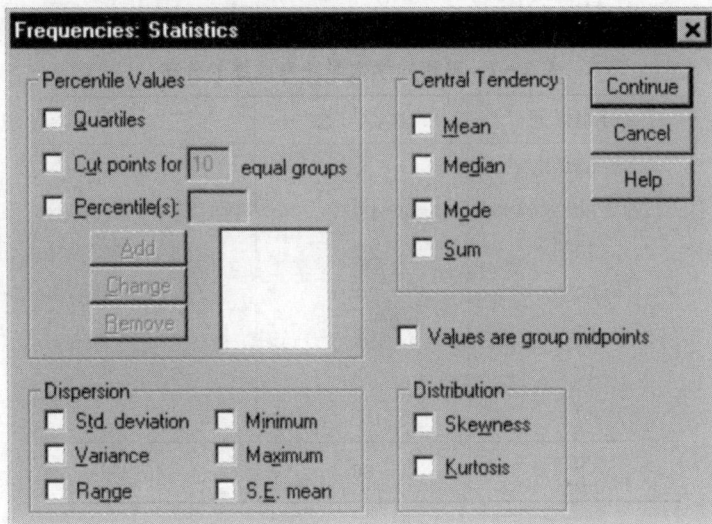

图 2 - 19　频数分布分析的特征量选项对话框

如果需要,利用这一对话框,也可以得到平均数、总和、标准差、方差、全距、最大值和最小值的计算结果,同时还可以获得众数(Mode)、中位数(Median)、四分位数(选中Quartiles)等的计算结果。

如果需要计算其他的百分位数,则可以在"Percentiles"命令前的方框中打勾;激活其后面的方框,填入所需要计算的百分位数对应的百分等级;然后单击"Add"将其加载到方框中,该方框可以加载许多个百分等级数;然后单击"Continue"返回上一层次的对话框;再单击"OK"即可得到所需要的描述性特征量和要求其计算的百分位数。

复习思考与练习题

1. 资料分类的两个原则是什么?

2. 举例说明如何才能保证资料分类标准的单向性?

3. 试比较条形图与直方图的异同。

4. 分别就下列三组数据计算其平均数、中位数、众数和标准差,并思考各组数据更适合采用何种集中量数。

(1) 12,10,8,2,10,5,4,7,10,2

(2) 3,5,5,7,7,7,9,9,11

(3) 121,7,6,6,6,5,3,2

5. 现有 8 位同学参加英语考试的原始分数:92,77,83,66,89,73,80,90。试:

(1) 计算其算术平均数;

(2) 给每个数加上 5,再计算它们的算术平均数;

(3) 给每个数乘以 5,再计算它们的算术平均数;

(4) 根据以上各小题计算结果可以得出什么规律?

6. 某次全区高一数学统考中,某校高一学生 80 人的数学统考成绩次数分布如表2 - 7 所示。试计算这些学生数学成绩的算术平均数、中位数、标准差、四分位差以及第

70 个百分位数。

表 2-7 某班同学数学统考成绩的分布

分组区间	次　　数
90—	5
80—	15
70—	23
60—	20
50—	13
40—	3
30—	1
$\sum$	**80**

7. 什么叫做标准分？某班同学语文考试成绩的平均分为 65 分，标准差为 12 分，试分别计算表 2-8 中所列几位同学语文考试成绩的标准分。

表 2-8 几位同学语文考试的成绩

学　　号	08001	08002	08003	08004	08005
分　　数	90	53	65	47	75

8. 小张与小明在期末的考试成绩，以及全年级各门课程考试成绩的总体情况如表 2-9 所示。试计算小张与小明各门课程的标准分、标准总分；考试原始分数的总和。比较这两位同学标准总分、原始总分的高低，并说明期末考试总成绩的年级排名依据哪一总分更合理。

表 2-9 小张、小明及年级考试情况(各门课程满分 100)

科　　目	年级平均分	年级分标准差	小张分数	小明分数
语　文	80	5	90	70
数　学	62	7	80	80
英　语	90	5	90	80
物　理	65	6	55	75
化　学	60	8	65	90
历　史	72	6	80	75
地　理	68	7	70	65

9. 下面的数据均为标准 Z 分数。试将该组分数转换为平均分为 50、标准差为 10 的 T 分数，或者转换为平均分为 10、标准差为 3 的标准分数。

Z 分数：-2.50　-1.00　0.50　0.00　1.00　2.00　2.60

10. 百分等级与百分位数有什么区别和联系？

11. 试就练习题 4、练习题 5 的数据建立 SPSS 数据文件，并借助于 SPSS 系统计算各数据组的平均数、中位数、标准差。与前述计算结果进行比较，如有不同，请加以说明。

第三章 随机事件与概率分布

内容提要

　　具有不确定性变化结果的现象叫做随机现象,而随机现象的每一可能表现形式或结果都叫做随机事件。统计学是通过对随机事件的概率分析来把握随机现象变化规律的。本章简单介绍随机事件概率之和与概率之积的运算规则后,详细地讨论了离散变量和连续变量的概率分布特征,特别是二项分布、正态分布的性质及其应用。二项分布可以有效地解决多重选择任务的概率分析,正态分布则能够帮助我们很容易地通过标准差将等距量表数据转换为等比量表数据,也使得个体观测值的地位评估变得简捷了。正态分布规律告诉我们:使用不同测评工具所得结果必须转换为标准分后才能直接相加。

　　第一章的"引论"谈到:不仅因为心理学所研究的几乎都是随机现象,而且测量过程中诸多随机因素也会造成数据波动,所以心理学研究要分析的数据资料具有不确定性。或者,即使通过一个数据样本的描述特征量,能够对样本特征有所认知,但因为抽样的随机性,也不能将样本的统计量视为对总体参数的精确测量。这就是说:我们只能在一定程度上用样本统计量去估计总体参数。对这种估计的把握度进行分析,必须先理解随机现象的运动规律。本章所介绍的概率及其分布特点,就是关于随机现象的运动规律的,它们也是用样本推断总体的基础。

第一节　随机事件及其概率

一、随机现象和随机事件

(一) 随机现象

　　在心理学研究中,通过实验、问卷调查所获得的数据,常因主试、被试、施测条件等因素的随机变化而呈现出不确定性。即使是相同的被试在相同的观测条件下,多次重复测量的结果也还是上下波动的,所以我们一般都无法事先确定每一次测量的结果。这种在一定条件下,会出现多种可能结果的现象叫随机现象。例如,我们用同一测试仪对某一儿童反复多次地进行反应时间的测试,得到的结果却不会完全相同,它总是在一定的范围内上下波动。心理学研究中所获得的数据大多都具有随机性,属于随机现象。随机现象具有两个显著特点:一是偶然性,即在每一次试验之前,其结果都具有不确定性;二是规律性,即在相同的条件下,进行多次重复试验,试验的结果会呈现出某些统计规律。前文介绍过的投币游戏就属于这种既具有随机性,又具有规律性的随机现象。

为了探索随机现象的规律性,往往需要对随机现象反复进行观测,而每一次观测被看作是一次试验。如果一次试验满足以下条件,我们就称这样的试验是一个随机试验,简称试验。即:(1)一次试验有多种可能的结果,其所有可能结果又是可知的;(2)试验之前不能预料哪种结果会出现;(3)试验可以在相同条件下重复进行。

例如,投骰子游戏就是一种随机试验。骰子有六个面,各个面上的点数分别为1、3、4、5、6,所以每次抛出骰子,然后它落在桌面上,朝上一面的点数是这六种点数中的一个,这是已知的或确定的,但是每一次投骰子之前,是不能预知这次朝上的点数是多少。这种投骰子试验当然也是可以重复很多次的,所以它是一种典型的随机试验。

(二) 随机事件

在随机试验中研究的现象都是随机现象,随机现象的每一种可能结果叫做一个随机事件,简称事件。通常用大写英文字母表示。例如抛硬币试验,正面朝上和反面朝上都是随机事件,可分别用字母 A、B 来表示。当然,有些事件的反面或否定也是一个事件,可用 $\overline{A}$、$\overline{B}$ 等表示。在研究中,一般不单纯考察一个事件,而是考察几个事件以及它们之间的联系。例如判断一个人的心理是正常还是异常,需要考察其主客观的统一性,这里就会涉及许多的随机事件之间的关系问题。

详细了解事件间的关系有助于我们深刻地认识事件本质,为此,需要先把握以下三对概念。

1. 基本事件与复合事件

在实际生活中,有的随机事件是由一些事件集合而成的,它实质上是一个随机事件集,这种事件就叫做复合事件;有的事件则是不能再分解的事件,叫做基本事件。如刚才所说的掷骰子,其出现的点数为1、2、3、4、5、6 中的任意一个,是一个基本事件。但就出现"偶数点数"这个事件来说却是一个复合事件,因为点数为2、4、6 这三个基本事件都属于"偶数点数"事件,该事件是三种基本事件构成的集合。只要2、4、6 这三个基本事件中有一个事件发生,"偶数点数"这个事件就发生了。

2. 事件之和与事件之积

事件之和与事件之积都是复合事件。事件 A 和事件 B 中只要有一个发生,其构成的复合事件就发生了,这样的复合事件叫做 A 和 B 的事件之和;事件 A 和事件 B 必须同时发生,其构成的复合事件才发生,这样的复合事件叫做 A 和 B 的事件之积。

例如,我们将"骰子朝上一面的点数是偶数"记作事件 A,其中包含的三个基本事件 A_1=朝上一面的点数是2;A_2=朝上一面的点数是4;A_3=朝上一面的点数是6。那么事件 A 就是事件 A_1、A_2、A_3 三者之和,可记为 $A=A_1+A_2+A_3$。日常生活中,事件之和的例子是很多的。比如上课的时候,老师问"有同学旷课吗?",全班每一个同学旷课都是一个基本的随机事件,而只要有一个同学旷课,"有同学旷课"的事件就会发生;教练问某运动员"今天打中过10环吗?",该运动员在一天的练习中,每打中一个10环都是一个基本的随机事件,而只要有一枪打中,"打中过10环"就发生了。

再以投骰子游戏说明事件之积的概念。投掷三次骰子,我们将"三次骰子朝上一面的点数都是6"记作事件 B,其中包含的三个基本事件 B_1=第一次朝上一面的点数是6;B_2=第二次朝上一面的点数是6;B_3=第三次朝上一面的点数是6。那么事件 B 就是事件 B_1、B_2、B_3 三者之积,可记为 $B=B_1 \cdot B_2 \cdot B_3$。日常生活中,事件之积的例子也很多。比如"一个都不能少"必须是每"一个同学都不能缺少"的事件都发生才行。

3.互不相容事件与相互独立事件

互不相容事件是指在一次试验中不可能同时发生的事件。若事件 A 发生,事件 B 一定不会发生,那么事件 A 和事件 B 就是互不相容事件。如"篮球明星姚明现在在北京"和"篮球明星姚明现在在休斯顿"不可能同时发生,那么这两个事件就是互不相容事件。

独立事件是指两个事件发生的概率不发生任何相互影响,即 A 事件出现的概率对 B 事件出现的概率不发生任何影响,反之亦然。例如,两个射击运动员站在不同靶场的各自的靶位上做射击训练,各自打中 10 环以上的概率不会发生相互影响,就是相互独立事件。但如果是同一个人在两场不同的比赛中,打中 10 环以上的事件,就具有相互关联性,这两个事件就不是相互独立事件了。

随机现象在每次试验中的结果是随机的,但是如果多次进行重复的试验和观察,随机现象又会表现出某种规律性或确定性。为了研究随机现象中的确定性和规律性或随机事件发生的可能性,统计学中引入概率这一概念。

二、随机事件的概率

(一) 频率与概率

频率和概率是两个不同的概念。频率是事件实际发生的次数比率,概率则是事件发生的可能次数比率,前者是现实发生的,后者是可能发生的。为研究某事件 A 发生的规律性,进行了 n 次重复试验或观察,结果统计出事件 A 发生的次数是 m,于是可以计算事件实际发生的次数比率为 $\frac{m}{n}$,该比率就叫做事件 A 的频率。

概率只是事件发生的可能性大小,并非实际观察到的现实结果,与是否进行了试验和观察也没有关系。比如在某一班级的 50 名同学中,男生有 20 名;女生 30 名。如果采取完全随机抽样的方法从中抽取学生,则每次抽到男生的可能性就是 2/5,也就是抽中男生的概率为 2/5,这是一个确定的值,与实际抽取的结果无关。统计学一般将 A 事件的概率记作 $P(A)$。

频率与概率虽有本质不同,但也存在一定的关联性。频率是一个波动值,概率是一个确定值;频率的波动往往是围绕着概率而发生的。比如,投掷骰子游戏中,朝上一面点数为1的概率是 1/6;如果投掷 30 次,则朝上一面的点数为 1 的概率就是 5/30,还是 1/6。但是,30 次投掷中,朝上一面点数为 1 的事件实际频数却不一定是 5,也就是频率具有随机变化性,不一定是 1/6。如果不断地重新投掷 30 次,得到的频率就会不断地变化。不过,这里的频率变化也具有规律性,它会在概率上下一个较小的范围内波动。而且,试验或观察次数越多,频率越接近于概率。所以,实际研究中,概率未知的情况下,可以利用大数量的 n 次观察,以事件的频率去逼近概率,从而达到对事件概率的把握。

概率具有以下三条基本性质:

(1) $P(\Omega)=1$:随机现象中所有可能结果的概率之和等于1,其中的 Ω 代表随机现象中所有可能事件之和。

（2）$0 \leqslant P(A) \leqslant 1$：随机事件的概率一定是大于等于 0、小于等于 1 的，不可能为负。若一事件为不可能事件，则其发生的概率为 0；如一事件为必然事件，则其发生的概率为 1。

（3）$P(A+B) = P(A) + P(B) - P(A \cdot B)$：两个随机事件之和（至少有一个发生）的概率等于它们各自概率的和减去它们之积（同时发生）的概率。

由此可见，概率越接近于 0 的事件，其发生的可能性越小，当其小于 5% 时，统计学中一般将其定义为"小概率事件"或"不大可能发生事件"；概率越接近于 1 的事件，其发生的可能性就越大。

（二）概率的加法和乘法

1. 概率的加法

k 个互不相容事件之和的概率等于它们各自概率的和，即：
$$P(A_1 + A_2 + \cdots + A_k) = P(A_1) + P(A_2) + \cdots + P(A_k) \qquad （公式 3-1）$$

这一加法定理的条件是事件之间的"互不相容"，也就是这一组 k 个随机事件不可能有两个或两个以上同时发生。满足这个条件时，它们之和事件的概率才等于各自概率的简单相加。

【例 3-1】　某学院要从已被评为三好学生的学生中随机抽取一名同学去担任院学生会主席。已知大二年级的男生三好生占全部三好生的 1/7；大二年级的女生占全部三好生的 2/9。那么此次选出大二年级学生担任院学生会主席的概率是多少呢？

【解】　由题意已知，此次院学生会主席从三好生中选出，而全体三好生中，大二年级男生是 1/7；大二年级女生是 2/9。所以选中大二年级男生的概率是 1/7；选中大二年级女生的概率是 2/9。又因为此次只选出一人担任主席，不可能同时选出 2 人，所以选中男生和选中女生就是两个互不相容的事件。

但不管是选中大二男生，还是大二女生，都为选中大二年级学生担任主席，所以"选出大二年级学生担任主席"是前述两个事件之和，其概率等于两个事件概率相加，即 $\left(\dfrac{1}{7} + \dfrac{2}{9}\right) \approx 0.365$。

但如果两个事件是相互独立的事件，就不能满足互不相容条件，事件之和的概率不能再以简单相加的方式来计算。这时，根据概率的基本性质（3），事件之和的概率等于两个独立事件概率之和减去两个事件之积的概率。

【例 3-2】　某学院要从已被评为三好生的学生中随机抽取一名男生和一名女生进入校学生会担任学生会干部。已知大二年级的男生三好生占全部男生中的三好生的 3/7；大二年级的女生占全部女生中的三好生的 1/3。那么该学院此次选出的校学生会干部中有大二年级学生的概率是多少呢？

【解】　由题意知，该学院此次抽取一名男生和一名女生进入校学生会是两个独立事件，但不满足"互不相容"条件。从男生中抽中二年级的概率是 3/7；从女生中抽中二年级的概率是 1/3，"选出的两人中至少有一人是二年级"则为事件之和，其概率为：$\dfrac{3}{7} + \dfrac{1}{3} -$

$$\frac{3}{7} \times \frac{1}{3} \approx 0.619。$$

2. 概率的乘法

相互独立的 k 个事件之积的概率等于它们各自概率的乘积。即：

$$P(A_1 \cdot A_2 \cdots\cdots A_k) = P(A_1) \cdot P(A_2) \cdots\cdots P(A_k) \qquad \text{(公式 3-2)}$$

在运用概率的乘法时，一定要注意事件的"相互独立"条件是否满足。只有满足相互独立性的一组随机事件之积的概率才等于各自概率的简单相乘。

【例 3-3】 假如某一批体育彩票的中奖率为 $\frac{1}{10^3}$，某人随机购买了三张彩票，请问这三张彩票同时中奖的概率有多大？有两张中奖的概率有多大？

【解】 由题意已知，每买一张体育彩票中奖都是一个独立的随机事件，所以三张彩票中奖是三个相互独立的事件，各自的概率均为 $\frac{1}{10^3}$。显然，三张彩票同时中奖是三个独立事件之积，其概率等于三个事件概率的乘积。即三张彩票同时中奖的概率为 $\frac{1}{10^3} \times \frac{1}{10^3} \times \frac{1}{10^3} = \frac{1}{10^9}$。

有两张中奖的概率如何计算呢？我们可以把三张彩票中奖的事件分别记作 A_1、A_2、A_3，两张彩票中奖的事件有以下三种可能：$B_1 = A_1 \cdot A_2 \cdot \overline{A_3}$、$B_2 = A_1 \cdot \overline{A_2} \cdot A_3$、$B_3 = \overline{A_1} \cdot A_2 \cdot A_3$。显然，$B_1$、$B_2$、$B_3$ 这三个事件中的任一事件发生，就会出现"两张彩票中奖"的事件，而且这三个事件是不可能同时发生的，所以是三个互不相容的事件。于是可知，"有两张彩票中奖"的概率为：

$$P(B) = P(B_1 + B_2 + B_3) = P(A_1 \cdot A_2 \cdot \overline{A_3} + A_1 \cdot \overline{A_2} \cdot A_3 + \overline{A_1} \cdot A_2 \cdot A_3)$$

$$= \frac{1}{10^3} \cdot \frac{1}{10^3} \cdot \frac{1000-1}{10^3} \times 3 = \frac{999 \times 3}{10^9}$$

第二节　离散变量的概率分布

随机变量按其取值情况可分成两类：一类是离散型随机变量，其可能的取值是间断性的，有时可能只有很有限的几个变量值；另一类是连续型随机变量，其可能的取值是连续的，即在数目上连续地充满某一区间，因此数目是无限的。本节专门讨论离散型变量的概率分布。

一、离散变量的分布列

一些随机变量的可能取值被一一列出，我们称之为离散变量，常用分布列来描述。假设离散变量 X 的可能取值为 $X_1, X_2, \cdots, X_i, \cdots$，相应的概率分别为 $P_1, P_2, \cdots, P_i, \cdots$，则 $P(X = x_i) = P_i (i = 1, 2, \cdots, n)$ 称为离散型随机变量 X 的概率函数或概率分布。如果将离散型随机变量 X 的取值及相应的概率列成表，就是一个概率分布表，如表 3-1 所示。

表 3-1　离散型随机变量的概率分布表

离散型随机变量 X 的取值	x_1	x_2	x_3	$\cdots$	x_i	$\cdots$
离散型随机变量各取值 x_i 的概率 P_i	P_1	P_2	P_3	$\cdots$	P_i	$\cdots$

从上表中我们很容易看出概率函数具有下列性质:

$$P_i \geqslant 0(i=1,2,\cdots,n), \sum_{i=1}^{n} P_i = 1$$

离散变量的分布就是指它的概率函数或概率分布。例如,某学生在考试时完全凭猜测回答三道是非题,会产生四种可能,与之对应的概率分布如表3-2所示。

表 3-2　完全凭猜测回答三道是非题时答对题数的概率分布

凭猜测答对的题数	0	1	2	3
各答对题数对应的概率	$\frac{1}{8}$	$\frac{3}{8}$	$\frac{3}{8}$	$\frac{1}{8}$

再比如,掷一枚骰子,用 X 表示可能出现的点数,其概率分布 $P(X=6)=\frac{1}{6}(i=1,$ $2,\cdots,6)$,如表3-3所示。

表 3-3　掷一枚骰子朝上一面的点数 X 的概率分布

骰子朝上一面的点数 x_i	1	2	3	4	5	6
各点数 x_i 对应的概率 P_i	$\frac{1}{6}$	$\frac{1}{6}$	$\frac{1}{6}$	$\frac{1}{6}$	$\frac{1}{6}$	$\frac{1}{6}$

二、二项分布

(一) 二项分布的定义与概率

二项分布(bionimal distribution)是一种很常见的离散变量的概率分布,被广泛地应用到心理学和教育学的研究中,适合探讨"二项独立试验"问题。

所谓二项独立试验,必须满足以下条件:

(1) 每次试验都只有两种可能的结果,记为 A 或 $\overline{A}$;

(2) 每一次试验都是在相同条件下进行的,所以 $P(A)=p$,$P(\overline{A})=q=1-p$ 保持不变;

(3) 事先规定了试验的次数 n;

(4) 各次试验是相互独立的,即各次试验结果彼此互不影响。

在行为科学研究与教育测量中,研究者常常遇到二项独立试验问题。如学生在完成判断题和选择题时,答对得 1 分、答错得 0 分;在样本抽取过程中,对于性别变量来说,每一次抽样,要么抽到一个男性被试,要么抽到一个女性被试。在这样的试验中,如果把事件 A 记为 1 分,$\overline{A}$ 就记为 0 分。于是进行 n 次试验,就有 $n+1$ 种可能的 X(即 0,1,2,$\cdots$, n),X 的可能取值是事件 A 发生的次数,而每一种可能取值 $X=k$ 的概率服从于二项分布。

二项分布的定义是:在二项独立试验中,每一次试验的结果只有 A 和 $\overline{A}$ 两种可能,

事件 A 出现的概率为 p，事件 $\overline{A}$ 出现的概率为 q（即 $q=1-p$），则事件 A 出现 $X=k$ 次（$0 \leqslant X \leqslant n$）的概率服从于二项分布，即：

$$P(X=k)=C_n^k p^k q^{n-k}=C_n^k p^k (1-p)^{n-k} \qquad （公式 3-3）$$

公式 3-3 也叫做二项分布函数，公式中：

$$C_n^k=\frac{n!}{k!(n-k)!}=\frac{n(n-1)(n-2)\cdots(n-k+1)}{k!} \qquad （公式 3-4）$$

利用二项分布的规律，我们可以很容易地计算二项试验中随机事件的发生概率。

【例 3-4】 10 枚硬币掷 1 次或 1 枚硬币掷 10 次。问有 6 次正面朝上的概率是多少？正面朝上超过 6 次的概率是多少？

【解】 由题意可知：$n=10$，$p=q=\frac{1}{2}$，$k=6$。代入公式 3-3 则可计算 6 次朝上的概率：

$$P(X=6)=C_{10}^6 \left(\frac{1}{2}\right)^6 \left(\frac{1}{2}\right)^{10-6}=\frac{C_{10}^6}{2^{10}} \approx 0.205$$

正面朝上超过 6 次包括四种情况：正面朝上 7 次、8 次、9 次、10 次。因为四种情况的发生是互不相容的，所以四种情况之和的概率等于四种情况的概率相加。即首先按照上述同样的方法计算各种情况的概率，然后相加。于是可得正面朝上超过 6 次的概率 P 为：

$$P(X>6)=P(X=7)+P(X=8)+P(X=9)+P(X=10)$$
$$=C_{10}^7 p^7 q^3+C_{10}^8 p^8 q^2+C_{10}^9 p^9 q^1+C_{10}^{10} p^{10} q^0$$
$$=\frac{120}{1024}+\frac{45}{1024}+\frac{10}{1024}+\frac{1}{1024}=\frac{176}{1024} \approx 0.172$$

正面朝上为 6 次的概率约为 0.205，正面朝上超过 6 次的概率约为 0.172。

（二）二项分布的平均数与标准差

根据二项分布函数，不难推出，当 $p=q=\frac{1}{2}$ 时，无论 n 取何值，二项分布都是呈对称分布的；当 $p \neq q$ 时，只要 n 很大，而且满足 $np \geqslant 5$ 和 $nq \geqslant 5$，二项分布就会呈现出接近正态分布的趋势；当 $n \to \infty$，二项分布即为正态分布。

当二项分布接近正态分布时，在 n 次二项试验中事件 A 出现次数的平均数为：

$$\mu=np \qquad （公式 3-5）$$

标准差为：

$$\sigma=\sqrt{npq} \qquad （公式 3-6）$$

如果把二项试验中的事件 A 作为成功事件，则上述公式表示二项试验中，成功事件出现次数的平均数 $\mu=np$，成功事件出现次数的标准差 $\sigma=\sqrt{npq}$。

【例 3-5】 为了解学生最近的心理健康状况，从男生人数占 $\frac{1}{3}$ 的班级中随机抽取 30 名学生去做 SCL-90 量表。从理论上讲，平均应抽到几个男生？标准差是多少？

【解】 由题意可知：$n=30$，$p=\frac{1}{3}$，代入上述公式得：

$$\mu=np=30 \times \frac{1}{3}=10$$

$$\sigma = \sqrt{npq} = \sqrt{30 \times \frac{1}{3} \times \left(1 - \frac{1}{3}\right)} \approx 2.58$$

从理论上讲,平均应抽到10名男生,其标准差约为2.58。

(三) 二项分布的应用

在心理与教育研究中,二项分布主要用来解决以下两类问题。

1. 计算成功事件出现若干次的概率

【例 3 - 6】 从女生占 $\frac{3}{5}$ 的心理学班中随机抽取 10 名学生去做心理旋转实验,问正好抽到 5 个男生的概率是多少? 抽取被试中不超过 2 个男生的概率是多少?

【解】 由题意可知,男生比例占 $p = 1 - \frac{3}{5} = \frac{2}{5}$,所以 $q = \frac{3}{5}$,而 $n = 10$

如果正好抽到了 5 名男生,那么 $k = 5$。根据二项分布函数式,可得:

$$P(X = 5) = C_{10}^5 \left(\frac{2}{5}\right)^5 \left(\frac{3}{5}\right)^{10-5} = \frac{10!}{5!(10-5)!} \times \left(\frac{2}{5}\right)^5 \left(\frac{3}{5}\right)^5 \approx 0.20$$

再看,不超过 2 个男生包括三种情况:第一种是没抽到男生,第二种是抽到 1 个男生,第三种是抽到 2 个男生,即 $X = 0, X = 1, X = 2$。这三种事件是互不相容的,所以"不超过两名男生"的事件是这三种互不相容事件之和,其概率等于三种事件概率之和。所以:

$$\begin{aligned}
P &= P(X=0) + P(X=1) + P(X=2) \\
&= C_{10}^0 p^0 q^{10} + C_{10}^1 p^1 q^{10-1} + C_{10}^2 p^2 q^{10-2} \\
&= C_{10}^0 \left(\frac{2}{5}\right)^0 \left(\frac{3}{5}\right)^{10} + C_{10}^1 \left(\frac{2}{5}\right)^1 \left(\frac{3}{5}\right)^9 + C_{10}^2 \left(\frac{2}{5}\right)^2 \left(\frac{3}{5}\right)^8 \\
&= \frac{3^{10} + 10 \times 2 \times 3^9 + 45 \times 4 \times 3^8}{5^{10}} = 0.167
\end{aligned}$$

2. 解决含有机遇性质的问题

在心理和教育研究中,经常用二项分布来解决含有机遇性的问题,并判断由猜测所得结果与真实结果之间的界限。

如某心理学家想了解小学生对某些字词的再认能力,于是他设计了由 20 个名词组成的词单。先让小学生识记,然后进行再认测验。问小学生对这 20 个词能正确再认多少个,才能说明是真的有所记忆而不是全靠猜测得出的结果呢? 这一问题的解决需要应用到统计推断的原理和知识,所以暂时搁置,等到后续介绍了有关章节的内容后再来解决。

第三节 连续变量的概率分布

一、连续变量的概率密度函数

概率密度函数是用来表示连续变量在某一区间的取值概率的。所谓连续变量是指变量可能的取值充满整个取值空间,任何两个可能取值之间都存在无限多个可能的取值,无法全部列举。因此无法用描述离散变量的方法来描述连续变量的概率分布情况,故引入概率密度函数的概念来描述连续变量的概率分布。

如果随机变量 X 的分布函数 $f(x)$ 的曲线与 X 轴围成的面积等于 1,则称曲线 $f(x)$ 为连续变量 X 的概率密度函数,简称密度函数。而 X 取值在 $[a,b]$ 区间的概率就是由 $[a,b]$ 区间上曲线 $f(x)$ 与 x 轴围成的面积。如图 3 - 1 所示,

$$P_{(a \leqslant x \leqslant b)} = \int_a^b f(x) d_x。$$

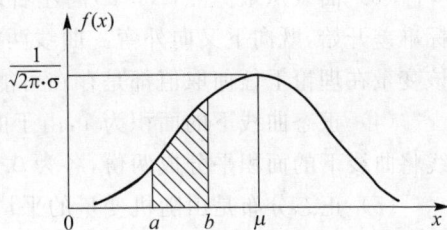

图 3-1 概率密度函数示意图

需要说明的是:图中的纵坐标 $f(x)$ 不是代表连续变量取值为 x 时的概率大小,而是代表该随机变量取值在点 x 处概率分布的密集程度。事实上,对任何一个实数 c 来说,$P_{(x=c)} = \int_c^c f(x) d_x = 0$;对一个取值区间来说,讨论概率大小才是有实在意义的。在讨论连续随机变量的概率时,都是指变量 x 处在一个确定的取值范围内的概率,而不是一个点上的概率,但 $f(x)$ 的大小能反映随机变量在 x 附近取值的概率大小,所以用密度函数来描述连续型随机变量比较直观。

二、正态性概率分布

在连续变量的概率分布中,最常见、应用最广的是正态分布。正态分布(normal distribution)也称常态分布或常态分配。在心理学研究中,大多数的心理现象按正态或接近正态分布。例如,学生智商的高低、能力大小、社会态度及行为表现等都呈现出正态分布的趋势,其密度函数曲线表现为"两头低,中间高,左右对称"的钟形。

(一)正态分布曲线及其基本特征

正态分布曲线的函数形式可表示为:

$$Y = \frac{1}{\sqrt{2\pi} \cdot \sigma} \cdot e^{-\frac{(x-\mu)^2}{2\sigma^2}} \quad (\sigma > 0, -\infty < x < +\infty) \qquad \text{(公式 3 - 7)}$$

其中:π 为圆周率 3.1415926…;

e 自然对数的底,为一常数,约为 2.71828;

μ 为正态分布的平均数;

σ^2 为正态分布的方差。

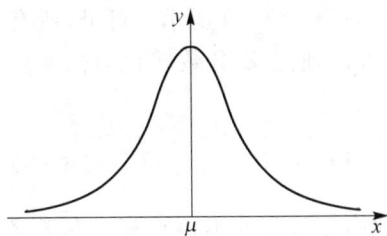

图 3-2 正态函数曲线

正态分布的形态是由它的平均数和方差决定的,因此,常把正态分布记作 $X^{N(\mu,\sigma^2)}$。正态分布函数曲线简称正态曲线,如图 3-2 所示。

从公式 3-7 和正态分布曲线图,很容易看出正态分布及其曲线有以下几个明显特征:

(1) 正态分布曲线位于 x 轴上方,形式对称,对称轴在 $x = \mu$ 的位置上。

(2) 正态分布中的平均数 μ、中位数 M_d 和众数

M_o 三者相等,曲线的中央点最高,且 $X=\mu$,Y 值最大,为 $Y=\dfrac{1}{\sqrt{2\pi}}=0.3989$。

(3)曲线从最高点($X=\mu$)向左右延伸,拐点位于正负 1 个标准差处,即从正负 1 个标准差开始,既向下又向外弯。曲线两端向 x 轴无限靠拢,但永远不与 x 轴相交,意味着该变量在理论上任何取值都是存在可能性的,其概率不会为 0。

(4)正态曲线下的面积为 1,由于曲线在 $X=\mu$ 处左右对称,所以经过 $X=\mu$ 处的垂线将曲线下的面积平分成两份,各为 0.5。

(5)正态分布是由随机变量的平均数 μ 和标准差 σ 唯一决定的分布。如果平均数 μ 和标准差 σ 不同,正态曲线呈现的位置和形态也不同。正态分布曲线的位置由平均数 μ 的大小决定,如图 3-3 所示;分布曲线形态则是由标准差 σ 的大小决定的,σ 越大,曲线越低、越宽阔;σ 越小,曲线越高、越狭窄,如图 3-4 所示。

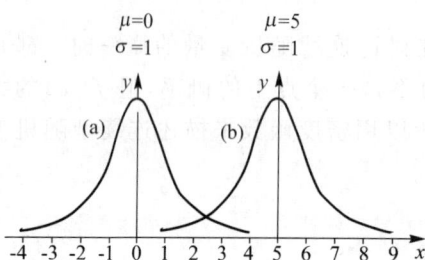

图 3-3 平均数不等、标准差相等的正态分布

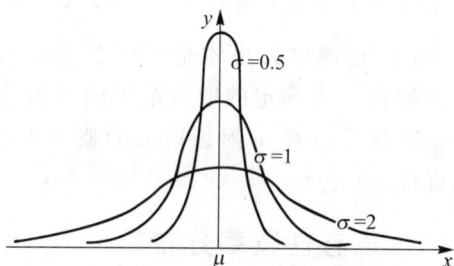

图 3-4 平均数相等、标准差不等的正态分布

(二)标准正态分布

通常我们所使用的正态分布是指正态分布的标准形式,称为标准正态分布(standard normal distribution)。标准正态分布是平均数 $\mu=0$,标准差 $\sigma=1$ 的随机变量的概率分布。记作 $N(0,1)$,其密度函数如公式 3-8 所示,标准正态分布曲线如图 3-5 所示。

$$Y=\frac{1}{\sqrt{2\pi}\cdot\sigma}\cdot e^{-\frac{1}{2}x^2}\quad(-\infty<x<+\infty)\qquad\text{(公式 3-8)}$$

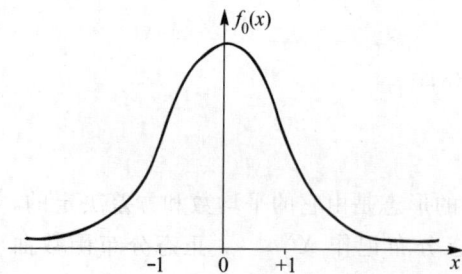

图 3-5 标准正态分布曲线

对比公式 3-7 和公式 3-8,再联系到上一章中的标准分计算公式,可以很容易地发现,如果将正态分布函数中的 $\dfrac{x-\mu}{\sigma}$ 换成标准分 Z 的时候,所有的正态分布函数均可以表示成公式 3-8 所示的标准正态分布函数形式,只是要将 x 换成 Z,如公式 3-9 所示。可见,所有的正态分布都可以通过 Z 分数转化为标准正态分布。

$$Y=\frac{1}{\sqrt{2\pi}\cdot\sigma}\cdot e^{-\frac{1}{2}z^2}\quad(-\infty<Z<+\infty)\qquad\text{(公式 3-9)}$$

Z 分数的概念、性质和线性转换已在上一章有详细地介绍,此处不再重复。由于 Z 分数单位相同,具有等距性,所以来自不同数据样本的分数均可在转换成 Z 分数之后进行比较。

三、正态分布表及其应用

(一) 正态分布表

正态分布表就是依据标准正态分布的有关概率编制而成的。该表(参见附表2)包括三栏:第一栏为标准分数 Z 值,表示分布底线即横轴上的位置;第二栏为 Y 值,表示与某一 Z 分数对应的曲线上的点的纵坐标或高度;第三栏为概率 P 值,表示在曲线下 Z 值在 0 与某一值的区间内的面积(即 Z 值处在此区间内的概率)。因此这一转换表也叫做 PZY 转换表(有的教材用 O 代替 Y,所以也把这个表叫做 PZO 转换表), P、Z、Y 三者的关系可以直观地表示成图 3-6 的形式。

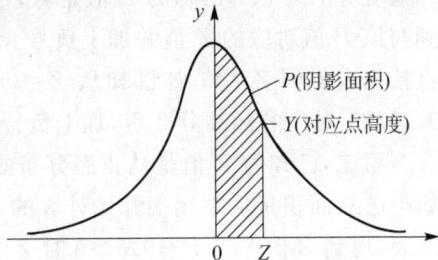

图 3-6 标准正态分布中 P、Z、Y 的关系

(二) 正态分布表的应用

使用正态分布表时,要注意两点:首先,由于正态曲线在 $Z=0$ 处左右对称,所以表中仅列出了 $Z=0$ 右侧的 Z、Y、P 值。如果 $Z<0$,在正态分布表中查 $-Z$ 所对应的 Y 和 P 值即可。其次,对于服从正态分布的变量 X,先通过 $Z=\dfrac{x-\mu}{\sigma}$ 将 X 转化为 Z 值后,才能查表。

利用正态分布的 PZY 转换表,可以进行如下的计算:

1. 已知 Z 值求 P 值

分三种情况:

第一,计算 $Z=0$ 至某一 Z 值之间的概率(面积)。可以直接查 PZY 表,找出与该 Z 值对应的 P 值即可。如 $Z=0$ 至 $Z=1$ 之间的面积为 0.34134; $Z=0$ 至 $Z=2$ 之间的面积为 0.47725。

第二,计算两个 Z 值所界定的区间内的概率(面积)。若两个 Z 值符号相同,即同为正值或同为负值,它们之间的面积等于两个 Z 值至 $Z=0$ 之间的面积之差;若两个 Z 值符号相反,它们之间的面积等于两个 Z 值至 $Z=0$ 之间的面积之和。如:计算 $Z=1$ 至 $Z=2$ 之间的面积,首先要查出 $Z=1$ 和 $Z=2$ 时的 P 值,因为二者同为正值,所以可以用较大的 P 值减去较小的 P 值就可以得到 Z 值在 $[1,2]$ 区间内面积,即 $P_{[1,2]}=0.47725-0.34134=0.13591$。计算 $Z=1$ 至 $Z=-2$ 之间的面积,则因为两个 Z 值符号相反,需将两个 P 值相加得到 $P_{[-2,1]}=0.47725+0.34134=0.81859$。

第三,计算某一 Z 值以上或以下的面积。首先查表得到与此 Z 值相应的面积。如果 $Z>0$,则 Z 值以上的面积等于 0.5 减去查表得到的面积, Z 值以下的面积等于 0.5 加上查表所得到的面积;如果 $Z<0$,则 Z 值以上的面积等于 0.5 加上查表得到的面积, Z 值以下的面积等于 0.5 减去查表所得到的面积。比如计算 $Z=2$ 以上的面积,首先查出与 $Z=2$ 相对应的面积 0.47725,所以 $Z=2$ 以上的面积为 $0.5-0.47725=0.02275$;计算 $Z=$

2 以下的面积,则为 $0.5+0.47725=0.97725$。

2. 已知 P 求 Z 值

在查表前,要先根据问题本身的表述找到 P 在正态分布中的对应位置,然后区分不同情况查表得到对应的 Z 值,也分三种不同的情况:

第一,已知的 P 值是从 $Z=0$ 处向右边计算的,可以直接在正态分布表中查到与该 P 值对应的 Z 值;已知的 P 值是从 $Z=0$ 处向左边计算的,可以直接在正态分布表中查到与该 P 值对应的 Z 值并加上负号。如已知从 $Z=0$ 处向右计算的面积为 0.34134,则直接查表得到 $Z=1$;如已知从 $Z=0$ 向左边计算的面积为 0.47725,则查表得到与 $P=0.47725$ 对应的标准分 2 后,加上负号得到 $Z=-2$。

第二,已知的 P 值是从正态分布曲线的尾端计算的,就需要对该面积做转换后查表。如果已知面积是从左尾端开始计算的,可用 $P-0.5$ 所得结果的绝对值作为面积去查正态表,得到 Z 值。当 $P-0.5>0$ 时 Z 为正值;$P-0.5<0$ 时 Z 为负值。如果已知面积是从右尾端开始计算的,可用 $0.5-P$ 所得结果的绝对值作为面积去查正态表,得到 Z 值。当 $0.5-P>0$ 时 Z 为正值;$0.5-P<0$ 时 Z 为负值。

例如,已知从正态曲线左边尾端计算的面积为 0.15,计算其对应的 Z 值。首先,计算 $0.15-0.5=-0.35<0$,然后用 0.35 作为面积查表得到的对应 Z 分数约为 1.035。因为这里的 $P-0.5<0$,所以所得结果应记为负值。于是得到从正态分布左边尾端计算面积为 0.15 所对应的标准分数为 -1.035。

第三,已知正态曲线居中部分的面积 P,计算对应的 Z 值。首先,用居中部分的面积 P 除以 2,得 $P/2$,然后,找与 $P/2$ 相对应的 Z 值。左侧 $P/2$ 面积对应的 Z 值为负;右侧 $P/2$ 面积对应的 Z 值为正。例如,已知居中部分的面积 $P=0.68268$,求其对应的左右侧的 Z 值。首先 $0.68628/2=0.34134$;然后查正态表得到与 0.34134 对应的 Z 值为 1,所以对应的左右两侧的 Z 值分别为 -1 和 1。

3. 已知 P 或 Z 计算 Y

第一,已知 P 值计算 Y。先根据已知 P 的计算起点,转换出从 $Z=0$ 开始计算的面积值,再根据这一面积查正态表得到相应的 Y 值。例如,已知从正态分布曲线的左边尾端计算的面积是 0.65,则很容易地找到对应于从 $Z=0$ 处开始的计算的面积为 $0.65-0.50=0.15$,以面积 0.15 查正态表得到的 $Y\approx0.3704$。

第二,已知 Z 值计算 Y。不管已知的 Z 值是正还是负,都直接用 Z 的绝对值去查正态表,即可得到与该 Z 值对应的 Y 值。例如,$Z=0.60$,查表得到 $Y=0.33322$;$Z=-1.50$,查正态表得到 $Y=0.12952$。

四、正态分布在实践中的应用

前一章已经介绍过将原始分数转换成标准分,以便对各个分数在数据总体或数据样本中的相对排位进行评估,对来自不同测量系统的、具有不同质的数据进行比较。在对样本或总体进行多项测评时,为了计算多项测评结果的总平均分,也需要将各项测评分数转换成标准分,然后计算标准分的平均或加权平均。对于标准分的这两方面的应用,此处不再赘述。下面介绍另外几个方面的实际应用。

（一）估算一定分数区间的人数

如果某种测验分数的总体是正态分布的,那么可将分数转换为标准 Z 分数,根据正态分布表估算各种不同的分数区间对应的面积,而这一面积正是出现在相应分数区间内的个案比率。

【例 3-7】 某高二年级学生小杨,在参加全市中学生数学竞赛中取得了 76 分,已知所有参加竞赛的学生的平均分为 52 分、标准差为 15 分。此次计划按照分数高低评选出一、二、三等奖的获奖人数占 10%。请问,小杨在此次竞赛中能获得奖励吗?

【解】 这一问题,实际上是要估算出参加竞赛的学生中超过小杨分数的人所占的百分数。为此,先要将小杨的分数转换为标准分。因为参加竞赛全体同学的成绩平均数和标准差分别为:$\mu=52,\sigma=15$。根据标准分的定义得到:

$$Z=\frac{X-\mu}{\sigma}=\frac{76-52}{15}=1.6$$

查附表 2"正态分布的 PZY 转换表"可得:$P=0.4452$。因为 $Z=1.6>0$,所以在该 Z 值之上的面积为 $P'=0.50-0.4452=0.0548$。可见,超过小杨分数的人只占 5.48%,也就是说,小杨的分数进入到了前 10% 的范围,可以获奖。

（二）估算录取分数线

在选拔性的考试或竞赛中,如果考试成绩服从正态分布,那么,我们就可以利用正态曲线下的面积 P,根据录取的比例估计录取分数线。

【例 3-8】 某次公务员考试参加人数是 600,成绩服从正态分布,平均成绩是 65 分,标准差是 15 分。如果计划选取 120 人进入复试,那么进入复试的分数线应是多少?

【解】 600 人参加考试,120 人进入复试,所以进入复试的比例 $P=\frac{120}{600}=0.20$。因为进入复试的应是高分者,所以这里的 P 值应是从正态分布的右边尾部开始计算的面积,于是可知划线位置到 $Z=0$ 之间的面积是 $P'=0.50-0.20=0.30$。以 0.30 查附表 2 的正态分布表,可以得到 $Z\approx0.84$,即分数线应在高于平均分 0.84 个标准差的位置。于是得到的分数线:

$$X=\mu+Z \cdot \sigma=65+0.84\times15=77.6$$

此次公务员选拔考试中,进入复试的分数线为 77.6 分。

（三）确定等级评定的人数

在心理学研究中,智商一般被认为是正态分布的。如果按智商分数分组,每组或每个等级应该有多少人呢?此类问题也可依据正态分布理论来解决。方法是:用 6 个标准差的宽度(从 $Z=-3$ 到 $Z=+3$ 覆盖了正态曲线下面积的99.73%,接近于全部覆盖)除以拟划分的组数或等级数,计算得到每一组或每一等级所占的宽度,就可以得到各个等级之间的划分线。这些分界线以 Z 分数表示时,就可以查正态分布表,得到各组或各等级在等距情况下的人数比率,进而计算出各个等级的人数。

【例 3-9】 要根据智商把 200 人划分为 5 个等级,各等级应有多少人?

【解】 按 6 个标准差的宽度平均划分为 5 个等级,每个等级的宽度为:$\frac{6\sigma}{5}=1.2\sigma$

则各等级的区间与人数比率、人数如表 3-4 所示。

表 3 - 4　智商分为五等级时各组人数分布（$N=200$）

等　级	各等级区间	比率计算	比率（%）	应占人数
优　秀	1.8σ 以上	$0.5-0.46407$	3.593	7
中　上	$0.6\sigma\sim1.8\sigma$	$0.46407-0.22575$	23.832	48
中　等	$-0.6\sigma\sim0.6\sigma$	2×0.22575	45.15	90
中　下	$-1.8\sigma\sim0.6\sigma$	$0.46407-0.22575$	23.832	48
差　等	$-3\sigma\sim-1.8\sigma$	$0.5-0.46407$	3.593	7

第四节　频数分布分析的 SPSS 过程

一、频数分布表的制作

某一随机事件在 n 次试验中出现的次数称为这个随机事件的频数（frequency）。各种随机事件在 n 次试验中出现的次数分布称为频数分布，将其用表格的形式表示出来称为频数分布表。频数分布表的制作及相应频数分析的 SPSS 过程主要包括以下步骤：

步骤 1：选择 Analyze 菜单中的"Descriptive Statistics"，然后单击"Frequencies"命令打开频数分析对话框，如图 3 - 7 所示，该对话框的主要功能是用来定义频数分析。

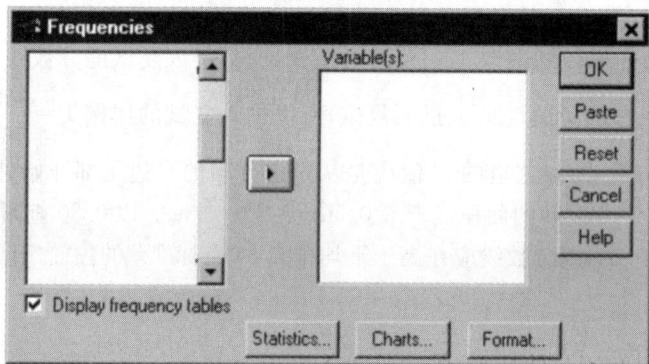

图 3 - 7　频数分析的主对话框

图 3 - 7 所示的主对话框上，有两个变量列表框，其中左边的变量框会给出数据文件中所有的全部变量列表，用户可以从中选择拟进行频数分布分析的变量，将这些变量选中后点击"▶"使其进入到"Variables"列表框。如果同时选择多个变量，SPSS 就将分别产生各个变量的频数分布表。

当需要输出频数分布表时，就在对话框上"Display frequency tables"前的小方框中单击一下，小方框中会出现"√"标记，表示已选择此功能，系统将输出要分析的变量的频数分布表。如果要取消频数分布表的输出设置，可再单击该小方框，"√"标记消失，系统就不会输出频数分布表。

步骤 2：单击对话框上的"Statistics…"按钮，打开如图 3 - 8 所示的对话框，该对话框主要由 4 个选项区组成，下面就其中主要的项目分别作简单说明。

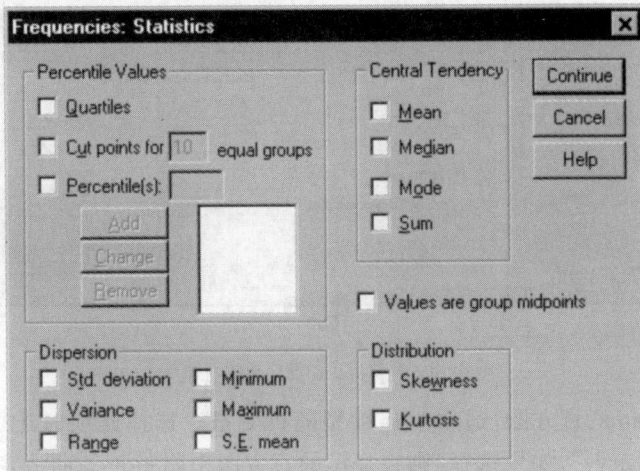

图 3-8　频数分布分析的特征量选项对话框

百分位输出设置区(Percentile Values)。作以下选择可分别输出不同的百分位数：

(1) 四分位数(Quartiles)，输出第一、第二、第三个四分位数，也叫做25%位数、50%位数和75%位数。

(2) 输出一系列的百分位数，以便将数据样本按照个案数平均划分成若干相等的组份(Cut point for equal group)，并显示出这些百分位数。如在"Cut point for equal group"输入5，则系统就会输出20%、40%、60%、80%四个百分位值。

(3) 用户自定义需要输出的百分位数(Percentiles)。用户在勾选了"Percentiles"功能后，可在其后的方框中输入0～100之间的任一个整数，单击 Add 按钮添加到下面的方框内，此操作可以根据需要重复多次进行。单击"Change"和"Remove"按钮，可以修改或删除框内的数值。

集中量数、变异量数输出设置区(Central Tendency、Dispersion)。此区域与前一章介绍的"Descriptive"过程打开的对话框功能相似。用户根据需要，也可以利用这两个设置区获得变量的平均数、总和、标准差、方差、全距、最大值和最小值等的计算结果，同时还可以获得众数(Mode)和中位数(Median)的计算结果。

用户在相应设置区作出需要的选择和设置后单击"Continue"返回上一层次的对话框，再单击"OK"即可得到所需要的频数分布表、描述性特征量和要求其计算的百分位数。

二、频数分布图的制作

单击图 3-7 所示对话框上的"Charts"按钮打开如图 3-9(a)、(b)、(c)等所示的对话框，利用这些对话框可以对频数分布图的类型和变量性质进行设置。

图形类型(Chart type)各选项：

(1) None：不显示图形，它是系统默认选项。

(2) Bar charts：条形图，适用于离散型随机变量。当选择"Bar charts"或"Pie charts"时，"Chart Values"栏才被激活。如果选择"Bar charts"，在"chart values"栏里选择"Frequencies"，图的纵坐标代表频数；选择"Percentages"，纵坐标将代表频率，即百分数，如图 3-9a 所示。

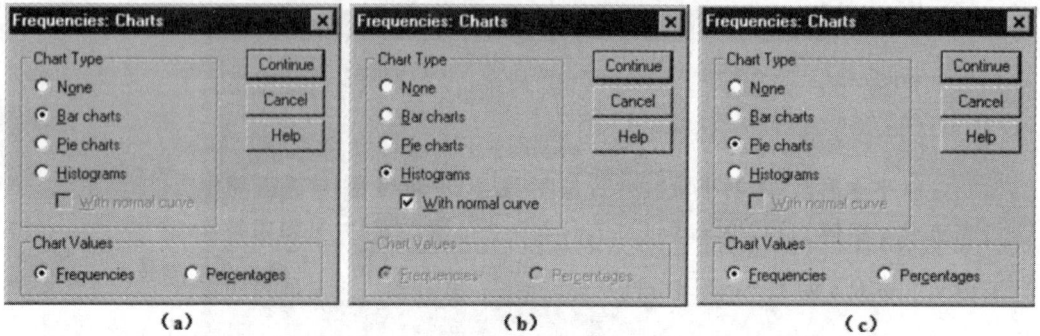

图 3-9　频数分布图制作设置对话框

（3）Histograms：直方图，适用于连续型随机变量。选择此项时还可以确定是否选择"With normal curve"，如果选择，则在显示的直方图中附带正态曲线，有助于判断数据是否呈正态分布，如图 3-9b 所示。

（4）Pie charts：饼图。当选择"Pie charts"时，在"Chart Values"一栏选择"Frequencies"，图的扇形分割片表示频数；选择"Percentages"，扇形分割片将代表频率，即百分数，如图 3-9c 所示。

各选项确定后，单击"Continue"按钮返回主对话框，单击"OK"，生成的频数分布图就会在输出窗口中显示出来。

【例 3-10】　利用 SPSS 系统制作频数分布表和频数分布图。表 3-5 所示是某初中二年级 1 班在 2007～2008 年度第一学期部分课程期末考试成绩，试针对这些数据制作学生在 3 门课程上的频数分布表和频数分布图。

表 3-5　某初中二年级 1 班学生 2007～2008 学年第一学期部分课程考试成绩

学号	性别	语文	数学	英语	学号	性别	语文	数学	英语
02001	女	87	89	98	02016	男	80	80	65
02002	男	65	83	92	02017	男	82	90	90
02003	男	60	85	89	02018	女	73	75	95
02004	女	85	93	89	02019	女	100	93	98
02005	女	70	60	95	02020	男	78	85	85
02006	女	75	87	90	02021	女	83	88	82
02007	女	89	83	100	02022	女	89	85	91
02008	男	67	95	98	02023	女	75	93	70
02009	女	80	86	98	02024	女	78	83	79
02010	男	84	88	78	02025	男	87	92	68
02011	男	77	86	82	02026	男	89	81	70
02012	女	95	83	87	02027	男	86	90	89
02013	男	90	90	85	02028	男	75	82	82
02014	女	70	86	70	02029	男	65	92	83
02015	男	84	96	73	02030	女	85	85	82

【解】　主要的操作步骤如下：

步骤 1：建立数据文件

启动 SPSS 系统，进入默认的启动界面——数据编辑器。按照第二章所介绍的方法建立 SPSS 数据文件。如果欲将表 3-5 中的信息全部记录在该数据文件中,则需要定义五个变量,即:学号(id)、性别(gender)、语文(chinese)、数学(math)和英语(english)。其中性别变量的变量值类型可以设置成字符型(string),以便直接输入学生性别的"男"或"女",也可以是数字型(numeric),可分别用 1 和 2 代表不同的性别。其他变量值类型均由系统默认为数字型。变量定义好之后,可以使用文档的复制(copy)和粘贴(paste)功能直接将表 3-5 中的数据输入到 SPSS 数据编辑窗中。一个变量占一列、一个学生占一行,所以该数据文件的数据区由 30 行 5 列组成。

步骤 2:对话框操作

(1) 选择"Analyze"下的"Descriptive Statistics"菜单,单击"Frequencies"命令,弹出"Frequencies"对话框。在对话框左侧的变量列表中选择"chinese"、"math"、"English"变量,单击添加按钮"▶"将这三个变量名添加到"Variable"框中。

(2) 选中对话框左下角的"Display frequency table"复选框,以便系统输出三门课程成绩的频数分布表。

(3) 如果想同时获取三门课程成绩的平均数、标准差、最小值、最大值、中位数等统计量,可单击对话框上的"Statistics"按钮,选中相应的项目后点击"continue"返回主对话框。

(4) 单击对话框上的"Charts"按钮,打开频数分布图制作对话框。因为三门课程考试成绩均为连续变量,所以选择输出直方图"Histograms",并选择"With normal curve"以便在直方图上附带正态曲线。单击"Continue"返回主对话框。

(5) 单击"OK"按钮,完成对话框操作。系统就会输出所需要的上述结果。

步骤 3:结果读取、选择与编辑

根据题目要求和上述对话框操作,输出结果主要包括三个部分:频数分布表、数据样本的主要统计量和频数分布直方图。因为针对三门课程成绩的统计分析输出结果的内容和结构一样,所以这里只选择"语文"数据分析结果为例来说明之。

(1) 描述性统计量,为便于将来能够正确读取输出结果,在不对输出结果作任何更改的情况下,直接将其粘贴在这里,如表 3-6 所示。

表 3-6 语文成绩统计分析得到的描述性统计量(Statistics:CHINESE)

N	Valid	30
	Missing	0
Mean		80.1000
Median		81.0000
Mode		75.00
Std. Deviation		9.38947
Variance		88.16207
Range		40.00
Minimum		60.00
Maximum		100.00
Sum		2403.00
Percentiles	25	74.5000
	50	81.0000
	75	87.0000

a Multiple modes exist. The smallest value is shown

由表 3-6 可以读取的主要结果如：

参加考试的学生人数：N＝30　　　语文成绩的平均分：Mean＝80.10

中位数：Median＝81.00　　　　　　众数：Mode＝75.00

标准差：Sta. Deviation＝9.39　　　方差：Variance＝88.16

全距：Range＝40.00　　　　　　　　总和：Sum＝2403

四分位数：25％位数＝74.50　　50％位数＝81.00　　75％位数＝87.00

（2）频数分布表，将 SPSS 系统输出的频数分布表粘贴于此，如表 3-7 所示。

表 3-7　语文成绩频数分布表(CHINESE)

		Frequency	Percent	Valid Percent	Cumulative Percent
Valid	60.00	1	3.3	3.3	3.3
	65.00	2	6.7	6.7	10.0
	67.00	1	3.3	3.3	13.3
	70.00	2	6.7	6.7	20.0
	73.00	1	3.3	3.3	23.3
	75.00	3	10.0	10.0	33.3
	77.00	1	3.3	3.3	36.7
	78.00	2	6.7	6.7	43.3
	80.00	2	6.7	6.7	50.0
	82.00	1	3.3	3.3	53.3
	83.00	1	3.3	3.3	56.7
	84.00	2	6.7	6.7	63.3
	85.00	2	6.7	6.7	70.0
	86.00	1	3.3	3.3	73.3
	87.00	2	6.7	6.7	80.0
	89.00	3	10.0	10.0	90.0
	90.00	1	3.3	3.3	93.3
	95.00	1	3.3	3.3	96.7
	100.00	1	3.3	3.3	100.0
	Total	30	100.0	100.0	

由表 3-7 可知：语文考试中出现的所有分数（表中按从小到大排列）、每一个分数出现的人次（Frequency）及其占总人数的比率（Percent）、由小到大累加的百分数（Cumulative percent）。

（3）频数分布图，将 SPSS 系统输出的频数分布直方图直接粘贴于此，如图 3-10 所示。

该图是以分数区间来登记频数的，而每一区间的宽度 5 分，横坐标上标出的坐标值是每一区间的组中值，纵坐标的高度代表人次数，而图中的曲线是附带的正态分布曲线，是作为参考使用的。从图中可以看出，57.5～62.5 区间有 1 人次；62.5～67.5 区间有 3 人次；频数密度最大的是 82.5～87.5 区间，共有 8 人次。此外，还可以看出，数据分布形态未能很好地与正态分布吻合。

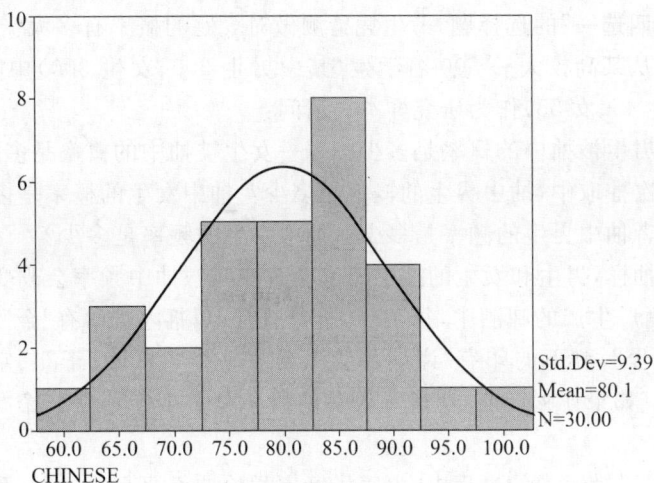

图 3－10　语文成绩的频数分布直方图

数学和英语的频数分析结果的结构与解释方法与上述语文成绩频数分析相同。

复习思考与练习题

1. 解词

随机现象、随机事件、基本事件、复合事件、事件之和、事件之积、互不相容事件、相互独立事件、概率、频率、正态分布、标准正态分布、标准 Z 分数

2. 下列现象中,哪些是随机现象?

(1) 大选已进入计票阶段,新一届总统将从三位候选人中产生。

(2) 随意向上抛出一个骰子,其落在桌面时朝上一面的点数可能有六种结果。

(3) 从班级中随意选出 5 人组成班委;下一次考试分数最高的人将当选学习部长。

(4) 班主任老师准备让他认为能力最强的 3 位同学分别担任班长、党支部书记、团支部书记。

3. 下列哪些是随机事件? 在这些随机事件中哪些是基本事件,哪些是复合事件?

(1) 预赛中,中国 3 名运动员中可能会"有人进入决赛",甚至"都有可能进入决赛"。

(2) 某客户在银行存入了 2 万元现金,存期 2 年,到期时其应得利息可能达到的数额。

(3) 20 名同学参加英语考试,及格超过半数、全部及格或全部得满分的可能结果。

(4) 某同学仅凭猜测完成 5 道四选一的选择题,全做对的可能结果、做对 3 题的可能结果。

4. 下列哪种事件是属于事件之和,哪种事件是属于事件之积?

(1) 仅凭猜测完成 4 道四选一的选择题,全做对、做对 1 题或做对 2 题的可能结果。

(2) 从 0～9 的 10 个数码中随意捡出一个,其结果为偶数的结果。

5. 在上述的 2～4 题中涉及到的各组随机事件中,哪些互不相容、哪些相互独立?

6. 两个独立事件之和的概率与这两个事件的概率是什么关系?

7. 一次投出两个骰子,朝上的一面点数相同的概率有多大?

8. 有 10 道"四选一"的选择题,考生凭猜测做对 5 题的概率有多大?

9. 某研究者从某高校大一 500 名学生(其中男生 200、女生 300)中随机抽取了 100 名学生(其中男生 45、女 55)作为研究样本。请问:

(1) 每一名男生被抽中的概率是多少? 每一女生被抽中的概率是多少?

(2) 在每一次抽取中,抽中男生的概率是多少? 抽中女生的概率是多少?

(3) 该研究者抽中男生的频率是多少? 抽中女生的频率是多少?

(4) 如重新抽样,男生和女生的抽中概率会改变吗? 抽中频率会改变吗?

10. 假如啤酒厂生产的啤酒中,每 1000 瓶啤酒有 10 瓶内盖印有"金"、10 瓶内盖印有"陵"、10 瓶印有"干",剩下的印有"谢谢品尝",凑齐一个"金、陵、干"三字就可获得价值 100 元的一等奖。如果连喝三瓶,获得一等奖的概率是多少? 连获三个"谢谢品尝"的概率是多少?

11. 在追击犯罪嫌疑人的过程中,由于嫌疑人举枪向无辜群众开枪,致使三名警察同时向其开枪。假如警察的命中率分别为 90%、80%、60%,那么该犯罪嫌疑人被击中一枪、两枪、三枪或未被击中的概率各为多少?

12. 有 4 个学生一起去参加一项过关测试,他们每个人能通过的概率均为 0.6,请问他们 4 人中能有三人通过的概率是多大?

13. 某人随意地投掷骰子 8 次,请问:

(1) 点数为 5 的一面朝上的次数可能会是多少?

(2) 点数为 5 的一面朝上的次数为 3 的概率是多少?

(3) 点数在 4 以上(包括 4)的面朝上的次数可能会是多少?

(4) 点数在 4 以上的面朝上的次数为 2 的概率是多少?

14. 已知 X 服从均值为 μ、标准差为 σ 的正态分布,查"正态分布的 PZY 转换表"计算以下概率:

(1) $P\{\mu - 1.86\sigma < \mu + 1.86\sigma\}$;

(2) $P\{\mu - 3.5\sigma < \mu + 3.5\sigma\}$。

15. 某公司组织招聘考试,考试成绩平均分为 70 分,标准差为 12 分。若这次招聘人数占应聘者的比例大约控制在 16%,在不查正态分布表的情况下来确定最低录取分数线大概要控制在什么位置(已知:$Z = 1$ 时,$P = 3413$;$Z = 2$ 时,$P = .4772$;$Z = 3$ 时,$P = .4987$)。

16. 已知某班期末考试中语文的平均分 80,标准差 10 分;数学平均 70,标准差 15;英语平均 85,标准差为 12。甲生的语文成绩为 80 分、数学 85 分、英语成绩 90 分。该生三科成绩中哪一门最好?

17. 某市参加数学奥林匹克业余学校入学考试的人数为 2800 人,只录取学生 150 人,该次考试的平均分为 75 分,标准差 8 分。问录取分数线应定为多少分?

18. 有 800 人参加智力测验,欲分为 7 个等级,问各评定等级的人数是多少较为合适?

第四章 抽样分布与参数估计

内容提要

　　所谓抽样分布,就是样本统计量的概率分布。根据抽样分布的原理,我们可以进行参数估计。参数估计分为两种:一种是点估计,即直接用样本统计量作为相应总体参数的估计值;另一种是区间估计,即在一定把握程度上给出一个可能涵盖总体参数的范围,这个范围叫做置信区间。置信区间涵盖总体参数的概率叫做置信度。本章在对抽样分布的概念进行细致阐述之后,讨论了如何利用标准正态 Z 分布和非正态的 t 分布进行总体参数——总体平均数的区间估计,讨论了 t 分布与 Z 分布之间的关系,同时介绍了参数区间估计的 SPSS 过程。

　　在心理学或其他行为科学领域中,研究者想了解的往往是某个总体的心理或行为特征,而不是少数人组成的样本的特征,但是又几乎都要从观察样本开始。例如,一位儿童心理学家试图了解 0—6 岁幼儿的创造潜质。从理论上说,他应该对所有 0—6 岁幼儿进行全面的创造力潜质测量,但"0—6 岁幼儿"是一个庞大的总体,要想对其中的每一个体都进行观测,从研究的财力、物力、人力来说都是不可能的。因此,只能从总体中选取一部分个体组成"有代表性"的样本,然后对样本进行观测和研究,再将观测结果推论到总体,进而估计总体的参数,推断总体的特征与规律。事实上,统计学建立了系统的随机抽样理论和统计推断方法,为这样的研究提供了强有力的科学保障。

第一节 抽 样 分 布

　　用样本资料去推断总体特征,关键的问题就是要在抽样中保证样本的代表性。为此第一章中不仅介绍了一些有效的抽样方法,而且强调抽样中要充分地贯彻随机性原则。所谓随机性原则,是指总体中的每一个体都有独立的、相等的被抽中机会。按照随机性原则抽取样本,可以在一定程度上排除研究者主观意志或偏好对研究结果的影响,既能使样本数据的分布类似于总体数据分布,又能使样本数据满足统计学方法的要求,进而可以利用统计学的手段和方法进行统计推断。

一、抽样分布与抽样误差估计

(一) 抽样分布的定义
　　所谓抽样分布,就是指样本统计量的概率分布。

在第二章中,我们已经介绍过:样本的描述性特征量叫做统计量;总体的描述性特征量叫做参数。从理论上讲,总体参数是在对总体所有个案进行观测后得到的,所以它是一个确定的量。但通常我们只能对样本中的个案进行观测,所以得到的特征量多半都是样本统计量。但是由于抽样本身带有随机性,所以毫无疑问:如果不断地重复进行样本抽样,每一次得到的样本都可能是不一样的;每一次抽样之后对样本进行观测,就可能得到不同的统计量。由此可见,样本统计量是一个变动的值。

在心理统计学中,常用的统计量有很多,如样本平均数 $\overline{X}$、样本标准差 S、样本间的相关系数 r 等。如果用字母 X 指代某一统计量,抽样分布就是指 X 的概率分布,即样本统计量的概率分布。具体地说,如果从容量为 N 的总体中,每次抽取容量为 n 的样本,可以计算其统计量 X。每次抽取样本时,抽到的个案不一定相同,计算出来的统计量 X 也不尽相同,如此一直进行下去,直到穷尽了所有可能的容量为 n 的样本之后,就可以得到很多甚至是无数个统计量 X。从理论上讲,若为不返回抽样可得到 C_N^n 个统计量 X,若为返回抽样则可得到更多个 X,当 N 的数目很大乃至无穷时,则 X 的数量是庞大的、甚至是几近无限的。当得到了很多个样本统计量后,就可以将这些统计量集中在一起构成一个新的数据总体,这个新的数据总体也具有自己的概率分布,这个概率分布就是我们所说的抽样分布。

抽样分布的形态因统计量的不同而不同,最常碰到的抽样分布形态有正态分布、t 分布、F 分布、χ^2 分布等。除进一步在抽样分布中介绍正态分布的应用外,本章将结合不同统计量抽样分布的特点,重点介绍样本平均数的 t 分布。χ^2 分布留待第十二章再作介绍。

(二)抽样误差

进行多次抽样,且每次抽样的样本容量均为 n 的时候,就可以观测得到多个样本统计量,将这些样本的统计量集中在一起构成一个数据总体时,可以看到:这个总体中,数据具有上下的随机波动性。为评估这一数据的随机波动性,我们可以计算该数据总体的标准差。与前文介绍的标准差的性质相同,样本统计量的标准差也反映了抽样过程中随机误差的大小,即抽样误差的大小。此类标准差反映的是样本统计量之间的差异性,统计学将其叫做"标准误差",简称"标准误"(Standard Error,缩写为 $Std.E$ 或 SE),即称某种统计量抽样分布的标准差为该种统计量的标准误,如样本平均数抽样分布的标准差可直接说成"平均数的标准误"(Std. Error of Mean,简写为 $SE.mean$),样本标准差的抽样分布的标准差可直接说成"标准差的标准误"。显然,标准误越小,表明抽样误差越小,用该样本统计量来估计或推断相应总体参数的可靠性就越高。

二、样本平均数的抽样分布

假如,将某年参加全国高考的考生的数学成绩作为总体,从中随机抽取 400 名考生的数学成绩构成一个样本,然后计算这 400 名考生数学成绩的平均分,记为 $\overline{X_1}$。然后,将这 400 名考生的数学成绩放回到总体中,再重新随机抽取另一个容量为 400 的样本,又可计算出一个样本平均分,记为 $\overline{X_2}$,……,不断重复地进行这样的抽样和计算,就可以得到无数个 $n=400$ 的样本及其平均分,将这些样本平均分统一记作 $\overline{X_i}$,它们组成了一个新的数据总体,即样本平均分的抽样分布。那么这个抽样分布的形态如何?其数据特征又会怎样呢?

统计学的研究表明,一个抽样分布的形态主要受到三个因素的影响:总体的分布形态(是否正态分布)、样本容量 n 的大小(大样本或小样本)、要计算的统计量类型(平均数或方差/标准差等)。这三个因素中的任何一个发生改变,抽样分布的形态就会随之发生变化。

数理统计学的中心极限定理和其他证明为我们提供了依据,使我们可以对平均数抽样分布的特征做出概括。样本平均数抽样分布的常见形态有正态分布和 t 分布两种。那么,什么条件下是正态分布,什么条件下是 t 分布,t 分布有什么特点?

当下列条件之一成立时,$\overline{X}$ 的抽样分布为正态或趋于正态:

(1) 原数据总体为正态分布,且总体方差 σ^2 已知时,不管样本容量 n 是大还是小,$\overline{X}$ 的抽样分布都为正态,样本平均数的数学期望(平均数)$\mu_{\overline{X}} = \mu$,样本平均数的方差 $\sigma_{\overline{X}}^2 = \dfrac{\sigma^2}{n}$ 或样本平均数的标准差 $\sigma_{\overline{X}} = \dfrac{\sigma}{\sqrt{n}}$。根据标准分数的计算公式,可通过公式 4-1 将样本平均数的抽样分布转换为标准正态分布即 Z 分布。

$$Z = \frac{\overline{X} - \mu_{\overline{X}}}{\sigma_{\overline{X}}} = \frac{\overline{X} - \mu}{\sigma / \sqrt{n}} \qquad \text{(公式 4-1)}$$

(2) 原数据总体为正态分布,但总体方差 σ^2 未知时,平均数的抽样分布不完全符合正态分布。但在样本容量足够大(一般 $n > 30$)时,该分布会趋于正态,可以近似地将其看作正态分布。因为在总体方差未知的情况下,无法使用总体方差来计算样本平均数的标准差即标准误,所以只能使用样本方差或标准差作为估计值替代总体方差或标准差。可以先根据第二章中介绍的标准差公式计算样本标准差,然后估计样本平均数的标准误。即:

$$\sigma_{\overline{X}} = \frac{S}{\sqrt{n}} \qquad \text{(公式 4-2)}$$

然后,可以运用公式 4-1 将样本平均数的抽样分布转化为标准的正态分布。

(3) 当原数据总体为非正态分布时,只有当样本容量足够大(一般 $n > 30$)时,平均数的抽样分布才会趋于正态,此时

$$\mu_{\overline{X}} = \mu, \sigma_{\overline{X}} = \frac{\sigma}{\sqrt{n}} \quad (\sigma \text{ 已知的情况})$$

$$\mu_{\overline{X}} = \mu, \sigma_{\overline{X}} = \frac{S}{\sqrt{n}} \quad (\sigma \text{ 未知的情况,用样本的标准差估计标准误})$$

然后,可以运用公式 4-1 将样本平均数的抽样分布转化为标准的正态分布。

当原数据总体为正态分布,但 σ^2 未知,$\overline{X}$ 的抽样分布为 t 分布,t 分布的形态与样本容量 n 的大小有关。一般来说,n 越大,t 分布越接近于正态分布,特别是当 n 趋于无穷大时,t 分布与正态分布重合。

在实际使用中,当样本容量 $n > 30$ 时,t 分布与正态分布的差异性较小,所以可以将

其近似地看作是正态分布,这是在前一部分讨论到的内容。

当样本容量 $n \leq 30$ 时,t 分布与正态分布差异较大,一般不再使用正态分布来进行相应的统计分析,而是使用 t 分布。此时,$\mu_{\overline{X}} = \mu$,$\sigma_{\overline{X}} = \dfrac{S_{n-1}}{\sqrt{n}}$,描述样本平均数抽样分布的统计量 t 可采用以下公式计算:

$$t = \frac{\overline{X} - \mu}{S / \sqrt{n}} \qquad (\text{公式 } 4\text{-}3)$$

公式 4-3 计算出来的统计量服从自由度为 $n-1$ 的 t 分布。自由度是统计学中常用的概念,是指用若干变量值计算某统计量时,能够自由取值的变量值的个数,一般用符号 df(degree of freedom)表示。例如,当计算 $\overline{X}$ 时,由于 $\overline{X} = \dfrac{\sum X}{n} = \dfrac{1}{n}(X_1 + X_2 + \cdots + X_n)$,其中 $X_1, X_2, \cdots, X_n$ 是 n 个独立自由取值的变量值,所以这时自由度为 n,即 $df = n$。当计算 $S_{n-1}^2 = \dfrac{1}{n-1}\sum(X - \overline{X})^2$ 时,由于 $\overline{X}$ 既定,则 $X_1, X_2, \cdots, X_n$ 的取值受到一个约束,即必须满足 $\overline{X} = \dfrac{\sum X}{n}$,所以这时只有 $n-1$ 个变量值可以自由变动,有 1 个变量值是不自由的,此时自由度为 $n-1$,即 $df = n-1$。或者说,自由度就是基于某一变量的测量过程中,测量结果发生变化的次数或机会。

关于样本平均数的抽样分布,正态分布和 t 分布适用的条件可总结成表 4-1 所示。

表 4-1　样本平均数抽样分布分析中正态分布和 t 分布适用条件

			样本平均数分布为正态或渐近正态	样本平均数分布为 t 分布
数据总体为正态分布	σ^2 已知		$\mu_{\overline{X}} = \mu, \sigma_{\overline{X}} = \dfrac{\sigma}{\sqrt{n}}$	
	σ^2 未知	大样本	$\mu_{\overline{X}} = \mu, \sigma_{\overline{X}} = \dfrac{S}{\sqrt{n}}$	$\mu_{\overline{X}} = \mu, \sigma_{\overline{X}} = \dfrac{S}{\sqrt{n}}$
		小样本		$\mu_{\overline{X}} = \mu, \sigma_{\overline{X}} = \dfrac{S}{\sqrt{n}}$
数据总体为非正态分布	σ^2 已知	大样本	$\mu_{\overline{X}} = \mu, \sigma_{\overline{X}} = \dfrac{\sigma}{\sqrt{n}}$	
		小样本		
	σ^2 未知	大样本	$\mu_{\overline{X}} = \mu, \sigma_{\overline{X}} = \dfrac{S}{\sqrt{n}}$	$\mu_{\overline{X}} = \mu, \sigma_{\overline{X}} = \dfrac{S}{\sqrt{n}}$
		小样本		
抽样分布的统计量计算方法			$Z = \dfrac{\overline{X} - \mu_{\overline{X}}}{\dfrac{\sigma}{\sqrt{n}}}$	$t = \dfrac{\overline{X} - \mu_{\overline{X}}}{\dfrac{S}{\sqrt{n}}}, df = n-1$

t 分布是戈赛特于 1908 年提出来的,当时他使用的是笔名"Student",故而称之为"t 分布"。t 分布是一种连续分布,其密度函数比较复杂,分布曲线与标准正态分布曲线有许多相似之处,表现在:

(1) t 分布和标准正态分布都在基线之上,t 值或 Z 值的取值范围都是 $(-\infty \sim +\infty)$;

(2)以平均数 0 为中心,左侧取值为负数,右侧取值为正数;(3)曲线都是以中心为最高,两端向左右无穷延伸,逐渐下降,但与 x 轴永不相交。

随着自由度不同,t 分布曲线呈一簇分布形态。当自由度较小时,t 分布的分散程度比标准正态分布要大得多,密度函数曲线比较平缓;随着自由度逐渐增大,t 分布曲线逐渐接近标准正态分布,其极限分布为标准正态分布,如图 4-1 所示的就是自由度不同时的一组 t 分布曲线。

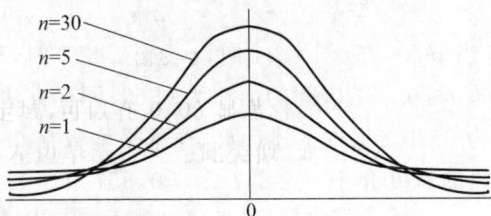

图 4-1 一组自由度不同时的 t 分布曲线

与正态分布 PZY 表的功能近似,附表 3 为 t 值表,给出了三个变量之间的关系和数据:左侧最边缘一列为自由度 df,最上面一行是 t 分布上对应于不同 t 值的两个尾端部分面积之和。

下边,用两个例题来说明平均数抽样分布的具体应用,并比较 Z 分布和 t 分布的不同。

【例 4-1】 已知某次全区数学统考成绩服从正态分布,总体平均分为 70,标准差为 10。现从全区考生中抽取一个容量为 25 的简单随机样本,试估计一下这一样本的平均分介于 68~72 之间的可能性有多大。

【解】 因为数学成绩的总体呈正态分布,总体方差已知,所以样本平均数符合正态分布。

$$\mu_{\overline{X}} = \mu = 70, \sigma_{\overline{X}} = \frac{\sigma}{\sqrt{n}} = \frac{10}{\sqrt{25}} = 2$$

根据公式 4-1 可得:

如果样本平均数为 $\overline{X} = 68, Z = \dfrac{\overline{X} - \mu}{\sigma_{\overline{X}}} = \dfrac{68 - 70}{2} = -1$

如果样本平均数为 $\overline{X} = 72, Z = \dfrac{\overline{X} - \mu}{\sigma_{\overline{X}}} = \dfrac{72 - 70}{2} = 1$

所以样本平均数在 68~72 的区间正好是平均数抽样分布中的区间 $Z \in [-1, 1]$。查附表 2 的正态分布表可知,$Z \in [0, 1]$ 区间的面积为 0.34134,故 $Z \in [-1, 1]$ 区间的面积为 0.68268。

所以, $P(68 \leqslant \overline{X} \leqslant 72) = P(-1 \leqslant Z \leqslant 1) = 0.68268$

即所抽样本平均数在 68~72 间的可能性约为 68.3%。

【例 4-2】 已知某次全区数学统考的成绩服从正态分布,其总体平均数为 70 分。现从全区考生中随机抽取了 25 名考生的成绩构成样本,该样本分数的标准差为 10。试估计这一样本的平均分介于 68~72 之间的可能性有多大。

【解】 因为数学成绩总体呈正态分布,总体方差未知,$n = 25 < 30$,样本平均分符合 t

分布。

$$\mu_{\overline{X}} = \mu = 70, \sigma_{\overline{X}} = \frac{S}{\sqrt{n}} = \frac{10}{\sqrt{25}} = 2$$

根据公式 4-3 可得：

如果样本平均数为　　　$\overline{X} = 68, t = \dfrac{\overline{X} - \mu}{\sigma_{\overline{X}}} = \dfrac{68 - 70}{2} = -1$

如果样本平均数为　　　$\overline{X} = 72, t = \dfrac{\overline{X} - \mu}{\sigma_{\overline{X}}} = \dfrac{72 - 70}{2} = 1$

查附表 3 的 t 值表，当 $df = 25 - 1 = 24$ 时，$t = \pm 0.857$ 时，t 分布两个尾部面积为 0.4，即 t 分布上 $-0.857 \leqslant t \leqslant 0.857$ 区间的面积为 0.60；同样方法得到，t 分布上 $-1.059 \leqslant t \leqslant 1.059$ 区间的面积为 0.70。根据上述计算，样本平均数在 68~72 区间时，$-1 \leqslant t \leqslant 1$，如图 4-2 所示，该区间的宽度介于 $-0.857 \leqslant t \leqslant 0.857$ 和 $-1.059 \leqslant t \leqslant 1.059$ 的宽度之间，所以其面积介于 0.60 与 0.70 之间。于是得到样本平均数介于 68~72 之间的概率是：$0.60 < P(68 \leqslant \overline{X} \leqslant 72) < 0.70$，即所抽样本平均数在 68~72 间的可能性在 60% 至 70% 之间。

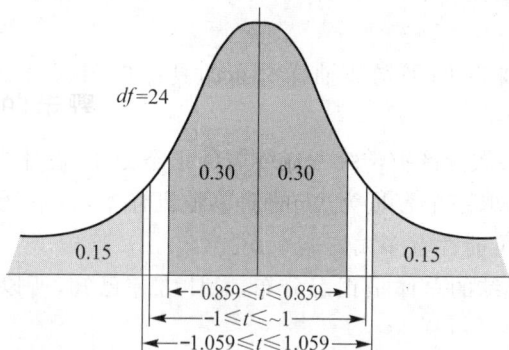

图 4-2　t 组在 -1~1 区间 t 分布曲线下的面积

第二节　参数估计的基本原理

心理学研究中，很多时候研究者无法知道某个总体的参数，无从知晓一个总体的参数与另一个或几个总体的参数有无明显差异。这时，就可以采用随机抽样的方法，从总体中抽取一定容量的样本进行资料分析，然后用样本统计量对总体参数进行估计或推论。推论的依据就是抽样分布理论与小概率推断原理。统计推断主要有两种方式：一为参数估计，二为假设检验。本章先以总体平均数的估计为例介绍参数估计的一般过程。

一、参数估计的概念

要了解什么是参数估计，必须首先了解几个概念：(1)待估参数，是在参数估计中要估计的那个总体的参数，它可以是平均数 μ，也可以是方差 σ^2 或其他参数，可统一用 θ 来表示；(2)估计量，是指用来估计参数的样本统计量，比如样本平均数、中位数、标准差等，

统一用 $\hat{\theta}$ 表示；(3)估计值,是指可以根据样本数据计算出来的统计量的值,也统一用 $\hat{\theta}$ 表示。

所以,参数估计就是确定待估参数、估计量与估计值之间的关系。用数学语言来表述,就是:设总体 X 有参数 θ,现根据该总体一个随机样本 $(X_1,X_2,\cdots,X_n)$ 计算出来的统计量作为估计量 $\hat{\theta}$ 去估计总体参数 θ。

参数估计有两种不同的任务或方式,即点估计和区间估计。点估计,就是直接用样本统计量测量变量连续体中的一个点,作为相应总体参数的估计值,所以叫做点估计。具体做法是先根据样本的一系列个案观察值,计算统计量,该统计量就是总体参数 θ 的点估计 $\hat{\theta}$。

区间估计,就是根据样本中一系列个案的观察值计算出两个估计量 $\hat{\theta}_1$ 和 $\hat{\theta}_2$,将区间 $(\hat{\theta}_1,\hat{\theta}_2)$ 作为参数 θ 可能的取值范围,并同时指出该区间包含参数 θ 的可能性(概率)。

二、良好的点估计量的特征

对于同一个未知的总体参数来说,它可以用不同的样本统计量作为估计量。例如,对总体平均数 μ 的估计,既可以用样本平均数 $\overline{X}$ 作为估计量,也可以用样本中位数 M_d 或样本众数 M_o 来作为估计量。但是,不同统计量的性质和计算方法是不同的,在反映样本中的观测信息方面差异也很大,所以不同统计量作为参数估计量的时候,具有品质上的差异。一般来说,一个良好的点估计量应具备下列几个主要特征:无偏性、有效性、一致性和充分性。

(一)无偏性

所谓无偏性,并不是要求用统计量去估计参数时没有误差。根据抽样分布原理,作为估计量的统计量也是一个随机变量,抽取不同的样本就会得到大小不同的估计值,而这些估计值一般是与待估参数之间存在一定偏差的,有的估计量可能会对参数形成高估,有的估计量可能会对参数形成低估。当然,如果用很多个样本进行很多次的估计,然后平均,则估计误差会在一定程度上相互抵消或被平均掉。把所有可能的样本统计量都计算出来,就得到一系列所有可能的参数估计值;将这些估计值平均,就可最大限度地平衡误差。如果作为统计量的估计量,其抽样分布的平均数实际上等于待估参数时,那么该估计量就是待估参数的无偏估计量。

数理统计学已经证明,总体平均数 μ 的最佳无偏估计量是样本平均数 $\overline{X}$,总体方差 σ^2 的最佳无偏估计量是样本方差 S_{n-1}^2。

再强调一下:在不做专门说明的情况下,本书中用 S^2 表示样本方差时,就是指 S_{n-1}^2。因为在计算一组数据方差时,其自由度正好是 $df=n-1$,公式 $S_{n-1}^2=\dfrac{\sum(X-\overline{X})^2}{n-1}$ 反映的是一组数据离散程度 $\sum(X-\overline{X})^2$ 的平均值,所以该计算结果才是最符合方差内涵的。

(二)有效性

对于某一个待估参数来说,可能有不止一个无偏估计量。比如对于 μ 来说,$\overline{X}$ 是一个无偏估计量，M_d 也是一个无偏估计量，但是哪一个估计量更"好"一些呢？这就是估计量的有效性问题。统计学上认为，对于待估参数 θ 的两个无偏估计量 $\hat{\theta}_1$ 和 $\hat{\theta}_2$，若这两个估计量的所有可能结果的方差 $\sigma_{\hat{\theta}_1}^2 < \sigma_{\hat{\theta}_2}^2$，那么就称 $\hat{\theta}_1$ 是较 $\hat{\theta}_2$ 有效的估计量。也就是说，如果某一参数的一个无偏估计量的方差与该参数的所有其他无偏估计量相比为最小，那么该估计量就可称为最有效估计量或最佳无偏估计量。样本平均数是总体平均数的最佳无偏估计量（可以证明，样本平均数的方差 $\sigma_{\overline{X}}^2 = \dfrac{\sigma^2}{n}$，样本中位数的方差为 $\sigma_{Md}^2 = \dfrac{\pi}{2n}\sigma^2$，$\sigma_{\overline{X}}^2 < \sigma_{Md}^2$。所以，作为总体参数 μ 的估计量，样本平均数比中位数更有效）。

（三）一致性

一致性，是要求当样本容量逐渐增大时，这个估计量就越接近总体参数，是渐进的，不能有停止或倒退，用数学方式来描述就是：设 $\hat{\theta}$ 为待估参数 θ 的无偏估计量，若 $n \to \infty$ 时，$\hat{\theta}$ 收敛于 θ，即 $\lim\limits_{n \to \infty}\hat{\theta} = \theta$，这时可称 $\hat{\theta}$ 为 θ 的一致性估计量。

（四）充分性

如果一个估计量充分地利用了样本提供的所有与待估参数有关的信息，那么该估计量就被称为是充分估计量。例如，样本平均数就是总体平均数的充分估计量，因为样本所有的观察值都要参加样本平均数的计算。相比之下，样本中位数就不是一个充分的估计量，因为它的计算过程中没有用到所有的观察值。

三、区间估计的原理

前面介绍的点估计方法优点是计算简单、直接，但由点估计得到的估计值与总体参数的真值之间总是存在一定偏差，这个偏差有多大无法估计。所以，统计学家们采用区间估计的方法来解决这个问题。实际应用中常采用区间估计。

所谓区间估计，就是以抽样分布原理为基础，根据样本资料估计出总体参数可能出现在什么范围，同时指出这个范围涵盖总体参数的概率有多大。因此区间估计给出的就不是总体参数的一个单一估计量值，而是一个数值区间 $(\hat{\theta}_1, \hat{\theta}_2)$，这个区间被称为置信区间，$\hat{\theta}_1$ 称为置信区间下限，$\hat{\theta}_2$ 称为置信区间上限。该区间涵盖总体参数 θ 的概率用 $1-\alpha$ 表示，称为置信度，α 称为显著性水平，是一个小概率，一般 α 取 0.05（即 5%）或者 0.01（即 1%），则 $1-\alpha$ 就相应地也有两个取值：当 $\alpha = 0.05$ 时，置信度 $1-\alpha = 0.95$（即 95%）；当 $\alpha = 0.01$ 时，置信度 $1-\alpha = 0.99$（即 99%）。置信度越大，虽然显著性水平越小（估计时犯错误的概率，即总体参数不在置信区间的概率），但需要的置信区间就越大，估计的精确度就越小。当置信度升高到 100% 时，置信区间涵盖了参数可能的全部取值范围，区间估计也就没有了任何意义。所以，在实际的区间估计过程中，要权衡利弊，确定合适的置信度。

下面以总体平均数的区间估计为例，简单说明区间估计的基本过程。

设有一正态分布的总体 $X \sim N(\mu, \sigma^2)$，$(X_1, X_2, \cdots, X_n)$ 是从该总体抽取的一个简单随机样本，其平均数为 $\overline{X}$。根据前面所述的抽样分布理论（见表 4-1），无数个从该总体

抽出的容量为 n 的样本，其平均数服从正态分布，且 $\mu_{\overline{X}}=\mu$，$\sigma_{\overline{X}}^2=\dfrac{\sigma^2}{n}$，即 $\overline{X}\sim N\left(\mu,\dfrac{\sigma^2}{n}\right)$，如图 4-3 所示。

根据正态分布的特点，平均数上下 1.96 个标准差之间包含了全体数据的 95%。按照抽样分布的规律，随机地从总体中抽取一个容量为 n 的样本，其样本平均数 $\overline{X}$ 有 95% 可能性落在总体平均数上下 1.96 个标准误之内，即 $P(\mu-1.96\sigma_{\overline{X}}<\overline{X}<\mu+1.96\sigma_{\overline{X}})=0.95$，将其转化成标准正态分布来表示就是 $P(-1.96<Z<1.96)=0.95$，其中 $Z=\dfrac{\overline{X}-\mu}{\sigma/\sqrt{n}}$。

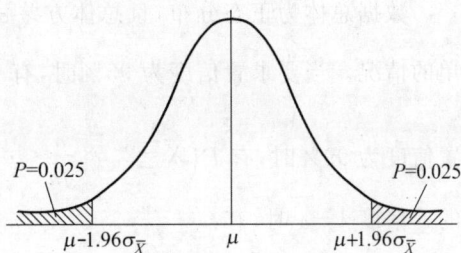

图 4-3　区间估计原理示意图

所以，
$$P\left(-1.96<\frac{\overline{X}-\mu}{\sigma/\sqrt{n}}<1.96\right)=0.95$$

代数变换后即可得到：
$$P\left(\overline{X}-1.96\frac{\sigma}{\sqrt{n}}<\mu<\overline{X}+1.96\frac{\sigma}{\sqrt{n}}\right)=0.95 \qquad \text{（公式 4-4）}$$

公式 4-4 说明，总体参数 μ 有 95% 的可能是处在 $\left\{\overline{X}-1.96\dfrac{\sigma}{\sqrt{n}},\overline{X}+1.96\dfrac{\sigma}{\sqrt{n}}\right\}$ 区间内，或者说，$\left\{\overline{X}-1.96\dfrac{\sigma}{\sqrt{n}},\overline{X}+1.96\dfrac{\sigma}{\sqrt{n}}\right\}$ 区间有 95% 的可能性涵盖了总体参数 μ 的位置，该区间为总体平均数 μ 的置信度为 95% 的置信区间，其置信下限为 $\overline{X}-1.96\dfrac{\sigma}{\sqrt{n}}$，置信上限为 $\overline{X}+1.96\dfrac{\sigma}{\sqrt{n}}$。

同理可以得到：
$$P\left(\overline{X}-2.58\frac{\sigma}{\sqrt{n}}<\mu<\overline{X}+2.58\frac{\sigma}{\sqrt{n}}\right)=0.99 \qquad \text{（公式 4-5）}$$

$\left\{\overline{X}-2.58\dfrac{\sigma}{\sqrt{n}},\overline{X}+2.58\dfrac{\sigma}{\sqrt{n}}\right\}$ 为总体平均数 μ 的置信度为 99% 的置信区间，其置信下限为 $\overline{X}-2.58\dfrac{\sigma}{\sqrt{n}}$，置信上限为 $\overline{X}+2.58\dfrac{\sigma}{\sqrt{n}}$。

以上所举的是 $\overline{X}$ 抽样分布为正态分布时的情况。如果 $\overline{X}$ 抽样分布不是符合正态分布，而是符合 t 分布，其置信区间又该如何进行估计呢？

第三节　总体平均数的区间估计

只要知道了样本平均数的抽样分布形态（是正态分布还是 t 分布），就可以根据抽样分布理论和概率分布的性质，选择一定的置信度对总体平均数 μ 做出区间估计。下面讨论各种情况下的总体平均数的区间估计。

一、总体正态且方差已知时的区间估计

数据总体为正态分布,且总体方差 σ^2 已知的条件下,总体平均数的区间估计是最简单的情况。当要求置信度为 95% 时,有 $P\left(\overline{X}-1.96\dfrac{\sigma}{\sqrt{n}}<\mu<\overline{X}+1.96\dfrac{\sigma}{\sqrt{n}}\right)=0.95$;要求置信度为 99% 时,有 $P\left(\overline{X}-2.58\dfrac{\sigma}{\sqrt{n}}<\mu<\overline{X}+2.58\dfrac{\sigma}{\sqrt{n}}\right)=0.99$。将这一过程推广到任意的置信度 $1-\alpha$ 时,有:

$$P\left(\overline{X}-Z_{\frac{\alpha}{2}}\times\frac{\sigma}{\sqrt{n}}<\mu<\overline{X}+Z_{\frac{\alpha}{2}}\times\frac{\sigma}{\sqrt{n}}\right)=1-\alpha \qquad (公式 4-6)$$

【例 4-3】 某省区成人男性身高服从正态分布,已知总体标准差 15cm。从全省成人男性中随机抽取 100 人,测量得到他们的平均身高为 166cm。试估计在 95% 置信度下,全省成人男性身高的置信区间。

【解】 已知 $X\sim N(\mu,\sigma^2)$:$\sigma=15$,$n=100$,$\overline{X}=166$,$1-\alpha=95\%$

所以 $\alpha=0.05$,$Z_{\alpha/2}=Z_{0.025}=1.96$

根据公式 4-6 得到:

$$P\left(166-1.96\times\frac{15}{\sqrt{100}}<\mu<166+1.96\times\frac{15}{\sqrt{100}}\right)=0.95$$

即 $\qquad\qquad\qquad P(163.06<\mu<168.94)=0.95$

故总体平均数 μ 在 0.95 置信度下的置信区间为 {163.06,168.94}。

二、总体正态但方差未知时的区间估计

数据总体为正态分布,总体方差 σ^2 未知的条件下,$\overline{X}$ 的抽样分布为 t 分布。区间估计的基本过程与正态分布条件下类似。除采用 t 分布外,还要使用样本标准差 S 作为总体参数 σ 的估计值来计算标准误 $SE=\dfrac{S}{\sqrt{n}}$。于是得到,总体平均数区间估计的公式为:

$$P\left(\overline{X}-t_{\frac{\alpha}{2}}\times\frac{S}{\sqrt{n}}<\mu<\overline{X}+t_{\frac{\alpha}{2}}\times\frac{S}{\sqrt{n}}\right)=1-\alpha \qquad (公式 4-7)$$

因为 t 分布受到自由度大小的影响,所以计算 t 值需要计算自由度:

$$df=n-1 \qquad (公式 4-8)$$

但是,当样本容量足够大时(一般要求 $n>30$),样本平均数的分布近似于正态分布,此时也可以按照正态分布的性质计算总体平均数的置信区间,即:

$$P\left(\overline{X}-Z_{\frac{\alpha}{2}}\times\frac{S}{\sqrt{n}}<\mu<\overline{X}+Z_{\frac{\alpha}{2}}\times\frac{S}{\sqrt{n}}\right)=1-\alpha \qquad (公式 4-9)$$

【例 4-4】 已知智力测验的分数服从正态分布,某一 25 名学生样本的平均智商为 105,标准差为 15,试估计该样本所在学生总体平均智商的大概范围,要求估计的把握度达到 99%。

【解】 总体符合正态分布,样本容量 $n=25$,为小样本,样本平均数 $\overline{X}=105$,标准差 $S=15$。

要求区间估计达到的置信度为:$1-\alpha=99\%$,所以 $\alpha=0.01$

因为 $df=n-1=25-1=24$ 时,$t_{\frac{\alpha}{2}}=t_{\frac{0.01}{2}}=2.797$

根据公式 4-7,则

$$P\left(105-2.797\times\frac{15}{\sqrt{25}}<\mu<105+2.797+\frac{15}{\sqrt{25}}\right)=0.99$$

$$P(96.61<\mu<113.39)=99\%$$

该样本所在学生总体智商的平均值有 99% 的可能性在{96.61,113.39}的区间内。

【例 4-5】 若【例 4-4】中样本人数为 64,其他条件不变,计算总体平均智商的 99% 置信区间。

【解】 当 $n=64$ 时,样本为大样本,$\overline{X}$ 的抽样分布近似于正态分布,此时既可以用 t 分布来进行区间估计,也可以用正态分布来进行区间估计。

若用 t 分布,则当 $df=n-1=64-1=63$ 时,$t_{\alpha/2}=t_{0.01/2}=2.658$

根据公式 4-7,有

$$P\left(105-2.658\times\frac{15}{\sqrt{64}}<\mu<105+2.658\times\frac{15}{\sqrt{64}}\right)=99\%$$

即 $P(100.02<\mu<109.98)=99\%$

故该样本所在的学生总体平均智商的 99% 置信区间为{100.02,109.98}。

若用正态分布,则当 $\alpha=0.01$ 时,$Z_{\alpha/2}=Z_{0.01/2}=2.58$

根据公式 4-9,有

$$P\left(105-2.58\times\frac{15}{\sqrt{64}}<\mu<105+2.58\times\frac{15}{\sqrt{64}}\right)=99\%$$

即 $P(100.16<\mu<109.84)=99\%$

故该样本所在学生总体平均智商的 99% 置信区间为{100.16,109.84}。

比较上述在大样本情况下,根据 t 分布和正态分布所作出的总体平均数的区间估计结果,可以看到,二者的差别不大,其中根据 t 分布所作的估计区间稍微宽一些。

三、总体非正态且方差已知时的区间估计

在总体为非正态分布且 σ^2 已知的情况下,若抽取的样本容量较小,则样本平均数的抽样分布也是非正态的。没有什么分布函数可以对此加以描述,因此,无法进行区间估计。但随着样本容量的增大,样本平均数的抽样分布趋于正态分布。因此,大样本情况下,可以用正态分布理论进行近似地区间估计,即用公式4-6进行区间估计。

【例 4-6】 已知某种心理测验的分数不服从正态分布,其总体标准差为 4 分。现从参加该项测验的大学生中随机抽取 64 名,其测验的平均得分为 102。试求参加测验的全部大学生的测验总平均分的 95% 置信区间。

【解】 本题中,虽然总体分布为非正态,但样本容量为 $n=64$,属于大样本。因此 $\overline{X}$ 的抽样分布趋于正态,可以近似地用正态分布理论来进行区间估计,即根据公式 4-6 计算置信区间。

已知 $\overline{X}=102$,$\sigma=4$,$n=64$,$\alpha=0.05$,$Z_{\frac{\alpha}{2}}=Z_{0.05/2}=1.96$,代入公式 4-6 得:

$$P\left(102-1.96\times\frac{4}{\sqrt{64}}<\mu<102+1.96\times\frac{4}{\sqrt{64}}\right)=95\%$$

即 $$P(101.02<\mu<102.98)=95\%$$

故全部大学生测验的总平均分的95%置信区间为{101.02,102.98}。

四、总体非正态且方差未知时的区间估计

如果总体为非正态分布,且 σ^2 未知,已得测量资料又是小样本,则样本平均数的区间估计无法进行。若抽取的是大样本,则 $\overline{X}$ 的抽样分布接近 t 分布,可以利用 t 分布来近似地进行总体平均数的区间估计。此时 $t=\dfrac{\overline{X}-\mu}{S/\sqrt{n}}$,服从自由度为 $n-1$ 的 t 分布。又由于大样本时 t 分布近似于标准正态分布,因此也可以直接用标准正态分布来解决问题。

总之,可以利用公式4-7和公式4-9近似地进行总体平均数的区间估计。

【**例4-7**】 已知某种心理测验的分数不服从正态分布。现从参加该项测验的大学生总体中随机抽取81名学生,其测验的平均分为102分,标准差为4分。试计算参加测验的全体大学生测验总平均分的95%置信区间。

【**解**】 总体非正态分布,且总体方差未知,但样本容量为 $n=81$,是个大样本,故可以认为平均数的抽样分布接近 t 分布或正态分布。

$\overline{X}=102,S=4,n=81$,当 $\alpha=0.05,df=80$ 时,$t_{\alpha/2}=t_{0.05/2}\approx1.99$

根据公式4-7可得:

$$P\left(102-1.99\times\frac{4}{\sqrt{81}}<\mu<102+1.99\times\frac{4}{\sqrt{81}}\right)=95\%$$

即 $$P(101.12<\mu<102.88)=95\%$$

故全体大学生测验的总平均分的95%置信区间为{101.12,102.88}。

此题也可以用正态分布近似地进行估计,即根据公式4-9可得:

$$P\left(102-1.96\times\frac{4}{\sqrt{81}}<\mu<102+1.96\times\frac{4}{\sqrt{81}}\right)=95\%$$

即 $$P(101.13<\mu<102.87)=95\%$$

故全体大学生测验总平均分数的95%的置信区间为{101.13,102.87}。

以上两种方法所得置信区间的差别不大,实践中可以任选一种方法进行区间估计。

第四节 抽样误差与区间估计的 SPSS 过程

在使用 SPSS 系统进行数据分析时,一般都是直接针对样本数据展开的,所以本章中所讨论的抽样分布和区间估计,只能直接根据样本数据计算样本的平均数和样本方差,然后据此进行抽样误差的估计(计算标准误 SE)和置信区间的估计。

我们一般假设数据总体是正态分布的,而总体方差通常都是未知的,所以最具有一般意义的方法就是使用 t 分布来进行区间估计。

简单地说,这一部分的 SPSS 过程主要有两个任务:第一是根据样本数据计算标准误,它是样本平均数离散程度的评估量,也是抽样误差的估计量;第二是根据样本数据进行总体平均数的置信区间估计。

【例 4 - 8】 某心理咨询师对所在城市的高一新生进行了心理健康水平普查。从中随机抽取了 40 名学生的测验得分如下所示,请估计其抽样误差,并计算总体平均数的 95％的置信区间。

抽取的 40 个个案数据是:

23 35 21 30 45 32 31 33 30 27 25 24 32 36 34 40
21 29 30 32 27 26 30 22 31 38 37 35 33 31 29 25
23 33 30 38 35 31 23 30

【解】 利用 SPSS 系统完成这一分析的过程如下所示:

步骤 1:建立 SPSS 数据文件

本题中只有一个变量的数据,而且是连续型变量。其数据文件建立的方法是:启动 SPSS 系统,进入到空白的数据编辑器;设置一个变量名,比如用 Score 作为变量名;然后将 40 个数据逐一输入电脑,每个数据占一行,如图 4 - 4 所示。

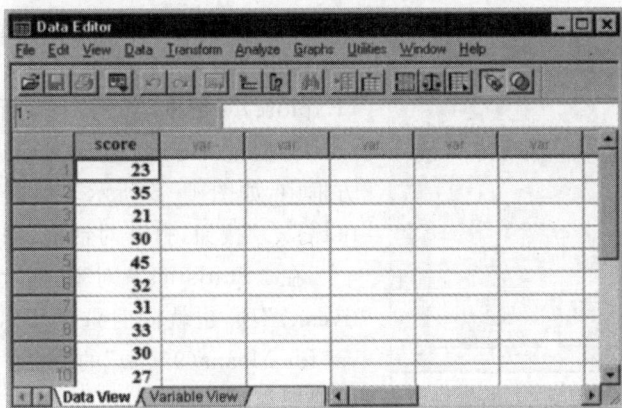

图4-4　对学生心理健康测验分数的抽样误差及区间估计的数据文件

步骤 2:计算标准误 SE

单击菜单"Analyze"选择"Descriptive Statistics"中的"Descriptive"命令,打开描述性统计分析的主对话框(对话框示意图可查看第二章)。将变量"Score"置入"Variables"下面的方框中;单击主对话框上的"Option"按钮打开对话框,在"Option…"对话框上勾选标准误(S. E. mean)复选框,同时勾选平均数和标准差项。单击"Continue"按钮返回主对话框,单击"OK"按钮输出分析结果,如表 4 - 2 所示。

表 4 - 2　Descriptive Statistics

	N	Mean		Std. Deviation
	Statistic	Statistic	Std. Error	Statistic
Score	40	30. 4250	.8622	5. 45324
Valid N (listwise)	40			

表 4 - 2 显示,所抽学生样本的心理健康测验分数的平均值为 30. 425、标准差为 5. 453。基于该样本数据计算的抽样误差估计标准误(Std. Error),等于 0. 862。

步骤 3:计算总体平均数的置信区间

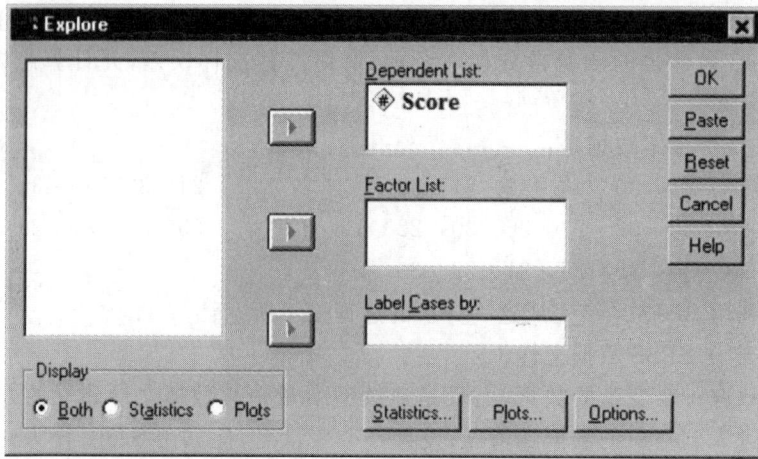

图 4-5 探索分析(Explore)对话框

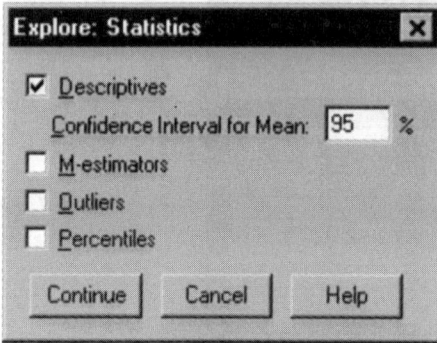

图 4-6 探索分析中的"Statistics"对话框

单击菜单"Analyze"选择"Descriptive Statistics"中的"Explore"命令,打开探索分析(Explore)对话框,如图 4-5 所示。

将变量"Score"置入"Dependent List"下的方框中,如图 4-5 所示。单击对话框上的"Statistics…"按钮,打开对话框,如图 4-6 所示。

在"Statistics"对话框上勾选"Descriptives…"项,也就同时选中了"Confidence Interval for Means(95%)"的命令。其中的置信度可以根据需要进行修改,比如改为 99% 等。单击"Continue"按钮返回主对话框,单击"OK"按钮输出分析结果,如表 4-3 所示。

表 4-3 **Descriptives**

			Statistic	Std. Error
Score	Mean		30.4250	.86223
	95% Confidence Interval for Mean	Lower Bound	28.6810	
		Upper Bound	32.1690	
	5% Trimmed Mean		30.2778	
	Median		30.5000	
	Variance		29.7380	
	Std. Deviation		5.45324	
	Minimum		21.00	
	Maximum		45.00	
	Range		24.00	
	Interquartile Range		7.5000	
	Skewness		.240	.374
	Kurtosis		.090	.733

由表 4-3 可知,根据样本数据估计的总体平均数的 95% 的置信区间为:置信下限 (Lower Bound) 为 28.681、置信上限 (Upper Bound) 为 32.169,即置信区间为{26.681,32.169}。

复习思考与练习题

1. 解词

抽样分布、抽样误差、标准误、统计量、参数、点估计、区间估计、置信区间、置信度

2. 良好统计量需要具备哪些特征?

3. 从区高中三年级学生中随机抽取了 400 名学生参加英语测试,得到的平均分为 76 分、标准差为 15 分。请你分别用 t 分布和 Z 分布计算该区高中三年级学生英语成绩的 95% 和 99% 的置信区间。从这两种分布计算结果的比较中,你得到什么认识?

4. 从某省抽取了 2000 名 20~30 岁年龄段的人测试体重,平均体重为 65 公斤,标准差为 8 公斤。如果要想利用样本平均数来估计总体平均数,使其估计误差不超出 ±1 公斤,而且估计的置信度达到 95% 的水平,那么样本容量至少要达到多少?

5. 从参加某市高一数学统考的学生中随机抽取一个班共 48 人,计算得到他们的平均成绩为 72 分,标准差为 6 分,试根据该班学生的成绩估计全市高一学生的数学平均分。

6. 从一总体随机抽取一 25 人的样本,其心理健康水平平均数为 40 分、标准差为 10。试计算其总体平均数的 95% 和 99% 的置信区间,并说明这里的置信区间和置信度的意义。

7. 随机抽取了 120 名考生的高考英语成绩,其分布情况如表 4-4 所示。试根据这 120 名考生的高考英语成绩,估计全体考生英语成绩的 95% 置信区间。

表 4-4 考生样本的英语成绩分布表

分组区间	次数	向上累计次数	向下累计次数
90—	1	120	1
80—	9	119	10
70—	35	110	45
60—	62	75	107
50—	10	13	117
40—	3	3	120
Σ	120		

如果采用 SPSS 系统,如何完成此题置信区间的估计呢?

8. 有人根据部分考生的某一门高考课程的成绩来估计全体考生该课程的平均成绩。已知全体考生成绩的标准差为 50 分。在 95% 的置信度下,要使估计区间不超过 10 分,至少需要多大的样本?

9. 某心理学家对某市小学三年级学生进行了一次团体智力测验。从中抽取 38 名学

生的智商如下所示。请用 SPSS 程序计算总体平均智商的 99％置信区间。

103	115	101	110	125	112	111	114	110	107	105	104	112
116	114	120	101	109	110	112	107	106	110	102	111	119
117	115	113	111	109	105	103	113	110	118	115	111	

第五章 平均数的差异性 t 检验

内容提要

　　单样本平均数的显著性检验,主要考察单个样本的平均数与特定总体平均数间是否具有显著差异;两个样本平均数差异的显著性检验,主要是通过样本平均数之间的差异来推断两个样本所代表的总体是否存在显著性差异,此部分讨论中将样本分为独立样本和相关样本两类。在上述所有的假设检验过程中,都需要根据不同的具体条件,选择不同的检验统计量,有时是"Z检验",有时是"t检验"。组间设计和组内设计是实验心理学中两种最基本的实验设计方法,从中获取的研究资料几乎都可以使用 t 检验进行差异分析。

　　前一章讨论的是用样本统计量估计总体参数。心理学等行为科学的研究中,还常常需要对两个或更多个总体参数之间的差异性进行分析,对总体分布形态及其他特征进行考察等,这就要用到统计推断的另外一个方面——假设检验。假设检验的基本任务就是利用样本数据及其相互关系,检验关于总体参数或总体分布形态的某些假设是否合理,确定假设的可接受程度。

第一节 假设检验的基本原理

一、假设与假设检验

(一) 假设

　　科学研究经常会用到假设。所谓假设,就是根据已知理论或事实对研究对象作出的假定性说明。那么,对于心理学研究来说,常需要作出什么样的假设呢?

　　比如在心理学实验室中,可以将来自同一个班级的 20 名大学生随机分成两个组:一组被试在接受到声音刺激时作出快速反应,测量到声音刺激的简单反应时间;另一个组在接受到灯光刺激时作出快速反应,测量到灯光刺激的简单反应时间。结果,灯光刺激的反应时间比声音刺激的反应时间多 30ms。这样,研究者就面临一个问题:这 30ms 的差异是什么因素带来的呢? 是分组不平衡导致两个组被试本身存在差异造成的吗? 是测量中的许多偶然因素造成了数据的随机波动? 比如碰巧使得灯光刺激组的数据向上波动、声音刺激的数据向下波动。是声音刺激与灯光刺激引起的神经系统运动机制与速度不同造成的吗？显然，最后一点是具有普遍意义的因素，如果该原因成立，就意味着声刺激条件下的实验被试组与光刺激条件下的实验被试组各自代表的总体也存在差异性。

由此看出，研究者在不同条件下观测得到不同的数据样本后，必须对样本数据的差异来源作出判断：该差异是否意味着他们各自所在的总体存在差异。统计学的术语为：样本统计量存在差异，能否推断出总体参数存在差异！统计推断要做的第二件事就是诸如此类的假设检验。

假设检验，顾名思义，必须先有假设。统计学中的假设一般是指：用统计学术语对总体参数或总体分布形态及其他特征所作的假定性说明。先从相互对立的两个方面给出假设性说明，即所谓的"研究假设"（H_1）和"虚无假设"（H_0）；然后，根据样本资料的统计分析结果，对两个假设作出选择，其中：拒绝虚无假设而接受研究假设，意味着研究假设被证实；接受虚无假设而拒绝研究假设，意味着研究假设未被证实。

1. 虚无假设

虚无假设又称无差假设、零假设，顾名思义，就是类似于"总体参数之间没有显著差异"或"总体分布形态符合正态分布"这样的假设。假设检验的过程往往是以"虚无假设成立"为前提而展开，主要考察：虚无假设成立的情况下，样本数据出现我们所看到的情形的概率即伴随概率有多大。伴随概率越小，说明虚无假设成立的合理性越小，越有理由拒绝虚无假设；伴随概率越大，说明虚无假设成立的合理性越大，拒绝虚无假设的理由也就越不充分。H_0 是统计推论的出发点，因为它所做出的假定性说明可以为人们提供进一步检验推导的必需理论基础。这里，引用著名统计学家费舍的一句名言说明虚无假设的作用："每一实验的存在，仅仅是为了给事实一个反驳虚无假设的机会。"

2. 研究假设

研究假设，又称对立假设或备择假设。它与虚无假设相对立，一般总是作"总体参数之间有显著差异"或"总体分布形态不符合正态分布"等假设。在假设检验中，如果有充分的理由证明虚无假设（H_0）不成立，那么就可接受研究假设（H_1）。反之，若无充理由证明虚无假设（H_0）错误，即不能否定 H_0，那么就不能接受研究假设 H_1。在统计学中，H_0 和 H_1 相互排斥，最后只能接受一个。

（二）假设检验

如果用一句话来解释假设检验的基本原理，那就是："假设检验是一种带有概率性质的反证法。"其具体过程是：首先建立虚无假设，并假定其为真，接着在虚无假设的前提之下进行统计推导。如果出现违反逻辑或违背人们常识和经验的不合理现象，就表明"虚无假设为真"的不合理性，即不能接受虚无假设，从而接受其对立面——研究假设。如果没有出现不合理现象，那么，就可以认为"虚无假设为真"的前提是合理的，就可以接受虚无假设。

日常生活中，人们经常会运用"假设检验"的方法来对事物做出判断与推理。例如，某产品质量检查小组欲对某工厂的产品质量进行检查。按照行业规定，该厂产品的合格率应达到 99%。也就是说，在 100 件产品中，应该有 99 件是合格产品，只有 1 件是次品。但是工作人员随机抽取了 10 件产品检查后发现，这 10 件产品中有 5 件是不合格的。于是,检查小组得出来该厂产品质量不符合行业规定的结论。在上述例子中,检查小组工作人员要检验的假设是"该厂产品达到了行业规定的要求",换一种说法是"每 100 件产品中次品不超过 1 件"。在这个前提下,任意抽取的 10 件产品中大约只有 0.1 件次品,也就是说,基本上应该没有次品。然而,现在的事实是:在一次实际的抽样调查中,竟然发生了 5 件产品不合格的情况。如果上述前提假设成立,那么这种现象是不合理的,因此我们有理由怀疑该前提假设的正确性,从而做出"该厂产品质量不符合行业规定要求"的结论。

显然,在上述推论过程中用到了反证法思想:假定虚无假设是成立的,在此前提下,某一现象发生的可能性应该很小;但是如果这个不太可能发生的现象实际上却发生了,即出现了不合理的结果,则表明原先的假定是难以成立的。

(三) 小概率原理

上述推理中,我们实际上还用到了"小概率事件在一次试验中实际不会发生"的思想,即小概率原理,也称"实际推断原理"。所谓小概率事件,是指发生概率很小的事件。例如,买一张彩票就中大奖,这样的事件就是小概率事件。因为我们认为在实际上不会发生,或至少可以说:不大可能发生。同理,在上例假设成立的前提下,抽取 10 件产品有5 件次品的情况应该是一个小概率事件。我们同样也认为它实际上不会发生,但却发生了,与假设产生了"显著性"的矛盾,从而否定了前提假设。不过,这种对前提假设的否定存在犯错误的可能性,因为小概率事件虽然发生的概率很小,但毕竟不是零。因此,该假设检验方法有一个显著的特点:即它不是"百分百的反证法",而是"带有概率性质的反证法",是有可能犯错误的;只是这种错误被规定在一个小概率范围之内。统计学上的"小概率"一般有这么几种取值:0.05,0.01,0.001。研究者可根据需要选用合适的小概率界限。若取 0.05,则表示凡发生概率小于 0.05 的即为小概率事件;若取 0.01,则表示凡发生概率小于 0.01 的即为小概率事件;依此类推。

【例 5—1】 某市进行数学统考,成绩服从正态分布。全市平均分 $\mu_0 = 55$,标准差 $\sigma_0 = 10$,随机抽取该市某校的一个班($n = 49$),其平均成绩 $\overline{X} = 58$,问该班成绩与全市平均成绩的差异是否显著?

【解】 该班平均成绩 58 分,高于全市平均分,这并不能说明该班的真实水平比全市平均水平高。因为假如再进行等值试卷的考试,也许该班的平均成绩又比全市的平均分低了。所以从理论上讲,一个班数学成绩的真实水平应该是进行无数次等值试卷的考试后,无数次平均成绩的总平均分(用 $\mu_{\overline{X}}$ 表示)。在这里 $\mu_{\overline{X}}$ 与 μ_0 相比,究竟谁高谁低,亦或相等,需要运用假设检验方法来确定。

首先,建立虚无假设 $H_0 : \mu_{\overline{X}} = \mu_0$。

显然,研究假设为 $H_1 : \mu_{\overline{X}} \neq \mu_0$。

根据虚无假设,该班真实水平与全市平均成绩没有差异。58 分与 55 分之差是由于抽样误差或测量的随机误差造成的。在此前提下,由抽样分布理论可知,总体正态分布,且总体方差已知,$\overline{X}$ 的抽样分布为正态分布。$\mu_{\overline{X}} = \mu_0 = 55$,$\sigma_{\overline{X}} = \dfrac{\sigma_0}{\sqrt{n}} = \dfrac{10}{\sqrt{49}} = \dfrac{10}{7}$,则该班成绩的标准分数：$z_{\overline{X}} = \dfrac{\overline{X} - \mu_{\overline{X}}}{\sigma_{\overline{X}}} = \dfrac{\overline{X} - \mu_0}{\sigma_0 / \sqrt{n}} = \dfrac{58 - 55}{10 / \sqrt{49}} = 2.10$。$Z$ 分数在标准正态分布中的位置如图 5-1 所示。

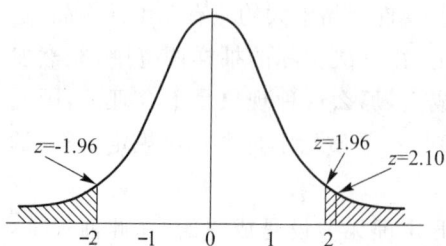

图 5-1　所计算 Z 值在正态分布中的位置

从方差已知的正态分布总体中随机抽取一个样本，其样本平均数 $\overline{X}$ 的抽样分布服从正态分布，样本平均数 $\overline{X}$ 对应的标准分数介于 -1.96 与 1.96 之间的概率是 95%。这意味着：$\overline{X}$ 对应的标准分数处在小于 -1.96 和大于 1.96 的两个尾部的概率总和只有 5%，即图 5-1 中两个阴影部分的面积和只占正态分布曲线下面积的 5%。$Z_{\overline{X}} = 2.10$ 大于 1.96，显然，其发生的概率肯定是小于 5% 的，是个小概率事件，"是不大可能发生的事件"。如果它还是发生了，我们就有了充分的理由认为"虚无假设"是不大可能成立的，因此否定 H_0 而接受 H_1，认为 58 分与 55 分的差别不只是抽样误差造成的，即该班的真实水平 $\mu_{\overline{X}}$ 与全市平均成绩之间确实存在显著差异。

在上例分析中，我们实际还使用了两个概念：显著性水平、否定域。所谓显著性水平，就是指研究者所确定的小概率的最大限。比如上例中，认为小于或者等于 0.05 的概率是小概率，其上限为 0.05，则称 0.05 为显著性水平。显著性水平通常用 α 表示，根据研究需要不同，显著性水平也即小概率界限可以改变，经常使用的有 0.05、0.01、0.001 三种，可写作：$\alpha = 0.05$，$\alpha = 0.01$，$\alpha = 0.001$。一般我们把小于 0.05 的显著性水平称为"显著"、小于 0.01 的显著性水平称为"非常显著"、小于 0.001 的显著性水平称为"极其显著"。所谓否定域，是指在假设检验中，根据 H_0 建立的概率分布模型，根据显著性水平 α，结合这些概率分布模型确定数轴上的某个（些）区间，检验统计量在其中出现的概率小于或等于 α，则称这个（些）区间为否定域。上例中，否定域为 $Z > 1.96$ 或 $Z < -1.96$。我们把否定域的界限称为临界值。显然，这里的临界值为 ± 1.96，临界值的大小随显著性水平的大小而变，若上例中取 $\alpha = 0.01$，则临界值变为 ± 2.58。

二、单侧检验与双侧检验

在例 5-1 中，否定域设置在抽样分布曲线数轴的两个尾部，这种假设检验称为双侧检验。此时，虚无假设为 $H_0: \mu_{\overline{X}} = \mu_0$；研究假设为 $H_1: \mu_{\overline{X}} \neq \mu_0$，究竟哪种假设成立？如果 $\mu_{\overline{X}} \neq \mu_0$，那么一定是 $\mu_{\overline{X}} > \mu_0$ 或 $\mu_{\overline{X}} < \mu_0$。可是，为什么研究假设不直接用 $\mu_{\overline{X}} > \mu_0$ 和 $\mu_{\overline{X}} < \mu_0$ 中的一个呢？这是由于我们在做检验之前没有任何信息能预示 $\mu_{\overline{X}}$ 与 μ_0 之间有可能是什么关系。所以，在设置否定域时，抽样分布曲线数轴左、右两端都有否定域的一半，检验统计量不论落入哪一半否定域，都可否定 H_0，因此，这样的检验称为双侧检验。但是，在本例中，如果这个 49 名学生的班级是重点实验班，我们有充分的理由相信，这个班真实水平有可能高于全市平均水平，那么我们就需要检验 $\overline{X} = 58$ 分与 $\mu_0 = 55$ 分的差别是抽样造成的偶然误差，还是因为其真实水平确实高于全市平均水平。这样一来，虚无假设 $H_0: \mu_{\overline{X}} = \mu_0$，研究假设 H_1 则改为：$\mu_{\overline{X}} > \mu_0$。这时，我们考察样本平均数出现的小概率区域仅在抽样分布曲线数轴的右侧尾部端，如图 5-2a 所示。

令 $\alpha = 0.05$，则对应的 Z 的临界值为 1.65，即 $Z_{0.05} = 1.65$。例子 5-1 中由于 $Z_{\overline{X}} = $

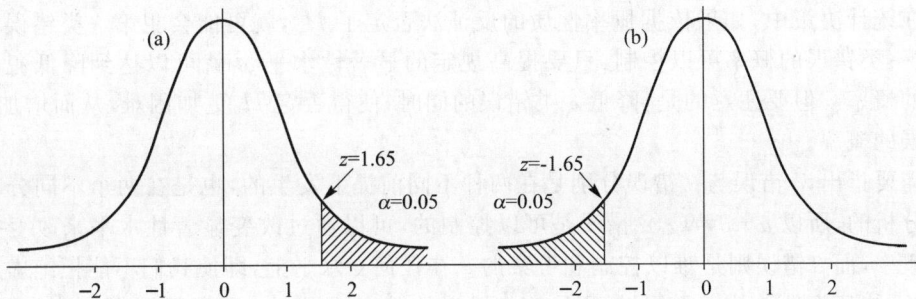

图 5-2 单侧检验示意图

$2.10 > Z_{0.05}$，落在了否定域，可以在 0.05 显著性水平上否定 H_0 而接受 H_1，这种检验方法称为右边单侧检验。左边单侧检验与此类似，如图 5-2b 所示，不过 H_1 应为 $\mu_{\bar{x}} < \mu_0$。

三、统计决策的两类错误

前文已经指出，所有的假设检验都是带有概率性质的反证法，都存在犯错误的风险。在统计决策中，有两种类型的错误，如表 5-1 所示[①]。

表 5-1   统计决策的两类错误

真实情况	决 策 结 果	
	拒绝虚无假设 H_0	接受虚无假设 H_0
H_0 实际上为真	弃真概率 α（第一类错误）	正确概率 $1-\alpha$
H_0 实际上为假	正确概率 $1-\beta$	取伪概率 β（第二类错误）

第一类错误：否定了虚无假设 H_0，但它实际上是真实的。此类错误又称 α 错误，概率为 α。

第二类错误：接受了虚无假设 H_0，但它实际上是不真实的。此类错误又称 β 错误，概率为 β。

我们将两类错误反映在图 5-3 上，就容易看得出来它们是如何发生的，以及它们的关系。

如图 5-3 所示，当拒绝虚无假设的时候，就是拒绝承认 $\bar{X}$ 是来自于 H_0 假设的总体中的一个样本。而实际上这一分布中的样本平均数还有 α 的概率处在 $\bar{X}$ 及其右边区域，所以拒绝了 $\bar{X}$，也就同时拒绝了其以外的样本，其弃真概率就是图 5-3 中的面积 α。

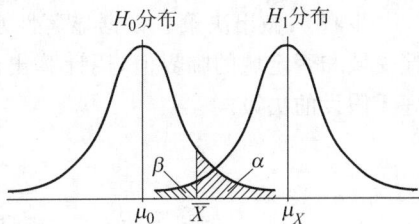

图 5-3   两类错误及其关系示意图

相反，当接受虚无假设的时候，就是承认平均数为 $\bar{X}$ 的样本及其左侧的部分样本属于 H_0 假设中的总体，同时拒绝承认它们属于 H_1 假设的总体。而实际上，在这一范围内仍然有部分样本可能是来自于 H_1 分布的，其概率就是图 5-3 中的面积 β。可是因为接受了虚无假设，这一部分可能是属于 H_1 的样本被否决了，所以这种错误叫做取伪错误，其概率为 β。

---

① 张敏强：《教育与心理统计学》，人民教育出版社，1993 年版，第 134 页。

在统计决策中，如果依据概率性质的反证法否定了 H_0，就可能会犯第一类错误。不过，这一类错误的概率可以控制：只要提高规定的显著性水平 α，就可以达到降低犯 α 类错误的概率。但要注意的是，降低 α 类错误的同时，使得否定 H_0 更加困难，从而增加了 β 类错误的概率。

需要指出，α 错误与 β 错误分别是在两种不同前提下发生的，也是在两个不同分布中进行分析的，所以 $\alpha+\beta\neq1$。α 错误是可以控制的，可以通过改变显著性水平来改变 α 误的概率，而 β 错误则是难以控制和考察的。在任何 α 水平上，即使我们不能拒绝虚无假设，也不能草率地承认虚无假设，否则犯 β 错误的概率就很大。我们可以做出诸如"根据目前资料，在 α 水平上未发现显著差异"一类的结论。可能情况下，增大样本容量可以减小 α 错误与 β 错误的概率。

四、参数检验与非参数检验

假设检验包括参数检验和非参数检验。如果进行假设检验时总体的分布形态已知，需要对总体的未知参数进行假设检验，则称为参数假设检验；如果对总体分布形态所知甚少，需要对未知分布出现的形态及其他特征进行假设检验，则称为非参数假设检验。

本书中介绍的 t 检验、方差分析、相关系数的检验、比率的检验等都属于参数检验的范畴，而 χ^2 检验、秩和检验、符号等级检验、等级方差分析则属于非参数检验的范畴。

五、假设检验的步骤

综上所述，可以归纳出假设检验的一般步骤：

步骤1：提出假设。根据研究的问题，提出相应的研究假设 H_1 和虚无假设 H_0，选择使用双侧检验还是单侧检验。

步骤2：根据虚无假设 H_0 所提供的前提条件，选择合适的检验统计量，如 Z、t 等。

步骤3：规定显著性水平 α。α 确定后，否定域也随之被确定了。

步骤4：计算检验统计量的值。

步骤5：做出决策。根据显著性水平 α 和检验统计量的分布，查相应的统计表，确定接受域和否定域的临界值，用计算出的统计量值与临界值作比较，从而做出接受或拒绝虚无假设的决策。

第二节 单样本平均数的差异检验

单样本平均数的显著性检验，是指对单个样本的平均数与特定总体平均数间的差异进行显著性检验。如果检验结果差异显著，则表示样本平均数的总平均（即 $\mu_{\overline{X}}$）与总体平均数（即 μ_0）有差异，或者说样本平均数 $\overline{X}$ 与总体平均数 μ_0 之间的差异已不能用抽样误差来解释了，$\overline{X}$ 可以被认为是来自另一个总体。此时，称这个样本平均数 $\overline{X}$"显著"。根据总体分布的形态及总体方差是否已知，其具体的检验过程有所不同。

一、总体为正态分布且方差已知

当总体为正态分布且方差已知时，样本平均数的抽样分布为正态分布，因此选择 Z

分数作为检验统计量;再根据所要求的显著性水平 α,从正态分布表中查出临界点的 Z 值加以比较,这样的检验由于选用了 Z 分数作为检验统计量,因此又称为 Z 检验。例 5-1 运用的是单样本平均数显著性检验,使用 Z 检验,且为双侧检验。例 5-2 运用单侧检验。

【例 5-2】 某心理学家从受过某项专门训练的儿童中随机抽取 64 人进行韦克斯勒儿童智力测验($\mu_0=100,\sigma_0=15$)。结果发现,这 64 名儿童的平均智商为 105。问:能否认为这些接受了该项训练的儿童的智力高于其所在年龄组儿童的智力的一般水平?

【解】 根据题意,该问题属于单样本平均数的显著性检验。因为总体为正态分布且方差已知,所以可以使用 Z 检验。又因为本问题是要检验样本平均数是否"高于"所在总体,可用单侧检验。

（1）建立研究假设和虚无假设
$$H_0:\mu_{\overline{X}}=\mu_0 \qquad H_1:\mu_{\overline{X}}>\mu_0$$

（2）计算检验统计量

根据题意,$\overline{X}$ 的抽样分布为正态分布,其标准误:

$$\sigma_{\overline{X}}=\frac{\sigma_0}{\sqrt{n}}=\frac{15}{\sqrt{64}}=1.875$$

$$Z=\frac{\overline{X}-\mu_0}{\sigma_{\overline{X}}}=\frac{105-100}{1.875}=2.67$$

（3）令 $\alpha=0.01$,查正态分布表,单侧检验的 $\alpha=0.01$,临界点 $Z_{\alpha=0.01}=2.33$,所以本题中计算的检验统计量 $Z=2.67>Z_{\alpha=0.01}$,于是可以在 $\alpha=0.01$ 显著性水平上拒绝虚无假设而接受研究假设,即 $\mu_{\overline{X}}>\mu_0$,可以认为受训儿童的智力水平更高一些。

二、总体为正态分布但方差未知

当总体为正态分布,但总体方差未知时,样本平均数的抽样分布为 t 分布。因此选择 t 分数作为检验统计量,再根据所要求的显著性水平 α 和自由度 $df=n-1$,从 t 分布表中查出临界值加以比较。这样的检验由于选用了 t 分数作为检验统计量,因此又称为 t 检验。需要指出的是,尽管当样本容量较大时,$\overline{X}$ 的抽样分布接近正态,此时也可选用 Z 分数作为检验统计量而进行近似的 Z 检验,但严格说来,还是使用 t 检验更精确,使用 Z 检验主要是为了计算的简便。实际应用中,检验过程一般都使用 SPSS 等统计软件完成,t 检验过程已不构成计算负担,所以都使用 t 检验。

【例 5-3】 一般来说,人的视觉反应时符合正态分布。某心理学家研究发现,普通飞行员的平均视觉反应时为 170 毫秒。某人随机抽取 25 名飞行员进行测定,结果发现其平均视反应时为 175 毫秒,标准差为 15 毫秒。问:能否根据该测试结果否定该心理学家的结论?

【解】 根据题意已知:$\mu_0=170,\overline{X}=175,S=15,n=25$。但是总体方差未知,所以样本平均数符合 t 分布,使用 t 检验。

研究假设 $H_1:\mu_{\overline{X}}\neq\mu_0$
虚无假设 $H_0:\mu_{\overline{X}}=\mu_0$

检验统计量:$t=\dfrac{\overline{X}-\mu_0}{\sigma_{\overline{X}}}=\dfrac{\overline{X}-\mu_0}{S/\sqrt{n}}=\dfrac{175-170}{15/\sqrt{25}}=1.67$

检验统计量的自由度：$df = n-1 = 24$

查附表 3 的 t 值表（双侧），$t_{0.05/2} = 2.064$。而 $t = 1.67 < 2.064$，在 0.05 显著性水平上不能拒绝虚无假设，所以拒绝研究假设，即样本平均数与总体平均数的差异不显著。根据样本测试资料，不能否定该心理学家的研究结论。

三、总体为非正态分布

如果有证据表明某一变量测量值的总体不是正态分布，那么其平均数的抽样分布既不符合正态分布，也不符合 t 分布，原则上不能进行 Z 检验或 t 检验，应该使用非参数检验。但当样本容量较大时，根据中心极限定理，$\overline{X}$ 的抽样分布趋近正态，且 $\mu_{\overline{X}} = \mu_0$，$\sigma_{\overline{X}} = \dfrac{\sigma_0}{\sqrt{n}}$。所以，当 $n \geqslant 30$（也有人认为 $n \geqslant 50$）时，尽管总体分布非正态，但对平均数的显著性检验仍可用 Z 检验。用于此时的 Z 检验是近似的，故称 Z' 检验。检验统计量的计算公式为 $Z' = \dfrac{\overline{X} - \mu_0}{\sigma_0 / \sqrt{n}}$，若 σ_0 未知，由于样本容量较大，可直接用样本标准差 S 代替公式中的 σ_0，即：

$$Z' = \frac{\overline{X} - \mu_0}{S / \sqrt{n}} \qquad \text{(公式 5-1)}$$

【例 5-4】 已知某市某次数学统考的成绩呈偏态分布，总平均分为 68.5 分。其中某校参加考试的学生共 121 人，平均分为 71.5 分，标准差为 18，问该校平均分与全市总平均分有无显著差异？

【解】 此题总体为非正态分布，但 $n = 121$ 为大样本，可以采用 Z' 检验。

根据题意已知：$\mu_0 = 68.5$，$\overline{X} = 71.5$，$S = 18$，$n = 121$

建立研究假设 $H_1 : \mu_{\overline{X}} \neq \mu_0$

建立虚无假设 $H_0 : \mu_{\overline{X}} = \mu_0$

计算检验统计量：$Z' = \dfrac{\overline{X} - \mu_0}{S / \sqrt{n}} = \dfrac{71.5 - 68.5}{18 / \sqrt{121}} = 1.83$

使用双侧检验，当 $\alpha = 0.05$ 时，$Z = 1.96$

因为 $Z' = 1.83 < 1.96$，所以在 0.05 显著性水平上，不能拒绝虚无假设，可以认为：该校学生的平均分与全市学生的总平均分没有显著差异。

第三节 独立样本平均数的差异检验

两个平均数差异的显著性检验，就是指由样本平均数之间的差异（$\overline{X}_1 - \overline{X}_2$）来推断两个样本各自所代表的总体之间是否存在显著差异（$\mu_1 - \mu_2$）。这时需要考虑的条件更为复杂，不仅要考虑总体分布与总体方差是否已知，还要注意各总体方差是否一致、样本之间是相互独立的还是具有相关性的等。不同条件下，使用的公式也不同。本节专门讨论独立样本平均数差异的显著性检验。

所谓独立样本，是指两个样本的数据之间不存在关联性。就是说，观测或抽取得到两个样本中的任何一个数据时,都不会受到两个样本中其他数据的任何影响,两者之间不存在连带关系。两个样本的容量可以相等,也可以不相等。

与单样本平均数的显著性检验一样,不同条件下的检验计算有所不同。

一、两个总体均为正态且方差已知

可以设想:从第一个正态总体(μ_1,σ_1^2)中随机抽取容量为 n_1 的样本,计算出平均数,记为 $\overline{X}_1$;再从第二个正态总体(μ_2,σ_2^2)中随机抽取容量为 n_2 的样本,计算出平均数,记为 $\overline{X}_2$。两个样本平均数之间的差异记为 $D_{\overline{X}} = \overline{X}_1 - \overline{X}_2$。此时,$D_{\overline{X}}$ 的抽样分布为正态分布,统计学已经证明其对应的平均数和标准差分别为:

$$\mu_{D_{\overline{X}}} = \mu_1 - \mu_2$$

$$\sigma_{D_{\overline{X}}} = \sqrt{\frac{\sigma_1^2}{n_1} + \frac{\sigma_2^2}{n_2}}$$　　　　(公式 5-2)

将 $D_{\overline{X}}$ 与上一节中的 $\overline{X}$ 相比较,则 $\overline{X}_1 - \overline{X}_2$ 之间的差异显著性检验可以转化为对一个统计量 $D_{\overline{X}}$ 的显著性检验,二者在本质上没有区别,即:$Z = \dfrac{D_{\overline{X}} - \mu_{D_{\overline{X}}}}{\sigma_{D_{\overline{X}}}}$。

我们知道,在检验两个样本平均数是否存在差异显著性的过程中,要使用的虚无假设是:两个样本所在总体的平均数相等,即 $H_0 : \mu_1 = \mu_2$ 或 $\mu_1 - \mu_2 = 0$。于是上述公式就转换为:

$$Z = \frac{(\overline{X}_1 - \overline{X}_2)}{\sqrt{\frac{\sigma_1^2}{n_1} + \frac{\sigma_2^2}{n_2}}}$$　　　　(公式 5-3)

【例 5-5】 某心理学家从南方地区的 7 岁儿童中随机抽取了 36 名男童和 34 名女童,其平均身高的数据分别为:男童 125cm,女童 127cm。以往资料显示,该地区 7 岁男童身高的标准差为 5cm,女童身高的标准差为 6cm,能否根据这次抽样测量的结果做出"该地区 7 岁男女儿童身高有显著差异"的结论?

【解】 已知:$n_1 = 36$,$\overline{X}_1 = 125$,$\sigma_1 = 5$;$n_2 = 34$,$\overline{X}_2 = 127$,$\sigma_2 = 6$

要检验的假设 $H_1 : \mu_1 \neq \mu_2$

建立的虚无假设 $H_0 : \mu_1 = \mu_2$

将上述数据代入公式 5-3 可得:

$$Z = \frac{\overline{X}_1 - \overline{X}_2}{\sqrt{\frac{\sigma_1^2}{n_1} + \frac{\sigma_2^2}{n_2}}} = \frac{125 - 127}{\sqrt{\frac{5^2}{36} + \frac{6^2}{34}}} = -1.51$$

当选择显著性水平 $\alpha = 0.05$ 时,$Z_{\alpha=0.05} = 1.96$,$|Z| = 1.51 < Z_{\alpha=0.05}$,二者的差异性未达到 0.05 的显著性水平,不能拒绝虚无假设。可认为:该地区 7 岁男女儿童身高没有显著差异。其检验的结论可记为:$Z = -1.51$,$p > 0.05$。

二、两个总体均为正态但方差均未知

在这种情况下,样本平均数差异量的抽样分布符合 t 分布,所以一般选用 t 值作为检验统计量。当然,与单样本平均数的显著性检验一样,如果样本容量都足够大(即两个样本的容量均大于 30），抽样分布趋近于正态分布，可以用 Z 检验。

而且在这种情况下，还要注意两个样本所在总体的方差相等性，即所谓的方差齐性是否成立。

（一）若两总体方差相等即 $\sigma_1^2 = \sigma_2^2$

此时，$D_{\overline{X}} = \overline{X}_1 - \overline{X}_2$ 的抽样分布为 t 分布，$\mu_{D_{\overline{X}}} = \mu_1 - \mu_2$，$\sigma_{D_{\overline{X}}} = \sqrt{\dfrac{\sigma_1^2}{n_1} + \dfrac{\sigma_2^2}{n_2}}$。由于 σ_1^2（或 σ_2^2）未知，需要用 S_1^2 和 S_2^2 分别作为 σ_1^2 和 σ_2^2 的估计量。然而，当 $\sigma_1^2 = \sigma_2^2$，究竟用哪一个无偏估计量更好呢？统计学上一般将两个合并起来共同估计，即计算二者的联合方差：

$$S_p^2 = \frac{n_1 S_1^2 + n_2 S_2^2}{n_1 + n_2 - 2} \qquad (\text{公式 } 5-4)$$

用联合方差 S_p^2 替换 $\sigma_{D_{\overline{X}}} = \sqrt{\dfrac{\sigma_1^2}{n_1} + \dfrac{\sigma_2^2}{n_2}}$ 中的 σ_1^2 和 σ_2^2 可得抽样分布的标准误：

$$\sigma_{D_{\overline{X}}} = \sqrt{S_p^2 \left(\frac{1}{n_1} + \frac{1}{n_2}\right)} = \sqrt{\frac{n_1 S_1^2 + n_2 S_2^2}{n_1 + n_2 - 2}\left(\frac{n_1 + n_2}{n_1 n_2}\right)} \qquad (\text{公式 } 5-5)$$

在此基础上计算检验统计量 t 值及其自由度：

$$t = \frac{\overline{X}_1 - \overline{X}_2}{\sigma_{D_{\overline{X}}}} = (\overline{X}_1 - \overline{X}_2) \Big/ \sqrt{\frac{n_1 S_1^2 + n_2 S_2^2}{n_1 + n_2 - 2}\left(\frac{n_1 + n_2}{n_1 n_2}\right)} \qquad (\text{公式 } 5-6)$$

$$df = n_1 + n_2 - 2 \qquad (\text{公式 } 5-7)$$

很明显，在已知两个样本所在总体的方差相等的情况下，如果能够计算出两个样本数据的平均数和标准差，而且已知两个样本的容量，就可以使用公式 5-6 和公式 5-7 分别计算两个样本平均数差异显著性检验的统计量 t 值及其自由度。

【例 5-6】 从参加某区数学统考的高一学生中随机抽取男生 60 人，其平均成绩为 78 分，标准差为 6 分；女生 56 人，其平均成绩为 75 分，标准差为 5 分。假设男女生两总体的方差一致，问男女生的数学成绩有无显著差异？

【解】 一般学生的课程考试成绩都具有正态性。再根据题意知道两个样本的方差具有一致性但方差的具体值未知，所以采用 t 检验。

已知两个样本的信息是：$n_1 = 60, \overline{X}_1 = 78, S_1 = 6; n_2 = 56, \overline{X}_2 = 75, S_2 = 5$

研究假设 $H_1: \mu_1 \neq \mu_2$

构建虚无假设 $H_0: \mu_1 = \mu_2$

将已知数据代入公式 5-6 和公式 5-7 得到：

$$t = (\overline{X}_1 - \overline{X}_2) \Big/ \sqrt{\frac{n_1 S_1^2 + n_2 S_2^2}{n_1 + n_2 - 2}\left(\frac{n_1 + n_2}{n_1 n_2}\right)}$$

$$= (78 - 75) \Big/ \sqrt{\frac{60 \times 6^2 + 56 \times 5^2}{60 + 56 - 2} \times \left(\frac{60 + 56}{60 \times 56}\right)} = 2.89$$

$$df = n_1 + n_2 - 2 = 114$$

当选择显著性水平 $\alpha = 0.05$ 时，$df = 114$ 时的 $t_{\alpha = 0.05} = 1.984$，$t = 2.89 > t_{\alpha = 0.05}$，二者的差异性达到 0.05 的显著性水平，可以拒绝虚无假设，认为：男女生的数学成绩在 0.05 水平差异显著。其检验的结论可记为：$t = 2.89, df = 114, p < 0.05$。

（二）若两总体方差不相等即 $\sigma_1^2 \neq \sigma_2^2$

若两总体方差不相等，$D_{\overline{X}} = \overline{X}_1 - \overline{X}_2$ 的抽样分布不再是 t 分布，也不是正态分布。统计学上一般用 1957 年由柯克兰(Cochran)和柯克斯(Cox)提出的检验法来处理。

$$t' = \frac{\overline{X}_1 - \overline{X}_2}{\sqrt{\dfrac{S_1^2}{n_1 - 1} + \dfrac{S_2^2}{n_2 - 1}}} \qquad \text{（公式 5 - 8）}$$

t' 的分布只是近似 t 分布，因而不能查 t 分布表得到临界值。t' 的临界值可用下式计算：

$$t'_\alpha = \frac{\sigma_{\overline{X}_1}^2 \cdot t_{1(\alpha)} + \sigma_{\overline{X}_2}^2 \cdot t_{2(\alpha)}}{\sigma_{\overline{X}_1}^2 + \sigma_{\overline{X}_2}^2} \qquad \text{（公式 5 - 9）}$$

公式中：$\sigma_{\overline{X}_1}$ 和 $\sigma_{\overline{X}_2}$ 分别为两个样本平均数抽样分布的标准误；$t_{1(\alpha)}$ 为 t 值表中与 α 水平及样本 1 自由度 $df_1 = n_1 - 1$ 对应的临界值；$t_{2(\alpha)}$ 为 t 值表中与 α 水平及样本 2 自由度 $df_2 = n_2 - 1$ 对应的临界值。

完成上述 t' 和 t'_α 的计算后，将二者进行比较。若 $t' > t'_\alpha$，则可以认为两个样本平均数在 α 水平差异显著；否则，差异不显著。

【例 5 - 7】 某心理学家研究发现，小学三、四年级学生的创造力水平有显著差异。有人随机抽取 30 名小学三年级学生，其创造力测验平均得分为 80 分，标准差为 10 分；随机抽取了 32 名小学四年级学生，其创造力测验平均得分为 72 分，标准差为 6 分。假设两总体方差不等，能否根据这一次抽样测量结果证实该心理学家的结论？

【解】 因为两总体方差不相等，本题中的平均数差异性检验需要使用柯克兰(Cochran)和柯克斯(Cox)提出的方法。已知：$n_1 = 30$，$\overline{X}_1 = 80$，$S_1 = 10$；$n_2 = 32$，$\overline{X}_2 = 72$，$S_2 = 6$。

研究假设 $H_1 : \mu_1 \neq \mu_2$

虚无假设 $H_0 : \mu_1 = \mu_2$

应用公式 5 - 8 和公式 5 - 9 计算：

$$t' = \frac{\overline{X}_1 - \overline{X}_2}{\sqrt{\dfrac{S_1^2}{n_1 - 1} + \dfrac{S_2^2}{n_2 - 1}}} = \frac{80 - 72}{\sqrt{\dfrac{10^2}{30 - 1} + \dfrac{6^2}{32 - 1}}} = 3.73$$

$$t'_{\frac{.05}{2}} = \frac{\sigma_{\overline{X}_1}^2 \cdot t_1\left(\frac{.05}{2}\right) + \sigma_{\overline{X}_2}^2 \cdot t_2\left(\frac{.05}{2}\right)}{\sigma_{\overline{X}_1}^2 + \sigma_{\overline{X}_2}^2},$$

其中，$\sigma_{\overline{X}_1}^2 = \dfrac{S_1^2}{n_1 - 1} = \dfrac{10^2}{29} = 3.4483$，$\sigma_{\overline{X}_2}^2 = \dfrac{S_2^2}{n_2 - 1} = \dfrac{6^2}{31} = 1.1613$

查表得，$t_1\left(\frac{.05}{2}\right) = 2.045 \qquad df_1 = 29$

$\qquad\qquad t_2\left(\frac{.05}{2}\right) = 2.042 \qquad df_2 = 31$

$$t'_{\left(\frac{.05}{2}\right)} = \frac{3.4483 \times 2.045 + 1.1613 \times 2.042}{3.4483 + 1.1613} = 2.044$$

$\because \ t' = 3.73 > t'_{\left(\frac{.05}{2}\right)}$，$\quad \therefore \ p < .05$

可见，两个年级学生的创造力水平有显著性差异，这一次测量结果验证了该心理学家的结论。

三、两个总体均为非正态分布

当两个总体为非正态分布时,样本平均数差异量的抽样分布不符合 Z 分布和 t 分布,但是在两个样本的容量都大于 30 时,分布趋近于 Z 分布,可以使用 Z 检验,记为 Z' 检验。检验公式是:

$$Z' = \frac{\overline{X}_1 - \overline{X}_2}{\sqrt{\sigma_1^2/n_1 + \sigma_2^2/n_2}} \text{(两总体方差已知时)} \qquad \text{(公式 5-10)}$$

或

$$Z' = \frac{\overline{X}_1 - \overline{X}_2}{\sqrt{S_1^2/n_1 + S_2^2/n_2}} \text{(两总体方差未知,以样本方差代替总体方差)} \qquad \text{(公式 5-11)}$$

四、方差齐性检验

在上述讨论中,有关于两个总体方差相等或不相等的假设。但是,在有些情况下,只有两个样本的数据资料,并没有关于两个总体方差的任何资料,那么如何判定总体方差是否具有相等性呢? 统计学所提供的方法叫做方差齐性检验,其中"齐",就是"相等"、"一致"之意。

方差齐性检验也是一种假设检验,是指通过样本方差 S_1^2 和 S_2^2 的差异对各自的总体方差 σ_1^2 和 σ_2^2 是否有差异进行推断。

设从一个方差为 σ_1^2 的正态总体中随机抽取一个容量为 n_1 的样本,计算其 S_1^2;再从一个方差为 σ_2^2 的正态总体中随机抽取一个容量为 n_2 的样本,计算其 S_2^2。$\frac{S_1^2}{S_2^2}$ 得到一个 F 值,不断地重复这一过程,可以得到无数个 F 值。统计学已经证明:$F = \frac{S_1^2}{S_2^2}$ 的抽样分布服从于分子自由度为 $df_1 = n_1 - 1$,分母自由度为 $df_2 = n_2 - 1$ 的 F 分布。F 分布是一种偏态分布,随分子分母自由度不同而呈一族分布,当 df_1 与 df_2 趋向于无穷大时,F 分布趋近于正态。

方差齐性检验中,建立虚无假设 $H_0: \sigma_1^2 = \sigma_2^2$。如果 $F = \frac{S_1^2}{S_2^2}$ 值在 1 附近波动,则虚无假设成立,即方差齐性;如果这个比值过大或过小,则虚无假设被拒绝,即两个总体方差不齐性。

如图 5-4 所示,当 $\alpha = 0.05$ 时,如果 $F_{(1-\frac{\alpha}{2})} < F < F_{\frac{\alpha}{2}}$,则两总体方差的差异性未达到 0.05 显著性水平,方差齐性;如果 $F < F_{(1-\frac{\alpha}{2})}$ 或 $F > F_{\frac{\alpha}{2}}$,两总体方差的差异达到了 0.05 显著性水平,方差不齐性。由于 F 分布为偏态分布,所以 $F_{\frac{\alpha}{2}}$ 与 $F_{(1-\frac{\alpha}{2})}$ 的值不是相反数,但是 $F_{\frac{\alpha}{2}}$ 与 $F_{(1-\frac{\alpha}{2})}$ 互为倒数,所以 F 分布表中只列出了不同自由度下的 $F_{\frac{\alpha}{2}}$ 值。在双侧检验需要 $F_{(1-\frac{\alpha}{2})}$ 值时,可由 $F_{\frac{\alpha}{2}}$ 求倒数得到。为了查表方便而不必去计算 $F_{\frac{\alpha}{2}}$ 的倒数,通常在 F 检验过程中计算 F 值时将 S^2 值中较大的一个作为分子,较小的一个作为分母,即:

$$F = \frac{S_{max}^2}{S_{min}^2} \qquad \text{(公式 5-12)}$$

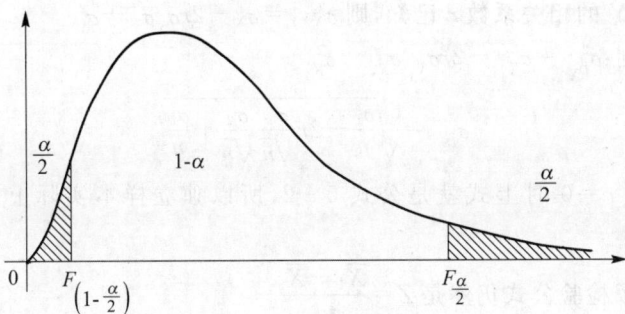

图 5-4 F 检验示意图

【例 5-8】 请对例 5-6 和例 5-7 中的方差进行齐性检验。

【解】 (1) 对例 5-6 中的方差进行齐性检验。

根据题意已知：$n_1 = 60, S_1^2 = 6^2 = 36; n_2 = 56, S_2^2 = 5^2 = 25$

将数据代入公式 5-12 得到：$F = \dfrac{S_{max}^2}{S_{min}^2} = \dfrac{S_1^2}{S_2^2} = \dfrac{36}{25} = 1.44$

分子自由度 $df_1 = 60 - 1 = 59$，分母自由度 $df_2 = 56 - 1 = 55$

查附表 4 的 F 值表（双侧检验）得到：$F_{\frac{0.05}{2}} \approx 1.67$

∵　$F = 1.44 < 1.67$，　∴　$P > 0.05$

两个方差的差异未达到 0.05 显著性水平，接受方差齐性假设。

(2) 对例 5-7 中的方差进行齐性检验。

根据题意已知：$n_1 = 30, S_1^2 = 10^2; n_2 = 32, S_2^2 = 6^2$

将数据代入公式 5-12 得到：$F = \dfrac{S_{max}^2}{S_{min}^2} = \dfrac{S_1^2}{S_2^2} = \dfrac{100}{36} = 2.78$

分子自由度 $df_1 = 30 - 1 = 29$，分母自由度 $df_2 = 32 - 1 = 31$

查附表 4"F 值表（双侧检验）"得到：$F_{\frac{0.05}{2}} \approx 2.07$

∵　$F = 2.78 > 2.07$，　∴　$P < 0.05$

两个方差的差异达到了 0.05 显著性水平，方差不齐性。

第四节　相关样本平均数的差异检验

所谓相关样本，是指两个样本的数据之间存在一一对应的关系。相关样本一般在两种情形下产生：一是采用配对组的实验设计；二是采用同一样本前后测设计。由于相关样本的一个样本中，每一个数据都有另一样本中的一个数据与它唯一对应，所以两个样本容量相等。这种相关性必然带来两个样本间数据关系的一些变化，所以平均数的差异性检验也与独立组样本间的检验有所不同。

一、两个总体均为正态且方差均已知

两个总体均为正态分布且方差已知时，两个样本平均数之差 $D_{\bar{X}}$ 的抽样分布符合正态分布，可以采用 Z 检验来完成样本平均数的差异显著性检验。

若变量 X 与 Y 的相关系数 r 已知,则 $\sigma_{X-Y}^2 = \sigma_X^2 - 2r\sigma_X\sigma_Y + \sigma_Y^2$

同样可以得到:$\sigma_{D_{\overline{X}}}^2 = \sigma_{\overline{X}_1}^2 - 2r\sigma_{\overline{X}_1}\sigma_{\overline{X}_2} + \sigma_{\overline{X}_2}^2$

即
$$\sigma_{D_{\overline{X}}} = \sqrt{\frac{\sigma_1^2}{n} - 2r\frac{\sigma_1}{\sqrt{n}}\frac{\sigma_2}{\sqrt{n}} + \frac{\sigma_2^2}{n}} \qquad (公式\,5-13)$$

不难看到,当 $r=0$ 时上式就是公式 5-2,所以独立样本实际上就是相关样本的特例。

相关样本的 Z 检验公式仍然是 $Z = \dfrac{\overline{X}_1 - \overline{X}_2}{\sigma_{D_{\overline{X}}}}$

【例 5-9】 某心理学家随机抽取了一小学 36 名刚入学的儿童进行韦氏智力测验($\sigma=15$),结果平均智商为 110。一年后又对同组被试进行了重测,结果平均智商为 115。已知两次智力测验结果的相关系数为 $r=0.07$。问:能否认为经过一年的小学教育及年龄的增长,儿童的智商有了显著的提高?

【解】 其为前后测研究,前后使用的是同一批被试,所以两组数据是相关样本。

已知:$n=36, \sigma=15, \overline{X}_1 = 110, \overline{X}_2 = 115$

研究假设是 $H_1 : \mu_1 < \mu_2$

建立虚无假设 $H_0 : \mu_1 = \mu_2$

将已知条件代入公式 5-13 得到:

$$\sigma_{D_{\overline{X}}} = \sqrt{\frac{\sigma_1^2}{n} - 2r \cdot \frac{\sigma_1}{\sqrt{n}} \cdot \frac{\sigma_2}{\sqrt{n}} + \frac{\sigma_2^2}{n}} = \frac{\sigma}{\sqrt{n}} \cdot \sqrt{2 - 2r}$$

$$= \frac{15}{\sqrt{36}} \times \sqrt{2 - 2 \times 0.7} = 1.936$$

所以 Z 检验的统计量:$Z = \dfrac{\overline{X}_1 - \overline{X}_2}{\sigma_{D_{\overline{X}}}} = \dfrac{110 - 115}{1.936} = -2.583$

令 $\alpha = 0.01$,查附表 2 的正态分布表,在单侧检验时:$Z_{0.01} \approx 2.33$

$\because\ |Z| = 2.583 > 2.33, \quad \therefore\ P < .01$

可见,前后两次测量结果有显著性差异,可以认为经过一年的小学教育及随着年龄的增长,这些儿童的智商有了显著提高。

二、两个总体均为正态但方差未知

此时,$D_{\overline{X}}$ 的抽样分布为 t 分布,可以用 t 检验。因为相关样本的数据是成对的,所以,可先计算对应数据的差异量(d_i),把对 ($\overline{X}_1 - \overline{X}_2$) 的显著性检验转化为对 $\overline{d}$ 的显著性检验。该情况下的检验不需要事先做方差齐性检验。

用 d_i 表示每一对对应数据之差,即 $d_i = X_{1i} - X_{2i}$,其中 X_{1i} 和 X_{2i} 分别表示取自样本 1 和样本 2 的第 i 对数据,显然:

d 值的平均值为:$\quad \overline{d} = \dfrac{\sum d_i}{n} = \dfrac{\sum (X_{1i} - X_{2i})}{n} = \overline{X}_1 - \overline{X}_2 \qquad (公式\,5-14)$

d 值的方差为:$\quad S_d^2 = \dfrac{\sum (d - \overline{d})^2}{n-1} = \dfrac{\sum d^2 - \dfrac{(\sum d)^2}{n}}{n-1}$

因此，$\bar{d}$ 抽样分布的标准误为：

$$\sigma_{\bar{d}} = \sigma_{D_{\bar{X}}} = \sqrt{\frac{S_d^2}{n}} = \sqrt{\frac{\sum d^2 - \dfrac{\left(\sum d\right)^2}{n}}{n(n-1)}}$$

于是 t 检验的统计量为：

$$t = \frac{\overline{X}_1 - \overline{X}_2}{\sigma_{D_{\bar{X}}}} = \frac{\overline{X}_1 - \overline{X}_2}{\sqrt{\dfrac{\sum d^2 - \dfrac{\left(\sum d\right)^2}{n}}{n(n-1)}}}$$

$$= \frac{\overline{X}_1 - \overline{X}_2}{\dfrac{1}{n} \cdot \sqrt{\dfrac{n \cdot \sum d^2 - \left(\sum d\right)^2}{(n-1)}}} \hspace{2cm} \text{（公式 5-15）}$$

自由度为：$\hspace{5cm} df = n - 1 \hspace{3cm}$（公式 5-16）

【例 5-10】 下表所列为 10 名初二学生期中和期末的数学考试成绩。问：期中和期末的成绩有无显著差异？

表 5-2　数学考试成绩

被试	1	2	3	4	5	6	7	8	9	10
期中	70	90	70	75	65	98	80	70	75	84
期末	51	75	65	55	70	90	66	58	50	72
d_i	19	15	5	20	−5	8	14	12	25	12

【解】 根据题意，设 $\overline{X}_1$ 为期中平均成绩，$\overline{X}_2$ 为期末平均成绩。则：

$\overline{X}_1 = 77.7$，$\overline{X}_2 = 65.2$，$\sum d = 125$，$\sum d^2 = 2209$，$\left(\sum d\right)^2 = 15625$ 将已知数据代入公式 5-15 可得：

$$t = \frac{\overline{X}_1 - \overline{X}_2}{\dfrac{1}{n} \cdot \sqrt{\dfrac{n \cdot \sum d^2 - \left(\sum d\right)^2}{(n-1)}}}$$

$$= \frac{77.7 - 65.2}{\dfrac{1}{10} \times \sqrt{\dfrac{10 \times 2209 - 15625}{(10-1)}}} = 4.664$$

查 t 值表 $df = n - 1 = 9$ 时，$t_{\left(\frac{.05}{2}\right)} = 2.262$

∵ $t = 4.66 > 2.262$　∴ $p < .05$

学生的前后两次考试成绩在 0.05 显著性水平上存在显著性差异。

三、两个总体均为非正态分布

当两个总体均为非正态分布时，样本平均数差异量的分布不符合 Z 分布和 t 分布，但在两个样本容量均大于 30 时，该抽样分布趋近于正态，所以可采用近似的 Z 检验，即 Z' 检验。

$$Z' = \frac{\overline{X}_1 - \overline{X}_2}{\sqrt{\dfrac{\sigma_1^2 + \sigma_2^2 - 2r\sigma_1\sigma_2}{n}}} \text{（总体方差已知时）} \qquad \text{（公式 5-17）}$$

$$Z' = \frac{\overline{X}_1 - \overline{X}_2}{\sqrt{\dfrac{S_1^2 + S_2^2 - 2rS_1S_2}{n}}} \text{（总体方差未知时）} \qquad \text{（公式 5-18）}$$

第五节 t 检验的 SPSS 过程

一、单样本 t 检验

SPSS 单样本 t 检验是检验一个数据样本所在总体的平均数与某指定值之间的差异性,统计检验的前提是样本所在的总体服从正态分布。下面以具体实例演示单样本 t 检验的 SPSS 过程。

【例 5-11】 某班级学生在参加学校年级会考时,全班同学的数学成绩如表 5-3 所示。已知全校学生的平均成绩为 80 分,请问该班同学的成绩与全校同学的平均分相比是否具有显著性差异。

表 5-3 数学成绩表

全班同学成绩表														
97	85	67	83	86	79	92	90	74	79	81	63	70	69	70
88	65	68	87	56	78	83	69	70	90	75	79	75	70	80
81	72	85	65	66	75	73	80	82	85	75	71	70	80	75

【解】 根据第二章所述的方法建立正确的数据文件,数据文件中包含一列数据,以变量名"math"标记,而每个学生作为一个个案占据一行。然后按照以下步骤进行操作:

步骤 1:单击菜单"Analyze"选择"Compare Means"中的"One-Sample T test"命令,打开如图 5-5 所示的对话框。

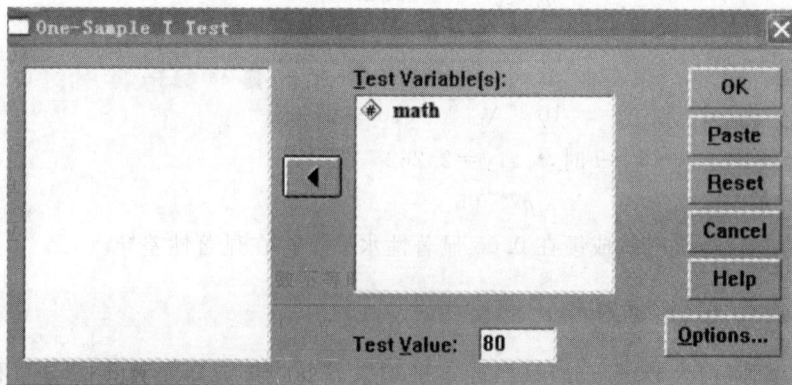

图 5-5 单样本 t 检验对话框

步骤 2：将对话框左侧变量列表中的变量"math"置入右侧"Test Variable(s)"下边的方框中，然后在"Test Value"右边的小方框中输入全年级学生数学的总平均分"80"。

步骤 3：单击对话框上的"OK"按钮，输出统计分析结果，主要包括两个表格。

表 5－4　One-Sample Statistics

	N	Mean	Std. Deviation	Std. Error Mean
MATH	45	76.7333	8.69796	1.29662

表 5－5　One-Sample Test-Test Value＝80

	t	df	Sig. (2-tailed)	Mean Difference	95% Confidence Interval	
					Lower	Upper
MATH	−2.519	44	.015	−3.2667	−5.8798	−.6535

输出的第一个表格，主要包括数据样本的一些描述性统计分析结果：45 个学生的数学平均值为 76.73，标准差为 8.70，均值抽样分布的标准误为 1.30；输出的第二个表格是 t 检验的结果：样本数据平均数与年级均分差异量为 −3.267，$t＝−2.519$，$df＝44$，$p＝0.015＜0.05$。可以认为该班同学的均值与全年级的数学平均值有显著性的差异。

二、两独立样本 t 检验

独立样本平均数的差异 t 检验的前提是：(1)两个样本应是互相独立的，即从一总体中抽取一批样本对从另一总体中抽取一批样本没有任何影响，两组样本个案数目可以相同，也可以不相同，个案顺序可以随意调整；(2)样本来自的两个总体应该服从正态分布。

【例 5－12】　分别从两个班级随机抽取 12 名学生，分析他们某一项心理能力测试分数的平均数是否存在显著性差异。测试的分数如表 5－6 所示。

表 5－6　抽取来的学生的心理能力测试分数

班级一	85	67	83	79	92	90	74	79	81	63	70	69
班级二	88	65	68	87	56	78	83	69	70	90	75	79

【解】　根据第二章所述的方法建立正确的数据文件，数据文件中包含两列数据。一列数据表示被测试的学生来自于哪个班级，以变量名"Class"标记，变量值有 1 和 2，分别表示被试来自 1 班和 2 班；另一列数据是学生心理能力测试的分数，以变量名"Score"标记，每个学生作为一个个案占据一行。然后按照以下步骤进行操作：

步骤 1：单击菜单"Analyze"选择"Compare Means"中的"Independent-Sample T test"命令，打开如图 5－6 所示的对话框。

步骤 2：将对话框左侧变量列表中的"Score"变量置入右侧"Test Variables"下的方框中；将变量"Class"置入"Grouping Variable"下面的小方框中，单击"Define Groups…"按钮，打开定义分组变量水平的对话框定义组别，如图 5－7 所示。

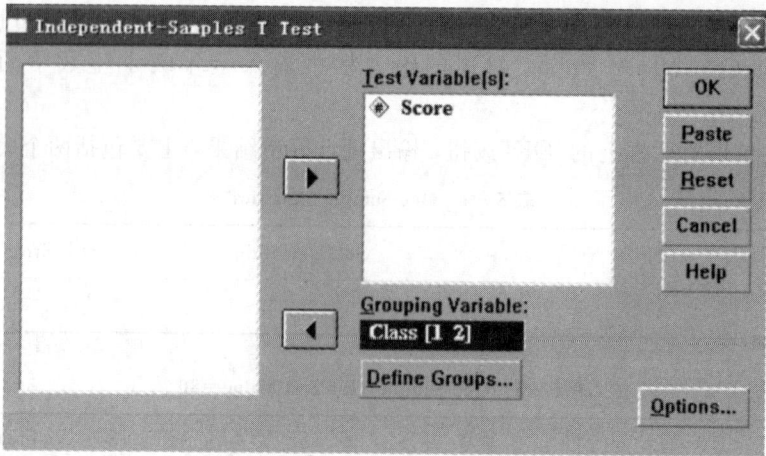

图 5-6 独立样本 *t* 检验的主对话框

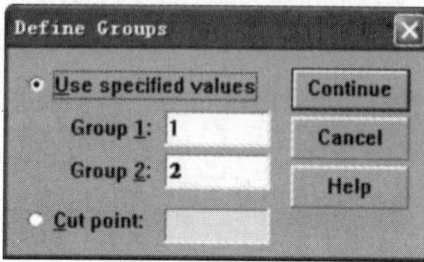

图 5-7 定义分组变量值对话框

步骤 3：单击"Continue"按钮返回"Independent-Samples T Test"主对话框，如图 5-6 所示，单击"OK"按钮，即输出所需要的分析结果。输出的结果主要包括两个表格：一个表格中的数据是关于两个数据样本的描述性统计分析结果，主要反映两个数据样本的个案数、平均数、标准差和标准误等信息，如表 5-7 所示；另一个表格中的数据是关于差异性检验的主要结果，主要包括方差齐性检验结果、*t* 检验结果等。

表 5-7　Group Statistics

	Class	N	Mean	Std. Deviation	Std. Error Mean
Score	1.00	12	77.6667	9.19816	2.65528
	2.00	12	75.6667	10.41270	3.00589

由表 5-7 可知，来自一班和二班的样本平均数分别为 77.67、75.67，标准差分别为 9.20、10.41，标准误分别为 2.66、3.01。

表 5-8　Independent Samples Test

	Levene's Test for Equality of Variances		t-test for Equality of Means				
	F	Sig.	t	df	Sig. (2-tailed)	Mean Difference	Std. Error Difference
Equal variances assumed	.206	.654	.499	22	.623	2.0000	4.01072
Equal variances not assumed			.499	21.670	.623	2.0000	4.01072

表 5-8 中结果分两行列出，其中第一行的结果是方差齐性条件满足（Equal variances assumed）时可以使用的结果；第二行的结果是方差齐性条件不满足（Equal variances not assumed）时可使用的结果。

在结果使用中,首先要看方差齐性检验的结果,即"Levene's Test for Equality of Variances"一栏中的结果,本例中方差齐性检验的结果是 $F=0.206$、显著性水平 $p=\text{Sig.}=0.654>0.05$,未达到显著性水平,说明方差齐性条件成立,使用第一行的 t 检验结果。如果方差齐性条件不成立,则使用第二行的 t 检验结果。

根据第一行的 t 检验结果可知,本例样本平均数的差异量为 2.00,$t=0.499$,$df=22$,$p=0.623$,即伴随概率未达到 0.05 的显著性水平。因此,可以认为两个班级学生的平均成绩差异未达到显著性水平。

三、两配对样本 t 检验

前文已经指出,配对样本 t 检验的两个数据样本来自于两种情况:一种情况是配对组实验涉及的数据资料,即在研究一个变量的改变是否会引起被试某种心理或行为的改变时,排除这一研究变量,根据其他与被试的这些心理或行为可能有关的因素对被试进行配对分组,使得两个被试组具有一一对应的关系,由此得到的两个数据样本也具有一一对应的关系;另一种情况是,由一组被试在两种不同情况下,接受某种行为倾向或心理能力的测试,得到两个数据样本,两个样本的数据间也具有一一对应的关系。

配对组的数据样本容量是一致的,具有一定的相关性,所以也叫做相关样本。在差异性 t 检验中也要考虑其相关性。正如前文已经看到的,在计算样本平均数差异量抽样分布的标准误的公式中包含了两个样本之间的相关系数。

现在我们以具体的例子说明配对组 t 检验的 SPSS 过程。

【例 5-13】 某一小班教学实验班的学生接受了一项教学实验,即接受新的学习方法的训练,在训练前和训练后,使用标准化的测试试卷分别测试了他们的数学成绩和英语成绩,如图 5-8 所示。试分析学生数学和英语前后测的成绩是否存在显著性差异。

姓名	数学1	数学2	英语1	英语2
weinis	70.00	79.00	89.00	87.00
jess	72.00	92.00	97.00	98.00
daian	85.00	87.00	76.00	98.00
kaben	70.00	90.00	100.00	99.00
shu	65.00	74.00	89.00	89.00
meiyou	36.00	56.00	89.00	98.00
hushu	82.00	78.00	89.00	88.00
tengxun	86.00	83.00	98.00	99.00
zhouxun	68.00	69.00	78.00	87.00
baizhi	65.00	79.00	78.00	87.00
guitian	70.00	70.00	89.00	88.00
wnagli	80.00	81.00	68.00	79.00
niue	76.00	90.00	70.00	99.00
nipul	68.00	63.00	50.00	89.00
jien	64.00	70.00	67.00	88.00
sem	72.00	75.00	78.00	98.00
heini	54.00	69.00	89.00	78.00
wingg	56.00	79.00	56.00	89.00

图 5-8 配对样本 t 检验的数据文件示意图

首先按照前文介绍过的方法建立正确的数据文件。在这一研究中,共有 24 名被试,每一被试均有四项测试分数,所以数据文件的数据区必须是 24 行和四列数据,要贯彻一个个案占一行、一项测试分数占一列的基本原则。数据文件的数据区如图 5-8 所示。具体的 SPSS 分析过程是:

步骤 1:单击菜单"Analyze"选择"Compare Means"中的"Paired-Samples T test"命令,打开如图 5-9 所示的对话框。

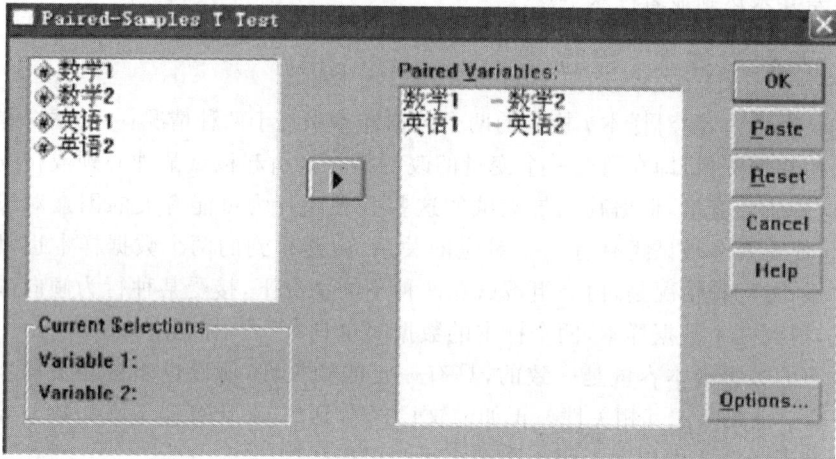

图 5-9 配对样本 t 检验的主对话框

步骤 2:从对话框左侧的变量列表中先后选中"数学 1"与"数学 2"、"英语 1"与"英语 2",形成两个配对变量。点击对话框上的"▶"按钮,两队变量被置入右侧的"Paired Variables"变量框中,如图 5-9 所示。

步骤 3:单击"OK"按钮,输出分析结果。这一分析过程输出的结果主要包括三个表格,其中第一个表格如表 5-9 所示,它反映四个数据样本的描述性统计分析结果,包括各个数据样本的平均数、标准差和标准误。

表 5-9 **Paired Samples Statistics**

		Mean	N	Std. Deviation	Std. Error Mean
Pair 1	数学 1	68.6667	24	13.34384	2.72380
	数字 2	76.6667	24	9.66242	1.97233
Pair 2	英语 1	78.3750	24	15.74198	3.21332
	英语 2	89.6250	24	7.90054	1.61269

输出的第二个表格如表 5-10 所示,主要反映两个配对数据样本的相关系数(相关系数的概念将在后续章节中专门介绍)及显著性水平。从表中数据看出,数学 1 与数学 2 之间的相关系数为 0.746,显著性检验得到的伴随概率 $p=0.000<0.001$,达到极显著的水平,说明前后两次测验的数学成绩关联性很高;英语 1 与英语 2 的相关系数等于 0.263,显著性检验得到的伴随概率 $p=0.214>0.05$,未达到显著性水平,说明前后两次测验的英语成绩关联性很低。

表 5 – 10　**Paired Samples Correlations**

		N	Correlation	Sig.
Pair 1	数学 1& 数学 2	24	0.746	.000
Pair 2	英语 1& 英语 2	24	0.263	.214

　　输出的第三个表格是 t 检验的主要结果,如表 5 – 11 所示。使用新教学方法前后数学和英语成绩差值序列的平均值分别为 -8.00 和 -11.25,计算出的 t 统计值分别为 -4.41 和 -3.52,伴随概率分别为 0.000 和 0.002,均达到显著性水平。也就是说,使用新教学方法前后数学和英语成绩都有了明显变化,从两个样本的平均值可以看出,使用新教学方法后的成绩比使用前的成绩要高。

表 5 – 11　**Paired Samples Test**

		Paired Differences			t	df	sig. (2-tailed)
		Mean	Std. Deviation	Std. Error Mean			
Pair 1	数学 1—数学 2	-8.000	8.88575	1.18138	-4.411	23	.000
Pair 2	英语 1—英语 2	-11.250	15.64622	3.19377	-3.522	23	.002

复习思考与练习题

　　1. 在某空军招飞测试中,对报名者进行了红光刺激条件下的简单反应时间的测试,平均为 175ms,标准差为 15ms。随后从中抽取了 25 人进行绿光刺激的简单反应时间的测试,结果得到平均值为 182ms。那么您认为这些报名者从总体上讲,在绿光刺激下会反应慢一些吗?

　　2. 心理学家对某大学少年班的 36 名学生进行了韦克斯勒智力测验($\mu = 100, \sigma = 15$),结果:这些少年班大学生的平均智商为 122,标准差为 9。那么是否可以认为这些少年班大学生的智商高于一般人的平均水平?

　　3. 已知某项假设检验得到的伴随概率是 $p = 0.08$。这个数字代表的意思是什么?如果这时否定虚无假设,犯错误的概率或风险有多大? 如果接受虚无假设,犯错误的概率或风险有多大?

　　4. 某商场信息部发布消息,声称平均每天顾客量达到 2.50 千人。市场调查者随机调查了 16 天,结果平均每天进入商场的顾客人数为 1.8 千人,标准差为 0.8 千人。请你判断该商场有无明显夸大其顾客量?

　　5. 某 49 人班级的全体同学参加了全区数学竞赛,结果平均分为 76 分、标准差为 15 分,请问该班成绩与全区平均的 80 分相比有明显差距吗?

　　6. 为了研究摄入酒精对驾驶汽车动作的影响,某研究者抽取 20 名成年司机,随机分成相等的两组。一组摄入一定量的酒精,一组未摄入酒精,然后要求他们在驾校的教练场驾驶汽车半个小时。结果每一位司机遇到障碍物时平均的刹车距离为:

　　摄入酒精组刹车距离(m):3.5　3.0　4.5　2.8　5.0　4.0　2.6　5.0　4.5　6.0

　　未摄入酒精组刹车距离(m):3.2　2.5　2.5　1.0　3.5　2.0　2.0　2.5　1.5　1.0

试问:酒精对司机的驾驶操作有明显影响吗?

7. 为研究启发式教学的效果,现从某校初二年级随机抽取两个平行班的学生,其中一个班的 50 名学生作为实验组,另一个班的 48 名学生作为对照组。由同一位教师进行物理同步教学,实验组采用启发式教学法,对照组采用传统讲授法。一个学期后进行统一测试,结果实验组平均分为 63 分,标准差为 6 分;对照组平均分为 54 分,标准差为 7 分。能否根据这一结果做出"启发式教学的效果显著优于传统讲授法"的结论?

8. 表 5-12 中数据是对 12 名技工学校学生进行某项劳动技能实地训练前后的技能测试成绩,问实地训练是否有效地提高了该项劳动技能的水平?

表 5-12　技工技能培训效果检验测量数据

学生编号	1	2	3	4	5	6	7	8	9	10	11	12
训练前	45	49	54	57	61	43	59	70	59	48	39	44
训练后	58	56	67	65	77	56	72	89	63	55	55	80

9. 借助于 SPSS 系统完成第 6 和第 8 题中的统计检验。

第六章 方差分析

内容提要

　　对三个以上的数据样本进行差异性检验的时候,要使用方差分析。方差分析的基本原理是:先计算多个数据样本总的变异量,将其分解为各个研究变量的变化效应(包括主效应和交互效应),并与随机误差的方差相比较,研究变量的效应方差是否达到显著性水平。至于分解后剩余的部分则叫做残差,残差是研究变量之外的因素引起的变异量。本章详细介绍了心理学研究中常用设计模式所对应数据的方差分析程序以及在 SPSS 系统中实现的过程,主要包括:单因素完全随机实验设计的方差分析、单因素重复实验设计的方差分析、多因素完全随机实验设计的方差分析。此外,还专门分析了研究变量的主效应与交互效应的关联性。

　　在平均数差异显著性的 t 检验中,数据样本只有两个。但在心理学及其他行为科学领域,研究者常常需要对三个、四个甚至更多的数据样本同时进行差异的显著性检验,这就不能直接使用 t 检验方法,而是要使用方差分析方法。

第一节　方差分析的基本原理

　　我们已经知道,离差平方和(简称平方和,sum of square,常表示为 SS)是数据样本变异量的良好测量指标,而平均的离差平方和称为均方,也就是方差(variance)。顾名思义,方差分析(analysis of variance,简称 ANOVA)就是对数据样本变异量的分析,它能够将多个因素在导致数据样本变异过程中的平均贡献分离出来并进行比较。在心理学领域,研究者往往是在多变量结合的不同条件下对被试的心理或行为进行测量,得到的数据必然存在变异性,而其变异的原因除了研究者有意改变的测量条件和被试特征差异外,还有各种难以控制的随机因素。通常,研究者想知道的是,有意改变的变量或明显的被试特征差异是否明显导致了测量数据的改变,进而查明该变量与被试的心理或行为是否存在密切,甚至因果关系。方差分析的逻辑基础或假设前提就是数据变异量的可加性或可分离性。

一、变异量的可加性

　　如何理解数据变异量的可加性呢? 我们来看这一假设的研究示例:

【例 6 - 1】　某研究者将来自一个班级的 18 名男大学生随机分成了相等的三个组，每组 6 人，然后在 A_1、A_2、A_3 三种不同激励气氛下，分别要求三组被试将一重物举至肩部以上高度并尽量坚持举起较长的时间，记录各被试举起重物坚持的时间，以秒为单位。结果列入表 6 - 1。

表 6 - 1　不同激励气氛下被试的举重时间(s)

被　试	A_1	A_2	A_3	($k = 3$)
1	8	16	21	
2	12	11	16	
3	11	15	18	
4	7	10	19	
5	13	12	22	
6	9	14	18	
$\overline{X}_j$	10	13	19	$\overline{X}_t = 14$

表 6 - 1 中共有 18 个测量结果，首先将其看作是一个大的数据样本。按照自变量的水平，数据又分为三个组即 $j = 1$、2、$\cdots$、$k = 1$、2、3，代表数据来自三个不同的实验条件；每组有 6 个数据即 $i = 1$、2、$\cdots\cdots$、n 且 $n = 6$，代表每组有 6 个被观测对象。直观地分析，表 6 - 1 中所有数据的变异量可以分解为两部分：一部分反映各组数据之间的变异程度，一部分反映各组内部数据间的变异程度。那么，数据样本的总变异量是否就等于这两部分变异量相加呢？

下边我们用离差平方和的计算公式对数据样本的变异量进行计算和分析。在计算实施之前，为了表达的便利，这里规定：全部个案数用 N 表示，小组个案数用 n 表示，符号对应的下标用 i 表示，即 $i = 1 \sim n$；第一个研究变量的水平数用 k 表示，将观测数据划分为 k 组，符号对应的下标用 j 表示，即 $j = 1 \sim k$；如果有第二个研究变量，它的水平数用 q 表示，将观测数据划分为 q 组，符号对应的下标用 r 表示，即 $r = 1 \sim q$。若有更多研究变量，再另行规定。下面对示例 6 - 1 的数据进行分析。

数据总变异量等于全部数据组成的数据样本的离差平方和(简称平方和)，用 SS_t 表示，即：

$$SS_t = \sum_{j=1}^{k} \sum_{i=1}^{n} (X_{ij} - \overline{X}_t)^2 \qquad \text{(公式 6 - 1)}$$

公式 6 - 1 说明：先计算每一个数据 X_{ij} 与总平均数 $\overline{X}_t$ 的离差平方得 $(X_{ij} - \overline{X}_t)^2$，然后将某一组内数据与总平均数的离差平方求和得 $\sum_{i=1}^{n} (X_{ij} - \overline{X}_t)^2$，再将 $j = 1 \sim k$ 各组计算得到的离差平方和相加得到 $\sum_{j=1}^{k} \sum_{i=1}^{n} (X_{ij} - \overline{X}_t)^2$。

现在，我们先对一组数据的离差平方和计算公式作进一步的变换，即：

$$\sum_{i=1}^{n} (X_{ij} - \overline{X}_t)^2 = \sum_{i=1}^{n} (X_{ij} - \overline{X}_t - \overline{X}_j + \overline{X}_j)^2 = \sum_{i=1}^{n} [(X_{ij} - \overline{X}_j) + (\overline{X}_j - \overline{X}_t)]^2$$

$$= \sum_{i=1}^{n} [(X_{ij} - \overline{X}_j)^2 + 2 \times (X_{ij} - \overline{X}_j)(\overline{X}_j - \overline{X}_t) + (\overline{X}_j - \overline{X}_t)^2]$$

$$= \sum_{i=1}^{n}(X_{ij}-\overline{X}_j)^2 + 2\times(\overline{X}_j-\overline{X}_t)\sum_{i=1}^{n}(X_{ij}-\overline{X}_j) + \sum_{i=1}^{n}(\overline{X}_j-\overline{X}_t)^2$$

该公式中：$\sum_{i=1}^{n}(X_{ij}-\overline{X}_j)=0$（即一组数据内部的离差之和等于 0）；对某一确定的数据样本来说，$(\overline{X}_j-\overline{X}_t)^2$ 是一个常数，所以 $\sum_{i=1}^{n}(\overline{X}_j-\overline{X}_t)^2 = n(\overline{X}_j-\overline{X}_t)^2$，于是得到：

$$\sum_{i=1}^{n}(X_{ij}-\overline{X}_t)^2 = \sum_{i=1}^{n}(X_{ij}-\overline{X}_j)^2 + n(\overline{X}_j-\overline{X}_t)^2 \qquad \text{（公式 6-2）}$$

公式 6-2 说明：某一组数据与总平均数的离差平方和等于组内数据的离差平方和 $\sum_{i=1}^{n}(X_{ij}-\overline{X}_j)^2$ 加上该组平均数与总平均数离差平方的 n 倍，$n(\overline{X}_j-\overline{X}_t)^2$ 反映了该组内 n 个数据平均来看都与总体平均数有一个离差 $(\overline{X}_j-\overline{X}_t)$。

将各组计算得到的离差平方和相加得到总的离差平方和，即：

$$SS_t = \sum_{j=1}^{k}\left[\sum_{i=1}^{n}(X_{ij}-\overline{X}_j)^2 + n(\overline{X}_j-\overline{X}_t)^2\right]$$
$$= \sum_{j=1}^{k}\sum_{i=1}^{n}(X_{ij}-\overline{X}_j)^2 + n\sum_{j=1}^{k}(\overline{X}_j-\overline{X}_t)^2 \qquad \text{（公式 6-3）}$$

公式 6-3 说明：该公式计算的是全部数据的总体离差平方和，反映全部数据的总变异量。它由两部分组成：一部分是 $\sum_{j=1}^{k}\sum_{i=1}^{n}(X_{ij}-\overline{X}_j)^2$，先计算每组内部数据的离差平方和，再将各组计算的结果相加得到，所以是总的组内变异量，可用 SS_w 表示；另一部分是 $n\sum_{j=1}^{k}(\overline{X}_j-\overline{X}_t)^2$，从平均来看，某一组内每个数据与总体平均数的离差平方和，相当于以每组数据的平均值取代组内所有数据后再计算各组数据与总平均数的离差平方并相加，最后将各组计算的结果相加，这样得到的变异量排除了组内变异，反映的是组间变异，可用 SS_b 表示。所以：

$$SS_t = SS_w + SS_b \qquad \text{（公式 6-4）}$$

公式 6-4 中：SS 代表离差平方和或简称平方和、下标 t 代表全部（total）、下标 w 代表组内（within group）、下标 b 代表组间（between groups），数据样本的总变异量 SS_t 等于组内变异量 SS_w 与组间变异量 SS_b 之和，此公式的推导过程直观反映了变异量的可加性，是方差分析的逻辑基础。

很显然，变异量是与数据个数或组数有关的，即与自由度的大小有关。要想比较组间变化因素和组内变化因素对测试结果的影响力大小，应该使用平均的变异量，即均方，也就是方差，它等于变异平方和除以相应的自由度。因此要先计算上述变异量对应的自由度：因数据样本中有 nk 个数据，所以总变异量对应的自由度 $df_t=nk-1$；因每组内有 n 个数据，所以组内变异量对应的自由度为各组内变异自由度的累加得 $df_w=k(n-1)$；因有 k 个组之间比较，所以组间变异量对应的自由度 $df_b=k-1$。三个自由度之间具有相加性：$df_t=df_w+df_b$。用自由度去除对应的变异量，分别得到组间和组内变异的均方或叫方差：$MS_b=\dfrac{SS_b}{df_b}$，$MS_w=\dfrac{SS_w}{df_w}$。比较两个方差的差异显著性，要使用 F 检验。这里：

$$F = \frac{MS_b}{MS_w}$$
(公式 6-5)

公式 6-5 说明：F 是一个方差比率，其大小反映了相对于被试间差异及随机误差造成的组内变异而言，组间变异的大小。如果 $F \leqslant 1$，说明组间变异不太大，数据总变异中相当部分是由于被试差异和测量的随机误差带来的，不能归因于不同观测条件；如果 $F > 1$ 且 F 值落入了 $p < 0.05$ 的临界区，说明数据组间的方差显著大于组内方差，反映了不同观测条件下测量结果存在显著性差异，即研究者操控的研究变量的变化会导致观测变量的明显变化，二者有显著的因果关系或关联性。

二、方差分析的适用条件

一般来说，观测的数据符合以下基本假设时，才能使用方差分析。

（一）总体正态分布

方差分析与其他参数检验方法一样，也要求数据样本来自正态分布的总体。心理学研究中，大多数变量的数据总体服从正态分布，所以一般不需要对总体的正态性进行检验。当有证据表明总体不是正态分布时，可以使用相应的非参数检验，也可以将数据进行某种变换，使变换后的数据接近正态性，使用方差分析。

（二）变异的可加性

方差分析的逻辑基础是变异的可加性或线性分解性，即可根据不同变异源将总变异分解为若干部分，这几个不同部分的变异来源意义必须明确，而且彼此相互独立。在一般的心理学研究中，这一条件都能满足。示例 6-1 中，总变异分解为组间变异和组内变异两部分，组间变异是不同的观测条件引起的，而组内变异是由实验误差及被试间的差异引起。由于被试分组是随机的，与实验条件的变化没有系统的关联性，所以实验误差与被试差异都具有随机性，组内变异与组间变异是相互独立的。

（三）不同数据样本的方差齐性

在方差分析中用 MS_w 作为总体组内方差的估计值，而计算 MS_w 时相当于将各个实验条件下的数据样本方差合并在了一起。这样做时，有一个假设前提：各个处理组数据样本的方差没有显著性差异，即在统计学意义上是相等的，也叫做方差齐性。我们已经指出，方差分析的最重要的逻辑基础是变异可加性，而变异可加性要求组内变异与组间变异是相互独立的。如果各组数据的方差差异性较大时，在将各组数据合并计算总的组内变异时，合并后的数据变异包含着与实验条件的关联性，即不同实验处理下所测数据之间的变异程度不同，由此造成了组内变异与组间变异的关联性，就会破坏方差分析的逻辑基础。

所以，在心理学的实验设计中，要保证不同实验条件下数据样本的可比性，这样才能将实验可能得到的组间差异归因于实验条件。当各组数据样本方差不齐性时，就等于说各数据样本的分布特点不同质，就不具有可比性。所以，进行方差分析时，要进行方差齐性检验(test of equality of variance)，也叫做方差的同质性检验(test of homogeneity of variance)。各数据样本的方差不齐性时，原则上就不能进行方差分析了。

三、方差分析的基本程序

方差分析的一般程序是：变异量的计算、自由度的计算、方差齐性检验、F 比率及其显著性水平的确定、给出方差分析表。我们以例 6 - 1 对应的表 6 - 1 中的数据来演示方差分析的过程。

(一) 变异量的计算

变异量即离差平方和，其通用公式是：$SS = \sum\limits_{i=1}^{n}(X_i - \overline{X})^2$，推导后为：

$$SS = \sum_{i=1}^{n} X_i^2 - \frac{\left(\sum\limits_{i=1}^{n} X_i\right)^2}{n} \qquad (公式 6 - 6)$$

即一组数据的离差平方和等于该组数据的平方和减去数据总和平方除以数据个数。该公式既可用于表 6 - 1 中所有 18 个数据的总变异量计算，也可以用于每一组 6 个数据的一个组内变异量的计算。我们先利用 $\sum\limits_{i=1}^{n} X_i^2$ 计算出各组数据的平方和及全部数据的平方和，使用 $\left(\sum\limits_{i=1}^{n} X_i\right)^2$ 计算出各组 6 个数据和的平方及全部 18 个数据和的平方；再根据公式 6 - 6 分别计算出三个组数据的变异量 28、28、24，以及所有数据的总变异量 332，再将三个数据组内变异量相加得到总的组内变异量 80，如表 6 - 2 所示。根据变异量的可加性得到组间变异量为：$SS_b = SS_t - SS_w = 332 - 80 = 252$。具体计算结果如表 6 - 2。

表 6 - 2　不同激励气氛下被试的举重时间(s)

被　试	A_1	A_2	A_3	$(k=3)$
1	8	16	21	
2	12	11	16	
3	11	15	18	
4	7	10	19	
5	13	12	22	
6	9	14	18	
$\overline{X}_j$	10	13	19	$\overline{X}_t = 14$
$\sum\limits_{i=1}^{n} X_i^2$	628	1042	2190	3860
$\left(\sum\limits_{i=1}^{n} X_i\right)^2$	3600	6084	12996	63504
SS	28	28	24	$SS_t = 332$
		$SS_w = 80$		

（二）自由度的计算

总变异自由度：$df_t = nk - 1 = 6 \times 3 - 1 = 17$

每一组内变异自由度：$n - 1 = 6 - 1 = 5$

总的组内变异自由度：$df_w = k(n-1) = 3 \times 5 = 15$

组间变异自由度：$df_b = k - 1 = 3 - 1 = 2$

（三）方差齐性检验

方差分析的基本假设中，要求各组数据的方差齐性，即各组数据方差不存在显著性差异。方差分析中的方差齐性检验常用哈特莱（Hartley）方法，这种方法先是计算各个组内的方差，然后用其中最大的方差除以最小的方差，得到各组之间最大的方差比率：

$$F_{\max} = \frac{MS_{\max}}{MS_{\min}} = \frac{S_{\max}^2}{S_{\min}^2} \qquad\text{（公式 6-7）}$$

如表 6-2 中显示，实验条件 A_1、A_2、A_3 对应数据组的变异量分别为 28、28、24，各组数据自由度均为 5，于是三组数据的均方即方差分别为：5.6、5.6、4.8，其中最大的方差为 5.6、最小的方差为 4.8，代入公式 6-7 得到 $F_{\max} \approx 1.167$，该 F 比率分子、分母的自由度均为 5，数据组 $k = 3$。

根据组数和各组内自由度，查附表 6 的"$F_{\max}$ 的临界值（哈特莱方差齐性检验）"表得到临界值 $F_{\max(0.05)} = 10.8$。当 $F_{\max} < F_{\max(0.05)}$ 时，可认为各实验处理的数据方差没有显著差异，方差齐性成立。本例中 $F_{\max} \approx 1.167 < F_{\max(0.05)} = 10.8$，所以方差齐性。

（四）F 比率及其显著性水平的确定

在方差分析过程中，研究者关心的是组间方差是否足够大。如果组间方差小于或等于组内方差，那么组内方差被看作是误差项方差，这时组间方差并不大于误差方差，说明实验处理未能导致观测变量的显著变化，方差检验无需进行下去；如果组间方差大于误差项方差，则需要进一步看方差比率 F 是否落入 $p < 0.05$ 或 $p < 0.01$ 的临界区。所以，计算 F 比率时总是将组间方差放在分子位置上，进行 F 值的单侧检验。

根据已经计算出的组间变异量和组内变异量、组间变异自由度和组内变异自由度，得到组间方差和组内方差，进而得到组间方差与组内方差的比率 F 值。

$$F = \frac{MS_b}{MS_w} = \frac{SS_b / df_b}{SS_w / df_w} = \frac{252/2}{80/15} = 23.625$$

本例中，F 比率的分子自由度为组间自由度 2；分母自由度为组内自由度 15，查附表 5——"F 值表（单侧检验）"得到：$F_{.05(2,15)} = 3.68$ 和 $F_{.01(2,15)} = 6.36$。

计算得到的 F 值大于临界值 $F_{.01(2,15)}$，所以组间差异非常显著，显著性水平达到 $p < 0.01$，说明三种实验条件下测量得到的数据存在很显著的差异。

（五）给出方差分析表

上面的几个步骤，可以归纳成一个方差分析表。一般在实验报告的结果部分，并不需要写出统计检验的计算过程，只需要列出一个简明的方差分析表就行了。以本节中的方差分析结果为例给出方差分析表的一般形式，如表 6-3 所示。

表 6 - 3   不同激励气氛下被试举重时间比较的方差分析表

变异源	平方和	自由度	均　方	F	显著性水平
组　间	252.00	2	126.00	23.625	$p < 0.01$
组　内	80.00	15	5.33		
合　计	332.00	17			

第二节　单因素完全随机设计的方差分析

方差分析的关键是变异量和自由度的计算和分解。需要注意,研究设计不同,对应的数据结构就会不同,变异量与自由度的分解方式也不同。例 6 - 1 是研究一个变量对观测变量变化的影响。研究变量的三个水平构成了三种实验条件:所选被试随机分成三组;每组被试只在一种实验条件下接受测试,这种研究设计就叫做完全随机设计(complete randomalized design)。因为研究单一变量的影响,所以也叫单因素完全随机设计(single-factor complete randomalized design)。这种设计是将被试随机分组形成可比的相等组;控制其他变量,让每组被试都只在研究变量的一个水平上接受测试;于是获得不同条件下的数据组;数据组之间不存在相互关联性,所以该研究设计也叫单因素独立组实验设计。如果数据存在显著的组间差异,说明研究变量的不同水平会带来测试结果的显著变化,由此验证研究变量与被测试变量之间的因果关系或相关关系。这里需要强调两点:

第一,完全随机研究设计,要求各被试组具有相等性。这不是绝对意义上的"相等性",而是相对意义上、统计学意义上的"相等性";并不要求各组被试数完全相等,要求方差具有统计学上的"相等性",即方差齐性。

第二,完全随机设计也可用于研究不同人群总体是否存在差异性的问题。如:研究男女生是否存在智力差异;初一至高三的六个年级间的学生是否存在认知策略水平的差异。在这类研究中,可建立虚无假设:智力不存在性别差异;认知策略不存在年级差异等等。那么,对于智力测验来说,男生样本与女生样本就可被看成来自同一总体的两个样本;对于认知策略发展水平来说,初一到高三的六个样本也可被看成是来自同一总体的六个样本。在虚无假设下进行方差分析,如果组间差异达到显著性水平,就可拒绝虚无假设、接受研究假设,验证其中存在的性别差异、年级差异等。

一、单因素完全随机设计方差分析的过程

前节就例 6 - 1 进行的方差分析已经完整地展示了单因素完全随机设计的方差分析程序,不过该例只是单因素完全随机设计方差分析适用条件中的一种,给出了各组测试的原始数据且各组数据个数相等。研究中还会遇到两种情况:一是给出了各组原始数据但各组数据个数不等,二是只给出了各组数据的统计量(平均数、个案数、标准差或方差等)而未给出原始数据。本节在总结单因素随机设计方差分析的一般过程之后,将给出另两种情况的方差分析示例。

单因素完全随机设计的一般数据模式是:研究变量取 k 个水平,抽取 k 组被试样本,每组样本在研究变量的一个水平上接受测试,即可得到 k 个独立的数据样本,每个数据样本中的数据个数分别记为 n_1、n_2、……、n_k,则数据总个数 $N = n_1 + n_2 + \cdots\cdots + n_k$。这时,方差分析的一般过程是:

步骤 1:提出研究假设 H_1 和虚无假设 H_0。

研究假设 H_1:研究变量对观测变量有显著影响,其不同水平下观测的数据存在组间差异。

虚无假设 H_0:研究变量对观测变量未产生影响,其不同水平下观测的数据不存在显著性差异,故可看作来自于同一数据总体的随机样本。

方差分析的后续程序就是在虚无假设成立的前提下进行,即当数据出现一定的组间差异时,推算该差异由抽样误差或其他随机误差造成的概率是多少(即伴随概率)。

步骤 2:计算和分解变异量

总变异量: $$SS_t = \sum_{j=1}^{k} \sum_{i=1}^{n_j} X_{ij}^2 - \left(\sum_{j=1}^{k} \sum_{i=1}^{n_j} X_{ij} \right)^2 / N$$

式中 $\sum_{j=1}^{k} \sum_{i=1}^{n_j} X_{ij}^2$ 是全部数据平方的和、$\left(\sum_{j=1}^{k} \sum_{i=1}^{n_j} X_{ij} \right)^2$ 是全部数据和的平方、$N = n_1 + n_2 + \cdots\cdots + n_k$ 为全部数据个数或全部被试数。

组间变异量: $$SS_b = \sum_{j=1}^{k} \left(\sum_{i=1}^{n_j} X_{ij} \right)^2 / n_j - \left(\sum_{j=1}^{k} \sum_{i=1}^{n_j} X_{ij} \right)^2 / N$$

式中 $\left(\sum_{i=1}^{n_j} X_{ij} \right)^2$ 为第 j 组数据和的平方、n_j 为第 j 组数据的个数或被试数。

组内变异量: $$SS_w = SS_t - SS_b$$

组内变异量 SS_w,也即残差项变异量。

步骤 3:计算和分解自由度

总变异的自由度:$df_t = N - 1 = (n_1 + n_2 + \cdots + n_k) - 1$(所有数据个数减 1)

组间变异的自由度:$df_b = k - 1$(数据组数或被试组数减 1)

组内变异的自由度:$df_w = df_t - df_b = N - k$(所有数据个数减组数)

步骤 4:计算均方或方差

组间均方或方差: $$MS_b = S_b^2 = SS_b / df_b$$

组内均方或方差: $$MS_w = S_w^2 = SS_w / df_w$$

步骤 5:计算 F 比率和确定其显著性水平

F 比率: $$F = MS_b / MS_w = S_b^2 / S_w^2$$

查附表 5 的 F 值表(单侧检验)确定临界值:$F_{.05(df_b, df_w)}$、$F_{.01(df_b, df_w)}$,即 $p < 0.05$ 和 $p < 0.01$ 显著性水平的 F 临界值。

确定显著性水平:如果 $F < F_{.05(df_b, df_w)}$,则 $p > 0.05$,组间差异未达到 0.05 的显著性水平;如果 $F_{.05(df_b, df_w)} < F < F_{.01(df_b, df_w)}$,则 $0.01 < p < 0.05$,组间差异达到了 0.05 显著性水平但未达到 0.01 显著性水平;如果 $F > F_{.01(df_b, df_w)}$,则 $p < 0.01$,组间差异达到了 0.01 显著性水平。心理学研究中一般在 0.05 显著性水平上决定拒绝还是接受虚无假设。即 $F < F_{.05(df_b, df_w)}$ 时,接受虚无假设,否定研究假设,认为组间差异不显著;$F > F_{.05(df_b, df_w)}$

时,拒绝虚无假设,接受研究假设,认为组间差异显著。

步骤6:给出方差分析表

将以上计算过程归纳为方差分析表的形式,如表6-4所示。在撰写研究报告时,无需将计算过程一一写出,只将方差分析过程中的主要计算结果总结成方差分析表的形式放入研究报告。

表6-4　单因素完全随机设计的方差分析表

变异源	平方和	自由度	均　方	F	p
组　间	SS_b	$k-1$	MS_b	MS_b/MS_w	
组　内	SS_w	$N-k$	MS_w		
合　计	SS_t	$N-1$			

二、各组数据个数不等时的方差分析过程

【例6-2】　某教师为了研究中学生认知策略的发展变化,分别从本校初一、初三、高二年级随机抽取了10名学生参加认知策略水平测试,因临时原因,少数学生未能参加测试。测试结果如表6-5所示。

表6-5　各组数据个数不等时方差分析示例数据表

被试编号	初一	初三	高三	$\sum\limits_{j=1}^{k}$
1	35	45	80	
2	50	60	65	
3	30	65	70	
4	52	50	69	
5	45	40	75	
6	40	52	81	
7	39	48	72	
8	48		70	
9	45		62	
10	40			
$\sum\limits_{i=1}^{n_j} X_{ij}$	424	360	644	$\sum\limits_{j=1}^{k}\sum\limits_{i=1}^{n_j} X_{ij}=1428$
$\sum\limits_{i=1}^{n_j} X_{ij}^2$	18404	18958	46400	$\sum\limits_{j=1}^{k}\sum\limits_{i=1}^{n_j} X_{ij}^2=83762$

【解】　计算各组数据之和 $\sum\limits_{i=1}^{n_j} X_{ij}$、所有数据之和 $\sum\limits_{j=1}^{k}\sum\limits_{i=1}^{n_j} X_{ij}$、各组数据平方和 $\sum\limits_{i=1}^{n_j} X_{ij}^2$、所有数据平方和 $\sum\limits_{j=1}^{k}\sum\limits_{i=1}^{n_j} X_{ij}^2$,并将这些结果列入表6-5。方差分析过程如下:

步骤1:计算和分解变异量

$$SS_t = \sum_{j=1}^{k}\sum_{i=1}^{n_j} X_{ij}^2 - \frac{(\sum_{j=1}^{k}\sum_{i=1}^{n_j} X_{ij}^2)^2}{N} = 83762 - \frac{1428^2}{26} = 5331.846$$

$$SS_b = \sum_{j=1}^{k}\frac{(\sum_{i=1}^{n_j} X_{ij})^2}{n_j} - \frac{(\sum_{j=1}^{k}\sum_{i=1}^{n_j} X_{ij})^2}{N} = \left(\frac{424^2}{10} + \frac{360^2}{7} + \frac{644^2}{9}\right) - \frac{1428^2}{26}$$
$$= 4143.510$$

$$SS_w = SS_t - SS_b = 5331.846 - 4143.510 = 1188.337$$

步骤2:计算和分解自由度

组间变异的自由度 df_b: $df_b = k-1 = 2$

组内变异的自由度 df_w: $df_w = df_t - df_b = N-k = 23$

步骤3:计算均方或方差

组间均方或方差 MS_b: $MS_b = S_b^2 = SS_b/df_b = 4143.510/2 = 2071.755$

组内均方或方差 MS_w: $MS_w = S_w^2 = SS_w/df_w = 1188.337/23 = 51.667$

步骤4:计算 F 比率和确定其显著性水平

F 比率: $F = MS_b/MS_w = S_b^2/S_w^2 = 2071.755/51.667 = 40.098$

查 F 表(单侧检验)确定临界值: $F_{.05(df_b,df_w)} = F_{.05(2,23)} = 3.42$、$F_{.01(df_b,df_w)} = F_{.01(2,23)} = 5.66$

$F(2,23) = 40.098 > F_{.01(2,23)}$,则 $p<0.01$,组间差异达到了很显著的水平。

步骤5:给出方差分析表

将以上计算过程总结为方差分析表,如表6-6所示。

表6-6　示例6-2数据的方差分析表

变异源	平方和	自由度	均　方	F	p
组　间	4143.510	2	2071.755	40.098	<0.01
组　内	1188.337	23	51.667		
合　计	5331.846	25			

由表6-6所示的方差分析结果显示,本例的中学生在认知策略发展水平测试分数上存在显著的年级差异。

三、只给出各组统计量时的方差分析过程

【例6-3】 有三组学生的人数分别为10、15、13,分别参加了红光、绿光、黄光刺激信号下的简单反应时间测试,三组学生测试结果如表6-7所示。试分析灯光刺激的颜色是否影响反应速度。

表6-7　各组数据个数不等时方差分析示例数据表(反应时间:ms)

统计量	红　光	绿　光	黄　光
平均数	182	216	205
标准差	15	22	19
人　数	10	15	13

【解】 在这种无原始数据的情况下,方差分析中的计算量实际上大为减少。这里关键要准确地理解变异量与标准差和方差的关系:变异量除以自由度等于方差,方差的平方根即为标准差。下边是此类资料的方差分析过程。

步骤1:计算和分解自由度

总变异的自由度:$df_t = N - 1 = (n_1 + n_2 + \cdots + n_k) - 1 = 10 + 15 + 13 - 1 = 37$

组间变异的自由度:$df_b = k - 1 = 2$

组内变异的自由度:$df_w = df_t - df_b = N - k = 35$

步骤2:计算和分解变异量

先根据各组数据个数和平均数计算全部数据的平均数和总和:

数据总和:

$$\sum \sum X = \sum_{j=1}^{k} (n_j \cdot \overline{X}_j) = 10 \times 182 + 15 \times 216 + 13 \times 205 = 7725$$

总体平均数 $\overline{X}_t = \dfrac{\sum \sum X}{N} = \dfrac{\sum \sum X}{\sum\limits_{j=1}^{k} n_j} = \dfrac{7725}{(10 + 15 + 13)} = 203.3$

再计算组间变异量和组内变异量:

$$SS_b = \sum_{j=1}^{k} (n_j \cdot \overline{X}_j^2) - \frac{\left(\sum \sum X\right)^2}{N}$$

$$= (10 \times 182^2 + 15 \times 216^2 + 13 \times 205^2) - \frac{7725^2}{38} = 6993.816$$

$$SS_w = \sum_{j=1}^{k} (df_j \times S_j^2) = \sum_{j=1}^{k} \left[(n_j - 1)S_j^2\right]$$

$$= 9 \times 15^2 + 14 \times 22^2 + 12 \times 19^2 = 13133$$

$$SS_t = SS_b + SS_w = 6993.816 + 13133 = 20126.816$$

步骤3:计算均方或方差

组间均方或方差:$MS_b = S_b^2 = SS_b / df_b = 6993.816 / 2 = 3496.908$

组内均方或方差:$MS_w = S_w^2 = SS_w / df_w = 13133 / 35 = 375.229$

步骤4:计算 F 比率和确定其显著性水平

F 比率:$F = MS_b / MS_w = S_b^2 / S_w^2 = 3496.908 / 375.229 = 9.319$

查 F 表(单侧检验)确定临界值:$F_{.05(2,35)} = 3.27$、$F_{.01(2,35)} = 5.27$

$F_{(2,35)} = 9.319 > F_{.01(2,35)}$,则 $p < 0.01$,组间差异达到了 0.01 显著性水平。

步骤5:给出方差分析表

将以上计算过程总结为方差分析表,如表 6-8 所示。

表 6-8 示例 6-3 数据的方差分析表

变异源	平方和	自由度	均 方	F	p
组 间	6993.816	2	3496.908	9.319	<0.01
组 内	13133.000	35	375.229		
合 计	20126.816	37			

由表 6-8 所示的方差分析结果显示,本例中在不同颜色的灯光信号刺激下,学生的

反应时间存在显著性差异。

第三节　单因素随机区组设计的方差分析

单因素完全随机实验设计的目的在于以组间差异的显著性水平反映研究变量对观测变量的影响,其方差分析的基本方法就是计算观测数据的组间方差与组内方差比率 F,F 越大说明研究变量的影响越明显。显然,当组间变异确定的情况下,F 值的大小就取决于组内变异量的大小。组内变异量越大,F 就越小,组间变异就越有可能达不到显著性水平,这样就有可能掩盖本来存在的研究变量的影响效应。

分析一下组内变异量,便可发现还可将其分解为两部分:一部分是组内被试差异带来的数据变异量;另一部分是测量过程中的随机误差带来的变异量。因为方差分析中 F 值的显著性水平是相对于随机误差来确定的,所以如果将被试间变异混淆在组内变异中就会降低方差分析的敏感性。那么如果仅以随机误差变异方差作为 F 比率计算的分母,怎样才能将被试间变异从组内变异中分离出来呢? 心理学研究中经常采用的随机区组实验设计和重复测量实验设计均可在一定程度上达到这一目的。

一、单因素随机区组设计的基本模式

随机区组实验设计的基本方法是:先分析实验对象个体间的主要差异,以及哪些方面的差异可能会造成他们在实验中测量数据的不同;再据此制定一定的标准将实验对象划分为不同的区组,使得每个区组内被试的差异性尽可能降到最小,区组内的被试具有同质性;最后将每个区组内的被试随机、均等地分配到各种实验处理中接受测量。

随机区组设计的基本模式是:有 k 个实验处理、实验对象被划分为 a 个区组,其中每个区组内的实验对象数必须是实验处理的整数倍(至少为 1 倍,即至少保证一个区组能向每一实验处理分配一个实验对象),以便将每个区组中的实验对象随机、均等地分配到各个实验处理中去。可以将其实验设计模式表示成表 6-9 的形式(以 $k=4$、$a=5$ 且每个

表6-9　单因素随机区组实验设计的一般模式

区组 ＼ 实验处理	处理1	处理2	处理3	处理4
区组1	S_{11} S_{11}	S_{12} S_{12}	S_{13} S_{13}	S_{14} S_{14}
区组2	S_{21} S_{21}	S_{22} S_{22}	S_{23} S_{23}	S_{24} S_{24}
区组3	S_{31} S_{31}	S_{32} S_{32}	S_{33} S_{33}	S_{34} S_{34}
区组4	S_{41} S_{41}	S_{42} S_{42}	S_{43} S_{43}	S_{44} S_{44}
区组5	S_{51} S_{51}	S_{52} S_{52}	S_{53} S_{53}	S_{54} S_{54}

区组有 8 个研究对象的情况为例）。在这种实验设计中,同一区组的被试重复出现在各种实验处理中,换句话说,就是在同一个区组内被试差异得到了一定程度的控制。同时,不同区组的数据被区分开来,形成了以不同区组划分的数据组,按照前一节计算组间变异和自由度的方法同样可以计算区组间变异和自由度,从而将此部分变异从组内变异中分离出去,使 F 比率计算时的分母项降低,这时的分母项主要是反映从总变异中分离了组间变异、区组变异后残余的误差变异及方差大小,所以此部分变异量叫做残差,一般用 SS_e 表示,对应的均方或方差用 MS_e 或 S_e^2 表示。

"随机区组设计的原则是同一区组内的被试应尽量'同质',……对于每一区组而言,它应该接受全部实验处理;对于每种实验处理而言,它在不同的区组中重复的次数应该相同。"[1]这种设计是否能够控制个别差异给研究带来的影响,关键是区组划分标准是否合理。区组划分变量的选择和测量往往存在一定难度,如果划分标准不好,不仅不能有效地控制误差,反而会引入新的误差。

二、单因素随机区组设计的方差分析过程

与单因素完全随机设计的方差分析过程相比,单因素随机区组设计方差分析过程中只是增加了区组间变异量和自由度的计算,这样就可以从总变异量和自由度中减去组间变异量和自由度、区组变异量和自由度之后得到残差项的变异量和自由度。

在此只列出区组间变异量与自由度的计算方法。区组变异量、区组自由度和均方等用 a 作为下标,可分别表示为 SS_a、df_a、MS_a 或 S_a^2。

设区组数为 a、每一区组内有 q 个研究对象、某一区组内数据的平均值为 $\overline{X}_r$,参照前一节组间变异量计算方法可知区组变异量和自由度的计算公式为:

$$SS_a = \sum_{r=1}^{a} \frac{\left(\sum_1^q X\right)^2}{q} - \frac{\left(\sum \sum X\right)^2}{N}$$

式中 $\left(\sum_1^q X\right)^2$ 代表某一区组内数据和的平方;$\left(\sum \sum X\right)^2$ 还是代表全部数据和的平方;N 还是代表全部实验对象数或全部数据个数。

$$df_a = a - 1$$

于是残差项的变异量和自由度计算公式分别为:

$$SS_e = SS_t - SS_b - SS_a$$

$$df_e = df_t - df_b - df_a = N - k - a + 1$$

【例 6 - 4】 某教师为了研究四种不同的写作训练方法中,哪种方法更有效,选择了 36 名高一学生。按照前一学期历次作文成绩的平均分数将 36 名学生划分为优良、中等、一般三个写作水平,每个水平均有 12 名学生,而 12 名学生被随机均分到各实验处理。经一学期的写作训练后进行写作能力测试,计算出每一学生的得分比前一学期历次作文平均分提高的分数。结果如表 6 - 10 所示。

【解】 下边以例 6 - 4 的数据为例说明随机区组设计的方差分析过程。先计算各实

---

① 张厚粲:《心理与教育统计学》,北京师范大学出版社,1988 年版,第 288 页。

验处理下测试分数和、各实验处理下测试分数的平方和、各区组被试测试分数和,以及全部测试分数总和、全部测试分数的平方和,列入表 6-10。然后:

步骤 1:计算和分解变异量(与前文计算相似处就略些)

$$SS_t = 7508 - \frac{466^2}{36} = 1475.89$$

$$SS_b = \left(\frac{89^2}{9} + \frac{89^2}{9} + \frac{166^2}{9} + \frac{122^2}{9} \right) - \frac{466^2}{36} = 443.67$$

$$SS_a = \sum_{r=1}^{a} \frac{\left(\sum_{1}^{q} X \right)^2}{q} - \frac{\left(\sum \sum X \right)^2}{N} = \left(\frac{170^2}{12} + \frac{212^2}{12} + \frac{84^2}{12} \right) - \frac{466^2}{36} = 709.56$$

表 6-10　使用例 6-4 的研究数据制表(成绩提高幅度)

区组 ＼ 实验处理	教学方法 1	教学方法 2	教学方法 3	教学方法 4	$\sum_{1}^{q} X$
区组 1:优良	15　9　12	10　6　11	20　18　25	12　15　17	170
区组 2:中等	10　18　12	15　19　12	25　30　18	20　15　18	212
区组 3:一般	2　6　5	6　3　7	10　7　13	6　8　11	84
$\sum_{i=1}^{n} X$	89	89	166	122	$\sum \sum X = 466$
$\sum_{i=1}^{n} X^2$	1083	1081	3516	1828	$\sum \sum X^2 = 7508$

$$SS_e = SS_t - SS_b - SS_a = 1475.89 - 443.67 - 709.56 = 322.67$$

步骤 2:计算和分解自由度

总变异的自由度:$df_t = N - 1 = 36 - 1 = 35$

组间变异的自由度:$df_b = k - 1 = 3$

区组变异的自由度:$df_a = a - 1 = 3 - 1 = 2$

残差项的自由度:$df_e = df_t - df_b - df_a = 35 - 3 - 2 = 30$

步骤 3:计算均方或方差

组间均方或方差:$MS_b = S_b^2 = SS_b / df_b = \frac{443.67}{3} = 147.89$

区组均方或方差:$MS_a = S_a^2 = SS_a / df_a = \frac{709.56}{2} = 354.78$

残差项均方或方差:$MS_e = S_e^2 = SS_e / df_e = \frac{322.67}{30} = 10.76$

步骤 4:计算 F 比率和确定其显著性水平

F 比率:

$$F_b = MS_b/MS_e = S_b^2/S_e^2 = \frac{147.89}{10.76} = 13.74$$

$$F_a = MS_a/MS_e = S_a^2/S_e^2 = \frac{354.78}{10.76} = 32.97$$

查 F 表（单侧检验）确定临界值：$F_{.05(3,30)} = 2.92$，$F_{.01(3,30)} = 4.51$

$F_b = 13.74 > F_{.01(3,30)}$，$F_a = 32.97 > F_{.01(3,30)}$，均达到 $p < 0.01$，差异很显著。

步骤5：给出方差分析表

将以上计算结果总结为方差分析表，如表6-11所示。

表6-11 示例6-4数据的方差分析表

变异源	平方和	自由度	均方	F	p
组 间	443.67	3	147.89	13.74	<0.01
区 组	709.56	2	354.78	32.97	<0.01
残 差	322.67	30	10.76		
合 计	1475.89	35			

方差分析的结果显示，不同的写作训练方法引起的写作成绩提高幅度有非常显著性的差异。结合表6-10中的数据可知，第三种训练方法的效果最好。方差分析的结果同时显示，区组变量对测量结果具有显著影响。

不过，就研究目的来说，区组变量的影响是否显著都没有直接意义，但在方差分析表中最好还是给出其检验的结果，它可以显示是否有必要采用区组设计。当区组变量的效应显著时，说明区组差异确实会带来测量结果的变异。如果不对研究对象进行区组划分而直接采取随机分组，这些变异就和随机误差引起的变异混淆在一起，方差分析的敏感性会下降，所以采取区组设计是非常必要和有实际意义的；如果区组效应不显著，说明区组间差异并不明显，这可能是区组划分不成功或研究对象本身就具有较高的同质性造成的，区组设计可能是不必要的。

三、单因素重复测量实验设计的方差分析

张厚粲曾将单因素重复测量实验设计看作是单因素随机区组实验设计中的一个特例，即一个研究对象就是一个区组，或者说每个区组中只有一个研究对象，而这一个研究对象要在所有实验处理下接受测量得到若干组数据[1]。朱滢先生也赞同这种看法[2]。但是，舒华将单因素重复测量实验设计看作是独立于区组设计的一类设计[3]，我赞同舒华的处理方式[4]，因为重复测量实验设计有其自身特点，与随机区组设计有本质不同。不过，这种实验设计的数据模式和方差分析过程与单因素随机区组实验设计是一致的，所以在本节中只对其加以简单解释，并以示例6-5来说明之。

重复测量实验设计（repeated measuredesign）也叫做组内设计（within-group design）

① 张厚粲：《心理与教育统计学》，北京师范大学出版社，1988年版，第288页。

② 朱滢：《实验心理学》，北京大学出版社，2000年版，第33页。

③ 舒华：《心理与教育研究中的多因素实验设计》，北京师范大学出版社，1994年版，第61～64页。

④ 邓铸：《应用实验心理学》，上海教育出版社，2006年版，第74～93页。

或被试内设计(within-subjects design),是把抽取来的所有被试作为一组,接受所有实验处理。这种实验设计在控制被试个体差异对研究影响方面,比随机区组设计更有效,而且节省实验被试,是当前心理学研究中常用的设计类型。当然,这种实验设计也存在问题,主要是一种实验条件下的操作会影响后续操作,即容易出现系列效应(series effect)。为了解决系列效应问题,实验顺序的安排上要采用抵消平衡方法。我们以示例6-5来说明单因素重复测量实验设计的基本模式和方差分析过程。

【例6-5】 某研究者想通过实验证实缪勒错觉并同时研究箭头张开角度对错觉量的影响,于是抽取了10名大学生,每个学生都先后用长度估计测量器测量长度估计误差量,用缪勒错觉仪测量箭头角度分别为15°、45°、75°时的长度估计误差量。结果如表6-12所示。在实验操作上,要特别注意采用平衡法消除系列效应的影响。该实验设计中,被试人数$n=10$、实验处理数$k=4$。

表6-12 长度估计误差量的比较(mm)

被试	长度估计误	错觉仪15°	错觉仪45°	错觉仪75°	$\sum_{i=1}^{k} X$
1	6	16	11	9	42
2	1	10	14	5	30
3	2	8	8	7	25
4	3	11	7	9	30
5	4	15	12	10	41
6	2	10	9	11	32
7	3	12	11	9	35
8	2	11	6	7	26
9	1	9	9	5	24
10	2	8	12	8	30
$\sum_{i=1}^{n} X$	26	110	99	80	$\sum\sum X_{ij}=315$
$\sum_{i=1}^{n} X^2$	88	1276	1037	676	$\sum\sum X_{ij}^2=3077$

【解】 下边以表6-12的数据为例说明单因素重复实验设计的方差分析过程。该过程与单因素随机区组设计的方差分析几乎一致,只是要将上述的区组变异改为被试间变异,因为被试常用subject表示,所以我们用S作为被试间变异量、自由度、均方等概念表示符号的下标以与区组设计相区别。另外,因为这一实验设计$\overline{X}$叫做被试内设计,数据组之间的差异是属于被试内的差异,其对应的变异量、自由度、均方等概念表示符号的下标用w表示,即被试差异对应的统计量用下标s表示、数据组间的差异统计量用w表示、残差项的统计量用e表示。

先计算各实验处理下测试分数和、各实验处理下测试分数的平方和、各被试在所有实验条件下测试分数的总和以及全部测试分数总和、全部测试分数的平方和,计算结果列入表6-12。然后:

步骤1:计算和分解变异量

$$SS_t = 3077 - \frac{315^2}{40} = 3077 - 2480.625 = 596.375$$

$$SS_w = \left(\frac{26^2}{10} + \frac{110^2}{10} + \frac{99^2}{10} + \frac{80^2}{10}\right) - \frac{315^2}{40} = 417.075$$

$$SS_s = \left(\frac{42^2}{4} + \frac{30^2}{4} + \cdots + \frac{30^2}{4}\right) - \frac{315^2}{40} = 87.125$$

$$SS_e = SS_t - SS_w - SS_s = 596.375 - 417.075 - 87.125 = 92.175$$

步骤 2:计算和分解自由度

总变异的自由度: $df_t = N - 1 = 40 - 1 = 39$

被试内变异的自由度: $df_t = k - 1 = 3$

被试间变异的自由度: $df_s = n - 1 = 10 - 1 = 9$

残差项的自由度: $df_e = df_t - df_w - df_s = 39 - 3 - 9 = 27$

步骤 3:计算均方或方差

被试内均方或方差: $MS_w = S_w^2 = SS_w/df_w = \frac{417.075}{3} = 139.025$

残差项均方或方差: $MS_e = S_e^2 = SS_e/df_e = \frac{92.175}{27} = 3.414$

步骤 4:计算 F 比率和确定其显著性水平

F 比率: $F_w = MS_w/MS_e = S_w^2/S_e^2 = \frac{139.025}{3.414} = 40.722$

查 F 表(单侧检验)确定临界值: $F_{.05(3,27)} = 2.88$、$F_{.01(3,27)} = 4.69$

$F_w = 40.722 > F_{.01(3,27)}$,达到 $p < 0.01$ 显著性水平。

步骤 5:给出方差分析表

将以上计算结果总结为方差分析表,如表 6-13 所示。

表 6-13 用例 6-5 数据完成的方差分析表

变异源	平方和	自由度	均 方	F	p
被试内	417.075	3	139.025	40.722	< 0.01
被试间	87.125	9	9.68		
残 差	92.175	27	3.414		
合 计	596.375	39			

方差分析结果显示,被试在不同条件下长度估计误差具有非常显著性的差异,结合表 6-12 中的数据可知,直接估计线段长度的误差平均为 2.6mm,而在使用缪勒错觉仪且箭头角度为 15°、45°、75°条件下长度估计误差分别为 11.0mm、9.9mm、8.0mm,验证了缪勒错觉的存在。

第四节 多因素完全随机设计的方差分析

多因素实验设计中多个因素的多水平结合,构成多个实验处理,其实验处理数等于所有自变量的水平数之积。例如,二因素二水平实验,就是有两个研究变量,每个变量有两个水平,结合形成的实验处理数就是 $2 \times 2 = 4$,这种实验设计被称为 2×2 实验设计;如果有三个研究变量,其中两个有 2 水平,第三个有 3 水平,则这种实验设计有 $2 \times 2 \times 3 = 12$ 个实验处理,实验设计叫做 $2 \times 2 \times 3$ 实验设计。多因素实验中,如果将抽取来的被试随机分为若干组,而每组被试只独立地接受一个实验处理下的测量,这种实验设计就叫做多因素完全随机实验设计(multi-factor randomized experimental design)。也就是说,在多因素完全随机实验设计中,有多少种实验处理,就要将被试随机分为多少组。

现在,我们以一个假想的实验研究为例来说明多因素完全随机实验设计的模式。

【例 6 - 6】 假设某研究者想考察缪勒–莱伊尔错觉(Müller-Lyer illusion)受箭头方向和角度的影响。研究中观测被试对长度估计的误差量时考虑了两个研究变量,一个是箭头方向(标记为 A),分为向外(A_1)和向内(A_2)2 个水平;另一个是箭头角度(标记为 B),设置为 $15°(B_1)$、$45°(B_2)$、$75°(B3)$ 3 个水平,这是一个 2×3 实验设计,构成了 6 种实验处理。研究者从某大学文学院本科二年级学生中随机抽取了 30 名男生,再将这 30 名男生随机分成相等的 6 组,每组 5 人,每一被试组接受一种实验处理。所以,这是一个二因素完全随机实验设计。假设其实验得到了表 6 - 14 的数据,方差分析如何进行呢?

表 6 - 14 例 6 - 6 的实验数据表

被　试	A_1			A_2			$\sum$
	B_1	B_2	B_3	B_1	B_2	B_3	
1	11	9	6	13	13	5	
2	10	8	7	10	11	4	
3	12	10	8	14	12	6	
4	11	9	4	13	11	3	
5	12	10	7	14	13	7	
$\sum$	56	46	32	64	60	25	283
$\sum X^2$	630	426	214	830	724	135	2959

先计算各组数据和、各组数据的平方和,以及全部数据的总和、全部数据的平方和,列入表 6 - 14。分析表 6 - 14 中的数据结构:参加实验的被试数是 30 人,所以表中数据总个数是 30。这些数据的变异都是由哪些因素引起的呢?很明显,一、错觉仪的箭头方向 A 有两种情况,即箭头朝内和箭头朝外。该变量的变化将则数据分为两大组。如果该变量变化对测试结果有影响,会导致这两大组数据间出现一定的差异量,根据前述的组间变异量计算方法,可以算出箭头方向 A 改变带来的数据变异量。二、错觉仪的角度 B 有 $15°$、$45°$ 和 $75°$ 三个水平。该变量变化将数据分为三大组。如果该变量变化对测试结果有影响,会导致这三大组数据间出现一定的差异量,亦可按组间变异量计算方法算出。三、当箭头方向和角度同时发生改变时,数据被分为六组。而六组数据间的变异量同样可以采用组间变异量的计算方法。

很明显,上述两组数据间的变异量是变量 A 单独变化所引起;三组数据间的变异量是变量 B 单独变化所引起;六组数据间的变异量是两个变量同时变化所引起。其中,六组数据间变异量包含了 A 单独变化所引起的变异量、B 单独变化所引起的变异量以及 A、B 两个变化相互作用引起的变异量。变量单独变化引起的数据变化,叫做变量的主效应(main effect);二者相互作用引起的数据变化,叫做交互效应(interactioneffect),可以用 $A \times B$ 表示。

简而言之,表中数据的变异量可以分解为 A 的主效应、B 的主效应、$A \times B$ 交互效应、残差四个部分。在下述统计量的计算中,为方便区分,分别用符号 A、B、AB 和 E 作为与四个变异源对应的统计量的下标。现就示例 6-6 的数据说明多因素完全随机实验设计的方差分析过程。

步骤 1:计算和分解变异量

总变异量:$SS_t = 2959 - \dfrac{283^2}{30} = 2959 - 2669.633 = 289.367$

A 的主效应变异量:

$$SS_A = \left[\frac{(56+46+32)^2}{15} + \frac{(64+60+25)^2}{15} \right] - \frac{283^2}{30} = 7.500$$

B 的主效应变异量:

$$SS_B = \left[\frac{(56+64)^2}{10} + \frac{(46+60)^2}{10} + \frac{(32+25)^2}{10} \right] - \frac{283^2}{30} = 218.867$$

A 和 B 同时变化带来的变异量:

$$SS_{A+B} = \left(\frac{56^2}{5} + \frac{46^2}{5} + \frac{32^2}{5} + \frac{64^2}{5} + \frac{60^2}{5} + \frac{25^2}{5} + \right) - \frac{283^2}{30} = 249.767$$

A 与 B 交互作用引起的变异量:

$$SS_{AB} = SS_{A+B} - SS_A - SS_B = 249.767 - 7.500 - 218.867 = 23.400$$

$$SS_E = SS_t - SS_{A+B} = 289.367 - 249.767 = 39.600$$

步骤 2:计算和分解自由度

总变异的自由度:$df_t = N - 1 = 30 - 1 = 29$

变量 A 主效应的自由度:$df_A = a - 1 = 2 - 1 = 1$

变量 B 主效应的自由度:$df_B = b - 1 = 3 - 1 = 2$

A 和 B 交互效应的自由度:$df_{AB} = (a-1)(b-1) = 1 \times 2 = 2$

残差项的自由度:$df_E = df_t - df_A - df_B - df_{AB} = 29 - 1 - 2 - 2 = 24$

步骤 3:计算均方或方差

变量 A 主效应的方差:$MS_A = S_A^2 = SS_A / df_A = \dfrac{7.5}{1} = 7.5$

变量 B 主效应的方差:$MS_B = S_B^2 = SS_B / df_B = \dfrac{218.867}{2} = 109.434$

变量 A 和 B 交互效应方差:$MS_{AB} = S_{AB}^2 = SS_{AB} / df_{AB} = \dfrac{23.4}{2} = 11.7$

残差项的方差:$MS_E = S_E^2 = SS_E / df_E = \dfrac{39.6}{24} = 1.65$

步骤 4:计算 F 比率和确定其显著性水平

变量 A 主效应方差与残差项方差比率:$F_A = \dfrac{MS_A}{MS_E} = \dfrac{S_A^2}{S_E^2} = \dfrac{7.5}{1.65} = 4.545$

变量 B 主效应方差与残差项方差比率：$F_B = \dfrac{MS_B}{MS_E} = \dfrac{S_B^2}{S_E^2} = \dfrac{109.434}{1.65} = 66.324$

变量 A 和变量 B 交互效应方差与残差项方差比率：$F_{AB} = \dfrac{MS_{AB}}{MS_E} = \dfrac{S_{AB}^2}{S_E^2} = \dfrac{11.7}{1.65} = 7.091$

查 F 表（单侧检验）：$F_{.05(1,24)} = 4.26$，$F_{.01(1,24)} = 7.82$，$F_{.05(2,24)} = 3.40$，$F_{.01(2,24)} = 5.61$
根据自由度选用对应临界值作比较：$F_{.05(1,24)} < F_A < F_{.01(1,24)}$，$F_B > F_{.01(2,24)}$，$F_{AB} > F_{.01(2,24)}$

A 的主效应达到 0.05 显著性水平；B 的主效应、A 与 B 的交互效应均达到0.01显著性水平。

步骤5：给出方差分析表

将以上计算结果总结为方差分析表 6-15。

表 6-15　例 6-6 数据的方差分析表

变异源	平方和	自由度	均　方	F	p
A 的主效应	7.500	1	7.500	4.545	<0.05
B 的主效应	218.867	2	109.434	66.324	<0.01
A 与 B 的交互效应	23.400	2	11.700	7.091	<0.01
残　差	39.600	24	1.650		
合　计	289.367	29			

方差分析结果显示，被试的缪勒错觉量受到箭头方向的显著影响、受到箭头角度非常显著的影响，箭头方向与箭头角度对错觉量的影响具有非常显著的交互效应。

虽然例 6-6 是一个简单的多因素完全随机设计，但它能够说明完全随机设计的所有特征，包括如何评估研究变量的主效应和交互效应。如果遇到自变量或自变量的水平数更多的实验设计，其实验的原理和数据分析的程序都与该例所展示的过程相似。比如，对于 $2 \times 3 \times 2 \times 4$ 完全随机实验设计来说，其自变量是 4 个，实验处理数是 48，那么实验就需要 48 组被试。在数据分析中，需要分析四个自变量的主效应、两两变量间的交互效应、三个变量间的交互效应、四个变量间的交互效应等，这里需要考察的交互效应就达 11 个。显然，随着研究变量数及变量水平数的增加，所需要的被试组数也随之增加，并带来方差分析计算量的迅速增加，也就越来越依赖于 SPSS 等统计分析软件。

第五节　方差分析中效应的进一步分析

一、各平均数间的多重比较

一般来说，方差分析的主要目的是通过 F 检验考察组间变异在数据总变异中起作用的大小，借以对两组以上数据的平均数进行差异检验，从而得到一个整体性的检验结果。如果 F 检验的结果没有达到显著性水平，说明实验中的研究变量对观测变量没有显著影响，检验就此结束。但是如果 F 检验的结果达到了显著性的水平，却还要对多个平均数做进一步的两两比较,以确定究竟是哪些数据组之间的平均数差异显著、哪些数据组之间的平均数差异不显著,这在方差分析中被称为事后多重比较(post multi-comparison)。F检验达到显著性水平,只表明几个实验处理的两两比较中至少有一对平均数间的差异达到了显著性水平,不代表所有平均数的两两比较都差异显著,所以需要进一步地具体分析。

如何比较呢?按照 t 检验的方法,平均数的两两比较可以直接使用 t 检验,但这只适合于两个样本之间的比较。当出现三个以上的样本时,就不适合于直接使用 t 检验了。什么原因呢?比如,两个独立样本人数各为 10 人,其平均数差异性 t 检验时的自由度为 18,对应于 0.05 显著性水平的临界值 $t_{.05/2}=2.101$。那就是说:如果这两个样本是来自于同一总体的两个随机样本,二者平均数差异性检验时 t 值绝对值大于 2.101 的概率是小于 0.05 的,属于小概率事件。可是如果出现了三个 10 人的样本两两比较,则需要 3 次平均数差异性的 t 检验。那就相当于同样的过程连续进行 3 次,且每一次从同一总体中随机抽取两个样本,其平均数差异性 t 检验时,t 值大于 2.101 的概率都小于 0.05。这样一来,t 值大于 2.101 的概率就是小于 $3\times0.05=0.15$。简单地说,如果样本平均数差异 t 检验连续进行三次的话,能得到 $t>2.101$ 的概率是小于 0.15,但 0.15 并不属于小概率。这也是为什么三个以上样本平均数差异性检验时不能直接使用两两之间的 t 检验的理由。

所以,碰到这种情况,就需要使用多重比较方法了。多重比较方法有多种。本书只介绍其中一种常用的简便方法,叫做 $N-K$ 法,是由 Newman 和 Keul 提出来的一种方法,也叫做 q 检验法。其具体的步骤是:

(1) 将要比较的各个平均数从小到大作等级排列。

(2) 根据比较等级 r 和自由度 df_E 或 df_w,查"q 分布的临界值"表得到 $q_{0.05}$ 或 $q_{0.01}$。其中比较等级 r 就是两个相互比较的平均数排列等级之差加 1;df_E 或 df_w 是方差分析中残差项的自由度(一般的表示符号是 df_E,但在完全随机实验设计中也把误差项变异叫做被试内变异,所以也可用 df_w 表示)。

(3) 计算样本平均数的标准误:$SE_{\overline{X}}=\sqrt{\dfrac{MS_E}{n}}$

其中 MS_E 是组内均方(完全随机设计时应用 MS_w),n 为样本容量。

完全随机设计中若各组容量不同,则标准误:$SE_{\overline{X}}=\sqrt{\dfrac{MS_w}{2}\left(\dfrac{1}{n_a}+\dfrac{1}{n_b}\right)}$

其中 n_a、n_b 分别代表两个样本的容量。

(4) 标准误乘以 q 的临界值($q_{0.05}\times SE_{\overline{X}}$ 或 $q_{0.01}\times SE_{\overline{X}}$)就是对应于某一比较等级 r 的两个平均数相比较时的临界值。如果两个平均数的差异量大于 $q_{0.05}\times SE_{\overline{X}}$,则达到 0.05 显著性水平;如果两个平均数的差异量大于 $q_{0.01}\times SE_{\overline{X}}$,则达到 0.01 显著性水平。

在例 6-5 中,A、B、C、D 四种条件下测得结果的平均数分别为 $\overline{X}_A=2.6$、$\overline{X}_B=11.0$、$\overline{X}_C=9.9$、$\overline{X}_D=8.0$;样本容量为 $n=10$;方差分析中 $MS_E=3.414$、$df_E=27$,试对各组平均数进行多重比较。

步骤1:对各个样本平均数进行排序

等级: 1   2   3   4

平均数：$\overline{X}_A$ $\overline{X}_D$ $\overline{X}_C$ $\overline{X}_B$

步骤 2：根据比较等级 r 和 df_E 查"q 分布的临界值"

表中没有自由度 27 对应的 q 临界值，查最接近的自由度 24 的 q 临界值。因为只有四个平均数比较，所以最大的 $r=4$。得到：

$r=2 \rightarrow q_{0.05}=2.92$ $q_{0.01}=3.96$

$r=3 \rightarrow q_{0.05}=2.53$ $q_{0.01}=4.54$

$r=4 \rightarrow q_{0.05}=3.90$ $q_{0.01}=4.91$

步骤 3：计算平均数的标准误

$$SE_{\overline{X}}=\sqrt{\frac{MS_E}{n}}=\sqrt{\frac{3.414}{10}}=0.584$$

步骤 4：计算与 r 对应的平均数差异量的临界值

$r=2 \rightarrow q_{0.05} \times SE_{\overline{X}}=2.92 \times 0.584=1.705$ $q_{0.01} \times SE_{\overline{X}}=3.96 \times 0.584=2.313$

$r=3 \rightarrow q_{0.05} \times SE_{\overline{X}}=2.53 \times 0.584=1.478$ $q_{0.01} \times SE_{\overline{X}}=4.54 \times 0.584=2.651$

$r=4 \rightarrow q_{0.05} \times SE_{\overline{X}}=3.90 \times 0.584=2.278$ $q_{0.01} \times SE_{\overline{X}}=4.91 \times 0.584=2.867$

步骤 5：把四个平均数两两之间的差异与相应的临界值比较

表 6 - 16 方差分析中多重比较的结果

平均数	$\overline{X}_A=2.6$	$\overline{X}_D=8.0$	$\overline{X}_C=9.9$	$\overline{X}_B=11.0$
$\overline{X}_D=8.0$	5.4**			
$\overline{X}_C=9.9$	7.3**	1.9*		
$\overline{X}_B=11.0$	8.4**	3.0**	1.1	

表中数据是相应两个平均数的差异量。* 表示达到 0.05 显著性水平；** 表示达到 0.01 显著性水平；未标星号则表示未达到显著性水平。

二、主效应与交互效应

(一) 什么是主效应与交互效应

前文已有介绍，在一项多因素实验研究中，只考虑某一变量单独变化所引起观测变量的变化叫做主效应。在方差分析的计算方法上，主效应的考察是在该变量的各个不同水平下，将所有对应的观测数据平均，再比较这些水平下平均数的差异显著性。比如在 2（有 A_1 和 A_2 两个水平）×2（有 B_1 和 B_2 两个水平）的实验研究中，观测得到四组数据，分别对应于 A_1B_1、A_1B_2、A_2B_1、A_2B_2 四种实验条件。也就是说，在 A_1 条件下有 A_1B_1、A_1B_2 两列数据，将这两列数据加在一起计算平均数得到 A_1 水平下的平均数；在 A_2 条件下有 A_2B_1、A_2B_2 两列数据，同样方法得到 A_2 条件下的平均数，这两个平均数之间的差异就是变量 A 的主效应。A 的主效应是在根本不考虑数据在 B_1、B_2 是如何变化的情况下得到的，或者是在假设一个变量的效应独立于另一个变量的情况下得到的。类似地，也可以得到变量 B 的主效应。

但实际上，这种假设在许多时候是不成立的，会出现一个变量的效应因另一个变量的不同水平而不同。比方说，有两种药片 A_1 和 A_2 均可治疗某种心血管疾病，但是这两种药物的疗效可能会与用药剂量有关：在用量 B_1（每日服用 3 次每次 2 片）的情况下，A_1

疗效非常明显、A_2 的疗效微弱；但是在用量 B_2（每日服用 3 次，每次 4 片）的情况下，A_1 疗效很差且出现了轻微中毒迹象、A_2 的疗效很好。这就出现了一个变量的效应依赖于另一个变量的情况，这就叫交互效应。这里的例子表示成图 6-1 的形式，能更直观地说明交互效应。可将交互效应的内涵概括为一句话：两个变量的作用存在相互依赖性，即一个变量的效应因另一个变量的水平不同而不同。

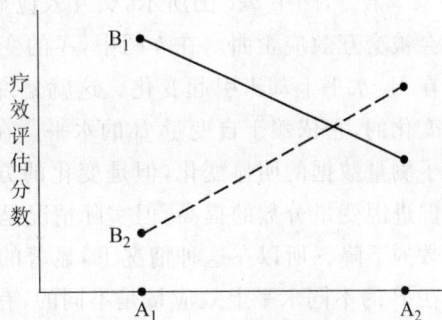

图 6-1　变量 A 与变量 B 交互效应示意图

（二）主效应与交互效应的关联性

方差分析直接给出变量的主效应和交互效应是否显著的结果，多数研究者也据此判定变量的作用是否明显以及这些变量的作用是否相互依赖。事实上，变量的主效应与交互效应的评估并非这么简单，它们存在着关联性，需要具体分析。我们以两个变量的主效应和交互效应为例来分析。当交互效应不显著的时候，两个变量相互独立，可以直接从其主效应是否显著来评估其对观测变量的作用大小；当两个变量交互效应显著时，就不能简单地从主效应是否显著的结果中直接得出结论了。现以交互效应显著为前提，来区分变量 A 的主效应是否显著的三种情况。

如图 6-2 所示，我们分三种情况来讨论：

第一，图中 a 图所示，交互效应显著，A 的主效应也显著。而且在 B_1 和 B_2 两种条件下，平均数从条件 A_1 到条件 A_2 的变化方向基本一致，只是变化幅度有所不同。在 B_1 水平上，平均数从 A_1 到 A_2 的下降幅度大；在 B_2 水平上，下降幅度小。这里的交互效应掩盖了自变量 A 在自变量 B 不同水平上的效应量的差异性。很明显，在 B_1 水平上，A 的效

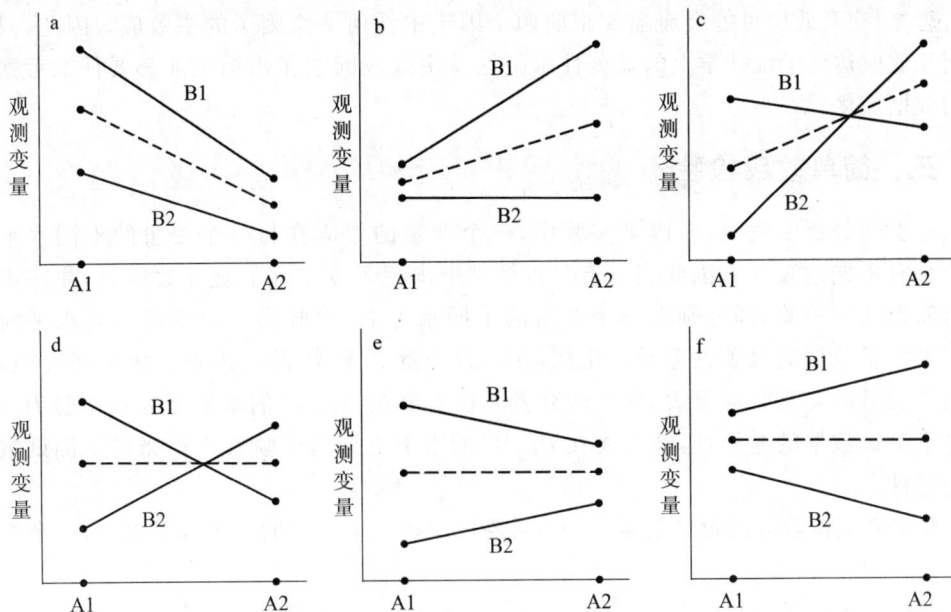

图 6-2　变量 A 与变量 B 交互效应显著的几种情况

应量大于其在 B_2 水平上的效应量。

第二,图中 b、c 图所示,交互效应显著,A 的主效应也显著。这时 A 的效应方向可能会被交互效应歪曲。在 b 图中,A 的变化在 B_1 的水平上引起了观测数据的显著变化,但在 B_2 水平上却未引起变化。这就是说,A 的变化不是在任何情况下都会引起测量数据变化的,它依赖于自变量 B 的水平。在 c 图中,虽然 A 的变化在 B 的两个水平上都引起了测量数据的明显变化,但是变化的方向正好相反。从其主效应看,A 的水平提高可以促进因变量分数的提高,但实际情况是:当 A 在 B_1 水平上提高时,反而会导致因变量分数的下降。所以在这种情况下,显著的交互效应掩盖或歪曲了自变量 A 的作用机制:它在 B 的不同水平上效应量是不同的,有时甚至正好相反。

第三,图中 d、e、f 图所示,交互效应显著,A 的主效应却不显著。实际上,交互效应掩盖了 A 的效应。从这些图中可以明显看到 A 的效应,但方差分析结果却会显示 A 的主效应不显著,这是因为 A 在 B 的两个水平上的效应方向相反,计算 A 的主效应时 A_1 和 A_2 的差异量被掩盖在了观测数据平均的过程中。

那么,如何依据变量主效应及该变量与其他变量的交互效应来进行结果分析呢?很简单:方差分析结果显示 A 的主效应及 A 与其他变量的交互效应都不显著时,意味着 A 的效应真的不明显;方差分析的结果显示 A 的主效应不显著但 A 与其他变量的交互效应显著时,意味着 A 其实是对测量结果有明显作用的,即 A 的效应其实是存在的,只不过因为其效应的大小和方向依赖于其他变量,所以会因其他变量的水平不同而不同。

上述分析提醒我们:在方差分析结果中,如果因子间的交互效应达到了显著性水平,那么变量的效应有可能会被歪曲或掩盖。也就是说:不能简单地依据其主效应是否显著来判断它是否对测量变量有影响,而要进行简单效应检验,分别考察其在其他变量不同水平上的变化情况。否则,可能会得到错误结论。

总之,交互效应可能会掩盖或歪曲两个因子中任何一个因子的主效应。因此,只要是交互效应达到了统计学上的显著性水平在就主效应问题作出结论前都要仔细考察具体的数据变化。[①]

三、简单效应检验

在上述分析中发现:多因素实验中,一个变量的效应在另一个变量的不同水平上可能会有不同的表现。因此当方差分析结果中出现了变量间的交互效应时,往往需要进行简单效应检验,即分别在一个变量的不同水平上,检验另一个变量不同水平间是否带来测量数据的显著性差异。比如,在包含变量 A 和 B 的二因素二水平研究中,如果两个变量的交互效应显著,那么研究者不仅需要在 A_1、A_2 的水平上分别检验 B_1、B_2 条件下测试数据的差异性,还需要在 B_1、B_2 的水平上分别检验 A_1、A_2 条件下测试数据的差异性。

简单效应检验的逻辑也很简单。如果要检验在一个变量的一个水平上,另一个变量

① [美]弗雷德里克·J.格拉维特、罗妮安·B.佛泽诺著,邓铸、蒋小慧、姜子云等译:《行为科学研究方法》,陕西师范大学出版社,2005 年版,第 205—210 页。

不同水平间测试数据是否存在显著性差异,就要先计算在这一局部的数据的组间变异量、自由度及方差;然后以此方差除以前述方差分析中计算出来的残差项方差得到 F 比率,判断其显著性水平。

仍以例 6-6 的实验数据来说明简单效应检验的基本过程。由第四节中例 6-6 数据的方差分析表即表 6-15 已经知道,残差项方差 $MS_E = S_E^2 = 1.65$,对应的自由度 $df_E = 24$。设变量 A 的水平用 j 表示,$j = 1、2$;变量 B 的水平用 r 表示,$r = 1、2、3$。

将表 6-14 的数据汇总简化成表 6-17 的形式,因为该表是对包含 A、B 两个变量的实验数据进行单元内合并得到的,所以也叫做 AB 表。

表 6-17 示例 6-6 实验数据简单效应检验的 *AB* 表

	B_1	B_2	B_3	$\sum$
A_1	$56, n=5$	$46, n=5$	$32, n=5$	134
A_2	$64, n=5$	$60, n=5$	$25, n=5$	149
$\sum$	120	106	57	283

根据组间变异量、自由度和均方计算方法,计算得到:

$$SS_{A(在B1水平)} = \sum_j \frac{\left(\sum_{i=1}^{5} X_{ijr}\right)^2}{n} - \frac{\left(\sum_{i=1}^{5}\sum_{j=1}^{2} X_{ijr}\right)^2}{2n} = \frac{56^2}{5} + \frac{64^2}{5} - \frac{120^2}{10} = 6.40, df_{A(B1)} =$$

$2 - 1 = 1$,所以得到方差:$MS_{A(在B1水平)} = 6.40$

同样方法可计算得到:

$$SS_{A(在B2水平)} = \frac{46^2}{5} + \frac{60^2}{5} - \frac{106^2}{10} = 19.60, df_{A(B2)} = 2-1 = 1, MS_{A(在B2水平)} = 19.60$$

$$SS_{A(在B3水平)} = \frac{32^2}{5} + \frac{25^2}{5} - \frac{57^2}{10} = 4.90, df_{A(B3)} = 2-1 = 1, MS_{A(在B3水平)} = 4.90$$

$$SS_{B(在A1水平)} = \frac{56^2}{5} + \frac{46^2}{5} + \frac{32^2}{5} - \frac{134^2}{15} = 58.13,$$

$$df_{B(A1)} = 3-1 = 2, MS_{B(在A1水平)} = 29.07$$

$$SS_{B(在A2水平)} = \frac{64^2}{5} + \frac{60^2}{5} + \frac{25^2}{5} - \frac{149^2}{15} = 555.90,$$

$$df_{B(A2)} = 3-1 = 2, MS_{B(在A2水平)} = 277.95$$

以上述方差除以残差项方差即可得到对应的 F 比率:

$$F_{A(在B1水平)} = 3.879, F_{A(在B2水平)} = 11.879, F_{A(在B3水平)} = 2.970$$

$$F_{B(在A1水平)} = 17.618, F_{B(在A2水平)} = 168.455$$

查 F 表(单侧检验),得:$F_{.05(1,24)} = 4.26, F_{.01(1,24)} = 7.82, F_{.05(2,24)} = 3.40, F_{.01(2,24)} = 5.61$

将计算的 F 比率与查表所得临界值比较可知,在 B_2 水平上,变量 A 的变化对观测变量产生了非常显著的效应,在 B_1 和 B_2 水平上,变量 A 的效应均不显著;在 A_1 和 A_2 水平上,变量 B 都表现出对观测变量极其显著的影响。

第六节 方差分析的 SPSS 过程

利用 SPSS 软件完成方差分析,先要建立正确的数据文件。通常,在因素型实验研究中存在三类变量:研究者操纵的变量、被试的机体变量、观测变量(往往就是因变量)。其中研究者操纵的变量又分组间设计的变量和组内设计的变量。组间变量的不同水平对应于不同的被试组,所以某种意义上,组间设计的变量也是被试的分组变量;组内变量则是定义了每一被试均要接受的不同实验处理,该类变量不构成被试的分组变量,在数据表中以不同的观测数据列体现。

以前述的示例来说明利用 SPSS 软件进行方差分析的一般过程:建立正确的数据文件;选择正确的方差分析类型;对话框的结构与变量配置、功能设置;结果的输出与选择等。

一、单因素完全随机设计的方差分析 SPSS 过程

这种方差分析的过程是以 ONEWAY 方差分析命令打开对话框的。以本章中的例 6-1 实验设计模式和数据来说明这一分析过程:

步骤 1:建立正确的 SPSS 数据文件

由题意可知,参加实验的有 18 名被试,即共有个案 $N=18$,所以数据文件占 18 行。这里有一个自变量,分三个水平。也就把被试分成了三个组,用"group"作为该变量的变量名,其取值分别为 1、2、3;另一个变量为观测变量,即被试举重的时间,以"time"作为其变量名,其数据见表 6-1。

步骤 2:单击菜单"Analyze"选择"Compare Means"中的"One-Way ANOVA"打开单因素完全随机实验设计资料方差分析的主对话框,如图 6-3 所示。将因变量"time"置入"Dependent List"下面的方框中,将自变量"group"置入 Factor 下面的小方框中。

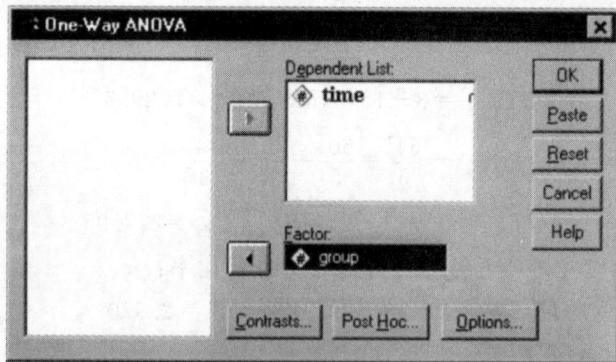

图 6-3 One-Way Anova 的主对话框

步骤 2:设置多重比较

当自变量的水平数超过 2 时,需要在方差分析之后输出多重比较的结果。本例中自变量水平数是 3,需要设置多重比较,方法是:单击对话框上的"Post Hoc…"按钮打开一个对话框,对话框上有很多多重比较方法的选项,最常用的是"LSD"。所以,勾选"LSD"

对应的复选框,单击"Continue"返回主对话框。

步骤3:要求方差分析程序输出样本数据的描述统计量、方差齐性检验、因变量随着自变量变化的线图等

单击对话框上的"Options…"按钮打开对话框,如图6-4所示,可以勾选的常用项目有:"Descriptive",输出样本数据的一些常见描述性统计量;"Homogeneity of Variance test",输出方差齐性检验的结果;"Means plot",输出因变量随自变量变化的线图。设置好之后,点击"Continue"返回主对话框。

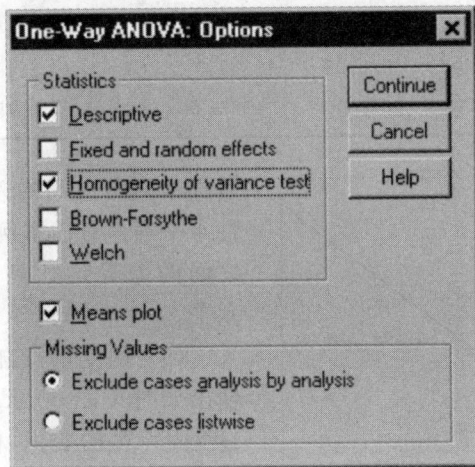

图6-4 One-Way Anova 的设置对话框

步骤4:执行程序,输出结果

单击主对话框上的"OK"按钮,系统输出所需要的方差分析结果。单因素完全随机设计的方差分析,一般需要的或常见输出结果主要有五个部分组成:

(1)样本数据的基本统计量。主要有各个数据样本的平均数、标准差、标准误、置信区间等。

(2)方差齐性检验。如下表,本例方差齐性成立。

表6-18 Test of Homogeneity of Variances:TIME

Levene Statistic	df1	df2	Sig.
.217	2	15	.807

(3)方差分析表。以表6-19的形式输出方差分析结果,该表由变异源、平方和(Sum of Squares)、自由度、均方(Mean Square)、F比率、显著性水平或伴随概率(Sig.)。本例中的 $F = 23.625$,显著性水平 $p = 0.000 < 0.001$,达到极其显著的水平。

表6-19 ANOVA:TIME

	Sum of Squares	df	Mean Square	F	Sig.
Between Groups	252.000	2	126.000	23.625	.000
Within Groups	80.000	15	5.333		
Total	332.000	17			

（4）多重比较。以表6-20的形式输出事后多重比较的结果，由该表可得知，

表6-20　Multiple Comparisons：Dependent Variable：TIME(LSD)

(I)GROUP	(J)GROUP	Mean Difference (I-J)	Std. Error	Sig.	95% Confidence Interval	
					Lower Bound	Upper Bound
1.00	2.00	−3.0000	1.33333	.040	−5.8419	−.1581
	3.00	−9.0000	1.33333	.000	−11.8419	−6.1581
2.00	1.00	3.0000	1.33333	.040	.1581	5.8419
	3.00	−6.0000	1.33333	.000	−8.8419	−3.1581
3.00	1.00	9.0000	1.33333	.000	6.1581	11.8419
	2.00	6.0000	1.33333	.000	3.1581	8.8419

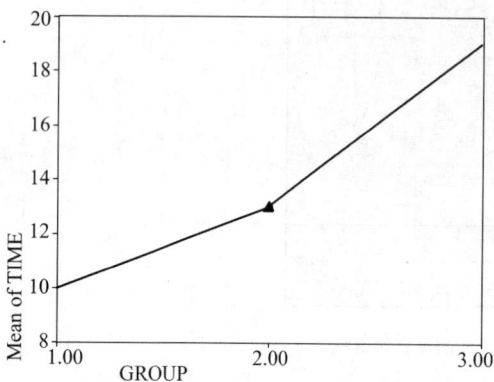

图6-5　One-Way Anova 输出的线图

各样本两两之间的差异量是否达到了显著性水平等信息。本例中，三个数据样本两两之间的差异均达到了显著或极其显著的水平。

（5）因变量与自变量之间关系的线图。输出如图6-5所示的线图，它反映了随着自变量水平的变化，相应的各个因变量数据组的平均数的变化情况。本例中，由图6-5看出，对应于实验条件1、2、3的因变量值越来越高，即举重的时间越来越长。

二、单因素重复测量设计的方差分析 SPSS 过程

以本章中例6-5的实验模式和数据为例来说明单因素重复测量设计的方差分析SPSS过程。

步骤1：建立正确的 SPSS 数据文件

由题意可知，参加实验的有10名被试，即共有个案 N=10，所以数据文件占10行。这里有一个自变量，分四个水平，但这个变量未形成被试的分组变量，因为自变量四个水平下的测量全部由一组被试完成，所以这一数据文件不需要被试的分组变量。因为被试在四种条件下均接受测试，得到了四列数据，反映的是不同条件下被试长度估计误差，所以分别用 error1、error2、error3、error4 作为变量名以记录四列数据，其数据见表6-12。

步骤2：打开对话框

单击菜单"Analyze"选择"General Linear Model"中的"Repeated Measures…"打开重复测量因素的方差分析的主对话框，在这个对话框上设置重复测量的自变量及其水平，以及各水平对应的因变量变量名。在对话框上"Within-Subject Factor Name："之后的方框中输入一个自变量名，比如"A"，然后在"Number of Levels："之后的方框中输入自变量水平数，本例中输入4。然后单击"Add"，将自变量及其水平置入到对话框上的大方框中。再单击"Define"按钮打开对话框，以便将各列因变量值与自变量的水平对应。

步骤3：单击"Plots…"按钮，要求输出自变量与因变量的关系线图

在打开的对话框上，选择自变量，本例中为变量"a"，将其置入"Horizontal Axis："下面的方框中；接着单击该对话框上的"Add"；单击"Continue"返回主对话框。

步骤4：单击主对话框上的"Options"打开对话框，设置有关统计量、效应量检验输出要求

选中对话框上的"Descriptive Statistics"和"Estimates of effect size"，然后单击"Continue"返回主对话框。

步骤5：单击主对话框上的"OK"按钮输出结果

本例中输出的结果主要有以下几部分：

（1）描述性统计分析结果。给出各个数据样本的平均数、标准差。

（2）方差分析表。输出如表6-21所示的表格，该表中关于自变量 A 和误差项的变异量计算、自由度、均方等都有四行，是采用四种不同算法的结果，这些算法具有相同或相近的效果，可取其一。一般选择第一种算法（Sphericity Assumed）得到的结果，即本例中方差分析的结果是：自变量引起的变异平方和为 417.075，自由度为 3，均方为 139.025，F $=40.723$，达到了极其显著的水平（$p=0.000$ <0.001）。

（3）自变量与因变量的关系线图。本例中，如图6-6所示，在自变量的四个水平下，第一个水平（线段长度估计）的误差量最低、第二水平的（缪勒错觉仪的张开角度15度）误差量最大。

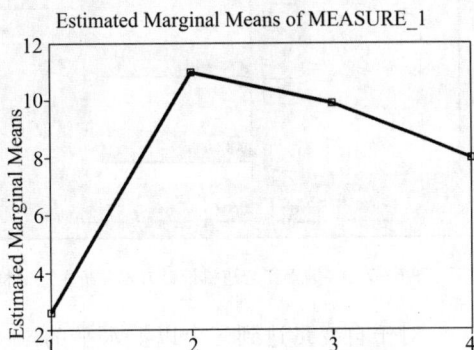

图6-6　自变量与因变量的关系线图

表 6-21　**Tests of Within-Subjects Effects**

Source		Sum of Squares	df	Mean Square	F	Sig.
A	Sphericity Assumed	417.075	3	139.025	40.723	.000
	Greenhouse-Geisser	417.075	1.999	208.597	40.723	.000
	Huynh-Feldt	417.075	2.570	162.261	40.723	.000
	Lower-bound	417.075	1.000	417.075	40.723	.000
Error(A)	Sphericity Assumed	92.175	27	3.414		
	Greenhouse-Geisser	92.175	17.995	5.122		
	Huynh-Feldt	92.175	23.134	3.984		
	Lower-bound	92.175	9.000	10.242		

三、多因素完全随机设计方差分析的 SPSS 过程

以本章中例6-6的实验模式和数据为例来说明多因素完全随机设计的方差分析 SPSS 过程。

步骤1：建立正确的 SPSS 数据文件

由题意可知,参加实验的有 30 名被试,即共有个案 $N=30$,所以数据文件占 30 行。这里有两个自变量,分别有 2、3 个水平,均为组间设计的变量,所以也称为分组变量。被试分成 $2×3=6$ 个组,所以在数据文件中要包含这两个自变量,分别定义为 A、B。A 为箭头方向,分向外、向内,分别用 1、2 代表;B 为箭头张开的角度,分别有 15°、45° 和 75° 三个水平,分别记为 1、2、3。因变量为长度估计误差,用 error 标记。数据见表 6－14。

步骤 2:打开主对话框

单击菜单"Analyze",选择"General Linear Model"中的"Univariate…",打开多因素

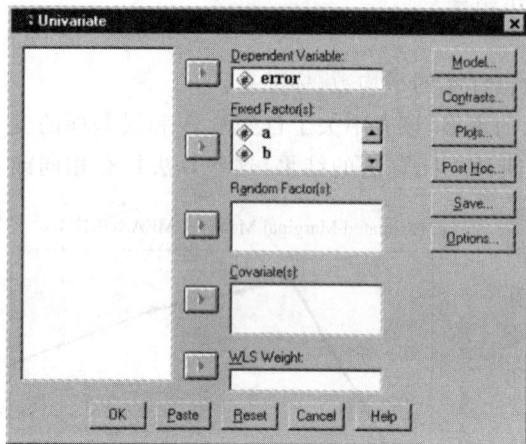

图 6－7　多因素完全随机设计方差分析主对话框

完全随机设计方差分析的主对话框;将变量列表中的 error 置入"Dependent Variable"下的方框中;将 a、b 置入"Fixed Factors"下的方框中,如图 6－7 所示。

步骤 3:描述性统计分析与方差齐性检验

单击主对话框上的"Options…"打开对话框,勾选对话框上的"Descriptive Statistics"和"Homogeneity tests"两项,输出各样本数据的基本描述性统计量和方差齐性检验结果;单击"Continue"按钮返回主对话框。

步骤 4:事后多重比较设置

对于自变量达到三个以上水平的,一般可以在方差分析过程中同时进行多重比较。具体设置方法是:单击对话框上的"Post Hoc…"按钮打开相应的对话框,将要进行多重比较的自变量置入到"Post Hoc Tests for:"下面的方框中,本例中同时勾选对话框上的"LSD"项,然后单击"Continue"按钮返回主对话框。

步骤 5:设置制作变量的交互作用图

因为是多因素实验设计,为了直观地表达变量之间的交互作用关系,可以设置制作交互作用图。本例中,可以制作自变量 a 与 b 的交互作用图。设置方法是:单击主对话框上的"Plots…"按钮打开相应的对话框,将 a、b 两个自变量分别置入"Separate Lines"、"Horizontal Aaxis"下的方框中,单击"Add"将"b＊a"置入"Plots"下的方框中。然后单击"Continue"按钮返回主对话框。

步骤 6:单击主对话框上"OK"按钮输出分析结果

输出的结果主要有以下几个部分:

(1) 描述性统计分析结果。给出各个数据样本的平均数、标准差。

(2) 方差齐性检验。如表 6－22 本例显示方差齐性成立。

表 6－22　Levene's Test of Equality of Error Variances

F	df1	df2	Sig.
.630	5	24	.679

(3) 方差分析结果。输出的方差分析结果主要包括所有自变量的主效应和交互效

心理统计学与 S P S S 应用

应。本例方差分析的结果如表 6-23 所示。由表可知：自变量 A、自变量 B 的主效应，以及二者的交互效应均达到了显著性的水平（$F_A = 4.545, p = 0.043; F_B = 66.323, p = 0.000; F_{A*B} = 7.091, p = 0.004$），说明箭头方向、箭头角度都会对缪勒错觉量产生显著影响，且这些影响具有交互性。

表 6-23　**Tests of Between-Subjects Effects**

Source	Type III Sum of Squares	df	Mean Square	F	Sig.
A	7.500	1	7.500	4.545	.043
B	218.867	2	109.433	66.323	.000
A * B	23.400	2	11.700	7.091	.004
Error	39.600	24	1.650		
Total	2959.000	30			
Corrected Total	289.367	29			

（4）事后多重比较。本例自变量 B 有三个水平，事后多重比较的结果显示，三水平的两两之间均有显著性差异。

（5）自变量的交互效应图。根据交互作用图的交叉是否明显判断两个自变量对因变量的影响是否具有交互性。

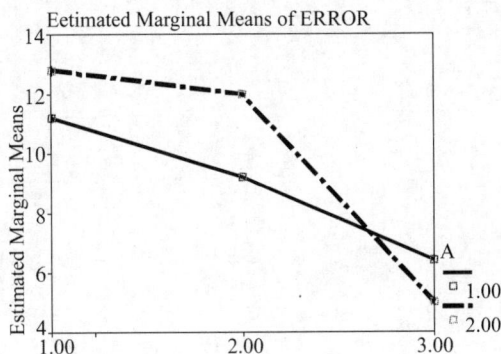

图 6-8　自变量的交互效应图

复习思考与练习题

1. 方差分析的基本原理是什么？其适用条件主要有哪些？

2. 方差分析的基本步骤有哪些？

3. 何谓多重比较、简单效应检验？

4. 如何理解主效应和交互效应，以及二者的关联性？

5. 某研究者想考察缪勒-莱伊尔错觉受箭头方向和箭头角度的影响。研究中的自变量有两个：一个是箭头方向；另一个是箭头角度，构成了 4 种实验处理，如表 6-24 所示。研究者从某大学文学院本科二年级学生中随机抽取了 20 名男生；再将这 20 名男生随机分成相等的四组，每组 5 人；每一被试组接受一种实验处理。假设其实验得到了表 6-24 所示的数据，请进行方差分析以检验两个自变量的影响是否显著，两个自变量对因变量的影响有无交互性。

表 6 - 24　箭头方向与角度对错觉量的影响

箭头方向向外(A_1)		箭头方向向内(A_2)	
箭头角 15 度(B_1)	箭头角 45 度(B_2)	箭头角 15 度(B_1)	箭头角 45 度(B_2)
6	4	8	7
5	3	7	6
7	5	9	7
6	4	8	6
7	5	9	8

6. 借助于 SPSS 系统,重新对例 6 - 2、6 - 5、6 - 10、6 - 12、6 - 14 中的数据进行方差分析。

第七章 相关分析

内容提要

相关技术是大批量调研数据分析中最常用和最核心的技术之一。它通过分析不同变量间的共变关系来发现变量间的内在关联性,进而分析变量间关系的性质、建立预测关系和寻求公共因子,这些也是对研究对象及测量指标进行分类的基础。本章在阐明相关概念的本质之后,分析了线性相关的性质,详细介绍了积差相关、等级相关、偏相关分析的基本原理、适用条件、一般步骤以及 SPSS 系统完成上述相关分析的过程。

宇宙间的事物总是相互联系、纷繁复杂的,反映到行为科学研究中,就是变量值之间会存在诸多共变或因果的关系。心理学实验研究中,经常采用的方法是:操纵一个或多个自变量的变化,同时观测因变量的变化。这是研究心理活动中因果关系的主要技术。而在采用心理测量方法进行研究时,数据分析中使用最多的却是相关技术,即从测量项目数据的共变关系中探究人的心理或行为结构的奥秘。比如,人们有时会说,"这个孩子个子越来越高,人也变得更懂事了"。很显然,"个子高低"与"越来越懂事"之间具有某种数据上的一致性,但二者不是因果关系,只能算得上是相关关系。统计学上,研究这种数量上共变关系的技术就叫做相关分析(correlation)。相关分析的种类很多,本章以线性相关为主。

第一节 相关的概念

一、相关概念的提出

"相关"概念最早来自于生物统计学,其提出首先归功于英国的遗传学家高尔顿(Galton)及其弟子皮尔逊(Pearson):高尔顿提出了"相关"概念后,皮尔逊完成了积差算法的建立。高尔顿和皮尔逊在进行遗传学研究中,系统考察了许多家庭中父亲与长子的身高关系:研究的样本是家庭,研究中的两个变量分别是父亲的身高和儿子的身高。在对样本进行测量的过程中,得到一组天然成对的数据。在对这些数据进行分析和描述时,他们发现这对变量的取值一同起伏波动,表明两者之间具有较强的联系,从而导致"相关"概念的提出和"相关"技术的发展。

相关就是考察两组观测值之间联系的强度,而这两组观测值,必须来自对同一总体或同一样本的测量。比如,在学校中,对学生进行智力测验和学业成绩测量,可以发现智力水平与学业成绩具有一定程度的联系。一般来说,智力水平很低的学生,存在学业困难,成绩较差;智力水平较高者,学业成绩也好一些,这种关系就是相关关系。

再举一个具体的例子:某一位发展心理学家,积累了很多从幼儿园到大学各种年龄层次学生的资料。这些资料既包括生理发育数据,也包括心理发展数据,比如身高、体重、生理健康水平、智力水平、认知策略水平、心理健康水平等等。如果只将学生的身高和智力水平(即完成智力题的题数和得分等)数据分别挑选出来进行分析,那么,你可能会发现身高与智力水平之间具有某种共变关系,这种关系就是相关关系。

由此看来,相关关系与因果关系不同。相关的两个变量之间可能具有因果关系,也可能不存在因果关系。就拿上述这个例子来说,身高显然不是智力水平的因或果,它只是与智力水平有相关关系而已。具有相关关系的两个变量之间存在两种可能关系中的一种:一种是因果关系,即一个为因,另一个为果,因发生了变化,果自然也就随之改变,表现出共变关系;另一种是共因关系,即两个变量的变化是同一个潜在的原因引起的,那个潜在的因在变,这两个果自然都随之改变,所以也会表现出共变关系。上述的身高与智力水平存在的就是第二种关系,均以个体的成熟为因。个体在成熟过程中,个子越来越高,智力水平也越来越高。这就出现了身高与智力水平之间的相关关系即共变关系。所以,在使用相关分析的过程中,切不可简单地从变量间的相关推出因果关系的结论。

二、相关的性质

从上述的一些例子,已经看到,要描述两个变量之间的相关性,需要把握三个方面:相关的方向、相关的强度、相关的形式。

(一) 正相关、负相关和零相关

根据两个变量在变化方向上的关系,可以将相关划分为正相关、负相关和零相关。

正相关(positive correlation)是指两个变量在数值上的变化方向一致。即两列变量的数值变化方向是相同的:一个变量的数据由大而小变化时,另一个变量的数据也由大而小地变化。如人的身高和体重,一般地讲,越高的也越重。虽然这并不绝对,但这种趋势还是能够观察得到的。对于有正相关关系的两个变量,一个设为 X,一个设为 Y。对许多个案测量得到 X 和 Y 的两列数据。如果用 X 作为横坐标,Y 作为纵坐标,就可以在二维坐标系中画出每一个个案的坐标点。这些点在坐标系中构成了一个散点图,并借此直观地反映 X 和 Y 之间的变化关系。如图 7-1a 反映的就是正相关关系。在这个坐标系中,可以看到散点的分布趋势是左边低、右边高。换句话说,X 比较小,Y 就可能相对比较小;X 比较大,Y 就可能相对比较大。

负相关(negative correlation)是指两个变量在数值上的变化方向相反,即两列变量的数值变化方向是相反的:一个变量的数据由大而小变化时,另一个变量的数据却是由小而大变化。如图 7-1b 反映的就是负相关关系。在这个坐标系中,可以看到散点的分布趋势是左边高,右边低。换句话说,就是 X 变大,Y 却可能变小;X 变小,Y 却变大。

零相关(naught correlation),又称无相关,即两列变量的变化没有关联性。一个变量

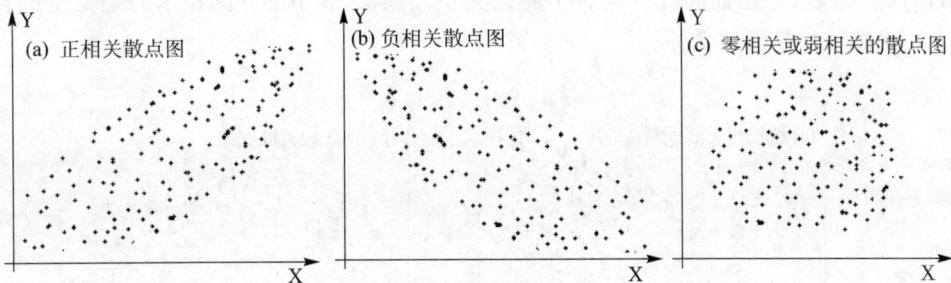

图 7 - 1　不同的线性相关的散点图

的变大或变小与另一个变量没有任何关系。如图 7 - 1c 就是一种零相关条件下的散点图。

(二) 强相关、弱相关和完全相关

从变量关联的紧密程度上,可以将相关划分为强相关、弱相关和完全相关。如图 7 - 2 中 a、b、c 所示的散点图分别对应于强的正相关、弱的正相关、完全的正相关。

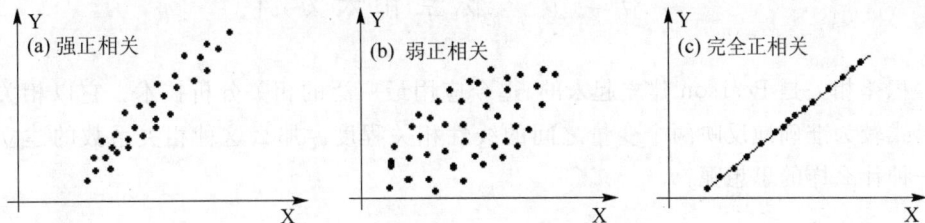

图 7 - 2　不同强度正相关的散点图

强相关又称高度相关。当一个变量变化时,与之对应的另一个变量随之变化的可能性较大,或者说跟随其变化的程度比较紧密。在散点图上表现为坐标点较为集中地分布在某一直线的附近,如 7 - 2 中的 a 图。例如,身高与体重的关系、学生的数学成绩与物理成绩的关系等一般呈现强正相关。

弱相关又称为低相关。是指两个变量之间虽然有一定的关系,但联系的强度较低。即一个变量变化时,与之对应的另一个变量变化的可能性较小,或者说跟随其变化的程度不太明显。在散点图上表现为坐标点比较松散地分布在某一直线两边较宽广的范围,如 7 - 2 中的 b 图。例如,学生的历史课成绩和物理课成绩往往是低相关的。

完全相关是指两个变量在取值上具有一一对应或完全确定的关系,两个变量之间的关系也可以表示成一个直线方程式。在散点图上表现为各坐标点都处在某一条直线上,如 7 - 2 中的 c 图。例如,圆半径和圆周长的关系就是这种完全相关关系。

(三) 直线相关和曲线相关

根据变量在数值上的变化关系或散点的分布形式,可以将相关划分为直线相关和曲线相关。直线相关是指两个变量中的一个变量在增加或减少时,另一个变量也随之增加或减少,它们之间存在一种直线或线性相关的关系。直线相关可以用直线拟合,其散点呈椭圆分布,我们将要讨论的积差相关、等级相关、偏相关都属于直线相关。曲线相关也叫非线性相关,是指如果两个变量相伴随的变化未能形成直线相关,其相关就是曲线的。

第七章　相关分析

151

例如，对数、指数、幂函数曲线等均属于曲线关系。如 7 - 3 中的 a 图显示的是变量的直线关系，b 图显示的是曲线关系。

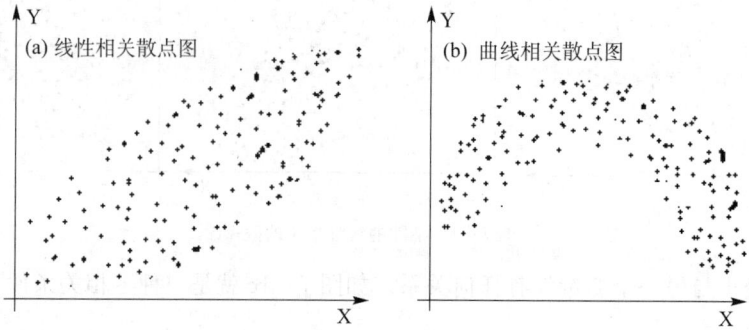

图 7 - 3　线性与非线性相关散点图

第二节　积差相关分析

　　积差相关是 Pearson 建立起来的、迄今应用最广泛的相关分析技术。它以相关系数的形式较为准确地反映两个变量之间的线性相关程度。那么这种相关系数的建立是基于一种什么样的思想呢？

一、积差相关系数计算的逻辑

　　前一节已经介绍，可以使用散点图来直观地反映变量之间的相关关系，而且散点分布的形式反映了变量的相关性质和相关强度。现在，我们就从对散点图的分析开始。图 7 - 4 所示的散点图来自于图 7 - 1。假如我们登记的有散点图中的每一对 X 和 Y 的值，就可以形成两列具有一一对应关系的数列 X 和 Y；计算出这两个数列对应的平均数，即 $\overline{X}$ 和 $\overline{Y}$；于是，我们就可以在原来的坐标系中通过 $X=\overline{X}$ 做一条垂直于 X 轴的直线作为新坐标系的 Y' 轴；通过 $Y=\overline{Y}$ 做一条垂直于 Y 轴的直线作为新坐标系的 X' 轴，这样就建立起了一个新的坐标系。如图 7 - 4，三个坐标系中的粗线就是新坐标系的坐标轴。在新坐标系中，原来的坐标点的位置，以及他们的相对位置都没有改变，所以两个变量的相关关系没有发生变化。

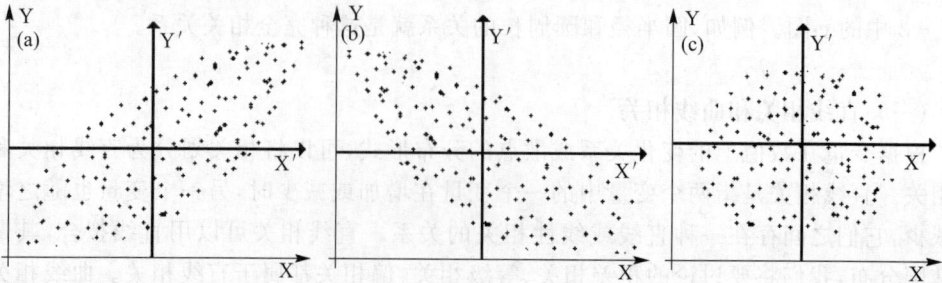

图 7 - 4　在 (X', Y') 坐标系中散点的分布与相关程度有关

散点在新坐标系中的坐标可以从原坐标做一一对应的转换得到,转换的公式是:

$$x' = X - \overline{X} \qquad\qquad (公式\ 7-1)$$

$$y' = Y - \overline{Y} \qquad\qquad (公式\ 7-2)$$

下面分析在新坐标系中,散点分布及散点坐标与变量间相关度之间的关系:

就图 7-4 中的 a 图来说,反映两个变量间是正相关关系。在新的坐标系中,散点主要分布在第一、第三象限;第二、第四象限中的散点比较少。因为第一象限中,点的坐标都是正的;第三象限中,点的坐标都是负的,也即:第一、第三象限中点的两个坐标相乘肯定为正;第二、第四象限内点的坐标相乘肯定为负。所以这些散点的两个坐标相乘结果是:大部分为正;少部分为负。如果将所有点的坐标乘积相加,得到的数值就会比较大,即 $\sum X'Y'$ 就会比较大。而且还可以看出,图 7-4 中 a 图的散点还紧密集中在一条线的附近,此时新坐标系中落入第一、第三象限的点就更多,落入第二、第四象限的点更少,意味着 $\sum X'Y'$ 会因此更大。

同样的道理,可以分析图 7-4 中 b 图。在新的坐标系中,大部分点落入第二、第四象限,而落入第一、第三象限的较少。这些点的两个坐标相乘结果中,大部分是负值;少部分是正值。把这些乘积相加就会得到负值,而且这些散点越是密集地集中在一条线的附近,乘积相加得到的负值的绝对值就越大。

再分析图 7-4 中的 c 图:在新坐标系中,散点落入四个象限的频率差不多。因为两个坐标乘积中得正值和负值的频率比较接近,所以相加时互相抵消,所得乘积之和也比较接近于 0。

如此看来:$\sum X'Y'$ 可以在相当程度上反映两个变量线性相关的性质和强度。不过,这个乘积之和的大小显然与点数有关,所以就会出现类似这样的可能:一是两个变量具有强相关,但是由于测量的个案较少,即散点图中的点比较少,使得 $\sum X'Y'$ 比较小;二是两个变量具有弱相关,但是由于测量的个案很多,散点图中的点比较多,使得 $\sum X'Y'$ 反而比较大。为了消除测量容量不同带来的影响,可以除以测量样本的容量 n,

得到 $\dfrac{\sum X'Y'}{n} = \dfrac{\sum (X - \overline{X})(Y - \overline{Y})}{n}$,从而形成一个很有效的相关测量指标。该指标被称为协方差(COV),因两个变量离均差的乘积之和而得名。

但是如果继续分析,其中还有问题:当变量测量单位不一样时,其数值变化会很大;而且两个变量可能是在完全不同的测量系统中完成的。为了消除这些问题,统计学家干脆将变量值除以各自的标准差,形成等值单位。于是,就有了最后的积差相关系数的计算公式:

$$\rho = \frac{\sum X'Y'}{N\sigma_{x'}\sigma_{y'}} = \frac{\sum (X - \overline{X})(Y - \overline{Y})}{N\sigma_X\sigma_Y} = \frac{1}{N}\sum Z_X Z_Y \ (用于总体)$$

$$(公式\ 7-3)$$

$$r = \frac{\sum (X - \overline{X})(Y - \overline{Y})}{nS_X S_Y} = \frac{1}{n}\sum Z_X Z_Y \ (用于样本) \qquad (公式\ 7-4)$$

通过这样的分析,我们不仅得到计算相关系数的简单公式,而且更清晰认识了线性相关的内涵和相关系数大小的意义。

二、积差相关系数的计算

(一) 相关系数计算

在积差相关的实际使用中,一般都是针对样本数据来进行的,所以更多的是使用 r 及其相应的计算公式。因为积差相关是统计学家皮尔逊提出来的,所以也叫做皮尔逊相关;又因为它测量的是变量间最简单的关系——线性关系,所以又叫做简单相关。

在运用公式 7-4 时,需先计算平均数和标准差,所以有时会带来不方便。于是统计学家对之进行推导和变换,形成可以直接使用原始数据的计算公式:

$$r = \frac{n\sum XY - \sum X \cdot \sum Y}{\sqrt{\left[n\sum X^2 - \left(\sum X\right)^2\right] \cdot \left[n\sum Y^2 - \left(\sum Y\right)^2\right]}}$$ (公式 7-5)

公式 7-5 的方便之处是:可以根据原始的两列数据,计算出两列数据的乘积之和、每一列数据的和及和平方、每一列数据的平方和,然后代入公式就可以计算出相关系数。

如果已知两列数据的标准分,利用公式 7-4 来计算更加简便。

【例 7-1】 下表是 10 名被试前后两次参加某心理测试的分数,假设其总体分布为正态。计算两次测试分数的相关系数。

表 7-1 10 名被试两次心理测试的分数

被　试	1	2	3	4	5	6	7	8	9	10
第一次	76	50	80	65	90	48	55	81	32	76
第二次	80	53	90	78	86	70	48	76	30	55

【解】 根据已知条件可知这 10 名被试前后两次参加心理测试的分数呈正态分布,且这两列变量都是观测变量,因此本例可以运用积差相关来计算相关系数。

因为题目中给出了原始数据,因此可以利用公式 7-5 来计算。将第一次测试分数记为 X,第二次测试的分数记为 Y,因此:

$$\sum X = 76 + 50 + \cdots + 76 = 653 \qquad \sum Y = 80 + 53 + \cdots + 55 = 666$$

$$\sum X^2 = 76^2 + 50^2 + \cdots + 76^2 = 45691 \qquad \sum Y^2 = 80^2 + 53^2 + \cdots + 55^2 = 47694$$

$$\sum XY = 76 \times 80 + 50 \times 53 + \cdots + 76 \times 55 = 46036$$

$$\sum X \sum Y = 653 \times 666 = 434898$$

将上述结果代入公式 7-5 可得:

$$r = \frac{n\sum XY - \sum X \cdot \sum Y}{\sqrt{\left[n\sum X^2 - \left(\sum X\right)^2\right] \cdot \left[n\sum Y^2 - \left(\sum Y\right)^2\right]}}$$

$$= \frac{10 \times 46036 - 434898}{\sqrt{(10 \times 45697 - 653^2) \cdot (10 \times 47694 - 666^2)}} = 0.798$$

(二) 相关系数的显著性检验

相关系数的显著性检验即由样本相关系数推断总体是否相关。由于相关系数的样

心理统计学与 S P S S 应用

本分布比较复杂,受 ρ 影响大,一般分为 $\rho=0$ 和 $\rho\neq0$。但不管是 $\rho=0$ 还是 $\rho\neq0$,其显著性检验的基本步骤是相同的。就 Pearson 相关系数来说,它符合自由度为 $n-2$ 的 t 分布。其检验的程序是:

步骤 1:提出虚无假设 H_0:设总体相关系数等于 0;

步骤 2:计算检验统计量 t 值和自由度 df;

$$t=\frac{r \cdot \sqrt{n-2}}{\sqrt{1-r^2}} \qquad (公式\ 7-6)$$

$$df=n-2 \qquad (公式\ 7-7)$$

步骤 3:查附表 3 的 t 值表,进行统计推断。

(三) 相关系数的合并

如果已经根据几个不同的样本,分别计算出了两个变量间多个相关系数,那么,如何将相关系数合并得到合并后较大样本的相关系数呢?

由于相关系数之间不具有相加性,所以不能直接将在几个样本中得到的相关系数平均。但是,可以根据 Fisher 的 $Z-r$ 转换表来完成这种相关系数的合并。具体步骤是[①]:

步骤 1:查附表 7 的 Fisher $Z-r$ 转换表,将各个样本的相关系数值转换成 Z 分数;

步骤 2:计算样本 Z 分数的平均分 $\overline{Z}$。如果各样本的容量相等,则直接将各个标准分相加再平均;如果各样本的容量不相等,则需要按照以下公式计算平均的 Z 分数;

$$\overline{Z}=\frac{\sum(n_i-3) \cdot Z_i}{\sum(n_i-3)} \qquad (公式\ 7-8)$$

步骤 3:查附表 7 的 Fisher Zr 转换表,将平均 Z 分数转换成相关系数,即为平均的相关系数 $\overline{r}$。

【例 7-2】 有两位研究者分别在 50 人的大学生男生样本中得到其记忆力与英语成绩的相关系数为 0.530;在 39 人的大学女生样本中得到记忆力与英语成绩的相关系数为 0.752。试根据这两个样本计算记忆力与英语成绩的平均的相关系数。

【解】 要将这两个相关系数合并得到平均的相关系数,首先要查 Fisher Zr 转换表将两个相关系数转换成标准分数。已知男生样本得到的 $r_1=0.530$,女生样本得到的 $r_2=0.752$,所以查 Fisher Zr 转换表得到:$Z_1=0.590,Z_2=0.977$。

因为两个样本容量不相等,所以使用公式 7-8 来计算平均的 Z 分数,即:

$$\overline{Z}=\frac{\sum(n_i-3) \cdot Z_i}{\sum(n_i-3)}=\frac{47\times0.590+36\times0.977}{47+36}=0.758$$

再查 Zr 表,将 $\overline{Z}$ 转换为 $\overline{r}$,这就是将男生与女生样本的相关系数合并后的相关系数。

三、相关系数大小的意义

根据变量间共变关系的密切程度,相关系数大小也不一样,但它总是介于 $+1.00$ 至 -1.00 之间的,有正、负之分。正、负号代表相关的性质;相关系数的绝对值大小则反映

---

① 车宏生、王爱平、卞冉:《心理与社会研究统计方法》,北京师范大学出版社,2006 年版,第 137－138 页。

了变量间的相关强度。也就是说,判断两个变量间的相关强度是看相关系数的绝对值大小,而不看其正负号。

如图 7-5 所示,不同方向和不同强度的相关,对应的相关系数也就不一样。

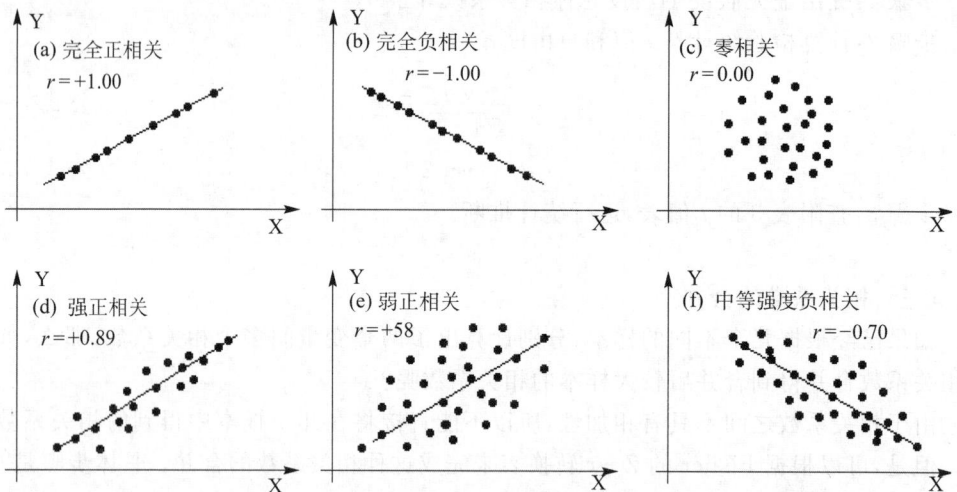

图 7-5　不同方向不同强度的相关对应的相关系数

（a）完全正相关,$r=+1.00$,相关系数绝对值达到最大,为最强正相关;

（b）完全负相关,$r=-1.00$,相关系数绝对值达到最大,为最强负相关;

（c）零相关,$r=0.00$,相关系数绝对值达到最小,为无相关;

（d）强正相关,$r=+0.89$,相关系数绝对值较大,为较强正相关;

（e）弱正相关,$r=+0.58$,相关系数绝对值较小,为较弱正相关;

（f）中等强度负相关,$r=-0.70$,相关系数绝对值中等大小,为中等强度的负相关。

在通过相关系数比较相关强度的时候,需要注意的一点是,相关系数不是等距或等比变量。所以在比较相关系数的时候,不能直接使用相除来计算它们的比例关系。如:不能认为 $r=+0.90$ 的相关强度等于 $r=+0.45$ 的两倍。当然,相关系数也不能使用简单的加减运算。

四、积差相关的适用条件

一般来说,用积差相关计算相关系数的数据要满足以下条件:（1）要求成对的数据,即若干个体中每一个体都有对应的两个观测值,或者配对样本中每对个体分别测量得到的两个变量值;（2）数据均来自于正态分布的总体;（3）数据是等距、连续的,包括等距量表数据和等比量表数据;（4）两列变量之间的关系应该是直线性的;（5）样本容量不宜太小,成对数据的数目不宜少于 30 对,否则由于数据太少而缺乏代表性,计算出的积差相关系数将不能有效说明两列数据的相关关系。

另外,还需注意计算相关系数时所测量的样本是不是具有代表性,变量的取值范围是否具有代表性,具体地说:

（1）同样的两个变量,在不同样本中会得到不同的相关系数。比如,在大学生群体中抽取样本,研究智力水平与课程考试成绩之间的相关时,相关系数可能会是弱的正相关；而在小学生样本中，同样研究智力水平与课程考试成绩之间的相关时，相关系数可能会是较强的正相关。这一点启示我们在研究两个变量的相关时，要注意取样问题。即在一个什么样的总体中选取样本，才能更好地评估变量间的相关关系？还有，在两个不同样本中得到的相关系数，不宜作简单比较。因为在两个不同样本中，变量的取值范围可能会有所不同。

（2）变量取值范围的影响。存在较强相关的两个变量，如果变量值的测量范围不合适，也可能得到很低的相关，甚至接近于 0 的相关。比如，上述谈到的智力与课程成绩的相关问题，如果在一个较大的智力水平范围内选取被试，得到的相关系数可能会比较大；但是如果在一个重点中学的重点班级中选取被试，测量得到的相关系数可能就很低。因为如果样本中被试的智力水平都很高，那么智力水平测量选择了一个较为狭窄的范围。换句话说，在智力水平都比较接近的情况下，学业成绩就取决于其他方面的因素了，从而显示出智力与学业成绩间的低相关。

第三节　等级相关分析

在心理与教育领域中，有时会出现以下两种情况：（1）搜集到的数据不是等距或等比的，而是具有等级或顺序的测量数据。（2）搜集到的数据是等距或等比的，但不能确定其是否来自于正态总体，且为小样本。此时，如果计算两列或两列以上变量的相关，就要用到等级相关。因为等级相关对变量的总体分布不做要求，故又称为非参数的相关方法。本节所讨论的等级相关，也属于线性相关方法。

本节主要介绍适合于计算两列变量等级相关的斯皮尔曼相关方法，以及适合于计算多列变量相关的肯德尔和协系数的计算。

一、斯皮尔曼等级相关

（一）斯皮尔曼等级相关的适用条件

斯皮尔曼等级相关（Spearman's correlation coefficient for ranked data）是等级相关的一种，常用符号 r_R 或 r_S 表示，有时也称为斯皮尔曼 ρ 系数（读作 Spearman's rho）。下面两种情况适合采用斯皮尔曼等级相关：（1）只有两列变量，且具有等级变量性质，具有线性关系的资料，主要用于解决称名数据和顺序数据的相关问题；（2）即使是属于等距或等比性质的变量，若按其取值大小，赋以等级或顺序，亦可计算等级相关。

从以上斯皮尔曼等级相关适用条件来看，它不对数据的整体分布状态做要求。不管数据是不是正态分布，都可以用等级相关计算相关系数。因此等级相关的适用范围比积差相关大，这是它的优点，并且当样本容量 $n < 30$ 时，计算也比较简便。但是等级相关也有缺点：同一组能计算积差相关的资料若改用等级相关计算，就会损失一部分信息，导致精确度降低。因此，凡符合积差相关计算条件的资料，不要用等级相关计算。

（二）斯皮尔曼等级相关的计算方法

计算斯皮尔曼相关系数的基本公式是：

$$r_R = 1 - \frac{6 \sum D^2}{N(N^2 - 1)}$$ （公式 7-9）

公式中：D 表示各对数据在等级上的差异量，N 表示观测样本的容量。比如对一个 20 人的班级进行数学和物理测验，则 $N=20$。得到小明的测验成绩的排名：数学成绩在全班排第 10 名，即 $R_X=10$；物理成绩在全班排第 15 名，即 $R_Y=15$。则两门课成绩等级的差异量 $D=R_X-R_Y=10-15=-5$。

斯皮尔曼相关计算的步骤是：

步骤 1：数据转换，即将两列数据均按由小到大或由大到小的顺序排列，以便将其转换为等级数 R_X 与 R_Y；

步骤 2：重新进行排列，即把每一个体两个数据对应的等级对应起来排列；

步骤 3：计算等级差数，即计算每一成对数据的等级差 $D=R_X-R_Y$，并计算 $\sum D^2$；

步骤 4：将数据代入公式 7-9，得到等级相关系数；

步骤 5：进行显著性检验，方法与积差相关显著性检验相同。

【例 7-3】 有 16 名学生参加了智商测验和数学课程考试，成绩如表 7-2 所示，试计算斯皮尔曼等级相关。[①]

【解】 先按从小到大的顺序对 X 和 Y 两列数据进行排列，得到每个测试分数在所在数据列中的排列等级，然后将每一学生智商分数、数学分数的等级数对应排在该学生的后面。

表 7-2 等级相关例题数据及相关系数计算过程

学生编号	智商 X	数学成绩 Y	R_X	R_Y	D	D^2
1	82	75	1.0	2.0	-1.0	1.00
2	86	81	2.0	4.5	-2.5	6.25
3	87	85	3.0	7.0	-4.0	16.00
4	88	73	4.0	1.0	3.0	9.00
5	92	87	5.0	9.0	-4.0	16.00
6	94	79	6.0	3.0	3.0	9.00
7	96	95	7.0	13.5	-6.5	42.25
8	97	85	8.0	7.0	1.0	1.00
9	100	81	9.5	4.5	5.0	25.00
10	100	88	9.5	10.0	-0.5	0.25
11	102	95	11.0	13.5	-2.5	6.25
12	105	89	12.0	11.0	1.0	1.00
13	106	85	13.0	7.0	6.0	36.00
14	108	100	14.0	16.0	-2.0	4.00
15	110	90	15.0	12.0	3.0	9.00
16	113	97	16.0	15.0	1.0	1.00
$\sum$					0.0	183.00

遇到相同分数的时候，先排定这些分数在数列中所占的位次，然后取相同数据所占位次的中间值作为它们的等级值。如表 7-2 中的 Y 的数列中，有两个 81 分，在排列中

① 王晓柳：《教育统计学》苏州大学出版社，2001 年版，第 182-183 页。

应占两个位次，即 4 和 5，取这一位次范围的中点 4.5 作为两个 81 分的等级值；同样，对于三个 85 分，因为所占位次范围是 6 至 8，所以用 7.0 作为三个数据的等级值。

计算 D，进而计算出 $\sum D^2 = 183.00$，将数据代入公式 7-9 即可得到斯皮尔曼相关系数：

$$r_R = 1 - \frac{6\sum D^2}{N(N^2-1)} = 1 - \frac{6 \times 183}{16 \times (16^2-1)} = 0.731$$

以 t 分布检验相关系数的显著性水平，将数据代入公式 7-6 和公式 7-7 可得：

$$t = \frac{r \cdot \sqrt{N-2}}{\sqrt{1-r^2}} = \frac{0.730 \times \sqrt{14}}{\sqrt{1-0.730^2}} = 3.997, df = 14$$

查附表 3 的 t 值表可知，$df = 14$ 时，0.01 显著性水平对应的 t 的临界值为 2.977，所以本例中的相关系数达到了 0.01 显著性水平。

斯皮尔曼等级相关主要通过计算每一个案两个观测值的等级差来完成，该方法主要适用于样本量 $N < 30$ 的情况。样本容量很大时，这样做比较繁琐，可直接使用数据的排列等级进行计算，该方法又称等级序数法，公式为：

$$r_R = \frac{3}{N-1} \cdot \left[\frac{4\sum R_X R_Y}{N(N+1)} - (N+1) \right] \qquad （公式 7-10）$$

公式中，R_X 与 R_Y 为两列变量各自排列的等级序数。

【例 7-4】 现有 10 个学生的数学成绩名次和语文成绩名次，问这 10 名学生的数学成绩和语文成绩排位是否具有一致性？

表 7-3　10 学生数学与语文成绩及其相关计算的过程

学生	数学成绩名次 R_X	语文成绩名次 R_Y	$D = R_X - R_Y$	D^2	$R_X R_Y$
1	7	5	2	4	35
2	2	2	0	0	4
3	5	1	4	16	5
4	8	8	0	0	64
5	1	6	-5	25	6
6	9	10	-1	1	90
7	10	9	1	1	90
8	6	7	1	1	42
9	4	4	0	0	16
10	3	3	0	0	9
$\sum$	55	55		48	361

【解】 此题研究的是数学成绩和语文成绩排名是否具有一致性，而且是同一组被试测得的成对数据，其数据类型是顺序的，因此选用斯皮尔曼等级相关。

先按照公式 7-9 的方法进行计算。已知 $N = 10$，$\sum D^2 = 48$，将数据代入公式 7-9 可得：

$$r_R = 1 - \frac{6 \times 48}{10(10^2-1)} = 0.709$$

再按照公式 7-10 的方法进行计算。已知 $N=10$，将表 7-3 中相应数据代入公式 7-10 可得：

$$r_R = \frac{3}{10-1} \times \left[\frac{4 \times 361}{10(10+1)} - (10+1) \right] = 0.709$$

两种算法所得结果完全一致，10 名学生数学与语文的考试成绩等级相关系数为 0.709，说明他们在两门课程中的成绩排名比较一致。

二、肯德尔和协系数

斯皮尔曼等级相关主要适用于两列数据的等级相关；如果想获得多列变量间等级相关系数则要采用肯德尔等级相关。下面我们介绍肯德尔等级相关中较常用的肯德尔系数，也叫做肯德尔和协系数(Kendall coefficient of concordance)。

假设有 10 位评价者对 7 本文学作品进行整体评价，那么如何评估这 10 位评价者评分的一致性？假设某用人单位为了招聘工作人员，聘请了 5 位面试考官来给 10 位应聘者评分，那么如何对考官评分的一致性(又称评分者信度)进行评估？很显然，其中涉及的数据多半是顺序变量，不适合做积差相关；同时，由于数据超过了两列，也不适合做斯皮尔曼等级相关。这时可计算肯德尔和协系数(Kendall'W，常用符号 W 表示)来对之进行评估了。

采用肯德尔 W 系数进行计算的变量数据一般是采用等级评定方法获得，即 k 个评价者对 N 件事、N 件作品或 N 个考生进行评定，可获得 k 列从 1 至 N 的等级变量资料。

肯德尔 W 系数的基本计算公式是：

$$W = \frac{12 \cdot S}{k^2(N^3 - N)} = \frac{12 \cdot \left[\sum R_i^2 - \left(\sum R_i \right)^2 / N \right]}{k^2(N^3 - N)} \quad \text{(公式 7-11)}$$

公式中，R_i 代表每一被评价对象在所有 k 个评价者那里所获得的评级之和，N 代表被评价对象的数目；k 代表评价者的数目。

利用公式 7-11 所计算的 W 值必定介于 0 与 1 之间，越接近于 0 说明评价者评定的等级越是不一致，越接近于 1 说明评价者评定的等级越是一致。

如果出现极端值，比如说 W 等于 0，则说明评价者的评定等级完全不一致；W 等于 1，则说明评价者的评定等级完全一致。

【例 7-5】 有 10 位读者对 7 本文学作品进行评价，要求根据自己对这些作品的喜好程度进行排序，结果如表 7-4 所示。问这 10 位读者对 7 本作品的喜好顺序具有一致性吗？

表 7-4　10 位读者对 7 件文学作品的评价等级

作品 N=7	评价者(k=10)										R_i	R_i^2
	1	2	3	4	5	6	7	8	9	10		
1	3	5	2	3	4	4	3	2	4	3	33	1089
2	6	6	7	6	7	5	7	7	6	6	63	3969
3	5	4	5	4	6	6	4	4	5	4	50	2500
4	1	1	1	2	2	2	1	1	2	1	15	225
5	4	3	4	5	3	3	5	5	4	4	40	1600
6	2	2	3	1	1	1	2	3	2	1	17	289
7	7	7	6	7	5	7	6	6	3	7	62	3844

【解】 此类数据采用肯德尔 W 系数来评估。已知 $N=7,k=10$。

先根据表 7-4 中的数据，计算每一件作品获得的评价等级之和，即表中 R_i 对应的一列数据，进而计算 R_i^2 即表中最后一列数据。将这两列数据各自求和得到：$\sum R_i = 280$，$\sum R_i^2 = 13516$，数据代入公式 7-11 可得：

$$W = \frac{12 \cdot \left[\sum R_i^2 - \left(\sum R_i\right)^2/N\right]}{k^2(N^3 - N)} = \frac{12 \times (13516 - 280^2/7)}{10^2 \times (7^3 - 7)} = 0.827$$

从所得 W 值看，10 位读者对这 7 部作品的评价或喜好度具有较高的一致性。

第四节　偏相关分析

简单相关分析通过计算两个变量间的相关系数，分析两个变量间的线性关联程度。但往往因为第三变量的作用，使相关系数不能真正反映两个变量间的线性相关程度。例如，1～5 岁儿童的身高和言语能力的相关系数为 0.85。但如果排除年龄的因素，则儿童身高和言语能力之间的相关系数可能就达不到显著水平。怎样排除年龄因素的影响，对儿童身高和言语能力进行相关分析？这就要采用偏相关分析技术。

偏相关（partial correlation），也称单纯相关，偏相关分析的任务是：在研究两个变量之间的线性关系时，控制可能对其产生影响的其他变量。即在计算两个连续变量 x 与 y 之间的相关时，将第三变量 z 或其他多个变量的影响排除，排除 r_{xz} 和 r_{yz} 后得到的 x 与 y 这两个变量之间的纯净相关，用符号 $r_{xy \cdot z}$ 表示。点号左边的两个下标代表要计算的偏相关的两个变量，点号右边的下标表示要消除其影响的变量。偏相关的计算公式如下：

$$r_{xy \cdot z} = \frac{r_{xy} - r_{xz} \cdot r_{yz}}{\sqrt{(1 - r_{xz}^2)(1 - r_{yz}^2)}}$$ （公式 7-12）

$r_{xy \cdot z}$ 是控制了变量 z 的影响的情况下计算的 x、y 之间的偏相关系数。r_{xy} 是变量 x、y 间的简单相关系数或称零阶相关系数，r_{xz} 和 r_{yz} 分别是变量 x、z 间和变量 y、z 间的简单相关系数。

偏相关系数的显著性检验也使用 t 分布，检验统计量 t 值及自由度的计算公式为：

$$t = \frac{r \cdot \sqrt{n - k - 2}}{\sqrt{1 - r^2}}$$ （公式 7-13）

$$df = n - k - 2$$ （公式 7-14）

公式中，r 是要检验的偏相关系数，n 是观测样本的容量，k 是被控制变量的数目。

【例 7-6】 某地 20 名 13 岁男童身高（X）、肺活量（Y）和体重（Z），以及一个学期末的体育课成绩等级如表 7-5 所示。试计算在控制了体重变量影响时身高与肺活量的偏相关系数。

【解】 设身高、肺活量和体重三个变量分别为 X、Y、Z。首先采用皮尔逊积差相关计算得到以下三个简单相关系数：$r_{xy} = 0.556$、$r_{xz} = 0.634$、$r_{yz} = 0.804$，将这些数据代入公式 7-12 可得：

$$r_{xy \cdot z} = \frac{r_{xy} - r_{xz} \cdot r_{yz}}{\sqrt{(1 - r_{xz}^2)(1 - r_{yz}^2)}} = \frac{0.556 - 0.634 \times 0.804}{\sqrt{(1 - 0.634^2)(1 - 0.804^2)}} = 0.100$$

表 7 - 5　20 名男童的身高、体重、肺活量数据

编号	身高(cm)	肺活量(l)	体重(kg)	体育成绩等级
1	135.10	1.75	32.00	1
2	146.50	2.50	33.50	3
3	167.80	2.75	41.50	3
4	148.50	2.25	37.20	3
5	153.30	2.75	41.00	3
6	153.00	1.75	32.00	2
7	155.10	2.75	44.70	2
8	149.90	2.25	33.90	3
9	158.20	2.00	37.50	2
10	154.60	2.50	39.50	2
11	139.90	1.75	30.40	2
12	156.20	2.75	37.10	3
13	149.70	1.50	31.00	1
14	165.50	3.00	49.50	3
15	152.00	1.75	32.00	1
16	147.60	2.00	40.50	2
17	160.50	2.00	37.50	2
18	160.80	2.75	40.40	2
19	150.00	1.75	36.00	1
20	156.50	1.75	32.00	1

控制体重的影响后,身高与肺活量的偏相关系数为 0.100。

对这一偏相关系数进行显著性检验。将数据代入公式 7 - 13 和公式 7 - 14 可得:

$$t = \frac{r_{xy.z} \cdot \sqrt{n-k-2}}{\sqrt{1-r_{xy.z}^2}} = \frac{0.100 \times \sqrt{17}}{\sqrt{1-0.100^2}} = 0.412$$

$$df = n - k - 2 = 17$$

而自由度等于 17 时,0.05 显著性水平的 t 值为 2.11。可见本例中的偏相关系数远未达到显著性水平,说明控制了体重变量的影响之后,身高与肺活量不存在明显的相关性。

第五节　相关分析的 SPSS 过程

在掌握了皮尔逊积差相关、斯皮尔曼等级相关、肯德尔和协系数 W 以及偏相关的概念、原理和计算方法后,我们感到,当数据量很大时,其中的计算量就很大,所以我们更感兴趣的是利用 SPSS 软件如何快捷地计算这些相关系数。

一、二元相关分析的 SPSS 过程

二元变量相关分析(Bivariate Correlation)就是直接根据两个变量的观测值计算二者的相关系数,这是最为常用的相关分析界面,它既包括皮尔逊积差相关,也包括斯皮尔曼等级相关,也就是说这两种相关分析的命令在同一个对话框上,研究者根据需要作出选择即可。下面,以表 7 - 5 所示的数据来介绍这两种相关分析的 SPSS 过程,即利用 SPSS

软件来计算身高、肺活量、体重之间的积差相关，以及这三个变量与体育成绩之间的斯皮尔曼等级相关。具体操作过程是：

步骤1：根据表7-5中各个变量及其数据形式，建立正确的SPSS数据文件。该文件应该是20行、4列，4列变量分别是身高（height）、肺活量（capacity）、体重（weight）、体育成绩（level）；

步骤2：单击"Analyze"菜单选择"Correlate"中的"Bivariate"命令项，打开对话框，如图7-6所示。

步骤3：先计算积差相关。从对话框的左边变量列表中选择三个连续变化的变量，将这些变量置入右边的变量框中。在对话框上勾选"Pearson"项（一般是默认的选项）。在不能确定是正相关还是负相关时，选择双侧检验（一般为默认选项）。单击"OK"按钮输出三个变量间的积差相关。

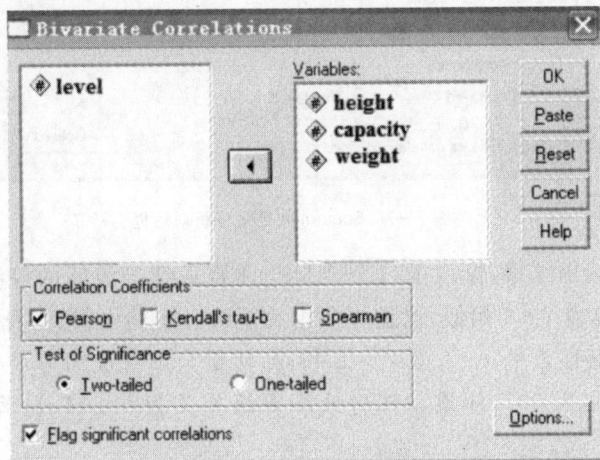

图7-6 二元相关分析对话框

步骤4：根据输出结果，读取积差三个变量两两之间的相关系数。SPSS系统输出的结果如表7-6所示，这是一个相关矩阵。所有变量的两两之间都有一个积差相关系数，以及对应的显著性水平和观测样本的容量 N。本例中得到：身高与肺活量相关系数为0.556，显著性水平 $p=0.011<0.05$；身高与体重相关系数为0.634，显著性水平 $p=0.003<0.01$；肺活量与体重相关系数为0.804，显著性水平 $p=0.000<0.001$。

表 7-6 Correlations

		HEIGHT	CAPACITY	WEIGHT
HEIGHT	Pearson Correlation	1	.556	.634
	Sig.（2-tailed）	.	.011	.003
	N	20	20	20
CAPACITY	Pearson Correlation	.556	1	.804
	Sig.（2-tailed）	.011	.	.000
	N	20	20	20
WEIGHT	Pearson Correlation	.634	.804	1
	Sig.（2-tailed）	.003	.000	.
	N	20	20	20

步骤 5:计算斯皮尔曼等级相关。从对话框的左边变量列表中选择所有四个变量,将这些变量置入右边的变量框中。在对话框上勾选"Spearman"项。在不能确定是正相关还是负相关时,选择双侧检验(一般为默认选项)。如图 7-7 所示。单击"OK"按钮输出四个变量间的等级相关。

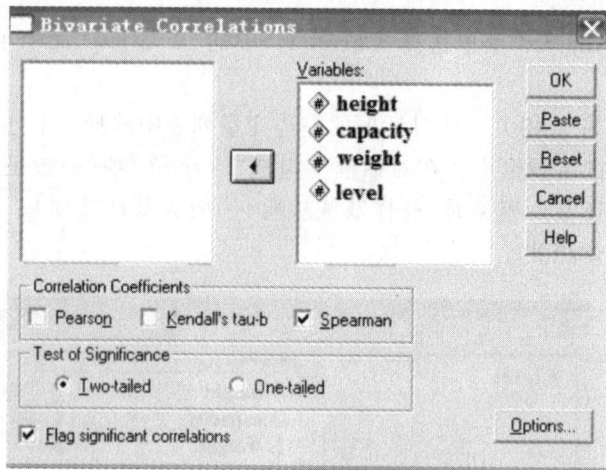

图 7-7 Spearman 相关分析对话框

步骤 6:根据输出结果,读取前三个变量与体育成绩等级间的等级相关系数。SPSS 系统输出的结果与表 7-6 相似,也是一个相关矩阵。本例中得到:身高与体育成绩等级相关为 0.207,显著性水平 $p=0.382>0.05$;肺活量与体育成绩等级相关为 0.776,显著性水平 $p=0.000<0.001$;体重与体育成绩等级相关为 0.504,显著性水平 $p=0.023<0.05$。

二、肯德尔和协系数计算的 SPSS 过程

肯德尔和协系数是评估评分者信度的良好指标,我们通过实例来介绍其 SPSS 过程。

【例 7-7】 在某面试考场,有 5 位考官给 10 位考生打分,分数是以 1～9 的等级表示的,结果如表 7-7 所示。请评定这 5 位考官评分的一致性。

表 7-7 5 名考官给 10 名考生的评分表

	ks1	ks2	ks3	ks4	ks5	ks6	ks7	ks8	ks9	ks10
kg1	8	6	9	6	5	7	8	9	9	5
kg2	7	5	8	6	5	8	8	9	8	4
kg3	8	4	9	7	6	8	8	9	8	6
kg4	7	5	9	5	5	7	8	9	9	6
kg5	6	5	8	6	5	8	8	9	9	5

以下列步骤完成肯德尔和协系数的计算:

步骤 1:根据表 7-7 中的数据建立合适的数据文件。因为计算和协系数的特殊需要,这一数据文件的建立要以考官为个案、以考生的得分作为变量列,即该 SPSS 数据文

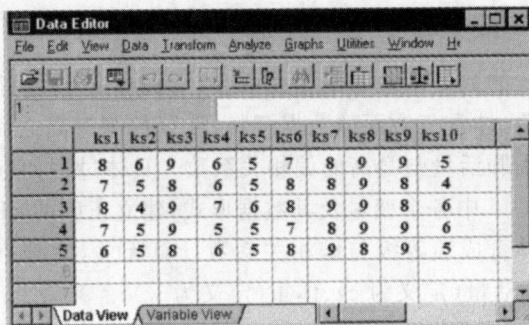

图 7-8 肯德尔和协系数计算的 SPSS 数据文件

件是 5 行 10 列,如图 7-8 所示。

步骤 2:单击菜单"Analyze"选择"Nonparametric Tests"中的"K Related Samples…",打
开对话框,如图 7-9 所示。

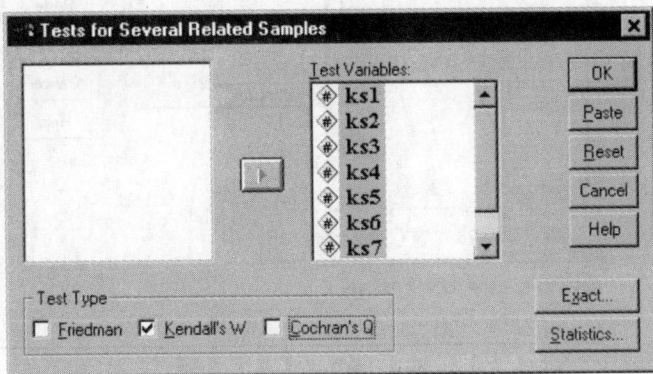

图 7-9 肯德尔和协系数计算对话框

步骤 3:将对话框左边变量表列中的"ks1,ks2,……ks10"变量全部置入右边"Test
Variables"下面的方框中,然后勾选对话框上的"Kendall's W"。单击"OK"按钮即可输出
结果。

步骤 4:读取肯德尔和协系数。该结果输出比较简单,就本例来说,其输出的结果
如表 7-8 所示,由该表可知,5 名考官评分的一致性肯德尔和协系数为 $W=0.889$,其
显著性水平 $p=0.000<0.001$,达到了极其显著性的水平,说明考官评分具有很高的一
致性。

表 7-8　Test Statistics

N	5
Kendall's W	.889
Chi-Square	39.986
df	9
Asymp. Sig.	.000

a　Kendall's Coefficient of Concordance

三、偏相关分析的 SPSS 过程

还是利用表 7-5 的数据来说明偏相关系数计算的 SPSS 过程,即根据表 7-5 中 20 名男童的身高、肺活量、体重三方面的数据资料,计算控制身高之后肺活量与体重的偏相关系数、控制体重之后肺活量与身高的偏相关系数。具体过程如下:

步骤 1:根据表 7-5 中各个变量及其数据形式,建立正确的 SPSS 数据文件。该文件应该是 20 行、三列(体育成绩等级与偏相关系数计算无关,此处不列入),三列变量分别是身高(定义为 h)、肺活量(定义为 c)、体重(定义为 w);

步骤 2:单击"Analyze"菜单选择"Correlate"中的"Partial…"命令项,打开对话框,如图 7-10 所示;

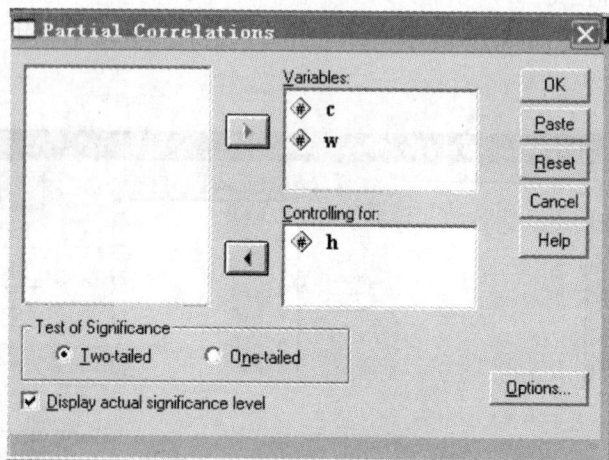

图 7-10 偏相关系数计算对话框

步骤 3:如果要计算控制身高之后肺活量与体重的偏相关系数,那么选择变量 c 和 w 置入右侧"Variables"下的方框中、选择变量 h 置入"Controlling for"下面的方框中,单击"OK"即可输出偏相关系数。此例中得到 $r_{cw.w}=0.703$,其显著性水平 $p=0.001<0.01$。

步骤 4:如果要计算控制体重之后肺活量与身高的偏相关系数,那么选择变量 h 和 c 置入右侧"Variables"下的方框中、选择变量 w 置入"Controlling for"下面的方框中,单击"OK"即可输出偏相关系数。此例中得到 $r_{hc.w}=0.100$,其显著性水平 $p=0.684>0.05$。

从本例输出的偏相关系数看,体重与肺活量关系很密切,身高与肺活量几乎没有任何关联性。

复习思考与练习题

1. 何谓相关和线性相关?

2. 什么是积差相关,积差相关的使用条件有哪些?

3. 假设两个变量为线性关系,下列情况下计算相关时,应该分别选用哪种方法?

(1) 两列变量是等距或等比的数据且均为正态分布;

(2) 两列变量是等距或等比的数据但不为正态分布;

（3）两列变量为等级变量。

4. 欲考察甲、乙、丙、丁四人对 10 件工艺作品的等级评定结果是否具有一致性,需要使用哪一种相关分析方法呢?

5. 随机观测 15 名高一学生在语文推理测验 X 和数学考试 Y 上的成绩(两个测验的满分均为 100 分),如表 7 - 9 所示。试计算两个测验分数之间的相关系数并进行显著性检验。

表 7 - 9　学生语文推理测验和数学考试的成绩

被试	1	2	3	4	5	6	7	8	9	10	11	12	13	14	15
X	31	23	40	19	60	15	46	26	32	30	58	28	22	23	33
Y	76	60	81	56	90	50	85	68	80	73	87	70	58	60	82

6. 抽取 10 名高三学生参加测试,其数学测试成绩及自学能力评价等级如表 7 - 10 所示,试分析两项测试结果之间的相关系数并进行显著性检验。

表 7 - 10　学生数学考试成绩及自学能力评价等级

学生编号	1	2	3	4	5	6	7	8	9	10
数学考试成绩	90	84	76	71	71	71	69	68	66	64
自学能力评价	3	2	5	7	8	6	8	7	10	9

7. 六位教师各自评阅 5 篇作文,独立地给出对每篇作文的评价等级,如表 7 - 11 所示。试计算 Kendall's W,以考察评分者评分的一致性水平。

表 7 - 11　六位教师对五篇作文的评价结果

作文	评分者					
	一	二	三	四	五	六
一	3	3	3	3	3	3
二	5	5	4	5	5	5
三	2	2	1	1	2	2
四	4	4	5	4	4	4
五	1	1	2	2	1	1

8. 借助于 SPSS 系统重新对例 7 - 1、7 - 3、7 - 4、7 - 5、7 - 6,以及练习题第 5、6、7 中的数据进行分析。

第八章 聚类分析

内容提要

　　聚类分析是以相关分析为基础的个案分类技术和变量分类技术,它强调以完备的测评指标体系获取较为全面的资料,在多维度的空间中测评个案间或变量间的"距离",遵循距离最近原则实现聚类。本章介绍的聚类分析方法包括层次聚类分析和快速聚类分析两大类,其中层次聚类分析又可分为针对个案的 Q 聚类方法和针对变量的 R 聚类方法,而快速聚类分析适用于大样本条件下的个案聚类。在聚类分析之前,要注意对变量值的性质进行区分和对变量量纲进行调整,以保证"距离"计算的可靠性。最后,简明地介绍了各种聚类分析的 SPSS 过程。

　　"物以类聚,人以群分",科学研究在揭示对象特点及其相互作用的过程中,不惜花费时间和精力进行对象分类,以揭示对象相同和不同的特征。在心理学研究中,经常遇到的分类包括两种情况:一是对研究样本或个案的分类,即根据每个个案的一系列观测指标,将观测量方面表现相近的个案归为一类,将观测量方面表现很不相同的个案归到不同的类,即对观测对象进行分类;二是对测量指标的分类,即将一系列的观测指标归类合并为性质明显不同的少数几个方面,即对变量进行分类。在统计学中,分类又叫聚类(classifying)。

第一节　聚类分析的基础

一、聚类分析的基本涵义

　　事物相似或不相似都是相对的,所以对事物进行分类,实际上是根据这些事物某些定性的或定量的差异进行的。差异性越小越有可能被认为是同一类,反之,差异性越大越有可能被认为是不同的类。事物间的定量差异是聚类分析的数学基础,定性差异则是聚类分析结果选择的依据,所以聚类分析是定量与定性研究的结合。要使用统计学方法对事物或事物属性进行分类,必须要有一系列反映这些事物特征的变量值,然后依据数理方法将观测对象或所测量的指标进行分类。例如,在教育领域,可以按照各高校在基础建设、教研条件、师资队伍、科学研究、人才培养、技术开发、行政管理等方面的情况来对高校办学综合实力进行评估,获得一系列测量数据,然后采用

心理统计学与ＳＰＳＳ应用

168

统计学方法将这些高校分类。比如可以分成科研型、教学型、教学-科研型三类，也可以分成办学水平高的、中等的、较差的三类。做这样的分类有利于教育行政管理部门更有效地调配资源，促进高等教育事业的整体快速发展。再比如，在医疗领域，可以根据病人的一系列症状指标，判断病人患病的类型和程度，便于采用有针对性的治疗方案。

聚类分析是一种数值分类方法，它是将分类对象置于一个多维空间中，然后按照它们的亲疏远近进行分类。所以它需要基本的数据资料，而且是多方面的数据资料，按照较专业的术语来说，它需要一个指标体系。也就是说，进行聚类分析，先要建立由某些事物属性构成的指标体系，或者说是一个变量组合。入选的每个指标必须能刻画事物属性的某个独特侧面，所有指标组合起来形成一个完备的指标体系，它们互相配合可以共同刻画事物的特征。所谓完备的指标体系，是说入选的指标很充分，其他任何新增指标对辨别事物差异无显著性贡献。如果所选指标不完备，则容易导致分类偏差。比如要对家庭教养方式进行分类，就要有描述家庭教育方式的一系列变量，这些变量能够充分反映不同家庭对子女教养方式的差异性。

二、多维度空间中距离的测量

我们很容易理解，在几何空间中，如果若干坐标点之间的距离很小，它们就会聚集在一起。如果出现几个不同的坐标点的聚集区，我们就会把这些坐标点看成相对不同的几个部分或几个类。而且，空间维度越低，距离的计算越容易，也更容易理解，如图 8-1 标识出了一维、二维和三维坐标系中点的距离。

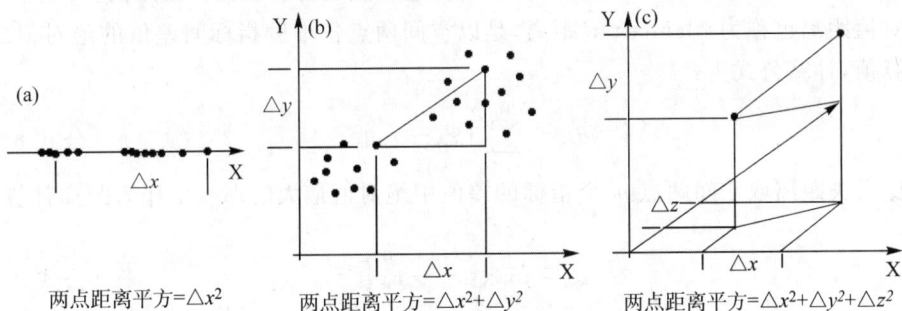

图 8-1 不同维度数坐标系中点距离的计算

如果用 d 表示两点间的距离，那么如图 8-1 的 a、b、c 所示，要计算第 i 和第 j 个点间距离的方法，在一维、二维、三维坐标系中是一样的。

一维坐标系中两点距离：$d_{ij} = \sqrt{\Delta x^2} = \sqrt{(x_i - x_j)^2}$

二维坐标系中两点距离：$d_{ij} = \sqrt{\Delta x^2 + \Delta y^2} = \sqrt{(x_i - x_j)^2 + (y_i - y_j)^2}$

三维坐标系中两点距离：$d_{ij} = \sqrt{\Delta x^2 + \Delta y^2 + \Delta z^2}$
$$= \sqrt{(x_i - x_j)^2 + (y_i - y_j)^2 + (z_i - z_j)^2}$$

不过，在聚类分析中，距离的概念具有了更一般的意义。它主要是从相似性和不相似性的角度来说的，也就是所谓的距离相关（distance correlation）。这里的距离是广义距离,包括一般的距离和相似性系数两种类型[①]。它是根据一系列的测量体系,计算个案之间的距离,类似于上述的几何空间距离的计算方法。此算法来自于古希腊著名数学家欧几里德的几何学,所以也叫做欧氏距离;计算这些观测指标之间的相似性,也就是计算其相关系数,被称为是相似性系数。

所以聚类分析中的距离测量,包括两种类型:距离、相似性系数。

1. 距离

如果将上述几何空间点距的计算方法扩展到 m 维坐标系中,那么该坐标系中第 i 和第 j 个点的坐标可以表示为公式 8-1 的形式。

$$X_i = \begin{Bmatrix} x_{i1} \\ x_{i2} \\ \vdots \\ x_{im} \end{Bmatrix} \qquad X_j = \begin{Bmatrix} x_{j1} \\ x_{j2} \\ \vdots \\ x_{jm} \end{Bmatrix} \qquad (公式 8-1)$$

对被观测的个案进行 m 个方面的测量,然后依据这些测量结果对观测个案进行分类,就类似于我们将这些个案置于 m 维坐标系中,对其分类的依据就是这些个案在 m 维坐标系中的距离。距离的计算要分两种情况:观测指标是连续变化的;观测指标是非连续变化的。

如果观测值都是连续变化的数值,则主要可以采用欧氏距离算法,其计算公式就是:

$$d_{ij} = \sqrt{\sum_{k=1}^{m} (x_{ik} - x_{jk})^2} \qquad (公式 8-2)$$

欧氏距离是聚类分析中最为常用的距离计算方法,但计算量相对较大。所以这里再介绍两种也较为常用但不是很精确的计算方法:绝对值距离和切比雪夫距离。

绝对值距离也称为 Manhattan 距离,是以空间两点各维度指标间差值的绝对值之和为其计算值,计算公式为:

$$d_{ij} = \sum_{k=1}^{m} |x_{ik} - x_{jk}| \qquad (公式 8-3)$$

切比雪夫距离取空间两点 m 个指标的差值中绝对值最大的那一个作为距离计算值,公式为:

$$d_{ij} = \max_{k} |x_{ik} - x_{jk}| \qquad (公式 8-4)$$

对于非连续变化的变量,则需要采用 χ^2 分析等其他方法。我们在后续章节中需要用到这种方法时不再给出具体计算公式,但会在聚类分析的 SPSS 过程中,说明何种情况下选择使用这些方法。

2. 相似性系数

相似性系数是描述测量指标之间亲疏程度的指标,其取值范围是{-1 +1}。只有当两个指标的每一对应值之比为同一个常数时,才会出现极端值-1 或+1。

相似性系数的计算方法也很多,最常用的是计算积差相关系数。

假如在容量为 n 的样本中,对指标体系进行测评,得到每一个案的 m 项指标测量值,那么对于指标 Y_i 和 Y_j 来说,测量值可以表示为:

[①] 张敏强:《教育与主理统计学》,人民教育出版社,1993 年版,第 324—325 页。

$$Y_i = \begin{Bmatrix} y_{i1} \\ y_{i2} \\ \vdots \\ y_{in} \end{Bmatrix} \qquad Y_j = \begin{Bmatrix} y_{j1} \\ y_{j2} \\ \vdots \\ y_{jn} \end{Bmatrix} \qquad \text{(公式 8-5)}$$

两个测量指标分别具有了一组数据,并且这两组数据是一一对应的,所以最直接的方法就是利用积差相关计算它们之间的相似性系数。当然,积差相关计算要求两组数据是连续变化或可以近似地看作连续变化的数据资料。

在不同条件下,可以选用其他相似性系数的计算方法。这里不再介绍。

聚类分析中,描写被分类事物间关系亲疏程度的各种指标,无论是距离还是相似性系数,都必须是定义合理、计算简便的,要能突出事物间的主要差异性[1]。选择指标时还要与聚类分析的目的相适应。测度指标不同,反映事物间的差异性也不同,聚类分析的结果也不会是完全相同的。所以应该慎重选择距离或相似性系数指标,使分类尽量合理或符合实际。

三、测量指标的量纲调整

聚类分析所依赖的指标体系,往往是一些性质不同的变量,它们的测量系统或测量单位可能都不一样,常常就会出现不同数量级的数据。我们把这样的情况叫做数据的量纲不一致,也即数量级的大小不一样。数量级差异所带来的直接后果就是:各变量在个案间距离的计算中所起作用不一样,容易导致分类偏差。举例来说,在一项实验中,记录被试的正确率和反应时,正确率以百分数来表示,测量结果的分布范围在 $0.65 \sim 0.98$;反应时间以毫秒单位计,测量结果的分布范围在 $216\text{ms} \sim 450\text{ms}$。如果我们用欧氏距离来计算两个个案间的亲疏程度,则可以将其距离表示成如下的形式:$d_{ij} = \sqrt{(p_i - p_j)^2 + (t_i - t_j)^2}$。很明显,在这个算式中,$(p_i - p_j)^2$ 的数量级是在小于 1.00 的范围内的小数;$(t_i - t_j)^2$ 的数量级可能会达到以万计。这两项相加时,前一项几乎难以起到作用,它在结果中可以忽略不计;该距离的计算实际上只是由反应时间一项决定的。为了综合地考虑两项测试结果来计算距离,就需要将两项指标的量纲调整到基本一致。常用的方法有以下几种[2]。

(一) 数据中心化变换

如果数据量纲的不一致是由各自的分布中心大小差异造成的,则可对各组数据作中心化变换,即将数据转换为其离差值,因为所有变量的离差值的分布中心均为 0。中心化的计算公式是:

$$x'_{ik} = x_{ik} - \overline{x_k} \qquad \text{(公式 8-6)}$$

(二) 数据标准化变换

如果数据量纲不一致是由各自的方差有显著性差异导致的,则可对数据作标准化处

---

① 张敏强:《教育与心理统计学》,人民教育出版社,1993 年版,第 331 页。
② 张敏强:《教育与心理统计学》,人民教育出版社,1993 年版,第 322—324 页。

理,即转化为标准 z 分数。转换公式是:

$$x'_{ik} = \frac{x_{ik} - \overline{x_k}}{S_k}$$

(公式 8 - 7)

(三) 极差正规化变换

极差正规化变换是将各组数据均变换为以原数据最小数为 0 点、以原数据全距为单位的一组小数值。也就是说,经过了极差正规化转换后,分数的范围在 0~1 之间。原来最小的数转换为 0,原来最大的数转换为 1。转换的计算公式是:

$$x'_{ik} = \frac{x_{ik} - \min_i\{x_{ik}\}}{\max_i\{x_{ik}\} - \min_i\{x_{ik}\}}$$

(公式 8 - 8)

(四) 对数变换

呈现出指数函数特征的数据不能直接与其他数据一起参与聚类分析,必须先要对其进行对数变换,变换的公式是:

$$x'_{ik} = \log_a x_{ik}$$

(公式 8 - 9)

原来具有指数函数特征的数据经过对数变换后就会呈现出线性特征,可以参与聚类分析。但在转换之前,要注意判断数据特征。如果不是对数特征而对其进行了对数变换,不仅未能达到调整数据的目的,反倒带来新的错误。

由于聚类对象、测量的指标体系、数据性质的不同,聚类分析所采取的操作手段也会不同。实际计算过程、尤其是距离及相似性系数计算方法的选择,很不相同。聚类分析通常分为层次聚类分析(Hierarchical Cluster)和快速聚类分析(K-Means Cluster)两大类,其中层次聚类分析又可划分为针对个案的 Q 聚类分析和针对观测指标的 R 聚类分析。后续各节分别介绍 Q 聚类分析、R 聚类分析和快速聚类分析的基本逻辑、一般过程和计算方法。

第二节 层次聚类分析

层次聚类分析的逻辑过程是:根据一个完备的指标体系,对观测对象即个案或观测指标进行聚类。它不仅要计算单个个案间或变量间的距离,而且要计算小类与个案或单个变量、小类与小类之间的距离。通常是把观测样本中的每一个案或指标体系中的每一变量看作是一个独立的小类,计算它们所有的两两之间的距离,在比较这些距离后把距离最小的两个聚为一个小类。然后计算这个新类与其他各类之间的距离,再把其中距离最小的聚为一类,如此不断地进行下去,直到所有个体或所有变量聚为一个大类为止。所以,层次聚类方法是一个由多到少的聚类过程,它不仅可以将个案或单个变量分为若干类,而且可以形成一个类属间的层次关系,还可以依据分类的过程绘制个体或变量的谱系关系图。

前文所述的距离及其计算方法是聚类分析的基础,也是聚类分析的前期阶段。下面,我们以 Q 聚类分析为例来说明层次聚类分析的一般过程。

步骤1:完备的指标体系及其数据的获取

研究对其进行分类的事物的主要特征,并考虑分类的主要目的,选择恰当的一系列观测变量构成一个完备的指标体系。对抽取来的所有样本或个案进行观测,取得各个指标的数据列。如图8-2所示的数据矩阵中:样本容量为n,指标体系有m个变量。

个案号	指标1	指标2	⋯	指标m
1	x_{11}	x_{21}	⋯	x_{m1}
2	x_{12}	x_{22}	⋯	x_{m2}
⋮	⋮	⋮	⋯	⋮
n	x_{1n}	x_{2n}	⋯	x_{mn}

图8-2 样本观测数据的矩阵图

步骤2:距离计算与逐步凝聚

根据变量的数据性质与类型,选用恰当的距离计算方法,计算个案之间、小类之间的距离,依照距离最近原则逐步聚类。距离计算之前要对数据进行整理,尽量做到数据的量纲一致。常用的个案间距离的计算方法及其选用条件是:

(1) 如果作为聚类分析基础的变量均为连续变化的,可以选用欧氏距离或欧氏距离平方、绝对值距离、切比雪夫距离等,尤以欧氏距离使用最多;

(2) 如果变量中有顺序变量、等级变量,则宜选用χ^2分析等其他方法;

(3) 如果变量中有二分变量,多以0、1两种变量值记录结果的变量,这时可使用二元欧氏距离平方。此处不对之做过多介绍,在使用SPSS进行聚类分析中,可根据需要设置这些方法。

个案两两间的距离计算完成后,距离最近的两个个案聚合在一起会形成一个小类,接下来还要继续计算剩余的个案与已聚成的小类、小类与小类之间的距离,该计算贯穿在聚类分析的整个过程中,直到所有个案汇聚在一起形成一个大类为止。个案与小类、小类与小类之间距离的计算方法主要有以下几种:

(1) 最短距离法(Nearest Neighbor)。以某一个案与小类中各个案之间距离中的最小值作为该个案与这一小类之间的距离。

(2) 最长距离法(Furthest Neighbor)。以某一个案与小类中各个案之间距离中的最大值作为该个案与这一小类之间的距离。

(3) 类间平均连锁法(Between-groups Linkage)。将两个小类之间的所有个案间的距离计算出来,再计算这些距离的平均值。这是SPSS默认的距离的计算方法。

(4) 重心法(Centroid Clustering)。先确定两个小类各自的重心坐标,然后计算这两个重心之间的距离作为两个小类之间的距离。

计算出小类之间的距离后,一般也是采用最近距离方法进行小类聚合。层层推进,完成聚类分析,也正好形成一个有层次的类属关系。也正因为如此,这一过程叫做层次聚类分析。

步骤3:绘制凝聚状态表、树形图和冰柱图

聚类过程实际上是伴随着距离计算过程而发生和完成的,如果将这一过程表示成表格的形式,就叫做凝聚状态表(Agglomeration Schedule);如果将这一过程表示成图形的形式,则可以使用树形图和冰柱图。

例如,根据某一观测指标体系对 6 个个体进行聚类分析。已知指标体系中的变量均为连续变化的数据。所以采用欧氏距离测量个体与个体之间、小类与小类之间的距离。最先计算出来的个案间距离矩阵如表 8-1 所示。

表 8-1 初始的个案间距离矩阵

	G(2)	G(3)	G(4)	G(5)	G(6)
G(1)	2	5	3	7	8
G(2)		4	5	6	9
G(3)			7	7	9
G(4)				3	4
G(5)					6

依据距离最近原则,个案 1 与个案 2 首先聚合在一起形成小类 G(1,2),再以该小类、其他四个个体间距计算距离矩阵,小类间或小类与个体间距离采用平均连锁法计算距离。如表 8-2 所示。

表 8-2 第二轮计算得到的个案间或小类间距离矩阵

	G(3)	G(4)	G(5)	G(6)
G(1,2)	5	5	7	8
G(3)		7	7	9
G(4)			3	4
G(5)				6

根据表 8-2 所示的距离矩阵,个案 4 与个案 5 聚合在一起形成小类 G(4,5)。再以两个小类、两个个案计算距离矩阵,如表 8-3 所示。

表 8-3 第三轮计算的距离矩阵

	G(3)	G(4,5)	G(6)
G(1,2)	5	6	7
G(3)		8	9
G(4,5)			5

表 8-4 两个小类间的距离

	G(4,5,6)
G(1,2,3)	7

根据表 8-3 所示的距离矩阵,个案 3 与小类 G(1,2)聚合在一起形成小类 G(1,2,3),个案 6 与小类 G(4,5)聚合在一起形成小类 G(4,5,6)。再计算小类间的距离,如表 8-4 所示。

最后根据表 8-4 的距离,将小类 G(1,2,3)与 G(4,5,6)聚合成一个大类。

这一聚类的过程可以表示成数据表格的形式,如表 8-5 所示,该表格显示了整个聚类过程中个体是如何凝聚成小类,小类又如何参与聚合,直到最后所有个体凝聚成一个大类。

表 8−5 聚类过程的凝聚状态表

聚合阶段	相互聚合的小类		形成小类再参与聚合的下一阶段
	类 1	类 2	
1	1	2	3
2	4	5	4
3	2	3	5
4	4	6	5
5	1		0

表 8−5 所显示的凝聚过程是:第一阶段,个案 1 和个案 2 凝聚成一个小类;第二阶段,个案 4 和个案 5 凝聚成一个小类;第三阶段,个案 3 与第一阶段形成的小类凝聚一个小类;第四阶段,个案 6 与第二阶段形成的小类凝聚;第五阶段,第三步和第四步凝聚成的两个小类凝聚成一个大类。

如果将上述聚类过程表示成树形图或冰柱图的形式,则如图 8−3 或图 8−4 所示,该图比凝聚状态表能更直观地显示聚类的过程和聚合小类之间的距离。

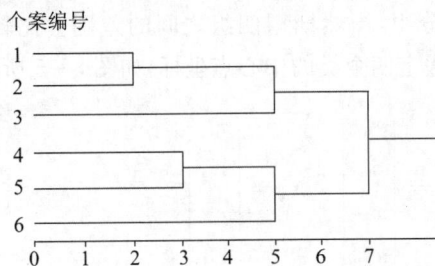

类的数目	个案					
	1	2	3	4	5	6
1	X X	X X	X X	X X	X X	X
2	X X	X X	X X	X	X X	X
3	X X	X X	X	X	X X	X
4	X X	X	X	X X	X	X
5	X X	X	X	X	X	X

图 8−3 平均连锁法聚类的谱系图(树形图)　　　　图 8−4 平均连锁法聚类分析的冰柱图

步骤 4:确定类别数和个体的类属关系

形成了聚类的谱系图之后,研究者还要确定最后的类别数。确定类别数往往要结合专业知识,常用的方法有两种:一是根据某些要求或相关的信息,确定分类的类别数,然后确定每一个案所属类别;二是在谱系图上确定一个距离的截点值,将谱系图分为左右两部分,左边所有的类合并都被认可,而在截点值处有几个类别,就将个案分为几类。但不管采用什么方法确定类别数,最终的类别数应该符合以下条件:首先,类间差异与类内差异相比,类间差异要显著的大;其次所分出的各类都具有实际的意义,比较容易概括类中个体的特点;最后,若采用不同的聚类分析方法,所得结果应比较接近。不管采用哪种方法,所分各类之间的差异应该比较明显,而类内个案之间应该较为相似。

第三节　快速聚类分析

层次聚类分析是比较符合事物的层次关系逻辑的,在实际研究中应用广泛。但是当样本数太大的时候,其计算量非常巨大,即使用计算机运算,也会造成某些配置相对较低的计算机资源不够,此时需要用到快速聚类分析。由于运用该方法得到的结果比较简单易懂,可以省略大量的计算过程,所以应用也比较广泛。不过需要指出的是:快速聚类分析只适用于对个案的聚类,而不适用于对变量的聚类。

一、快速聚类分析的基本过程

快速聚类分析中的距离计算与层次聚类分析中的算法是一样的,也要根据变量或变量值的性质选择相应的算法。比如,如果变量都是连续变化的,则多用欧氏距离或欧氏距离平方;如果指标体系中包含顺序变量、等级变量、称名变量,则可以使用 χ^2 算法;如果指标体系是二项记分变量(只以 0、1 为变量值),则使用二元欧氏距离平方。这里不再重复各种距离算法,只重点介绍快速聚类分析的逻辑顺序。

步骤 1:规定类别数和初始的类中心点坐标

在进行大样本的调查研究过程中,研究者对研究对象有一定程度的了解,也会有一些研究假设,包括对被试分类数的假设。为了节省计算过程,研究者可以结合相关资料的分析,规定聚类数。然后,给出各个假设类别的中心点坐标。在 SPSS 过程中,可由计算机自动根据观测值设定初始的类中心点坐标。

比如,我们要根据一个包含 4 个观测变量的指标体系对 200 个样本进行快速聚类。先设定一个分类数 4,即准备按四类将 200 名被试分组,当然期望四组之间的差别会比较明显。那就需要根据样本中观测值的分布情况,先假定四个类的中心点坐标,如图 8-5 所示。

$$X_1 = \begin{bmatrix} x_{11} \\ x_{12} \\ x_{13} \\ x_{14} \end{bmatrix} \quad X_2 = \begin{bmatrix} x_{21} \\ x_{22} \\ x_{23} \\ x_{24} \end{bmatrix} \quad X_3 = \begin{bmatrix} x_{31} \\ x_{32} \\ x_{33} \\ x_{34} \end{bmatrix} \quad X_4 = \begin{bmatrix} x_{41} \\ x_{42} \\ x_{43} \\ x_{44} \end{bmatrix}$$

图 8-5 假定的四个类中心点坐标

步骤 2:计算各个样本到所有类中心点的距离

有了若干个类中心点坐标之后,就可以选用恰当的距离算法,计算每一个样本到所有类中心点的距离。就我们假定的例子来说,有 200 个样本(每个样本也有四项观测值为其坐标)、四个类中心点坐标,就需要分别计算 200 个样本各自到四个中心点的距离,即要计算出 800 个距离。

步骤 3:完成第一次归类过程(也叫第一次迭代过程)

根据距离最近原则,每一个样本都进入到初始中心点离它最近的那个类,完成第一次分类,形成 k 个新类,这就叫作完成第一次迭代。就我们所举例子来说,200 个样本中的每一个样本与四个初始中心点的距离都计算出来之后,看其到哪个中心点距离最小,这个样本就被暂时归入到这一类,最后 200 个样本暂时归入到了四个类。

步骤 4:重新计算所形成的各个新类的中心点坐标

第一次迭代完成后,所有样本都暂时被归入到某一类,因此某一类也都包含了若干个样本。因为各类中的样本的坐标都是确定的,所以现在就可以根据其中各个样本的观测值即坐标重新计算类中心点坐标,形成 k 个新的中心点坐标。如果这些中心点坐标正好与初始的中心点坐标重合,则说明各个样本进入的类别合适,即可结束聚类过程;如果新的中心点与初始的中心点不重合,发生了移位,那就意味着第一次迭代需调整,有些样本可能需要重新归类,需要继续计算和迭代。

步骤5:再一次计算各样本到所有中心点距离并完成第二次迭代

有了k个新的中心点坐标之后,再重新计算各个样本到所有新的中心点的距离,然后根据距离最小原则,重新归类,完成第二次迭代,即得到新的分类结果。

上述过程可重复进行,直到某一次迭代过程中,形成的新类不再需要调整为止。这时就可以得到聚类的最后结果。

二、快速聚类分析的结果及其检验

快速聚类分析过程完成后,还需要确认聚类分析的结果是否合适。一个衡量的标准就是从定性和定量两个方面,各类之间的样本应该差异明显、各类之内的样本应该较为相似。所以,除了可借助于专业知识对各类中的样本进行定性分析,以鉴别异同外,还可以用方差分析进行检验。

方差分析的过程是:在接受分类结果的前提下,分类变量就成了一个分组变量,它将样本划分成了k个独立组,以分类变量为自变量,就可以对所有的观测变量进行单因素的方差分析。如果所有的或绝大部分的观测变量都存在显著性差异,说明分类有效,结果可以接受;如果观测变量中的多数差异不显著,可能意味着初始规定的分类数可能不合适,可以尝试其他的分类数,重新开始聚类过程。

另外,各类中所拥有的个案数是否较为均衡也是衡量聚类结果优差的一个标准。

在确认了分类结果之后,一般要呈现下列信息或聚类结果:(1)初始的类中心点坐标;(2)迭代过程,即进行几次迭代,以及每次迭代的坐标调整距离和各个类中心点之间的距离;(3)样本归属情况,即每一个样本被划分到哪一类、各个样本到所在类中心点的距离、各类中的样本数量各是多少等等;(4)方差分析结果,即以分类变量为自变量,以聚类所依据的指标体系中的所有观测变量为因变量进行方差分析,给出方差分析表,以说明各类间的定量差异性。

第四节 聚类分析的 SPSS 过程

聚类分析过程往往有很大的计算量,现在一般都是通过计算机软件来完成,特别是 SPSS 软件系统能够很快捷地完成较大数据样本的聚类分析过程。

一、层次聚类分析的 SPSS 过程

层次聚类分析包括了 Q 型的聚类分析和 R 型的聚类分析,我们结合具体实例,只以 Q 聚类来说明层次聚类分析的 SPSS 过程。

【例 8-1】 某教育研究者根据相关数据欲对北京地区 18 区县中职教育发展进行分类研究。调研得到的资料主要包括:每万人的中职在校生数、每万人的中职招生数、每万人的中职毕业生数、每万人的中职专任教师数、专任教师中本科以上学历者占的比例、专任教师中高级职称者占的比例、学校平均在校生人数、中职发展预算经费占生产总值的比例、生均教育经费等,如表 8-4 所示。

表 8-6 某一时段北京 18 区县中职教育发展状况调查数据[1]

区　县	x_1	x_2	x_3	x_4	x_5	x_6	x_7	x_8	x_9
东　城	156	53	45	15	0.507	0.245	701	0.0109	5356
西　城	119	42	31	13	0.502	0.331	552	0.0063	6449
崇　文	202	72	57	16	0.566	0.193	633	0.0168	5357
宣　武	176	57	31	17	0.630	0.234	584	0.0155	6432
朝　阳	221	77	45	17	0.499	0.254	553	0.0228	6625
海　淀	169	64	42	13	0.573	0.183	573	0.0048	5840
丰　台	166	66	48	15	0.444	0.142	465	0.0112	5532
石景山	192	61	52	19	0.524	0.085	535	0.0158	5695
门头沟	127	53	33	30	0.143	0.026	376	0.0057	3904
房　山	115	38	25	10	0.571	0.127	618	0.0061	7020
昌　平	232	80	66	19	0.531	0.106	491	0.0072	5089
顺　义	67	35	17	5	0.341	0.079	403	0.0006	3056
通　县	98	40	25	7	0.533	0.107	474	0.0031	5559
大　兴	205	76	67	16	0.597	0.129	616	0.0107	4990
平　谷	81	39	21	7	0.192	0.030	533	0.0007	2518
怀　柔	121	52	27	12	0.223	0.076	637	0.0023	4149
密　云	84	41	22	6	0.558	0.091	618	0.0043	4376
延　庆	78	31	23	5	0.366	0.070	424	0.0039	4677

【解】　本例中,18 个区县就作为 18 个样本看待,对其中职教育发展状况的调查指标体系包含了 9 个变量,分别为 x_1,x_2,…,x_9。采用 Q 型聚类分析,其 SPSS 过程主要包括以下步骤:

步骤 1:数据文件的建立

建立的 SPSS 数据文件由 18 行、10 列组成,其中 18 行对应于 18 个个案,有 9 列对应于表中的 9 项调查数据,另外还有一列是作为个案标识变量。如表 8-6 所示。

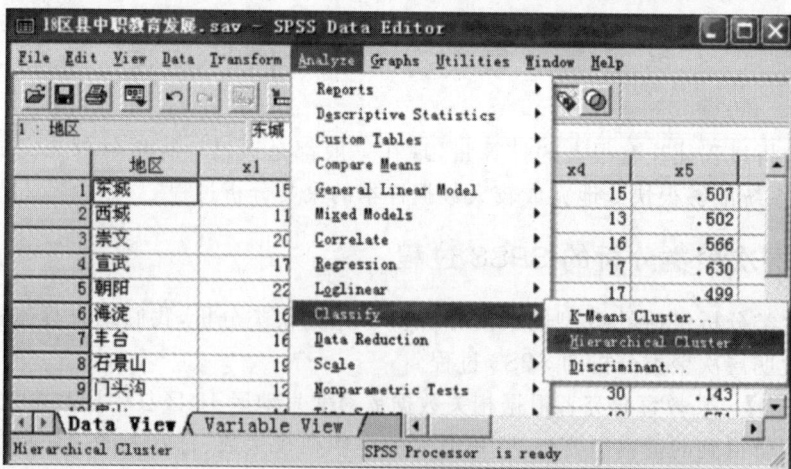

图 8-6　层次聚类分析的数据文件与菜单示意图

① 杨晓明:《SPSS 在教育统计中的应用》,高等教育出版社,2004 年版。

步骤2:打开主对话框并完成相应的设置

单击"Analyze"菜单选择"Classify"中的"Hierarchical Cluster…"命令,如图8-6所示,打开层次聚类分析的主对话框,如图8-7所示。

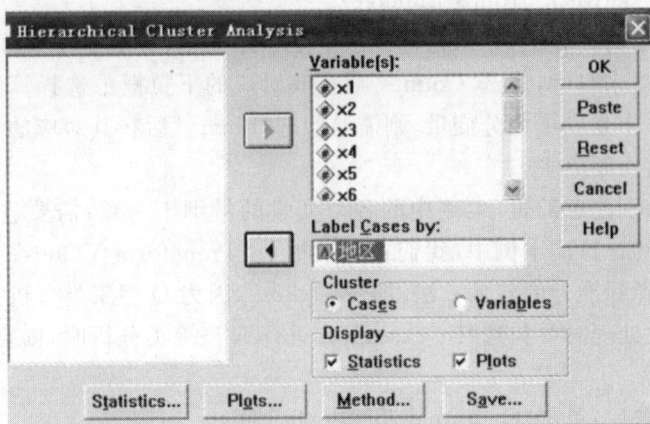

图8-7　层次聚类分析的主对话框

在如图8-7所示的对话框中,从左侧的变量列表中选择9个对应于指标体系的9个变量名,将它们置入右侧"variable(s)"下面的方框中;选择"地区"变量,将其添加到"label Cases by"下面的小方框中,选择标记变量将增强距离分析结果的可读性;因为要做Q型聚类分析,所以在对话框上"cluster"之下勾选"Cases"(在对变量进行R型聚类分析时,则要勾选"Variables");为了输出需要的统计量和图形,"Display"之下的"Statistics"与"Plots"都要处于被勾选的状态。如图8-7所示。

步骤3:计算方法的设置

单击主对话框上的"Method"按钮,可以打开距离计算方法设置的对话框,即"Hierarchical Cluster Analysis:"对话框,如图8-8所示。

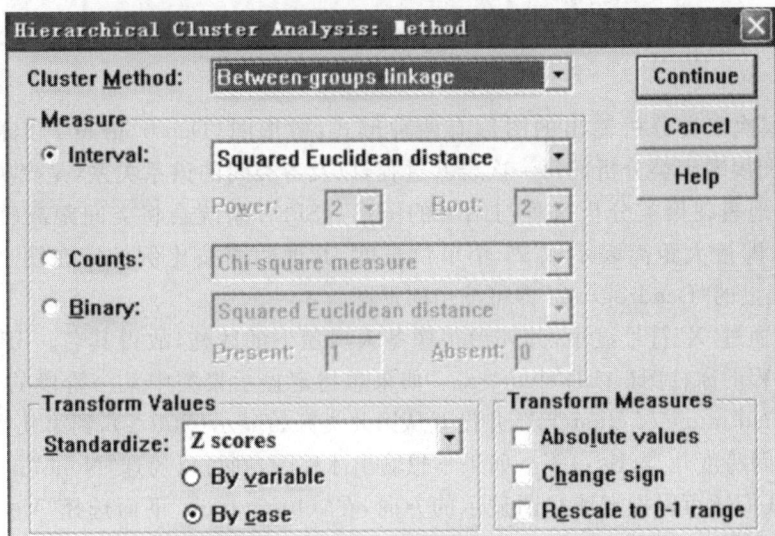

图8-8　设置距离计算方法的对话框

本例中,虽然有些变量是计数变量,但考虑到其数值分布范围较大,也近似地以等距变量看待,个案间距离的计算方法就选择欧氏距离平方(Squared Euclidean distance)。在该对话框的"Cluster Method"下拉菜单中指定的是小类之间的距离计算方法,本例中选择平均连锁法(Between-groups Linkage)。

在个案间距离的计算上,如果指标体系中是顺序变量、等级变量或称名变量,则需要将其作为计数变量来对待,勾选"Counts"后在其对应的下拉框中选择算法,如常选 χ^2 计算;如果指标体系中是二项记分变量,则需要勾选"Binary"后在其对应的下拉框中选择算法,如常选二元欧氏距离平方等。

另外,需要特别注意的是,本例中的各个变量的量纲不一致,需要进行量纲统一,然后才能进行距离的计算。本例中,我们在对话框上"Transform Values"下面做标准化转换的下拉框中选择标准分的转换方法,即"Z scores",因为 Q 型聚类分析是针对个案进行的,所以在标准化处理时要勾选"By cases"(在进行 R 型聚类分析时,则要勾选"By variables")。

完成上述设置后,单击"Continue"返回主对话框。

步骤 4:指定图形的输出

单击图 8-7 所示主对话框上的"Plots..."按钮,打开如图 8-9 所示的对话框。

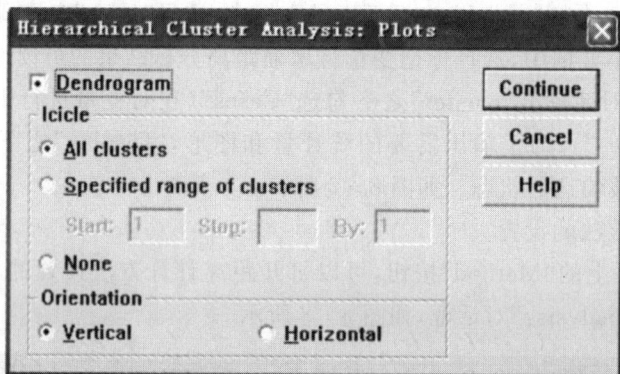

图 8-9　聚类分析的图形输出设置对话框

SPSS 层次聚类分析输出的图形有两种形式:树形图(Dendrogram)和冰柱图(Icicle)。树形图展现聚类分析的每一次合并过程,以及各类间的谱系关系,是聚类分析结果中最为直观地表现聚类分析过程与结果的图形。SPSS 系统会将类间距离转换为"0~25"的范围,即最大距离表示成 25 个单位长度,其他距离按比例标定在图上。勾选图 8-9 对话框上的"Dendrogrom"即可输出树形图。

冰柱图通过"X"符号显示,其外形很像冬天房屋下的冰柱,故得其名。SPSS 默认输出聚类全过程的冰柱图(ALL clusters)。如果想指定显示聚类中某一阶段的冰柱图,则勾选"Specified range of clusters",并设置从第几类开始显示(Start:),到第几类结束显示(Stop:),中间跨度几类(By:)等。如果不想输出冰柱图,则可以勾选"None"。

此外,我们还可以指定冰柱图显示的方向,在"Orientation"下面选择"Vertical"表示输出纵向冰柱图、选择"Horizontal"表示输出横向冰柱图。

本例中选中"Dendrogrom"选项,并选择纵向(Vertical)输出聚类全过程（ALL clus-ters)的冰柱图。如图 8 - 9 所示。单击"Continue"按钮返回主对话框。

步骤 5:凝聚状态表输出设置

单击图 8 - 7 所示主对话框上的"Statistics:"按钮,打开如图 8 - 10 所示的对话框。SPSS 默认勾选"Agglomeratoin schedule",输出层次聚类的凝聚状态表,如图 8 - 10 所示。单击"Continue"按钮返回主对话框。

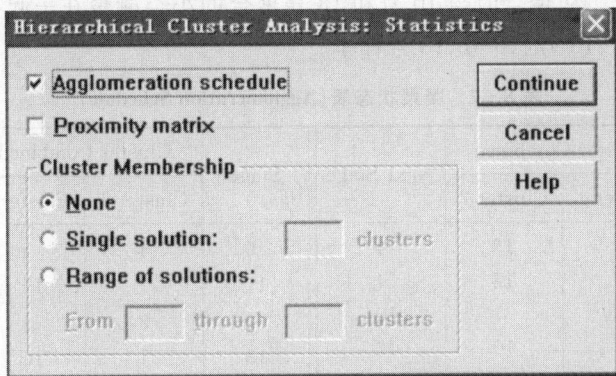

图 8 - 10　凝聚状态表及个案归类输出设置对话框

步骤 6:设定保存层次聚类分析结果中个案的归属关系

单击图 8 - 7 上的"Save"按钮,打开如图 8 - 11 所示的对话框。

该对话框还可以设置输出层次聚类分析结果中各个案的归属,即显示每个样本属于那个类,并将类编号后保存在数据文件中。通过对话框上"Cluster Merbership"的选取可以设定:(1)None:不显示类成员构成;(2)Single solution:选择并在后面的方框中输入一个具体的数值 n(n 小于样本总数)表

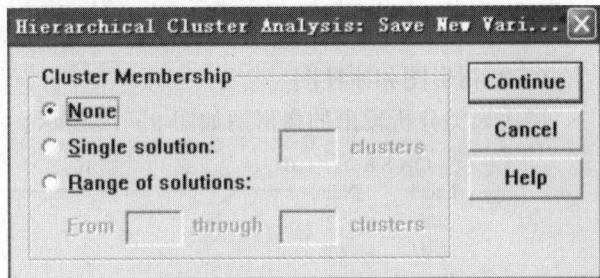

图 8 - 11　设置聚类结果中个案归属关系的对话框

示显示聚成 n 类时,各类的成员构成;(3)Range of solutions:选择并在下面的两个方框中输入一个较小的数和一个较大的数(不超过样本容量),指定显示成员构成的类的数目范围。单击"Continue"返回主对话框。

完成上述的一系列设置后,单击"OK"按钮,SPSS 系统即完成这一聚类分析的过程。

除距离或相似性系数计算方法的选择有些差异外,R 型聚类分析的过程与 Q 型聚类分析基本一致,所以不再对 R 型聚类分析的程序作专门介绍。

二、层次聚类分析结果的输出与解释

层次聚类分析 SPSS 过程的主要输出结果有:凝聚状态表,能够系统地显示聚类分析的每一阶段所完成的凝聚任务;树形图和冰柱图,能够直观地反映聚类的过程和结果;如果要求其分成 m 类的话,个案归属显示表,可以清楚地显示个案的归属情况,以及各个类别中的

个案数。下面给出的是根据本节中例题的数据进行 Q 型聚类分析的主要结果及简单说明。

（一）凝聚状态表

所输出的凝聚状态如表 8-7 所示（有所简化）。该表主要显示的是在每一步聚合中，是哪两个个案或是哪两个小类凝聚在一起，所以能够系统地反映整个聚类过程。比如，从表中我们可以很清楚地看到：第一次聚合，是 2 号样本与 13 号样本聚合成一个小类，而这个小类又在第二次聚合时与 10 号和 18 号聚合的小类凝聚在一起构成新的小类，该新的小类包含 2 号、13 号、10 号、18 号样本。

表 8-7　凝聚状态表（Agglomeration Schedule）

Stage	Cluster Combined		Next Stage	Stage	Cluster Combined		Next Stage
	Cluster 1	Cluster 2			Cluster 1	Cluster 2	
1	2	13	4	10	4	5	12
2	10	18	4	11	1	17	13
3	5	7	10	12	2	4	14
4	2	10	12	13	1	16	15
5	8	9	7	14	2	11	16
6	3	14	15	15	1	3	16
7	6	8	8	16	1	2	17
8	4	6	10	17	1	15	0
9	1	12	11				

（二）树形图和冰柱图

层次聚类分析输出的树形图如图 8-12 所示。

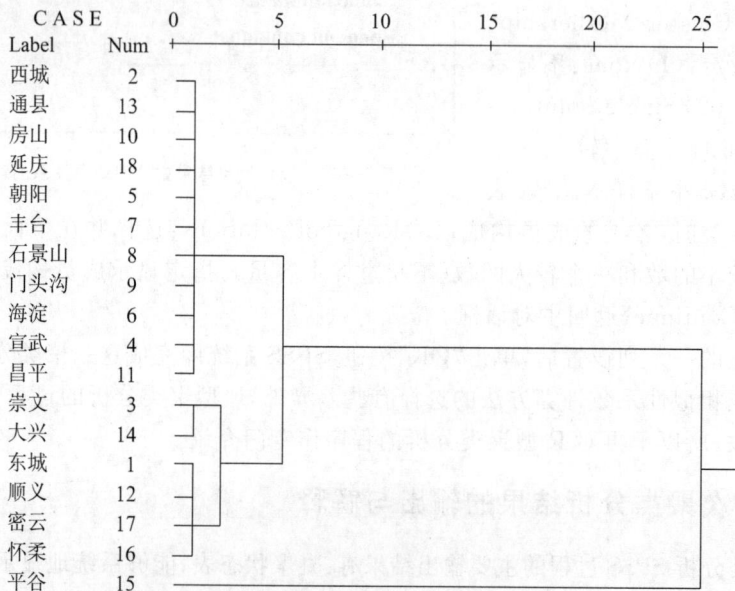

图 8-12　层次聚类分析输出的树形图

从树形图可以直观地看出样本间的层次关系。图 8-12 中,如果按两类来划分的话,就会根据中等职业教育发展情况,将北京 18 个区县分成了两大类,但是其中第二大类中只有一个样本 15(平谷),这说明平谷在中等职业教育发展方面与其他区县有非常明显的不同,结合原始数据资料可以看到,该样本在中等职业教育发展方面还存在很大的差距;如果是按照三类来划分,则可以看到:平谷一个区县作为第一类、崇文等 6 个区县作为第二类、西城等 11 个区县作为第三类。

输出的冰柱图也能够直观地输出聚类过程和结果,此处不再列出。

(三) 指明分成几类后的样本归属表

如果在对话框操作过程中,指明要求系统输出分成 3 类的归属表,则系统运行就会输出如表 8-8 所示的样本归属表。

表 8-8 各类成员列表(Cluster Membership)

Id of Case	3 Clusters	Id of Case	3 Clusters
1	1	10	2
2	2	11	2
3	1	12	1
4	2	13	2
5	2	14	1
6	2	15	3
7	2	16	1
8	2	17	1
9	2	18	2

三、快速聚类分析的 SPSS 过程

快速聚类分析是当个案数较多时对个案进行的聚类。我们依据前文所述的基本过程,通过实例分析来说明快速聚类分析的 SPSS 过程。

【例 8-2】 假如要对一些高校图书馆的藏书情况进行分类研究,统计了 20 所学校的图书馆的藏书,包括外文图书册数(万册)、中文图书册数(万)、过刊卷数(万)、现刊卷数(万)、古籍册数(万)、工具书卷数(万)、艺术类书籍册数(万),数据如表 8-9 所示。请根据这些藏书情况,将图书馆分为三类。

【解】 本例中,将 20 所学校的图书馆作为样本看待,对其中各类的藏书量进行统计共有 7 个变量。采用快速聚类分析,其 SPSS 过程主要包括以下步骤:

步骤 1:数据文件的建立

建立的 SPSS 数据文件由 20 行、8 列组成,其中 20 行对应于 20 所图书馆的个案,有 7 列对应于表中的 7 项调查数据,另外还有一列是作为个案标识变量。如图 8-13 所示。

步骤 2:打开主对话框并完成相应的设置

单击"Analyze"菜单选择"Classify"中的"K-Means Cluster..."命令,如图 8-13 所示,打开层次聚类分析的主对话框,如图 8-14 所示。

表 8 - 9 20所高校图书馆的藏书情况统计

单位	外文图书	中文图书	过刊	现刊	古籍书	工具书	艺术类
A 学校	41.20	64.00	40.96	62.72	49.20	49.60	50.40
B 学校	36.80	57.60	35.84	58.24	39.36	39.68	40.32
C 学校	19.20	19.20	15.36	40.32	31.98	32.24	32.76
D 学校	36.80	32.00	35.84	69.44	46.74	47.12	47.88
E 学校	32.40	32.00	30.72	67.20	44.28	44.64	45.36
F 学校	41.20	25.60	40.96	64.96	49.20	49.60	50.40
G 学校	34.60	32.00	33.28	67.20	54.12	54.56	55.44
H 学校	19.20	70.40	15.36	35.84	27.06	27.28	27.72
I 学校	14.80	57.60	10.24	38.08	36.90	37.20	37.80
G 学校	21.40	64.00	17.92	29.12	29.52	29.76	30.24
K 学校	32.40	51.20	30.72	67.20	49.20	49.60	50.40
L 学校	41.20	38.40	40.96	64.96	54.12	54.56	55.44
M 学校	36.80	25.60	35.84	60.48	46.74	47.12	47.88
N 学校	28.00	64.00	25.60	42.56	34.44	34.72	35.28
O 学校	32.40	57.60	30.72	44.80	31.98	32.24	32.76
P 学校	30.20	57.60	28.16	56.00	31.12	31.37	31.88
Q 学校	25.80	70.40	23.04	51.52	30.38	30.63	31.12
R 学校	30.20	38.40	28.16	51.52	28.41	28.64	29.11
S 学校	32.40	25.60	30.72	40.32	31.98	32.24	32.76
T 学校	23.60	51.20	20.48	44.80	34.44	34.72	35.28

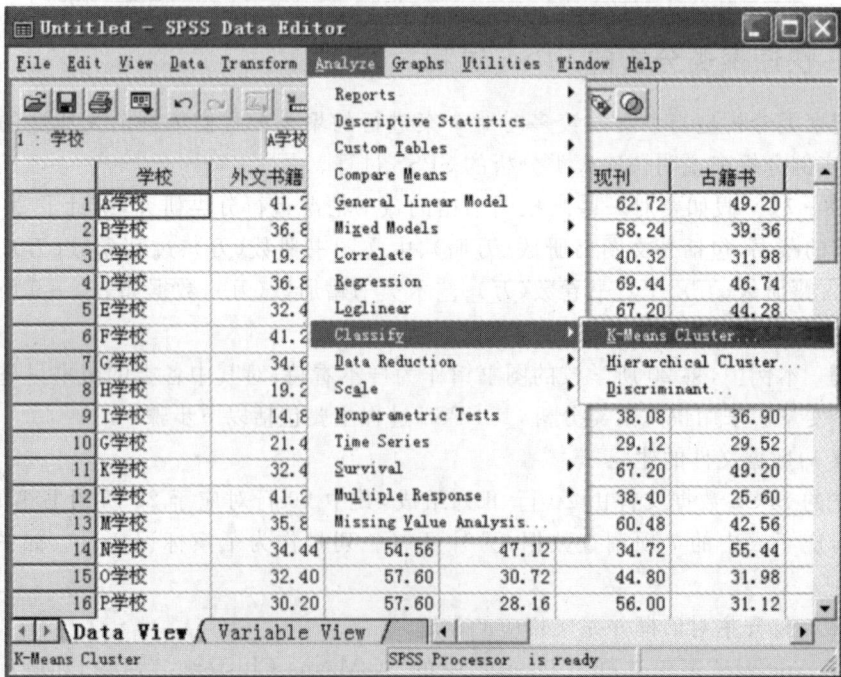

图 8 - 13 快速聚类分析的数据文件与操作菜单

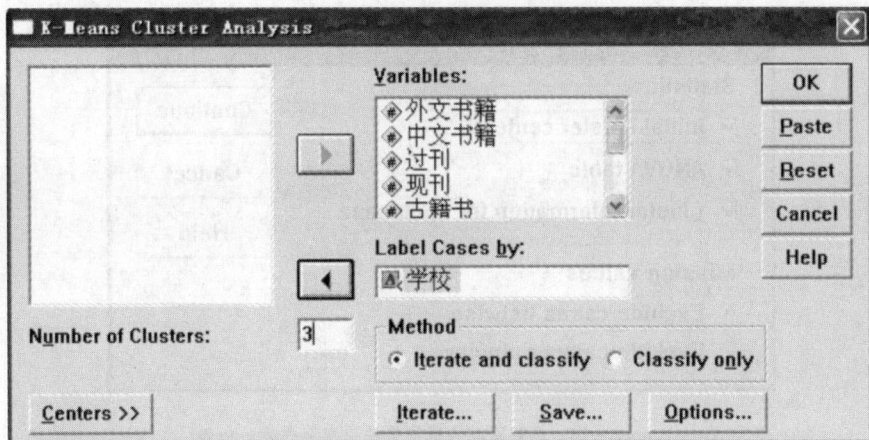

图 8-14　快速聚类分析的主对话框

在如图 8-14 所示的对话框中,从左侧的变量列表中选择 7 个对应于指标体系的 7 个变量名,将它们置入右侧"variable(s)"下面的方框中;选择"学校"变量,将其添加到"label Cases by"下面的小方框中;因为要做快速聚类分析,所以在对话框上"Number of clusters"之后填入要分类的数目,本例中填"3"。另外,勾选"Iterate and classify"(也是 SPSS 默认状态),系统在进行聚类过程中,可以根据距离计算信息,自动对初始中心点坐标进行调整,可作多次迭代以获取更为满意的结果。

步骤 3:设置输出各类中个案的有关信息

单击图 8-14 对话框中的"Save"按钮,打开"K-Means Cluster Analysis:Save New Variables"对话框,如图 8-15 所示。该对话框可以指定将 SPSS 快速聚类分析的结果以变量的形式保存到 SPSS 的数据编辑窗口中。勾选图 8-15 中的两个项目,可以分别将所有样本所属类别号、距所属类中心点的欧氏距离保存到数据文件中。

图 8-15　设置输出各类个案信息对话框

本例中,选择这两项后单击"Continue"按钮返回主对话框。

步骤 4:设置输出方差分析表和相应的个案信息

单击主对话框上的"Options…"按钮,打开如图 8-16 所示的对话框。该对话框可以选择输出其他一些聚类分析的结果,包括对聚类分析效果其检验作用的方差分析表,还可以设定对缺失数据的处理方式。勾选对话框上的"Initial cluster centers",系统输出初始的类中心点坐标;勾选"ANOVA table",输出各观测变量以分类变量为自变量的方

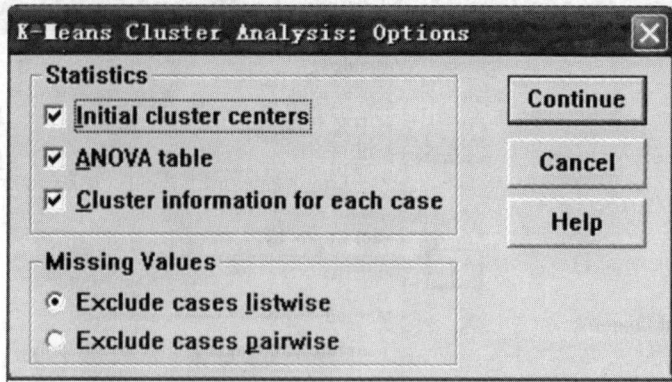

图 8 - 16　设置聚类分析结果的信息及方差分析表

差分析结果,如果显示出观测变量均有显著性差异,说明聚类分析的结果较为有效;勾选"Cluster information for each",系统则会输出样本的分类信息和它们距离所属类中心点的距离。某个案如果离其所在类的中心点越近,则说明该个案越能反映所在类的特征。勾选三项设置后,单击"Continue"按钮返回主对话框。

完成上述设置后单击主对话框上的"OK"按钮,SPSS 自动完成快速聚类分析过程。

四、快速聚类分析的结果及其解释

结合本节所举实例,来说明快速聚类分析的主要结果。

(一) 初始的类中心点坐标

快速聚类分析输出结果中的第一部分,主要是 SPSS 系统自动指定的类中心点坐标。由于需要快速聚类形成 3 类,因此指定了三个初始的类中心点,其坐标分别对应于表8 - 10 中的 1、2、3 列。

表 8 - 10　初始的类中心点(Initial Cluster Centers)

	Cluster		
	1	2	3
外文书籍	25.80	41.20	19.20
中文书籍	70.40	38.40	19.20
过　　刊	23.04	40.96	15.36
现　　刊	51.52	64.96	40.32
古 籍 书	30.38	54.12	31.98
工 具 书	30.63	54.56	32.24
艺 术 类	31.12	55.44	32.76

(二) 迭代次数及其调整距离

本例中,聚类分析过程中共进行了两次迭代。其中第一次迭代后形成的新类的中心点坐标与初始中心点相比,有了一定的移动,比如:第一次迭代后第一类的中心点离初始的第一类中心点之间的距离是12.328。第二次迭代后,新类中心点不需要再调整,所以本例中的分析过程只有两次迭代,如表8－11所示。

表8－11　快速聚类分析中的迭代过程(Iteration History)

Iteration	Change in Cluster Centers		
	1	2	3
1	12.328	10.734	15.629
2	.000	.000	.000

(三) 各类所属的个案信息

输出结果给出了各类中的个案信息,如:每一类中包含的个案数、包含的是哪些个案、每一个案与其所在类的中心点的距离是多少等。

(四) 最终的类中心点坐标以及它们之间的距离

表8－12所示的结果是聚类分析的最终类中心点坐标,反映了三类不同学校图书馆藏书的典型特征。与初始的中心点坐标相比,发生了一些变化,说明在聚类分析过程中,它自动进行了调整。

表8－12　最终各类的类中心点(Final Cluster Centers)

	Cluster		
	1	2	3
外文书籍	25.80	37.08	27.27
中文书籍	61.16	37.60	27.73
过　　刊	23.04	36.16	24.75
现　　刊	44.55	65.52	44.05
古 籍 书	32.80	49.20	30.79
工 具 书	33.07	49.60	31.04
艺 术 类	33.60	50.40	31.54

另外,系统还输出了三个类中心点之间的距离。1类与2类、2类与3类、1类与3类中心点间距分别为46.026、42.704、33.686。

(五) 方差分析表

系统以新的分类变量为自变量,对各观测变量进行单因素方差分析并输出方差分析表。本例中方差分析的结果如表8－13所示。

由表8－13所示的表格看出,本例中三类图书馆之间,在七个不同类的藏书方面均存在很显著的差异,说明它们分成三类具有一定的合理性和可靠性。

表 8 - 13　快速聚类分析的方差分析表

观测变量	Cluster		Error		F	Sig.
	MS	df	MS	df		
外文书籍	288.000	2	34.034	17	8.462	.003
中文书籍	1811.172	2	105.445	17	17.176	.000
过　　刊	389.967	2	46.084	17	8.462	.003
现　　刊	1068.108	2	51.078	17	20.911	.000
古籍书	690.212	2	12.441	17	55.478	.000
工具书	701.489	2	12.644	17	55.479	.000
艺术类	724.231	2	13.053	17	55.482	.000

◆◆◆复习思考与练习题◆◆◆

1. 解词

聚类分析、相似性系数、距离

2. 聚类分析的功能是什么?

3. 如何进行测量指标的量纲调整?

4. 聚类分析的种类有哪些?

5. 层次聚类分析与快速聚类分析的一般过程各是怎样的?

6. 消费结构是指人们在生活中消费的物质资料和接受服务种类及其比例关系。表 8 - 14 中数据涉及变量包括:总消费支出、食品消费支出、衣着消费支出、家庭设备用品消费支出、医疗保健消费支出、交通消费支出、和通信消费支出、教育文化消费支出、居住消费支出、杂项消费支出。借助于 SPSS 系统,就表中数据分别对个案、变量进行层次聚类分析。

表 8 - 14　2005 年不同地区居民消费结构数据①

地区	总消费	食品	衣着	家具	医保	交通	教育	居住	其他
河南	5294	1855	650	332	436	569	694	578	176
山西	5654	1917	747	314	401	587	901	641	169
黑龙江	5567	1972	719	215	537	548	762	611	201
内蒙古	6219	2024	897	360	473	699	858	627	277
青海	5758	2056	621	438	451	566	746	664	212
新疆	5773	2083	766	292	375	615	840	566	233
河北	5819	2142	630	343	550	595	682	705	168
宁夏	5821	2156	636	364	440	646	651	660	265
吉林	6068	2180	739	254	527	643	795	700	229
甘肃	5937	2204	736	336	411	601	853	572	221
陕西	6233	2236	609	409	513	583	1025	646	209
贵州	5494	2260	585	286	301	601	793	468	198
江西	5337	2296	513	328	268	498	785	505	141
山东	6673	2310	829	457	484	801	983	601	206

---

① 中华人民共和国国家统计局:《中国统计年鉴—2005》,中国统计出版社,2005 年版。

第九章　线性回归分析

内容提要

变量间存在相关关系时,也就具备了建立预测关系的基础。在相关变量间建立预测方程式的统计学方法叫回归分析,包括线性和非线性、一元和多元的回归分析。本章介绍较为简单的一元线性回归分析和多元线性回归分析。一元线性回归分析就是在两个具有线性相关关系的变量间建立预测方程式,实现用一个变量预测和控制另一个变量的目的;多元线性回归分析就是建立用一组变量预测和控制某一个变量的回归方程式。具体包括:回归方程模型假设、回归方程参数的计算、回归方程对观测数据的拟合度、方程有效性检验、方程的应用以及回归分析在 SPSS 系统中实现的过程。

回归分析(analysis of regression)是通过建立相关变量间的数学模型,来实现对随机现象间不确定性关系的数量化描写,从而实现对随机变量的估计、预测和控制之目的,是相关分析的应用、延伸和推广。本章主要介绍线性回归方程的建立、检验、应用及其 SPSS 过程。

第一节　回归分析概述

一、回归分析的意义

"回归"一词是英国统计学家高尔顿(F. Galton)在研究了很多父母身高与其成年子代身高关系后提出来的。用父母亲身高的平均值作为横坐标,用对应的成年孩子的身高作为纵坐标,高尔顿根据从数千户家庭获取的数据制作成散点图,发现这些散点有汇聚成一条直线的趋势,用这条直线能够概括性地描述父母身高和子代身高的关系,并可用于对子代身高的预测。具体地说,高尔顿发现:高个子父母的孩子可能会比较高,矮个子父母的孩子可能会比较矮。但有趣的是:父母身高极端高或极端矮时,其子女的身高未必也会极端高或极端矮,而是会向中间水平收敛。高尔顿将这种现象称为"回归",将那条贯穿于散点中的可能直线称为"回归线"。后来,人们借用"回归"这个词,将研究随机现象间数量变化关系的方法叫做回归分析。

客观世界中事物之间的相互关系,往往可以表征为各种变量关系,从数的角度看,这些变量关系可以概括为两种:函数关系和相关关系。函数关系是一种确定性的关系,是指对于某一个或多个变量的一组确定的值,另一个变量就有一个确定的值与之对应。比如,在银行有一定的存款,当存入额、存入周期、银行存款利率等变量有了确定的值后,就会有一个确定的利息值与之对应,这种变量的关系就是具有确定性的。相关关系则是具有不确定性的关系,是指对于一个或多个变量的一组确定的值,对应的另一个变量却是一个随机变量,它会在一定范围内随机变动,要想获得对这些随机变动的规律性的认识,往往需要进行较大量的观测和收集较多的数据,发现统计规律。

前文已经介绍过,统计学中可以通过相关关系分析这些具有不确定性的变量关系,即:分析变量之间是否存在相关?是正相关还是负相关?相关程度是高还是低? 相关分析中,我们将所有变量置于相同地位,是寻求对等关系,不是寻求谁决定谁或谁预测谁的关系。但是,现实生活或各种管理工作中,人们经常在做着预测的事情。比如:根据学生的数学成绩预测他是否可能在将来的理工领域取得成就;根据学生的智商水平预测他是否可能取得较好的学业成绩;根据气流运动和温度空间分布等预测未来一段时间是否有降雨;根据多项经济指标预测股市行情等等。这种预测关系的建立显然是建立起了一种非对等的关系,其中变量的地位是不平等的。而要建立这种具有预测功能的关系,一般的相关分析是不能胜任的,需要采用回归分析的方法。

回归分析中变量之间的地位是不对等的,分为自变量和因变量。回归分析就是建立自变量与因变量之间的关系模型,这个模型也叫回归方程。利用回归方程,可以用一个或多个自变量的值去预测一个因变量的值。自变量与因变量的地位互换,其回归关系的意义也就发生了改变,计算的结果也会不同。根据回归关系,只能用自变量的值预测因变量的值,而不能用因变量值去估计自变量的值。而且,建立回归方程的目的多半是为了用较容易测量的变量去预测较难测量的变量;用可以获得现存资料的变量去预测事物未来的发展变化。

根据回归分析是用一个变量去预测另一个变量,还是用一组变量去预测另一个变量,可将其划分为一元回归分析和多元回归分析;根据预测变量与被预测变量之间是线性相关关系,还是非线性相关关系,可以将其划分为线性回归分析和非线性回归分析。本章介绍的是线性回归分析。

二、回归分析的基本逻辑

既然回归分析的基本任务是建立变量间的数学模型,即建立因变量与自变量的函数关系。那么,这里首先要有一个假设,即因变量与一个或一些自变量之间具有某种数量关系,用方程表示就是:

$$y = f(x_1, x_2, \cdots, x_k) + \beta \qquad \text{(公式 9-1)}$$

方程中的 y 是被预测的变量,叫因变量;x_1、x_2、$\cdots$、x_k 是用来预测 y 的变量,叫自变量。这一方程所表达的含义是:因为 y 与这一组自变量 x_1、x_2、$\cdots$、x_k 具有相关关系,所以自变量的变化会引起 y 的伴随变化。从某种意义上说,可以根据这一组自变量的值去计算或预测因变量的值。可是,相关关系是不确定性关系,当自变量的值确定后,y 的值不是一个确定的值,而是可能偏离依靠 $y = f(x_1, x_2, \cdots, x_k)$ 这一函数关系计算得出的值,即可能会产生一个预测偏差。所以在这一函数关系式中需要加上一个校正值 β,这个校正值实际的意义就是:用一组自变量的值去预测一个 y 值时产生的预测偏差,即误差。由于预测偏差是其他一些不确定性的随机因素引起的,所以 β 实际上是一个随机误差。

每一次用确定的一组自变量值去预测 y 值产生的误差也不确定,如果进行很多次地预测,就会得到很多个不同的误差量,这些误差是正态分布的,其平均值为 0,预测的因变量也因为随机误差的影响而呈现正态分布。用 $\tilde{y}$ 来表示预测值的平均值,则有:

$$y_i = f(x_1, x_2, \cdots, x_k) + \varepsilon_i \qquad \text{(公式 9-2)}$$

$$\tilde{y} = \frac{\sum y_i}{N} = \frac{\sum [f(x_1, x_2, \cdots, x_k) + \varepsilon_i]}{N} = f(x_1, x_2, \cdots, x_k) \qquad \text{(公式 9-3)}$$

在 y 与自变量之间建立起确定的函数关系后,就可以利用正态分布规律有效地预测因变量的平均值。或者,如果我们能够通过一系列观测资料,评估预测误差的分布情况,就可以预测因变量的取值范围。总而言之,要想建立因变量与自变量之间的预测关系,就是要建立它们之间确定的函数关系,并尽可能地评估预测误差的大小,这就是回归分析的核心任务。换句话说,回归分析的核心任务就是建立回归方程并评估其有效性。

具体地说,回归分析的一般过程是:

步骤 1:提出假设的回归模型

研究者首先应通过调查与分析,确定要预测的因变量,以及可能对这个因变量产生影响或与该因变量具有相关关系的变量的种类及个数;然后再根据研究目的,选择其中影响大、相关度可能较高的变量作为自变量。如前文所述,自变量是现实中容易测量的,因变量则是现实中较难测量或是未来可能的发展结果。变量选定后,建立预测关系的方向或目标就确定了。

步骤 2:在实验或调查中获取数据资料

通过实验或大量的实际观测及调查,取得较为可靠的数据资料。这项工作是研究者进行回归分析的前提和基础,其数据质量也决定回归分析工作的质量。若获取的数据资料不可靠,后续的工作就没有实际意义了。

步骤 3:估计回归方程的函数形式

利用所获取的大量数据资料,先用直观的方式如绘制散点图分析变量关系的形态;再根据函数拟合方式,确定应通过哪种数学模型来概括回归线。若自变量和因变量之间存在线性关系,则应进行线性回归分析;若自变量与因变量存在非线性关系,则应进行非线性回归分析。

步骤 4:回归方程的参数估计

确定回归方程的数学模型后,主要的工作就是根据所收集的数据资料来确定方程中的一些参数。因为有了确定的参数,预测关系就建立起来了。那么按照什么逻辑来确定这些参数?即如何得到确定的回归方程?

在建立回归方程之前,我们得到了大量的样本资料,这些资料应该是每一个因变量值都有与之对应的一个或一组自变量值。因此可以设想:要是能建立起一个回归方程,就可以将一组确定的自变量值代入其中得到因变量的一个预测值;将该预测值与对应的因变量观测值作比较,就能得到一个预测误差值 ε_i;将从很多个案中观测得到的数据代入,就得到一系列的预测误差值。

很明显,我们期望得到这样的回归方程:一是要能保证预测误差总和等于 0 或接近于 0,二是按照方程预测的因变量能最接近于真实的观测值,即预测误差的绝对值或者说预测误差的平方和要尽可能小。根据观测的数据和假设模型,我们实际上可以建立起一系列的关于因变量与自变量的预测关系式,其中有一个是最优的,即用它来估计因变量所带来的误差平方和最小,该预测关系式就叫做回归方程。因为满足这一条件就意味着回归方程能够与观测数据有"最佳拟合"。所以,回归方程最佳拟合原则就是误差平方和达到最小,即 Q 达到最小:

$$Q = \sum \varepsilon_i^2 \qquad\qquad \text{(公式 9 - 4)}$$

这里的 Q 表示误差平方和,在回归分析中也称为剩余平方和。回归分析最核心的任务就是依据观测的实际数据,按照 $Q = \sum \varepsilon_i^2$ 最小原则确定函数中的参数,这种方法也叫做最小二乘法。

步骤5:回归方程的有效性检验

根据样本数据建立起回归方程后,应对其进行各种检验,看其是否真实地反映了因变量与自变量之间的数量关系。回归方程的有效性检验主要包括:回归方程的显著性检验、回归方程的拟合优度检验、回归系数的显著性检验。

回归方程有效性检验的主要目的是考察回归方程预测的因变量值与实际观测的因变量值之间相关程度的高低。相关越高,说明预测值与实际观测值越具有一致性,回归方程越能有效地反映自变量与因变量之间的变化关系。

三、回归方程的应用

建立变量间有效的回归方程,能够揭示变量间真实的或可能的数量关系,从某些侧面描述客观事物运动的规律性。有了规律性的认识,就可以实现某些预测和控制。估计、预测因变量的主值(类似于点估计)或取值范围(类似于区间估计),是回归分析的主要目的所在。回归方程所揭示的关系能够帮助我们,通过控制或调整自变量的值而达到控制因变量变化趋势的目的。当然,利用回归方程进行控制,多见于自然科学研究领域。心理科学领域中,更多的是利用回归方程进行估计和预测。

第二节　一元线性回归分析

一、一元线性回归模型

一元线性回归是最简单的回归模型,它所揭示的是一个自变量与一个因变量之间的线性关系,因此回归模型可以大致表示成如下形式:

$$Y = \alpha + \beta X + \varepsilon \qquad\qquad \text{(公式 9 - 5)}$$

这一方程中的 X 是自变量,Y 是因变量,α 和 β 是待求参数,ε 表示随机误差。很明显,按照这一模型,自变量与因变量之间的一元线性回归方程就是 $\hat{Y} = \alpha + \beta X$。该回归方程建立的过程实际上就是根据一些样本数据计算回归方程中的两个参数 α 和 β 的过程。

前文已经指出,回归方程是研究具有一定不确定性的变量的关系。当自变量 X 取某一个确定的数值 X_0 时,因变量 Y 不是一个确定的值,而是一个随机变化的、呈正态分布的一组值,这一组值的平均值就叫做 $X=X_0$ 时 Y 的真值,可以将上述关系表示成图 9-1 所示的形式。

如图 9-1 所示,以 X 和 Y 分别为横坐标和纵坐标所做的散点不是在一条直线上,但是这些散点的分布有着明显的直线趋势。在依据大样本数据作出的变量间关系的散点图中,如果可以找到一条特定的直线,使得各观测点与该直线的总变异量最小,则这条直线就叫做自变量与因变量之间关系的回归线,用数学形式表示就是:

$$\hat{Y}=a+bX \tag{公式 9-6}$$

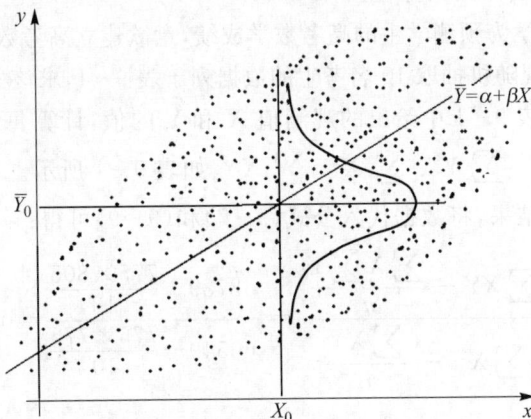

图 9-1 一元线性回归方程示意图

在这个方程中,$\hat{Y}$ 叫做对应于 X 的 Y 变量的估计值或真值;参数 a 表示该直线在 y 轴的截距,参数 b 表示该直线的斜率,叫做 Y 对 X 的回归系数(coefficient of regression)。这个方程被称为 Y 对 X 的一元线性回归方程(linear equation),反映了 X 与 Y 的线性关系。

二、一元线性回归方程的参数计算

要建立一元线性回归方程,就要先计算方程中的参数 a 和 b。根据最佳拟合原则,回归线是指散点图中每一个点沿 Y 轴方向到该直线的距离的平方和最小的那条直线,即要使误差平方和最小。

因为:$Q=\sum \varepsilon^2=\sum (Y-\hat{Y})^2=\sum (Y-a-bX)^2$,所以要求 Q 最小,则可将问题转化为求 Q 对 a、b 的一阶偏导数,并令其等于零组成偏导方程组,然后解方程组求出参数估计值。即:

$$\frac{\partial Q}{\partial a}=-2\sum (Y-a-bX)=0, \frac{\partial Q}{\partial b}=-2\sum (XY-aX-bX^2)=0$$

整理可得到:$\sum Y=na+bX$, $\sum XY=a\sum X+bX^2$

解方程组得到:

$$a=\overline{Y}-b\overline{X} \tag{公式 9-7}$$

$$b=\frac{\sum (X-\overline{X})(Y-\overline{Y})}{\sum (X-\overline{X})^2} \tag{公式 9-8}$$

为方便计算,参数 b 经整理还可表示为:

$$b = \frac{\sum XY - \dfrac{\sum X \sum Y}{n}}{\sum X^2 - \dfrac{(\sum X)^2}{n}} \qquad\text{(公式 9-9)}$$

简而言之,一元线性回归方程建立的方法是:通过对样本的观测,得到变量 X 和 Y 的一批对应的观测值;然后根据公式 9-7 计算出参数 a,根据公式 9-8 或公式 9-9 计算出参数 b;最后得到一元线性回归方程 $\hat{Y} = a + bX$。

【例 9-1】 某中学为预测学生的高考数学成绩,意欲建立高考数学成绩 Y 对平时成绩 X 的线性回归方程。现随机抽取 10 名考生的数据列于表 9-1,求该一元线性回归方程。

【解】 首先根据表 9-1 中给出的观测值 X 和 Y 的值,计算每个数据的中间值 X^2、Y^2、XY、$\sum X$、$\sum Y$、$\sum Y^2$、$\sum X^2$、$\sum XY$,如表 9-1 所示。

根据表中计算的结果,将数据代入公式(9-7)和(9-9)可得:

$$b = \frac{\sum XY - \dfrac{\sum X \sum Y}{n}}{\sum X^2 - \dfrac{(\sum X)^2}{n}} = \frac{62739 - \dfrac{775 \times 805}{10}}{60549 - \dfrac{775 \times 775}{10}} = 0.723$$

表 9-1 10 名学生平时考试数学均分和高考数学成绩

学生编号	平时考试均分(X)	高考数学成绩(Y)	X^2	Y^2	XY
01	89	92	7921	8464	8188
02	75	82	5625	6724	6150
03	77	76	5929	5776	5852
04	73	78	5329	6084	5694
05	68	70	4624	4900	4760
06	78	84	6084	7056	6552
07	81	83	6561	6889	6723
08	90	85	8100	7225	7650
09	70	75	4900	5625	5250
10	74	80	5476	6400	5920
$\sum$	775	805	60549	65143	62739

$$a = \overline{Y} - b\,\overline{X} = 80.5 - 0.723 \times 77.5 = 24.468$$

于是得到一元线性回归方程:$\hat{Y} = 24.468 + 0.723X$。

三、一元线性回归方程的有效性检验

(一)回归方程的显著性检验

根据一个样本的观察数据求出一个回归方程后,需要对该方程进行有效性检验,进而确认它的应用价值。由一元线性回归模型可知,因变量 Y 各观察值之间的差异(或与其均值的差异)主要来自两方面原因:一是自变量 X 的取值不同;二是其他随机因素带来

的随机误差 ε。

因此可以将因变量 Y 的总变异量 SS_T 分解成两部分：其中一部分是根据回归方程可以预测到的由自变量 X 所带来的变异量即回归平方和 SS_R；另一部分是由随机误差带来的剩余平方和 SS_E，如图9-2所示。

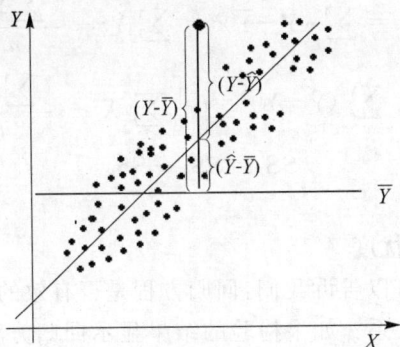

图9-2　回归分析中因变量变异量分解

于是就有：

$$SS_T = SS_R + SS_E \qquad (公式9-10)$$

$$\sum (Y - \overline{Y})^2 = \sum (\hat{Y} - \overline{Y})^2 + \sum (Y - \hat{Y})^2 \qquad (公式9-11)$$

很明显，在回归分析中可以应用方差分析方法对回归方程进行有效性检验。正如图9-2所显示的那样：在因变量 Y 的总变异量中，随机误差所带来的变异量越大，意味着图中散点离开回归线越远，回归变异量也就越小；否则反之。由此可见，回归变异量所占总变异量的比例能够反映散点汇聚回归线的程度。相应地，回归方差越大，误差方差就越小，回归方差与误差方差的比率 $F = \dfrac{S_R^2}{S_E^2} = \dfrac{MS_R}{MS_E}$ 就越大。如果 F 达到了显著性水平，表示 Y 与 X 全体的线性关系显著，线性回归方程是有效的，利用线性回归模型反映 Y 与 X 的关系是恰当的；反之，如果 F 值未达到显著性水平，则表示 Y 与 X 全体的线性关系不显著，线性回归方程无效，利用线性回归模型反映 Y 与 X 的关系是不恰当的。

回归方程有效性检验的虚无假设是所求回归方程无效，假设的实质是由自变量决定的回归方差并不显著大于剩余方差。所以，采用 F 检验：

$$F = \frac{MS_R}{MS_E} = \frac{\sum (\hat{Y} - \overline{Y})^2}{\sum (Y - \hat{Y})^2 / (n-2)} \qquad (公式9-12)$$

其中：分子自由度为 $df_R = 1$、分母自由度为 $df_E = n-2$。

一元线性回归方程有效性检验的方差分析表如表9-2所示。

表9-2　一元线性回归方程方差分析表

变异源	平方和	自由度	均　方	F	P
回归方程	SS_R	1	$MS_R = SS_R / 1$	$F = \dfrac{MS_R}{MS_E}$	
随机误差	SS_E	$n-2$	$MS_E = SS_E / (n-2)$		
合　计	SS_T	$n-1$			

在显著性水平 a 确定的条件下,根据回归自由度和剩余自由度,查 F 值分布表,可得检验临界值。如果计算得到的 F 值小于临界值,则接受虚无假设,认为回归方程无效;如果计算得到的 F 值大于临界值,则拒绝虚无假设,认为回归方程有效。

为了计算的方便,回归方程的方差分析也可以使用下列公式计算变异量:

$$SS_T = \sum (Y - \overline{Y})^2 = \sum Y^2 - \frac{(\sum Y)^2}{n} \qquad \text{(公式 9 - 13)}$$

$$SS_R = \sum (\hat{Y} - \overline{Y})^2 = b^2 \left[\sum X^2 - \frac{(\sum Y)^2}{n} \right] \qquad \text{(公式 9 - 14)}$$

$$SS_E = SS_T - SS_R \qquad \text{(公式 9 - 15)}$$

(二) 回归方程的拟合优度

回归方程的方差分析可以告诉我们:回归方程是否有效的?自变量 X 和因变量 Y 之间是否存在显著性的线性关系?如果检验的结果显示回归方程未达到显著性水平,则说明方程无效,不能有效地反映 X 与 Y 的线性关系,或者说,X 和 Y 不存在明显的线性关系;如果回归方程达到了显著性水平,说明回归方程有效,回归线能够与实际观测的数据很好的拟合,能够有效反映 X 和 Y 的线性关系,或者说,X 和 Y 存在明显的线性关系。方差分析虽然可以告诉我们某一回归方程是否有效,但却不能告诉我们回归方程的有效性大小。所以我们还需要一个能够判定回归方程有效性大小的系数,叫做判定系数或决定系数,也叫做回归方程的拟合优度。

刚才已经分析过,回归变异量 SS_R 所占因变量总变异量 SS_T 的比例越大,X 和 Y 的线性关系越明显,回归方程在反映这种关系方面越是有效。于是,统计学就将回归变异量与因变量总变异量的比率定义为判定系数,记为 R^2。$R^2 = \dfrac{SS_R}{SS_T} = \dfrac{\sum (\hat{Y} - \overline{Y})^2}{\sum (Y - \overline{Y})^2}$,将回归方程代入并经过推导变换可得到:

$$R^2 = \frac{SS_R}{SS_T} = \frac{\sum (\hat{Y} - \overline{Y})^2}{\sum (Y - \overline{Y})^2} = \frac{\sum (X - \overline{X}) \cdot (Y - \overline{Y})}{n S_X S_Y}$$

$$= \frac{1}{n} \cdot \sum Z_X Z_Y = r_{xy}^2 \qquad \text{(公式 9 - 16)}$$

即一元线性回归方程有效性的判定系数 R^2 正好等于自变量 X 与因变量 Y 的积差相关系数 r_{xy} 的平方。

【例 9 - 2】 试对例 9 - 1 中建立的一元线性回归方程进行显著性检验,并计算其判定系数 R^2。

【解】 先建立虚无假设和研究假设:

H_0:所建立的一元线性回归方程无效;H_1:所建立的一元线性回归方程有效。

将表 9 - 1 中数据和回归方程的参数 b 代入公式 9 - 13 和公式 9 - 14 可得:

$$SS_T = \sum Y^2 - \frac{(\sum Y)^2}{n} = 65143 - \frac{805^2}{10} = 340.5$$

$$SS_R = b^2 \left[\sum X^2 - \frac{(\sum Y)^2}{n} \right] = (0.723)^2 \times \left(60549 - \frac{775^2}{10} \right) = 253.961$$

$$SS_E = SS_T - SS_R = 86.539$$

而分子自由度 $df_R = 1$、分母自由度 $df_E = n - 2 = 8$。

于是：$F = \dfrac{MS_R}{MS_E} = \dfrac{253.961}{86.539/8} = 23.477$

若显著性水平 $a = 0.01$，查得分子自由度为 1、分母自由度为 8 的 F 临界值为 11.26，所求 F 值远远大于临界值，拒绝虚无假设，认为该一元线性回归方程显著。而其判定系数为：

$$R^2 = \left[\frac{\sum (X - \overline{X}) \cdot (Y - \overline{Y})}{n S_X S_Y} \right]^2 = r_{xy}^2 = 0.746$$

可见，在一元线性回归方程有效性检验中，其判定系数 R^2 正是因变量与自变量的相关系数的平方。就本例来说，学生平时数学考试成绩的平均值可以有效预测其高考数学考试成绩，预测的有效性达到 74.6%。

四、一元线性回归方程的应用

回归方程的实践意义在于利用方程估计或预测因变量。利用回归方程进行的预测或估计包括点估计和区间估计两种。点估计就是将确定的自变量值 X_i 直接代入回归方程，计算得到相应的回归值 Y_i。例如就例 9 - 1 来说，若某学生平时数学考试成绩平均为 85 分，则可以对其高考数学成绩进行的点估计为：$\hat{Y}_i = 24.468 + 0.723X = 24.468 + 0.723 \times 85 = 85.923$。

区间估计是以一定的概率为保证，预测当自变量为某一确定值时因变量的置信区间。

对于给定的自变量 X_i，可以有以下两种不同的预测：一是与 X_i 对应的因变量取值均值的预测，二是与 X_i 对应的单个因变量值的预测。就例 9 - 1 中对数学平时平均成绩为 85 分时其高考分数的预测，可以是预测所有数学平时成绩为 85 分的学生数学高考成绩的均值可能的区间，也可以是预测某个数学平时成绩为 85 分的学生的数学高考成绩可能的区间。作为点估计两种预测都是一样的，但作为区间估计前者的范围将小一些。

（一）对因变量均值的区间估计

可以证明，因变量均值（或真值）区间估计时的标准误为：

$$S_{\hat{Y}} = S_{Y \cdot x} \sqrt{\frac{1}{n} + \frac{(X - \overline{X})^2}{\sum (X - \overline{X})^2}} \qquad \text{（公式 9 - 17）}$$

若给定的置信系数为 $1 - a$，则对于确定的自变量值 X_i，其因变量均值的预测区间为：

$$\{ \hat{Y}_i - t_{a/2} \cdot S_{\hat{Y}}, \hat{Y}_i + t_{a/2} \cdot S_{\hat{Y}} \} \qquad \text{（公式 9 - 18）}$$

式中 $t_{a/2}$ 是自由度为 $n - 2$，夹中间概率面积为 $1 - a$ 的 t 分布双侧分位数值。$\hat{Y}_i$ 是与自变量某确定值 X_i 对应的点估计值。

(二) 对单个因变量的预测

对单个样本的因变量值作区间估计的标准误为：

$$S_{Y_i} = S_{Y \cdot X} \sqrt{1 + \frac{1}{n} + \frac{(X - \overline{X})^2}{\sum (X - \overline{X})^2}}$$ （公式 9 - 19）

单个因变量的预测区间为：

$$\{\hat{Y}_i - t_{a/2} \cdot S_{\hat{Y}_i}, \hat{Y}_i + t_{a/2} \cdot S_{\hat{Y}_i}\}$$ （公式 9 - 20）

从公式 9 - 17 和公式 9 - 19 的比较中可以看出，S_{Y_i} 比 $S_{\hat{Y}}$ 多加了一个 S_{YX}，因此与因变量均值预测区间相比，单个因变量的预测区间宽度有所增加。即利用回归方程对单个因变量进行预测的置信区间大于对因变量均值进行预测的置信区间。

【例 9 - 3】 利用例 9 - 1 的数据和例 9 - 1 中所建立的回归方程，预测数学平时成绩为 85 分的学生的高考数学成绩的均值置信区间和单个学生的高考数学成绩的置信区间，置信度控制在 95%。

【解】 当 $X = 85$ 时，因变量点估计值为：$\hat{Y}_i = 24.468 + 0.723X = 85.923$

回归估计的标准误为：$S_{YX} = \sqrt{\sum (Y - \hat{Y})^2 / n - 2} = 3.289$，所以：

因变量均值估计的标准误为：

$$S_{\hat{Y}} = S_{YX} \sqrt{\frac{1}{n} + \frac{(X - \overline{X})^2}{\sum (X - \overline{X})^2}} = 3.289 \times \sqrt{\frac{1}{10} + \frac{(85 - 77.5)^2}{60549 - 60062.5}} = 1.527$$

单个因变量值估计的标准误为：

$$S_{Y_i} = S_{YX} \sqrt{1 + \frac{1}{n} + \frac{(X - \overline{X})^2}{\sum (X - \overline{X})^2}} = 3.289 \times \sqrt{1 + \frac{1}{10} + \frac{(85 - 77.5)^2}{60549 - 60062.5}}$$
$$= 3.626$$

自由度为 $n - 1 = 8$，查 t 值表得：$t_{0.05/2} = 2.306$，于是利用公式 9 - 18 可以计算得到置信度为 0.95 的因变量均值的置信区间为 $\{82.401, 89.445\}$，即凡是平时数学成绩为 85 分的那些学生，他们高考数学成绩的平均分有 95% 的可能是处在区间 $\{82.401, 89.445\}$ 之内的。

利用公式 9 - 20 可以计算得到置信度为 0.95 的单个因变量的估计区间为 $\{77.561, 94.285\}$，即平时数学成绩为 85 分的学生其高考数学成绩有 95% 的可能是处在区间 $\{77.561, 94.285\}$ 之内的。

通过分析公式 (9 - 17) 和 (9 - 19)，我们可以知道预测区间的宽窄受到下述因素的影响：

第一，自变量的确定值 X_i 离平均值 $\overline{X}$ 越近，预测区间越窄，因变量估计越精确。

第二，自变量的变异量 $\sum (X - \overline{X})^2$ 越大，预测区间越窄，反之越宽。在 n 恒定时，$\sum (X - \overline{X})^2$ 反映自变量的离散程度。说明获取观测资料时，取样范围越大，预测区间越窄，因变量估计越精确。

第三，样本容量越大；预测区间越窄；因变量估计越精确。

第四，回归估计标准误 S_{YX} 越小；预测区间越窄；因变量估计越精确。

第三节　多元线性回归分析

一、多元线性回归模型

在教育与心理学研究领域,一个因变量往往同时受到多个自变量的影响。如学生的学习成绩会受到学生的智商、学习态度、学习方法、教学水平、学习环境等多个因素的影响,这时我们若要更加有效、精确地预测因变量就必须引入多个自变量,建立多元回归模型。

多元线性回归模型是指含有两个或两个以上自变量的线性回归模型,用于揭示因变量与多个自变量之间的线性关系。其数学模型是:

$$Y = \beta_0 + \beta_1 X_1 + \beta_2 X_2 + \cdots + \beta_i X_i + \varepsilon \qquad \text{(公式 9-21)}$$

式中参数 $\beta_1, \beta_2, \cdots, \beta_i$ 称为回归系数,β_0 称为回归常数,ε 是随机误差,Y 为服从正态分布的随机变量。因此,多元线性回归方程表达式为:

$$\hat{Y} = b_0 + b_1 X_1 + b_2 X_2 + \cdots + b_i X_i \qquad \text{(公式 9-22)}$$

回归系数 b_i 表示:在其他自变量不变的情况下,自变量 X_i 变动一个单位时,引起的因变量 Y 的变动量。多元线性回归分析的内容与一元线性回归分析基本相似,只是计算过程复杂得多,一般都借用统计软件来完成。

二、多元线性回归方程的参数计算

多元线性回归方程中,回归系数的计算同样遵循 $Q = \sum \varepsilon^2$ 最小的最佳拟合原则,采用最小二乘法进行。其中 $Q = SS_E = \sum \varepsilon^2 = \sum (Y - \hat{Y})^2$。

根据微积分中求极小值的原理,欲使 Q 达到最小,须将 Q 分别对 b_1、b_2、$\cdots$、b_i 求偏导数并令其等于零;加以整理后可得到 $(i+1)$ 个方程式组成的方程组;解方程组便可得到回归方程中的各个参数值。在此,以二元线性回归方程的建立为例,介绍多元线性回归方程中的参数计算方法。

二元线性回归方程可表示为:$\hat{Y} = b_0 + b_1 X_1 + b_2 X_2$。使用最小二乘法可得到方程组:

$$\sum Y = n b_0 + b_1 \sum X_1 + b_2 \sum X_2 \qquad \text{(公式 9-23)}$$

$$\sum X_1 Y = b_0 \sum X_1 + b_1 \sum X_1^2 + b_2 \sum X_1 X_2 \qquad \text{(公式 9-24)}$$

$$\sum X_2 Y = b_0 \sum X_2 + b_1 \sum X_1 X_2 + b_2 \sum X_2^2 \qquad \text{(公式 9-25)}$$

解上述方程组便可得到参数 b_0、b_1、b_2 值,建立起二元线性回归方程。

上述计算过程虽然烦杂一些,但是基本原理是与一元线性回归方程参数计算完全一样的。在实际应用中,一般都将烦杂的计算交由计算机去完成。如果不借用计算机,也可以使用下列较为简便的一些公式进行参数计算:

$$b_0 = \overline{Y} - b_1 \overline{X}_1 - b_2 \overline{X}_2 \qquad \text{(公式 9-26)}$$

$$b_1 = \frac{L_{1Y} L_{22} - L_{2Y} L_{12}}{L_{11} L_{22} - L_{12}^2} \qquad \text{(公式 9-27)}$$

$$b_2 = \frac{L_{2Y}L_{11} - L_{1Y}L_{21}}{L_{11}L_{22} - L_{12}^2}$$ （公式 9 - 28）

其中：

$$L_{11} = \sum(X_1 - \overline{X}_1)^2 = \sum X_1^2 - \left(\sum X_1^2\right)/n$$

$$L_{22} = \sum(X_2 - \overline{X}_2)^2 = \sum X_2^2 - \left(\sum X_2\right)^2/n$$

$$L_{12} = L_{21} = \sum(X_1 - \overline{X}_1)(X_2 - \overline{X}_2)$$

$$= \sum(X_1 \cdot X_2) - \left(\sum X_1 \cdot \sum X_2\right)/n$$

$$L_{1Y} = \sum(X_1 - \overline{X}_1)(Y - \overline{Y}) = \sum(X_1 \cdot Y) - \left(\sum X_1 \cdot \sum Y\right)/n$$

$$L_{2Y} = \sum(X_2 - \overline{X}_2)(Y - \overline{Y}) = \sum(X_2 \cdot Y) - \left(\sum X_2 \cdot \sum Y\right)/n$$

【例 9 - 4】 某公司对 15 名员工进行考评，测得他们的文化基础知识 X_1 和专业技能 X_2 两项成绩如表 9 - 3 所示，同时将用人部门对他们的实际工作能力的评定结果同列表中（满分都是 10 分）。请建立员工实际工作能力对两项测评成绩的线性回归方程。

【解】 计算公式中包含的一些中间值，将结果记录在表 9 - 3 中，然后将相应数据代入公式 9 - 23、公式 9 - 24 和公式 9 - 25，即可得到如下的可解方程组：

$$105 = 15b_0 + 87b_1 + 99b_2$$
$$637 = 87b_0 + 565b_1 + 604b_2$$
$$724 = 99b_0 + 604b_1 + 689b_2$$

解方程组即可得到线性回归方程中的参数值：$b_0 = 1.237$、$b_1 = 0.058$、$b_2 = 0.822$，所以本例中得到的二元线性回归方程是：$\hat{Y} = 1.237 + 0.058X_1 + 0.822X_2$。

表 9 - 3 员工能力回归分析的数据表

编号	已知数据			中间结果					
	X_1	X_2	Y	X_1^2	X_2^2	Y^2	X_1X_2	X_1Y	X_2Y
1	3	5	6	9	25	36	15	18	30
2	4	6	7	16	36	49	24	28	42
3	5	7	7	25	49	49	35	35	49
4	7	8	9	49	64	81	56	63	72
5	6	9	7	36	81	49	54	42	63
6	8	7	9	64	49	81	56	72	63
7	7	6	7	49	36	49	42	49	42
8	9	8	8	81	64	64	72	72	64
9	5	8	9	25	64	81	40	45	72
10	9	7	7	81	49	49	63	63	49
11	2	3	4	4	9	16	6	8	12
12	4	5	5	16	25	25	20	20	25
13	5	7	7	25	49	49	35	35	49
14	6	5	4	36	25	16	30	24	20
15	7	8	9	49	64	81	56	63	72
$\sum$	87	99	105	565	689	775	604	637	724

三、多元线性回归方程的有效性检验

多元回归方程建立后同样需要进行有效性检验,以判断它是否具有实用价值。多元线性回归方程有效性检验基本原理同一元线性回归方程相似,也采用方差分析方法。

多元线性回归方程有效性检验的虚无假设 H_0:各回归系数同时与零无显著差异。即是说:全体自变量取值无论如何变化都不会引起自变量 Y 的线性变化,所有的自变量都无法解释 Y 的线性变化,Y 与所有自变量不存在线性关系,所建立的多元线性回归方程是无效的。

检验统计量是 F,其计算公式为:

$$F = \frac{MS_R}{MS_E} = \frac{\sum(\hat{Y} - \overline{Y})^2/k}{\sum(Y - \hat{Y})^2/n - k - 1} \qquad (公式 9-29)$$

式中 k 为自变量个数,n 为样本数。方差分析结果可写成表 9-4 的形式。

表 9-4　多元线性回归方程方差分析表

变异源	平方和	自由度	均　　方	F	p
回归方程	SS_R	k	$MS_R = SS_R/k$	MS_R/MS_E	
随机误差	SS_E	$n-k-1$	$MS_E = SS_E/(n-k-1)$		
合　计	SS_T	$n-1$			

【例 9-5】　试对例 9-4 中建立的二元线性回归方程进行显著性检验。

【解】　采用 F 检验,检验统计量的计算如下(中间计算环节省略):

$$F = \frac{MS_R}{MS_E} = \frac{13.556}{1.074} = 12.623$$

在 F 分布表中,当 $\alpha = 0.01$,分子自由度为 2,分母自由度为 12 时,F 临界值为 6.93,远远小于该方程的 F 统计值,所以该二元线性回归方程是有效的,因变量 Y 与自变量的线性关系是显著的,方程具有预测效用。

多元线性回归方程同样需要进行拟合优度检验,以判断其有效性程度。R^2 与一元线性回归方程的判定系数意义相同,等于回归平方和占因变量总平方和的比例,也等于因变量与自变量相关系数的平方。不过,在多元线性回归方程中,自变量不止一个,所以 $\sqrt{R^2}$ 反映的是因变量 Y 与 k 个自变量之间的相关程度,因此又称为 y 与 k 个自变量的复相关系数。

在多元线性回归方程有效性检验中,需要综合考虑因变量与多个自变量的相关,需要对判定系数进行调整。调整后的判定系数,记为 $\overline{R^2}$,其表达式为:

$$\overline{R^2} = 1 - \frac{SS_E/(n-k-1)}{SS_T/(n-1)} \qquad (公式 9-30)$$

$\overline{R^2}$ 的取值范围与 R^2 样,也是在 0~1 之间,它越接近于 1,回归方程与实际观测值的拟合度越高,方程有效性程度就越高;反之,$\overline{R^2}$ 越接近于 0,拟合度越低,方程有效性程度也越低。由公式 9-30 可知:调整后的判定系数 $\overline{R^2}$ 考虑的是平均的误差平方和,而不是误差平方和。在多元线性回归分析中,$\overline{R^2}$ 可以剔除自变量个数对拟合优度的影响,所以比 R^2 更能准确地反映回归方程对样本数据的拟合程度。也就是说:作为回归方程的有效性高低程度的评估指标，$\overline{R^2}$ 更可靠。因此在多元线性回归分析中，我们通常用 $\overline{R^2}$ 统计量代替一元回归分析中的 R^2 统计量。

在例 9-4 中所建立的二元回归方程中，其拟合优度检验统计量 $\overline{R^2}=0.624$；而 $R^2=0.678$。因为 R^2 可能会高估方程的拟合度，所以采用 $\overline{R^2}$ 更客观准确。

四、回归系数的显著性检验

在一元线性回归分析中，因为只有一个自变量，所以整个方程的有效性检验和回归系数的显著性检验是完全等价的：方程有效就是因为自变量与因变量有显著性的相关。在多元线性回归分析中，方程有效只能在总体上说明因变量与自变量存在相关。或者说：至少有一个自变量与因变量有显著性的线性相关，但并不说明所有的自变量均与因变量存在线性相关。所以需要逐一检验每一个自变量与因变量之间是否存在显著的线性相关，也就是要对每个回归系数进行显著性检验。

如果检验发现，某回归系数达到了显著性水平，说明对应的自变量与因变量具有显著的线性相关，它可以在预测因变量的变化上发挥有效作用，就可以保留在回归方程中；如果某回归系数未达到显著性水平，说明对应的自变量与因变量间没有显著的线性相关，它在预测因变量的变化上不会发挥太大作用，可以将其剔除以使回归方程简化。

多元线性回归方程回归系数的显著性检验的虚无假设 $H_0: \beta_i = 0$，即第 i 个自变量对应的回归系数与零无显著性差异。其检验一般都用 t 分布，统计量为：

$$t_i = \beta_i / S_{\beta_i} \qquad\qquad (公式 9-31)$$

式中：t_i 统计量服从自由度为 $df = n-k-1$ 的 t 分布、S_{β_i} 为回归系数 β_i 的标准误：

$$S_{\beta_i} = \sqrt{\dfrac{S_{YX}^2}{\sum (X-\overline{X})^2}} \qquad\qquad (公式 9-32)$$

查 t 表得到 α 显著性水平下的临界值 $t_{\alpha/2(n-k-1)}$。若 t_i 的绝对值大于临界值，则拒绝虚无假设而认为该回归系数达到了显著性水平，相应的自变量与因变量之间存在显著的线性关系，应保留在方程中；若 t_i 的绝对值小于临界值，则接受虚无假设而认为该回归系数未达到显著性水平，相应的自变量与因变量之间没有显著的线性关系，可将其从方程中剔除。

经计算得到：例 9-4 所建立的回归方程中，自变量 X_1 的回归系数 b_1 的 $t_1 = 0.332$；自变量 X_2 的回归系数 b_2 的 $t_2 = 3.628$ 查 t 值表得临界值 $t_{0.05/2(12)} = 2.179$，所以自变量 X_1 对因变量的线性影响并不显著，可剔除；而自变量 X_2 对因变量的线性影响显著，应保留在回归方程里。

五、自变量的筛选

在求得多元线性回归方程后，需对自变量进行筛选，把其中对因变量作用不显著的自变量剔除以达到简化方程的目的，减少计算量和降低计算误差。

通过统计方法筛选自变量一般有：向后剔除法、向前选择法、逐步回归法三种基本策略。

（一）向后剔除法

向后剔除法（Backward）是自变量不断被剔除出方程的过程。首先，所有自变量全部进入回归方程，并对回归方程中所有的回归系数进行显著性检验；然后，在回归系数未达到显著性水平的一个或多个自变量中，剔除检验统计量 t 值最小的变量，也就是将其中对因变量作用最小的那个变量先剔除，并重新建立回归方程和进行检验。如果新建的回归方程中所有变量的回归系数检验都显著，则回归方程建立结束；否则按照上述方法继续剔除不显著的变量，直到所有变量作用都显著为止。

（二）向前选择法

向前选择法（Forward）是自变量不断进入回归方程的过程。首先，选择与因变量具有最高线性相关系数的变量进入方程，并对回归方程进行各种检验；然后，在剩余的变量中选择与因变量偏相关系数最高并通过显著性检验的变量进入回归方程，并进行各种检验；一直重复这个过程直到没有可进入方程的变量为止。

（三）逐步回归法

逐步回归法（Stepwise）是向后剔除法和向前选择法的结合，它在向前选择的每一步都考虑先前进入的变量是否需要剔除。因为随着变量不断地进入，由于自变量之间存在一定程度的多重共线性，使得某些已经进入回归方程的自变量的回归系数可能不显著。逐步回归法是按每个自变量对因变量的作用，从大到小逐个地引入方程。每引入一个自变量，都要对回归方程中的每个自变量进行一次显著性检验，并根据向后剔除法，将方程中 t 值最小且符合事先设定的剔除判据的变量剔出方程；重复进行直到方程内的自变量均符合进入方程的判据，方程外的自变量均不符合进入方程的判据为止，最终形成的回归方程就是最优的方程。

多元线性回归方程中自变量的选择，以及利用多元线性回归方程对因变量值进行点估计和区间估计；在计算上都十分复杂，一般要借助计算机才能完成，故在此不再详细介绍。

第四节　回归分析的 SPSS 过程

回归分析的计算量一般比较大，所以往往需要借助计算机统计分析软件来完成。这里分别介绍一元线性回归分析和多元线性回归分析的 SPSS 过程。

一、一元线性回归分析的 SPSS 过程

利用 SPSS 系统对例 9-1 中的数据进行一元线性回归分析，步骤如下：

步骤 1：建立数据文件

一元线性回归分析涉及一个自变量、一个因变量，其数据文件至少包括这两列变量的数据。例 9-1 中的数据包括 10 名学生平时数学考试的平均成绩和高考数学成绩，要建立的是以平时成绩预测高考成绩的回归方程，所以将平时成绩记为自变量 X；高考成绩记为因变量 Y，如图 9-3 所示。

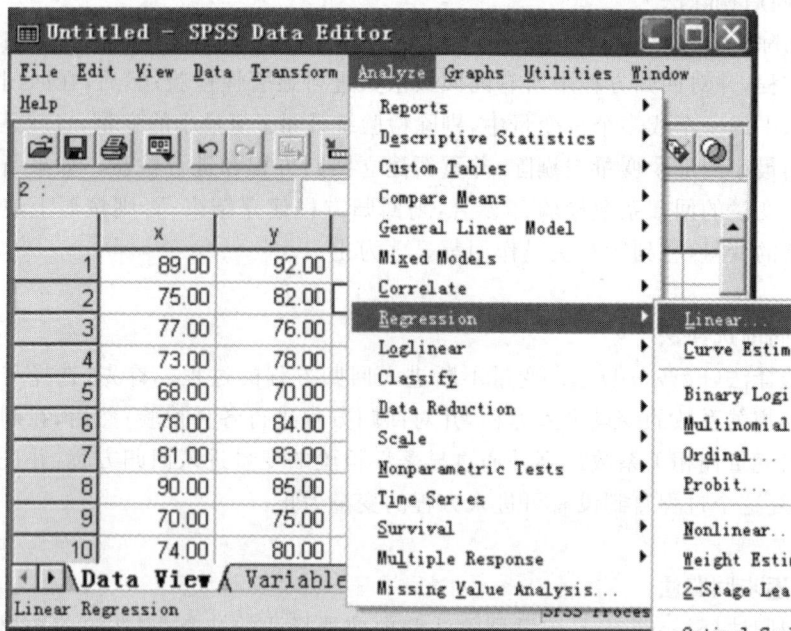

图9-3 一元线性回归分析的数据文件及菜单示意图

步骤2:对话框设置和操作

单击菜单"Analyze"选择"Regression"中的"Linear…"命令,打开对话框如图9-4所示;将对话框左边变量列表中的因变量Y置入"Dependent"下面的方框中,而把自变量X置入"Independents"下面的方框中;在Method框中,默认选择"Enter"选项,表示所选自变量全部进入回归模型。

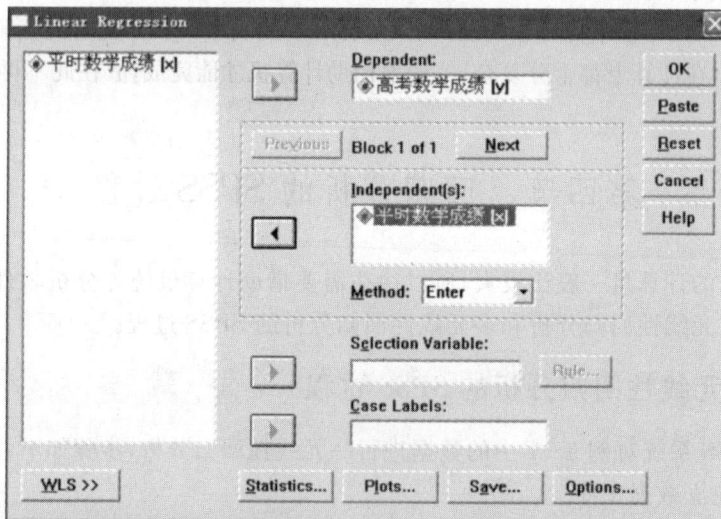

图9-4 一元线性回归分析对话框

步骤3:回归方程有效性检验的设置

单击主对话框上的"Statistics…"按钮;打开"Linear Regression:Statistics"对话框;

心理统计学与SPSS应用

如图9-5所示,勾选对话框上的"Model fit"和"Estimates"两个选项(一般也是默认选项,所以这一步操作其实是可以省略的),此一设置可以输出判定系数、调整的判定系数、回归方程的标准误、F检验的方差分析表等;单击"Continue"按钮返回主对话框;然后再单击"OK"按钮即可输出结果。

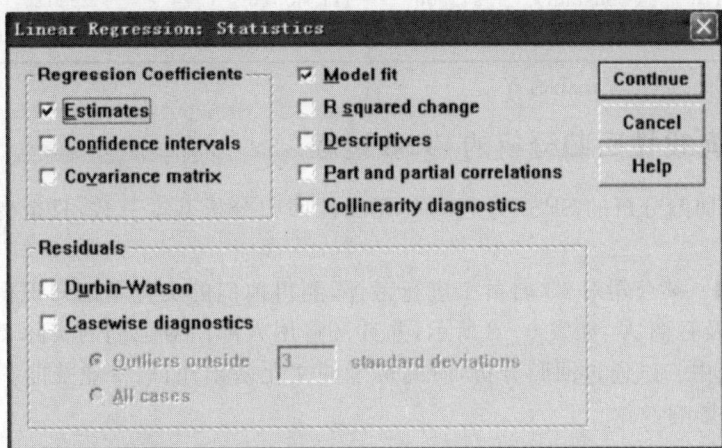

图9-5 一元线性回归方程有效性检验对话框

步骤4:主要输出结果的读取与解释

系统输出的结果主要包括三个部分:

(1)方程的拟合优度。如表9-5所示,一元线性回归方程拟合优度检验的判定系数 $R^2=0.746$,说明自变量 X 能够有效地预测 Y 的变化,即学生平时的数学考试成绩能比较有效地预测其高考的数学成绩。

表 9-5 模型总结(Model Summary)

Model	R	R Square	Adjusted R Square	Std. Error of the Estimate
1	.864	.746	.714	3.28897

(2)回归分析的方差分析。如表9-6所示,由回归方程有效性的方差分析表可知:回归方程达到了很显著性的水平($F=23.477$,$p=0.001<0.01$),说明自变量与因变量直接具有很显著的线性相关。

表 9-6 回归方程有效性检验的方差分析表(ANOVA)

	Sum of Squares	df	Mean Square	F	Sig.
Regression	253.961	1	253.961	23.477	.001
Residual	86.539	8	10.817		
Total	340.500	9			

(3)回归系数及其显著性。表9-7显示,本例中的回归常数 $a=24.506$,回归系数 $b=0.723$。回归系数的显著性检验结果是 $t=4.845$,显著性水平 $p=0.001<0.01$,达到了很显著性的水平。

得到的一元线性回归方程为:$\hat{Y}=24.506+0.723X$。

表 9 - 7　回归系数及其显著性检验（Coefficients）

Model		Unstandardized Coefficients		Standardized Coefficients	t	Sig.
		B	Std. Error	Beta		
1	(Constant)	24.506	11.603		2.112	.068
	X	.723	.149	.864	4.845	.001

a　Dependent Variable：Y

二、多元线性回归分析的 SPSS 过程

多元线性回归分析的 SPSS 过程与一元线性回归分析基本一致，只是变量选择方法有所不同。

【例 9 - 6】　某公司对 15 名员工进行考评，测得他们的文化基础知识得分 X_1、专业技能得分 X_2 及智商 X_3 如表 9 - 8 所示，并且又将用人部门对他们的实际工作能力评定得分 Y 列于表中。试通过回归分析，研究员工的文化基础知识、专业技能和智商对其实际工作能力的影响。

表 9 - 8　员工实际工作能力影响因素的回归分析数据表

员工编号	1	2	3	4	5	6	7	8	9	10	11	12	13	14	15
X_1	3	4	5	7	6	8	7	9	5	9	2	4	5	6	7
X_2	5	6	7	8	9	7	6	8	8	7	3	5	7	5	8
X_3	98	102	114	106	118	126	120	108	97	103	94	99	116	100	115
Y	6	7	8	7	9	7	9	8	7	9	4	5	7	4	9

多元线性回归分析的 SPSS 过程主要包括如下步骤。

步骤 1：建立数据文件

多元线性回归分析涉及多个自变量、一个因变量，其数据文件至少包括多列自变量和一列因变量的数据。例 9 - 6 中的数据包括 15 名员工的四项数据资料，X_1 为文化基础

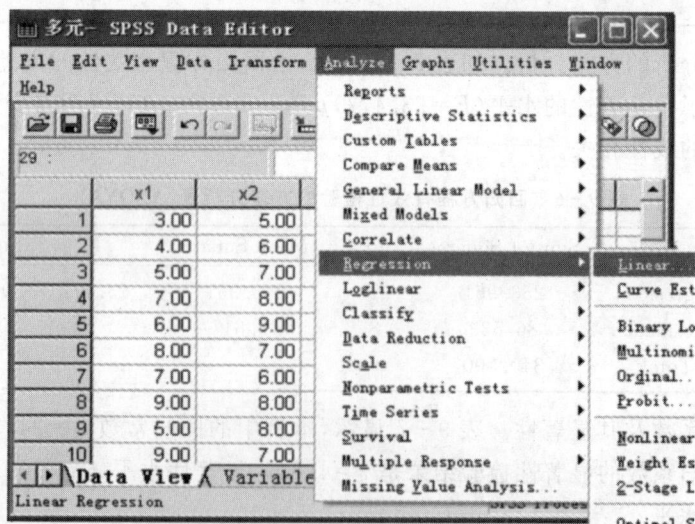

图 9-6　多元线性回归分析的数据文件及菜单示意图

知识分、X_2 为专业技能分、X_3 为智商分、Y 工作能力分等。要建立的是 $X_1 \sim X_3$ 为自变量、Y 为因变量的多元线性回归方程,相应的数据文件如图9-6所示。

步骤2:对话框设置和操作

单击菜单"Analyze"选择"Regression"中的"Linear..."命令,打开对话框如图9-7所示。将对话框左边变量列表中的因变量 Y 置入"Dependent"下面的方框中,而把自变量 $X_1 \sim X_3$ 置入"Independents"下面的方框中。在 Method 框中,选择"Backward"选项(逐步剔除法)。

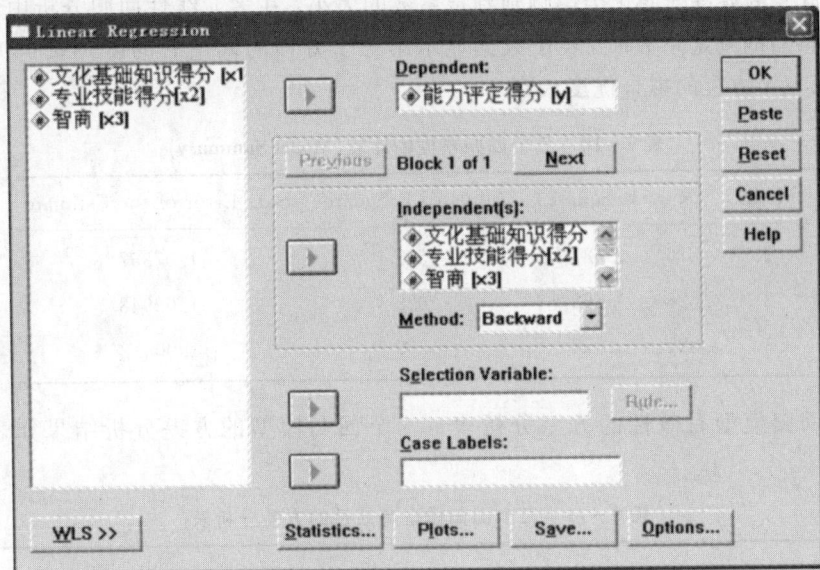

图9-7 多元线性回归分析主对话框及其操作示意图

步骤3:回归方程有效性检验的设置

此一步骤的操作与一元线性回归分析相同。单击主对话框上的"Statistics..."按钮,打开"Linear Regression:Statistics"对话框,如图9-5所示。勾选对话框上的"Model fit"和"Estimates"两个选项。单击"Continue"按钮返回主对话框,然后再单击"OK"按钮即可输出结果。

步骤4:主要输出结果的读取与解释

系统输出的结果主要包括四个部分:

(1)分步剔除自变量获得一系列回归方程。如表9-9所示,回归分析输出的第一个结果是三个线性回归模型或方程,其中:

表9-9 进入或移出的自变量(Variables Entered/Removed)

Model	Variables Entered	Variables Removed	Method
1	$X3$, $X1$, $X2$	.	Enter
2	.	$X1$	Backward
3	.	$X3$	Backward

方程一：$\hat{Y}=a+b_1X_1+b_2X_2+b_3X_3$，三个自变量均进入方程，变量选择方法是"Enter"；

方程二：$\hat{Y}=a+b_2X_2+b_3X_3$，剔除了自变量 X_1，变量选择方法是"Backward"；

方程二：$\hat{Y}=a+b_2X_2$，剔除了自变量 X_3，变量选择方法是"Backward"。

（2）回归方程的拟合优度及其比较。本例中输出三个回归方程，表 9-10 所显示的数据主要是用于对三个方程的拟合优度进行比较，以判断三个方程的优劣。从方程的判定系数 R^2 来看，第一、二、三个方程的判定系数相差不大但也是依次减小的。前文已经指出，自变量数量的变化会影响到判定系数的大小，在多元线性回归分析中，更主要的是看调整后的判定系数 $\overline{R^2}$，表中数据显示第三个方程的调整后的 $\overline{R^2}=0.650$，达到最大，所以第三个方程的拟合优度最高。

表 9-10　三个回归模型的比较（Model Summary）

Model	R	R Square	Adjusted R Square	Std. Error of the Estimate
1	.826	.683	.597	1.07357
2	.826	.682	.629	1.02948
3	.821	.675	.650	1.00022

（3）回归模型有效性的方差分析表。三个回归模型的方差分析结果如表 9-11 所示。

表 9-11　三个回归模型有效性的方差分析表

Model		Sum of Squares	df	Mean Square	F	Sig.
1	Regression	27.322	3	9.107	7.902	.004
	Residual	12.678	11	1.153		
2	Regression	27.282	2	13.641	12.871	.001
	Residual	12.718	12	1.060		
3	Regression	26.994	1	26.994	26.983	.000
	Residual	13.006	13	1.000		

表 9-11 中的结果显示，三个回归模型的方差分析结果均达到显著性水平，即 F 值的显著性水平均达到 p<0.01，说明三个方程均有效，总体上说，因变量与自变量之间存在显著性的线性相关。

（4）回归参数的显著性 t 检验。回归参数的显著性检验是对方程中的所有回归参数进行显著性的 t 检验，以显示方程中各部分对预测因变量的贡献大小，本例结果如表 9-12 所示。

表 9-12 中数据显示，三个自变量对应的回归系数中显著性最低且远未达到显著性水平的是 b_1，说明自变量 X_1 对预测因变量的贡献不大，于是将其从方程中剔除形成方程二。在方程二中，回归系数中显著性最低且远未达到显著性水平的是 b_3，说明自变量 X_3 对预测因变量的贡献不大，于是将其从方程中剔除形成方程三。方程三中只剩一个自变

量,而且它的回归系数达到了及其显著性的水平($p < 0.001$)。

表 9 – 12　回归参数及其显著性检验(Coefficients)

Model		Unstandardized Coefficients B	Std. Error	Standardized Coefficients Beta	t	Sig.
1	(Constant)	$-8.143E-02$	3.328		$-.024$	.981
	X1	$3.495E-02$	.188	.043	.186	.856
	X2	.791	.246	.746	3.217	.008
	X3	$1.538E-02$	.036	.089	.426	.678
2	(Constant)	$-.237$	3.089		$-.077$	.940
	X2	.814	.204	.768	3.995	.002
	X3	$1.729E-02$	.033	.100	.521	.612
3	(Constant)	1.253	1.136		1.103	.290
	X2	.871	.168	.821	5.194	.000

　　综合以上结果,最后得到了一个有效的一元线性回归方程:$\hat{Y} = 1.253 + 0.871X_2$。其他两个自变量因为与因变量的线性相关不明显,对其预测的贡献不大,所以被剔除(本例的结论源自假设的数据,所以不可当真!)。

复习思考与练习题

1. 试分析回归分析和相关关系的区别与联系。

2. 说明线性回归分析的一般逻辑和基本程序。

3. 在对某市的百货商场进行抽样调查时抽中了 10 家商场。统计出每家商场前一个月每名售货员的日均销售额(X:千元)和商场的净盈利率(Y:%),于是得到表 9 – 13 中的数据。试建立商场月盈利率对营业员日均销售额的一元线性回归方程并检验回归方程的有效性。若营业员的日均销售额为 5000 元时,那么商场月盈利率的预测区间是怎样的($\alpha = 0.05$)?

表 9 – 13　商场营业员上月平均的日销售额与商场月净盈利率

商场编号	1	2	3	4	5	6	7	8	9	10
营业员平均的日销售额(X)	6	5	8	1	4	7	6	3	3	7
商场月盈利率(Y)	12.6	10.4	16.8	18.5	3.0	8.1	16.3	12.3	6.2	6.6

　　4. 某研究者欲建立一个线性回归方程,帮助命题者估计试题难度。他设想试题难度受到试题的能力层次、内容深度和试题类型三个因素的影响,因此把每个因素都按对难度影响强度大小分为五个层次并加以界定,然后对 20 道抽样试题分因素评分并且又计算了这 20 道试题的实际难度值(以标准分数表示),数据如表 9 – 14 所示。请你帮助他建立一个估计试题难度的三元线性回归方程。

表 9 – 14　预测试题难度数据表

序号	难度	能力层次	内容深度	题目类型	序号	难度	能力层次	内容深度	题目类型
1	−1.5	1	1	3	11	−0.2	2	4	4
2	−1.3	1	2	2	12	0.0	3	3	5
3	−1.0	2	1	1	13	0.1	4	3	3
4	−0.8	1	1	4	14	0.1	3	4	1
5	−0.7	2	1	3	15	0.2	4	5	2
6	−0.5	1	2	1	16	0.3	4	4	2
7	−0.5	2	2	5	17	0.3	4	3	1
8	−0.4	2	3	4	18	0.5	5	4	4
9	−0.3	3	2	2	19	0.8	4	5	3
10	−0.3	3	3	5	20	1.0	5	5	2

第十章　因素分析

内容提要

　　因素分析是基于相关关系而进行的数据分析技术,是一种建立在众多观测数据基础上的降维处理方法,其最主要目的是探索隐藏在大量观测资料背后的某种结构,寻求一组变量变化的"共同因子"。因素分析的一般程序是:在获取一系列变量的观测数据后,通过变量间的相关分析,判断因素分析的适合度;采用主成份分析等方法进行变量转换或新变量构建,寻找相对独立的、能较好解释原变量变化的少数几个新变量构成公共因子,并以原变量的共同度、因子载荷的结构性、因子的可解释性等评估因素分析结果的质量、计算因子分。本章还详细地介绍了依靠 SPSS 系统完成因素分析的过程以及结果的读取与解释。

　　因素分析是伴随着心理学的研究而发展起来的。从最初斯皮尔曼研究人的能力结构,到现在进行大样本的心理测量,因素分析一直是心理学领域最有效和应用最多的一种资料分析方法。通过测量的方法获得一个样本或总体中多个样本的一系列特征值后,我们往往会有"信息超载"之感,总期望能简化信息,从浩繁的数据中发现某种结构或者问题的主要方面,这就需要使用因素分析技术了。

　　人的心理结构具有层次性。有些成分是表面的、外在的;有些成分则是隐秘的、内在的,但作为具有同一性的个体来说,内隐的方面总是和外显的方面相互作用,内隐方面制约着外显特征。所以我们经常说,一个人的内在自我会在相当程度上决定他的外在行为特征,表现为某些行为倾向具有高度的一致性或相关性。反过来说,我们可以通过对个体进行系统地观察和测量,从一组高度相关的行为倾向中,探索到某种稳定的内在心理结构,这就是因素分析所能做的。

第一节　因素分析的基本原理

一、因素分析的基本思想与起源

　　因素分析(factor analysis),又叫因子分析。它是一种多元统计分析方法,可以用来对复杂的测量数据进行化简,其产生与发展得益于 20 世纪初心理学家对智力的研究。但是它的用途与贡献已不仅仅局限于智力等心理学的研究领域。

1904 年,英国心理学家查尔斯·斯皮尔曼(Chales Spearman)发表了一篇题为《General Intelligence,Objectively Determined and Measured》的论文,报告他采用因素分析的方法对智力结构所进行的研究,提出了智力的"二因素说",即认为智力是由一般因素和特殊因素构成。这是使用因素分析方法的起点。1925 年后,关于斯皮尔曼因素分析的研究出现了一次较大的争论,人们开始质疑"二因素说"的正确性,并指出其中的一些不足。20 世纪 30 年代后期,针对二因素理论的不足,美国心理学家瑟斯顿(L. L. Thurstone)等人在研究中提出了智力的"群因素理论"。他通过旋转因素轴的方法得到因素的简单结构,认为:通过旋转的方法得到的因素可以是相关的,也可以是不相关的。如果因素是相关的,则可以对其进行再次分析,得到所谓的高阶因素。这也就是因素分析"因子旋转"与"高阶因素"的思想。二战期间,瑟斯顿的相关理论和方法对美国军队人才的选拔提供了很大帮助,从而扩大了因素分析方法的影响。吉尔福特(J. P. Guilford)的三维智力理论、卡特尔(R. B. Cattell)的流体和晶体智力理论、弗农(P. E. Vernon)的智力层次结构理论等都是通过因素分析的方法而得到的。由于他们是用因素分析的方法来探索智力的构成,所以他们使用的因素分析方法又被称为探索性因素分析(exploratory factor analysis)。20 世纪 60 年代中后期,统计学家博克(R. D. Bock)、巴格曼(R. Bargmann)以及乔纳斯柯格(K. G. Jöreskog)研究了因素分析模型中参数的假设检验问题,并发展出了验证性因素分析(confirmatory factor analysis)。他们的方法重点在于检验先前假设的因子结构是否合适,从而弥补了探索性因素分析的不足。因此,验证性因素分析越来越受到人们的重视。但是验证性因素分析尚处于发展阶段,其自身还存在一些不足。

因素分析不仅是智力研究的有效方法,也是心理学其他研究领域的有力工具。例如,卡特尔关于人格特质的研究,艾森克(H. J. Eysenck)关于个性差异的研究,都运用了因素分析方法。到了 20 世纪 70 年代,探索性因素分析在方法上已趋于成熟,应用领域也扩展到态度、兴趣、学习等方面的研究。另外,在一些非心理学领域,如经济学、医学、物理学、社会学、地域科学及分类学等也广泛地使用了因素分析方法。因此,有人甚至将因素分析称为心理学对自然科学的唯一贡献。

因素分析的基本思想是:在众多的可观测变量中,根据相关性大小可将变量进行分组,使同组内的变量间的相关性较高,不同组的变量间的相关性较低,从而使每组变量能够代表一种基本结构。每一种基本结构表示为一种公共因子,即"因子"。因此,因素分析的目的是:用少量的"因子"概括和解释大量的观测"变量",从而建立起简洁的、更具有一般意义的概念系统。

例如,对某班 20 名学生进行心理测量,得到了他们在常识、词汇、算术、积木、拼图、阅读理解、图片排列 7 个项目上的得分,如表 10 - 1 所示。这 7 个项目的测验得分反映了学生的哪些能力呢? 每个学生的能力又是怎样的呢?

可以使用因素分析的方法,经过因子抽取、因子数目的确定、因子旋转等步骤后,得到包含两个因子的相关矩阵。其中一个因子与常识、词汇、算术、阅读理解的得分相关较高,而另一个与积木、拼图、图片排列的得分相关较高。根据相关经验,把两个"因子"分别命名为"言语智力"和"操作智力"。还可以进一步计算这两种智力与 7 种测验得分的相关矩阵,如表 10 - 2 所示。

表 10-1　某班 20 名学生 7 项测验得分

项目	常识	词汇	算术	积木	拼图	阅读理解	图片排列
1	25	40	17	50	21	32	40
2	23	38	13	47	16	28	36
3	15	24	10	18	10	12	12
4	28	50	16	26	7	28	20
5	27	48	15	24	11	24	20
6	26	50	17	26	10	32	16
7	27	46	19	18	8	26	20
8	13	16	6	60	20	12	44
9	14	20	9	60	24	8	36
10	10	18	8	55	18	14	40
11	27	54	17	28	17	24	32
12	26	34	19	40	14	32	24
13	24	40	16	36	18	28	16
14	16	30	11	50	18	20	40
15	17	32	10	50	24	24	36
16	22	38	10	18	22	22	36
17	20	28	9	60	20	18	44
18	20	28	9	48	15	22	24
19	15	30	10	36	13	24	16
20	17	28	11	36	11	16	32

表 10-2　7 项得分与两个"因子"的相关矩阵

变量/因素	言语智力	操作智力
常　　识	0.927	-0.260
词　　汇	0.883	-0.337
算　　术	0.880	-0.332
积　　木	-0.342	0.820
拼　　图	-0.185	0.873
阅读理解	0.905	-0.103
图片排列	-0.190	0.896

　　表 10-2 数据显示,"言语智力"与"常识"、"词汇"、"算术"、"阅读理解"四项的相关都非常高。这里的"言语智力"是我们所说的"因子",是人的内在心智结构成分之一,制约着人的外在的一些作业成绩,所以它与"常识"等出现了高度的相关;同样,"操作智力"也是人的内在的心智结构成分之一,制约着人们在"积木"、"拼图"和"图片片列"等项目的作业成绩。最后还可以结合计算出来的因子得分,评估每个学生这两种智力的发展水平。

　　简单地说,人的内在心理结构制约着外在的行为表现,外在的行为表现则反映了人的内在心理结构,这是心理学使用因素分析的方法进行心理结构研究的基本逻辑基础。

二、因素分析的基本模型

上述事例告诉我们,在科学研究中首先获得的是观测资料,即关于事物的外在特征或个别具体特征的资料。如果这些特征中的某些观测变量存在聚合趋势,那么它们就会具有高度的相关性,这种高度相关性意味着它们的背后存在着共同的制约因素,即共同因子。如果能够在一批多维数据资料中找到 m 个共同因子,使它们可以解释被试在各个观测变量上所表现出来的差异性(通常将其称为变量的变异性),就可以使用这较少的 m 个公共因子描述原来很多变量才能描述的事物的属性。所以,因子分析被定义为:用少数几个因子来描述许多指标或因素之间的联系,以较少几个因子反映原始资料中大部分信息的统计方法。

(一) 因素分析的代数模型

因素分析的基本模型是将一系列的观测变量表示成几个假设的公共因子的线性组合。

例如:在 n 个被试组成的样本中进行一系列测量,获得了 p 个变量的数据。假定有 m 个公共因子的个体差异可以解释被试在各个观测变量中表现出来的大部分变异,那么 p 个变量就都可以表达成由这 m 个因子组成的回归方程式:

$$\begin{cases} X_1 = a_{11}F_1 + a_{12}F_2 + \cdots + a_{1m}F_m + \varepsilon_1 \\ X_2 = a_{21}F_1 + a_{22}F_2 + \cdots + a_{2m}F_m + \varepsilon_2 \\ \cdots \\ X_i = a_{i1}F_1 + a_{i2}F_2 + \cdots + a_{im}F_m + \varepsilon_i \\ \cdots \\ X_p = a_{p1}F_1 + a_{p2}F_2 + \cdots + a_{pm}F_m + \varepsilon_p \end{cases}$$

这一组方程中,$X_1, X_2, \cdots, X_P$ 分别表示某被试在第一、第二、…、第 p 个观测项目上的得分,且以标准分来计;$F_1, F_2, \cdots, F_m$ 分别表示这个被试在 m 个公共因子上的得分,也是以标准分来计;a_{ij} 表示第 i 个观测变量对应的回归方程中第 j 个公共因子的系数,是计算 X_i 的回归方程中对应于第 j 个因子的加权系数,称为因子载荷。因子对某一观测变量的影响力越大,在计算该变量时给予的加权就越大,即对应的因子载荷就越大。

但是,此处所说的"因子对某一观测变量的影响力"仅仅是为了表述的方便,并不是说第 j 个因素就是引起第 i 个变量变化的原因。因子分析中所提取的因子只是一种假设的存在,它是为了说明变量之间的相关关系。至于这些因子在现实中有何意义,则是因子命名与因子解释的任务,我们在后续的部分再加以讨论。

还可以将因素分析的基本模型表示成矩阵的形式,即:$X = AF + \varepsilon$。其中:

$X = (X_1, X_2, \cdots, X_p), F = (F_1, F_2, \cdots, F_p), \varepsilon = (\varepsilon_1, \varepsilon_2, \cdots, \varepsilon_p)$

$$A = \begin{bmatrix} a_{11} & a_{12} & \cdots & a_{1m} \\ a_{21} & a_{22} & \cdots & a_{2m} \\ \cdots & \cdots & \cdots & \cdots \\ a_{p1} & a_{p2} & \cdots & a_{pm} \end{bmatrix}$$

矩阵 A 包含了因素分析模型中所有的因子载荷,所以也叫做因子载荷矩阵。该矩阵的每一个元素 a_{ij} 都是某一个观测变量与某一个公共因子之间的相关系数。

统计学研究要求因素分析的数学模型满足以下两个条件:(1)公共因子以标准分表示,其平均数为 0,方差为 1;(2)公共因子间相互独立,其协方差矩阵为 m 阶单位阵(对角线上的元素均为 1,非对角线上的元素均为 0 的矩阵)。

(二) 变量的共同度

方差反映了数据的变化程度。第 i 个测验的分数 X_i 的方差反映了被试在第 i 个测验中反应的差异性大小。该差异是怎样产生的呢?因素分析假设:每个测量变量都受到公共因子和随机误差的影响。因此,X_i 的方差可以分解成公共因子的方差和误差方差两个独立的部分。

因素分析期望找到的是相互独立的公共因子。因此,由因素分析的基本模型 $X_i = a_{i1}F_1 + a_{i2}F_2 + \cdots a_{ij}F_j + \cdots a_{im}F_m + \varepsilon_i$ 可以推导出第 i 个变量的方差为:

$$s_i^2 = a_{i1}^2 + a_{i2}^2 + \cdots + a_{im}^2 + d_i^2 = h_i^2 + d_i^2 = 1 \qquad (\text{公式 } 10-1)$$

其中,s_i^2 为第 i 个变量的方差。当这个变量和方程中的因子均以标准分来计的时候,其方差为 1。$a_{i1}^2, a_{i2}^2, \cdots, a_{im}^2$ 分别为第 $1, 2, \cdots, m$ 个公共因子对 X_i 的方差贡献。d_i^2 为第 i 个变量中其他误差因素的方差贡献。将变量 X_i 对应的公共因子的方差总和 h_i^2 称为变量 X_i 的共同度。即:

$$h_i^2 = a_{i1}^2 + a_{i2}^2 + \cdots + a_{im}^2 \qquad (\text{公式 } 10-2)$$

可见,共同度 h_i^2 为所有公共因子对变量 X_i 方差的总贡献量,反映了 X_i 的变异中能被所有公共因子共同解释的部分。所以可将"共同度"理解为"所有因子对这个变量共同起作用的程度",它在数值上等于因子载荷矩阵中第 i 行因子载荷的平方和。以表 10-2 中的因子载荷矩阵为例,表中有 7 个测验项目、两个公共因子"言语智力"和"操作智力"。就测验项目"算术"来说,它的共同度就等于 $h_3^2 = a_{31}^2 + a_{32}^2 = 0.880^2 + (-0.332)^2 = 0.885$。这就等于是说:被试在"算术"测验中的个人差异有 88.5% 是由于他们在"言语智力"和"操作智力"两方面的差异带来的,另有 11.5% 的个人差异是其他因素带来的。其中"言语智力"的贡献更大,为 77.4%(因 $0.880^2 = 0.774$),是被试在"算术"测验中成绩差异的主要原因。

很明显,因素分析希望能用找到的 m 个公共因子解释测量变量绝大部分的变异,即测量变量的共同度要比较高,越接近于 1 越好。变量的共同度成为评估因素分析效果优劣的重要指标。

(三) 公共因子的方差贡献

因子载荷中的第 j 列是第 j 个公共因子与所有测量变量的相关系数或载荷,其平方和代表了这个公共因子对所有测量变量方差贡献总和,叫做该公共因子的方差贡献。即:

$$v_j^2 = \sum_{i=1}^{p} a_{ij}^2 = a_{1j}^2 + a_{2j}^2 + \cdots + a_{pj}^2 \qquad (\text{公式 } 10-3)$$

v_j^2 反映了公共因子 F_j 对所有测量变量的总的影响,同时也体现了公共因子 F_j 在所有公共因子中的相对重要性。由表 10 - 2 可知：

"言语智力"因子的方差贡献为：$v_1^2 = 0.927^2 + 0.883^2 + \cdots + (-0.190)^2 = 3.42$

"操作智力"因子的方差贡献为：$v_2^2 = (-0.260)^2 + (-0.337)^2 + \cdots + 0.896^2 = 2.54$

因为该例中有 7 个测量项目，所以总的变异量为 7。两个因子的方差贡献总和为 5.96，占到总变异量的 85.1%，那么另有 14.9% 是由其他因素带来的，可笼统地将这一部分归为误差因素。如果要计算各因子的方差贡献率，则用其方差贡献除以变量的数量，本例中：

"言语智力"的方差贡献率等于：$3.42 \div 7 = 0.489 = 48.9\%$

"操作智力"的方差贡献率等于：$2.54 \div 7 = 0.363 = 36.3\%$

相对而言，由于"言语智力"的方差贡献更大，所以"言语智力"比"操作智力"对 7 项测验的影响大。或者说，在解释被试在 7 项测验上的分数差异方面，"言语智力"的解释力更强。

三、因素分析的基本步骤

因素分析的主要步骤是：(1)因素分析适合度检验，确定获取的测量数据是否适合于进行因素分析；(2)构造因素模型并确定因子数量，主要涉及因素提取和因子数的确定；(3)因子旋转，通过正交旋转或者斜交旋转使得因素模型的意义更加明确；(4)因子得分的计算，以及因子的命名与解释。下面根据因素分析的一般过程，对其各个阶段的任务进行介绍。

第二节　因素分析的适合度检验

因素分析通常是从计算变量的相关矩阵开始的，所以要先计算变量间的相关矩阵来进行因素分析适合度检验。若发现变量间的相关度普遍偏低，如：大部分相关系数的绝对值低于 0.3 且没有通过显著性检验，则说明这些变量间的结构松散，也很难得到有效的公共因子或实现对数据的简化，就不适合因素分析。

基于变量间的相关，还可以变换出其他一些适合度检验的方法，常用的有三种。

1. 巴特利特球形检验 (Bartlett-test of sphericity)

巴特利特球形检验以原有变量的相关矩阵为出发点，提出虚无假设 H_0："相关系数矩阵是一个单位阵"，即相关系数矩阵对角线上的所有元素都为 1，非对角线上的元素都为 0。其统计量是根据相关系数矩阵的行列式计算得到，并且近似地服从卡方分布。如果检验统计量较大，且其对应的概率 p 值小于给定的显著性水平，则应拒绝虚无假设 H_0，认为原有变量的相关系数矩阵不是单位阵，变量间存在显著的相关关系，可以进行因素分析；反之，则接受虚无假设 H_0，认为变量的相关矩阵是单位阵，变量之间的相关度很低或没有相关，不适合于因素分析。

2. 反像相关矩阵检验 (Anti-image correlation matrix)

反像相关矩阵检验以变量间的偏相关矩阵为出发点，在消除或隔离了其他变量的影响的条件下，计算两个变量间的偏相关系数。反像相关矩阵中的每个元素都是负的偏相关系数。所以,如果确实存在公共因子,或者说变量间存在较多的重叠影响,那么排除了这些公共因子的影响之后,变量间的相关就会比较小,所得到的偏相关系数也应该很小。相反,如果反像相关矩阵中有些元素的绝对值比较大,说明这些变量受其他变量重迭的影响就比较小,没有存在公共因子的明显证据,那么这些变量就不太适合于因素分析。

3. KMO 取样适合度检验(*Kaiser-Meyer-Olkin measure of sampling adequacy*)

KMO 取样适合度检验是将观测变量间的相关矩阵与偏相关矩阵相结合的检验方法。可以设想:如果变量间相关矩阵中元素的绝对值比较大,偏相关矩阵中元素的绝对值也比较大,那么二者比较可知两两变量间的关系受其他变量影响就少,存在公共因子的可能性较低,不适合做因素分析;如果变量间相关矩阵中的元素的绝对值比较大,偏相关矩阵中的元素的绝对值却比较小,那么二者比较可知两两变量间的关系受其他变量影响明显,存在公共因子的可能性较高,适合做因素分析。于是统计学家提出如下公式计算 KMO 指标,以其大小来判断是否适合做因素分析。

$$KMO = \frac{\sum\sum_{i \neq j} r_{ij}^2}{\sum\sum_{i \neq j} r_{ij}^2 + \sum\sum_{i \neq j} p_{ij}^2} \qquad (公式 10-4)$$

公式中,r_{ij} 是变量 X_i 和其他变量 $X_j (j \neq i)$ 间的相关系数,p_{ij} 是变量 X_i 和其他变量 $X_j (j \neq i)$ 的偏相关系数。如果变量间的相关系数绝对值远远大于偏相关系数的绝对值,那么 KMO 就应该接近于 1,说明这些变量之间存在着明显的相关关系,可以进行因素分析;反之,如果变量间相关系数绝对值相对于偏相关系数绝对值较小,那么 KMO 值就接近于 0,反映这些变量间的相关受其他变量重叠影响较小,不适合做因素分析。

Kaiser 根据研究经验,给出了一个比较常用的判断是否适合因素分析的 KMO 度量标准:

KMO>0.9,非常适合;

0.8<KMO<0.9,适合;

0.7<KMO<0.8,一般;

0.6<KMO<0.7,不太适合;

KMO<0.5,极不适合。

第三节　因子提取与因子数确定

因素分析的基本目标是找出少数几个公共因子,使这些因子能够在相当程度上解释一系列变量的数据变异。因此,如何抽取因子,以及抽取几个因子便成为因素分析中的基本问题。

一、因子提取的方法

因素提取的方法有很多种,使用最多的是主成份分析法。此外还有最小二乘法(least squares)、极大似然法(maximum likelihood)、α 因子法(alpha factoring)、映像分析法(image factoring)等。这里主要介绍主成份分析法。

主成份分析法(principal components)对数据总体的分布没有什么特别限制,因此使用范围很广,是因素分析中最常用的一种因子提取方法。研究中,获取了原变量的数据之后,通过数学方法将给定的一组相关变量表示成另外一组相互独立的变量的线性组合,这一组相互独立的变量就叫做主成份。这些主成份可以按照其方差贡献的递减顺序排列。

若要建立主成份与各相关变量的线性组合,设 p 个相关观测变量 $X_1,X_2,\cdots,X_P$,经过线性组合后转化为一组相互独立的变量 $F_1,F_2,\cdots,F_p$,可以表示为:

$$\begin{cases} F_1=b_{11}X_1+b_{12}X_2+\cdots+b_{1p}X_p \\ F_2=b_{21}X_1+b_{22}X_2+\cdots+b_{2p}X_p \\ \cdots\cdots \\ F_p=b_{p1}X_1+b_{p2}X_2+\cdots+b_{pp}X_p \end{cases}$$

其中:(1)F_i 与 F_j 相互独立;(2)F_i 是以标准分来计,所以其方差等于 1,即 $b_{i1}^2+b_{i2}^2+\cdots+b_{ip}^2=1$;(3)在计算原变量的线性组合中,$F_1,F_2,\cdots,F_p$ 的方差贡献依次减小,所以将它们分别称为原有变量的第一主成分、第二主成分、…、第 p 主成分。其中,第一主成分 F_1 对原变量 X_1、X_2、$\cdots$、X_P 的解释能力最强,其余各主成份 F_2、F_3、$\cdots$、F_p 对原变量的解释能力依次减小。

为了达到减少变量的目的,一般只选取前面几个方差贡献较大的主成分。这样既实现了对原变量的简化,又最大限度地保持了对原有变量变异信息的解释力。

主成分分析的几何解释是:对 X_1、X_2、$\cdots$、X_P 组成的坐标系进行移动,使得新坐标系原点和数据群点的重心相重合。并且,在新坐标系中,数据在第一坐标轴上的差异最大,在第二坐标轴上的差异次之,依此类推。坐标轴之间相互垂直,从而反映出两个主成份之间的相互正交关系,即二者不相关。为便于理解,举一个二维坐标变换的例子。

假设:在一个被试样本中进行了两项变量的测量,得到了两个变量的数据资料。那么,如果以这两个变量数值描述被试之间的差异,就相当于是在一个二维坐标系中描述被试的差异。如果这两个变量存在相关,我们使用其中一个变量值时就会受到第二个变量的影响。为此采用主成分方法转换出两个新的相互独立的变量 F_1、F_2。这种转换的几何意义可以表达为图 10-1 所示的形式,新的坐标系是由两个相互独立的主成分构成的。

图 10-1 显示,两个原变量存在明显的线性相关,而新变量主成分 F_1、F_2 具有相互独立性。其中 F_1 坐标设在原变量变化最大的方向上,图中散点在 F_1 坐标方向的分布范围最大,所以 F_1 方差最大,在散点分布上的解释力最强,也就是在解释两个原变量变异方面贡献最大,被称为第一主成分;相比较而言,F_2 就是第二主成分。

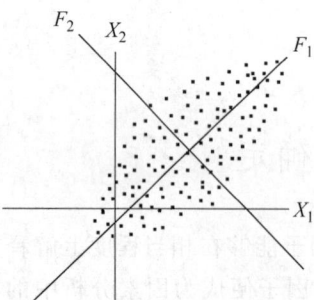

图 10-1 主成分变换或构造示意图

使用主成分分析方法或其他方法进行变量的线性变换后,得到一系列方差贡献力大小不等的新变量,然后从中依次确定能够对解释原变量变异信息做出最大贡献的若干因子。

根据因素分析的数学模型：

$$X_i = a_{i1}F_1 + a_{i2}F_2 + \cdots + a_{im}F_m + \varepsilon_i \quad (i = 1, 2, \cdots, p)$$

我们知道：因子载荷矩阵的第一列因子载荷平方和（即 $\lambda_1 = a_{11}^2 + a_{21}^2 + \cdots + a_{p1}^2$）反映了第一个因子对所有变量的方差总贡献或总影响；第二列因子载荷平方和（即 $\lambda_2 = a_{12}^2 + a_{22}^2 + \cdots + a_{p2}^2$）反映了第二个因子对所有变量的方差总贡献或总影响；依此类推。每一列因子载荷的平方和代表对应因子的方差贡献，反映了该因子的主要特征，所以也叫做该因子的特征值。其计算公式为：

$$\lambda_j = a_{1j}^2 + a_{2j}^2 + \cdots + a_{pj}^2 \qquad \text{（公式 10-5）}$$

于是就有 $\lambda_1 \geqslant \lambda_2 \cdots \geqslant \lambda_p$。根据特征值，抽取对所有原变量方差贡献最大的一个作为第一因子 F_1；抽取方差贡献第二的作为第二因子 F_2，$\cdots$，如此依次抽取前 m 个因子。使它们的方差贡献总和在所有变量的方差总和中占有较大的比例，并将它们作为公共因子。

二、因子数的确定

在抽取公共因子的时候，我们需要解决另外一个问题：抽取几个公共因子才算合适？

每个因子的解释能力都是有限的，它只能反映原变量中一部分的变化信息。变量的剩余变异只能用其他的因子来解释。因此，抽取的公共因子数目越多，因素模型所能解释的变异就越多，我们所得到的因素模型就越精确；抽取的公共因子数目越少，因素模型的解释能力就越小，它所遗漏的变异信息就越多。如果将所有的主成份全部选为因子，则因子数与原变量数相同，这时虽然能完全地解释原变量的变异信息，但却失去了因素分析的意义。提取的公共因子数太多，就不能达到简化变量结构的目的。所以，在确定因子数时，我们需要在因素模型的准确性和简单性之间做较好的权衡。

瑟斯顿（L. L. Thurstone）曾提出一个因子数与原变量数的关系式：$m \leqslant \dfrac{(2n+1) - \sqrt{8n+1}}{2}$。其中 m 为要提取的因子数、n 为原变量数。该计算式反映了公共因子方差未知时变量和必要的因子数之间的数量关系。但是该公式也只是一个经验公式，并不能保证普遍有效。

概括地说，确定因子数目的常用方法主要有以下几种：

（1）使抽取的 m 个因子对原变量方差的解释率达到一个适当的比例。一般建议或要求达到 80% 以上。但在实际应用中，根据问题性质和测量工具的成熟水平，也可以将标准定为 40%～60% 这一较低的水平。

（2）从前述讨论知道，因子的特征值与其方差贡献具有对应关系。要求前 m 个因子的方差贡献总和达到一定比例，就等于是要求前 m 个因子的特征值总和达到一定的量。换句话说，选取的因子的特征值应该达到一定的量，通常是以特征值 λ 大于 1 为默认标准。特征值代表某一因素对所有变量变异的方差贡献，它在数值上等于该列因子载荷的平方和。特征值越大，说明因子对所有原变量的解释力或影响力越大；特征值越小，说明因子对所有原变量的解释力或影响力越小。因为标准化后的每个原变量的方差为 1，那么低于 1 的特征值就表明一个因子所能解释的变异信息比一个标准化的原变量的变异信息还少。我们就不能借助于这样的因子达到简化变量的目的,所以说,这个因子就没有太大的意义。选择出来作为公共因子的变量,其特征值要大于1。

(3) 通过碎石检验确定因子数。如图10-2是一个碎石图,该图中:横轴表示因子序号,序号编排按照方差贡献或特征值大小,贡献大的排在左边;纵轴表示每个因子特征值的大小。最左边的一个因子特征值最大,所以其对应的坐标点最高;后续因子的特征值迅速减少,所以曲线也迅速下降。曲线下降到某一因子之后开始变得平缓。曲线平缓,意味着对应部分的各个因子的贡献比较接近,或者说比较平均,它们在简化变量的过程中帮助不大,所以一般不再将其选作公共因子。简单地说,依据碎石图来确定因子数,一般是以碎石曲线从迅速下降到突然变平缓的那个拐点对应的因子数来确定的。如图10-2所示,可以考虑提取两个公共因子。

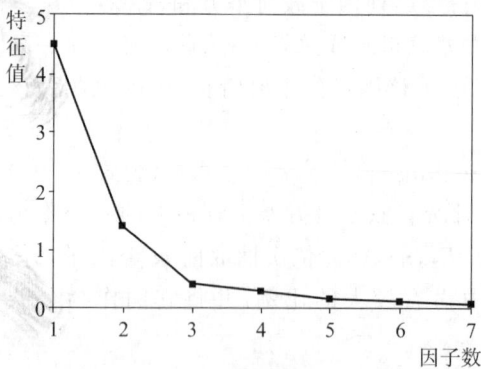

图 10-2　根据碎石图确定因子数示意图

(4) 前述的方法都是完全依据数据来确定因子数的。在任何学科的研究中,采用定量方法的同时,都需要注意结合定性的方法。所以,在确定因子数时,研究者也需要结合自己的研究经验、相关专业知识或某一理论假设,进行综合分析。实际研究中,众多变量的相互关系并不明确,所以,综合分析需要一定的专业素养作为前提。

第四节　因子旋转

一、因子旋转的意义

经过前面的一系列步骤,就可以确定合适的因子数和因子载荷。然而,在实际研究中,初始的因子载荷矩阵所表示的含义往往不明确。如果各列因子载荷的各个负荷值之间没有明显差异,就很难将原变量进行分类,也很难区分其与公共因子的对应关系。倘若能够使每个变量在某一个因子上具有高负荷,而在其他各因子上有较低的负荷,那么对变量进行分组就变得较为容易,且能识别出与其相关的公共因子。为达到这种目的,我们需要对初始的因子载荷矩阵进行相应的因子旋转。因子旋转就是将抽取的因子结构经过数学变换,使各因子能够清楚地分离,凸显其特定的意义。

如图10-3所示,当因子分析得到因子Ⅰ和Ⅱ后,各个变量的特征就可以利用其在两个因子上的载荷值来描述。以载荷值作为坐标值时,就可以将原变量表示成两个因子构成的二维坐标系中的散点,如图10-3中的a图所示。很明显,在a图所示的两个初始因子构成的坐标系中,如果各点的两个坐标值相差不大,就不好区分哪一个因子能更多地解释哪一些变量(散点)的变化。于是对这个二维坐标系进行正交旋转,即两个坐标轴作同样角度和方向的旋转得到两个新的坐标轴,构成了新的坐标系,如图10-3中的b图所示。在正交旋转后得到的坐标系Ⅰ′、Ⅱ′中,部分散点汇聚在Ⅰ′轴附近,其他散点汇聚在

Ⅱ′轴附近。将它们在新坐标系中的坐标值列出,就得到了新的因子载荷矩阵,而新的载荷矩阵中的载荷值发生了分化。比如,图中点 2 对应于Ⅰ′的坐标值很大、对应于Ⅱ′的坐标值很小,所以点 2 对应的变量在旋转后的因子Ⅰ′上载荷很大、在旋转后的因子Ⅱ′上载荷很小。同样道理,变量 1、3、4、5、6 也是在旋转后因子Ⅰ′上载荷大,而在旋转后因子Ⅱ′上载荷小;变量 7、8、9、10 正好相反。于是将变量 1~6 归属于因子Ⅰ′、变量 7~10 归属于因子Ⅱ′。

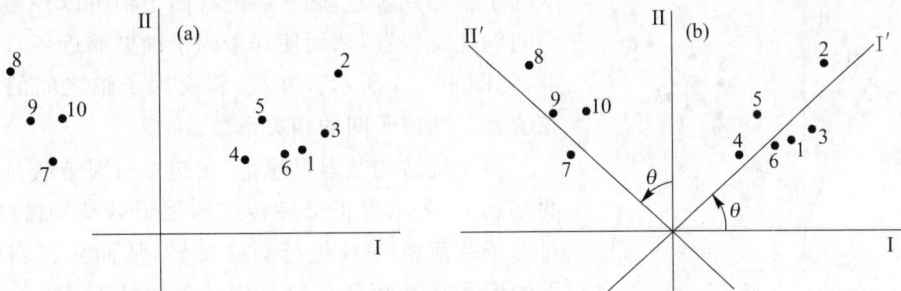

图 10-3　因子的正交旋转示意图

可见,因子的正交旋转可以实现因子载荷的两极分化,得到更为有效的新的因子模型,而这些因子对原变量的解释更为明确,更容易显示出因子本身的内涵,使之更容易命名。

二、因子旋转的原则

如上所述,因子旋转旨在改善因子载荷矩阵,凸显因子的意义。统计学中有多种因子旋转方法,而且即使同一种旋转方法也可以得到多种解。那么如何选择更为有效的因子旋转结果呢?瑟斯顿曾经提出了五条"简单结构原则",即在没有其他标准可依的情况下,"结构简单,意义明确"就是确定因子旋转解的标准。对瑟斯顿的五原则作进一步的简化后得到以下原则:

(1) 在各因子上,只有少数的变量具有较高的载荷,其他变量载荷的绝对值均较低;

(2) 每个变量只在少数几个因子上具有较高的载荷;

(3) 任取两个因子,同时在两个因子上载荷都比较低的变量应该尽量多一些;

(4) 任取两个因子,每个变量只能在一个因子上具有较高的载荷。

三、因子旋转的方法

(一) 正交旋转

正交因子旋转可以通过旋转因子轴来达到简化因子结构的目的,从而使各个因子的含义更为清晰,便于因素结构的解释。在编制测验的过程中,利用正交旋转探明量表结构,可以为量表的进一步修订提供很大帮助。正交旋转方法假设各个因子间没有相关关系,因此,在旋转过程中,各因子轴之间保持 90°的夹角不变(如图 10-3 所示),正交旋转也因此得名。

因素分析中,比较常用的正交旋转方法是方差极大化(Varimax)。这种方法力图使各因子上的因子载荷出现分化或差异极大化,即方差达到最大。通俗地说,就是使大的更大、小的更小,加大每一列上各变量的载荷差异,并使相关矩阵中的变异尽可能地分散到不同的因子上。

(二) 斜交旋转

斜交旋转不同于正交旋转,它假设因子间存在着一定的相关。因此,斜交旋转不要求因子轴相互垂直,旋转后的各因子轴可以停留在因子空间的任意位置,从而使每条因子轴更靠近各自的变量群,如图 10-4 所示。并且,斜交因子轴之间的夹角余弦值就是两因子间的相关系数。

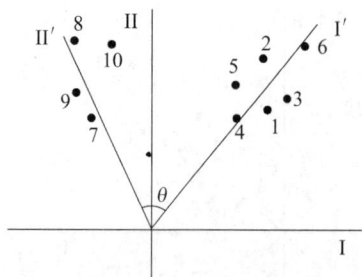

图 10-4 因子的斜交旋转示意图

斜交旋转的基本思想是:在初始的因子载荷矩阵 A 的基础上,先求得正交旋转后的因子载荷矩阵 B;然后对因子载荷矩阵 B 进行斜交旋转,从而获得斜交旋转下的因子载荷矩阵。斜交旋转的方法有 Promax 斜交旋转法、直接斜交极小法(Direct Oblimin)、广义斜交极小法、四方最小法等。但是斜交旋转的方法本身存在争议,SPSS 系统也只是提供了两种斜交旋转的方法,即 Promax 斜交旋转法和直接斜交极小法。

Promax 斜交旋转法是目前使用最为广泛的一种斜交旋转方法。它强调在因子结构外部寻找旋转准则,其基本思想是:在获得了大量的关于变量和多次因素分析的资料后,得出一个假设矩阵,然后通过旋转使实际的因子结构和假设矩阵达到最大程度的拟合。

Promax 斜交旋转的基本过程是:首先选定一个初始正交因子解 A;然后对初始正交因子载荷都加以 2 次方或四次方,但符号保持不变,以此来加大因子载荷间的离散程度,从而得到假设矩阵 H;接下来从假设因子导出斜参照因子变换矩阵,并以此求出斜交主因子变换矩阵 T;最后将初始正交因子变换为斜交因子。

虽然斜交旋转可以解决各因子间的相关问题,但是它却难以解释各变量被公共因子所解释的比例。因为在斜交旋转所得到的因子载荷矩阵中,每行的因子载荷平方和只有在偶然的情况下才等于共同度 h^2;同样,每列的载荷平方和也只在偶然情况下才等于总方差。所以,通过斜交旋转得到的结果目前还存在争议。在研究过程中,使用怎样的旋转方法还需要根据具体情况来定。

另外,在进行斜交旋转后,我们得到的因子之间具有一定相关,因此,这些公共因子就可以形成一个公共因子的相关矩阵。用因素分析的一般方法对这些因子进行分析,就可以得到"高阶因子"。也就是说,斜交旋转后的因子可以进一步作为因素分析的变量。

第五节　因子得分与因子命名

通过前几节介绍的方法,我们可以确定一些复杂变量的因子结构。倘若研究只是为了了解各变量间的关系,确定公共因子的性质,那么目的已经达到了。但是,如果要将个人的测验结果进行分类,或者要进行其他更加深入的研究,就需计算因子得分。因为个体在某个因子上的得分,反映了个体在这个因子上的能力水平。也就是说,如果想比较某一个体或某一群体在某种因子上的水平差异,可以对其因子得分进行比较,而不需要比较其所有的原变量得分。当然,这些因子所代表的意义,最好通过因子命名的方式确定下来。

一、因子分的计算

因素分析的基本模型是 $X = A \cdot F + \varepsilon$,包含公共因子的部分 $A \cdot F$ 和误差部分。对误差部分的影响进行充分控制后,可以忽略误差部分,就有 $X = A \cdot F$。因此,可将因素分析的基本公式视为一个多元回归方程,因子分相当于其中的回归系数。

因子分的计算方法有很多种,通常采用多元线性回归的方法。考虑到公共因子 F_j 与所有变量的关系,可以将因子分估计为:$\hat{F}_j = w_{j1} X_1 + w_{j2} X_2 + \cdots + w_{jp} X_p (j = 1, 2, \cdots, m)$,其中 $W_{ij} (i = 1、2、\cdots、p)$ 为标准化后的数据矩阵 X 的加权系数,反映了第 i 个变量与第 j 个因子的相关关系。然后可以根据最小二乘法对因子分进行估计。首先,将误差定义为因子模型中真因子分 F 与因子分估计值 $\hat{F}$ 之间的差异,所以有误差矩阵 $E = F - \hat{F}$。然后使误差平方和达到最小,从而得出因子分的估计值。

此外,还有两种比较常用的因子分的估计方法:Bartlett 法和 Anderson-Rubin 法。它们也是基于最小二乘原理对因子分进行估计的。它们和回归法的区别在于对误差的定义不同。Bartlett 法将误差定义为特殊因素得分的估计值,通过使特殊因素的得分达到最小来估计因子分。Anderson-Rubin 法也是通过使误差的估计值达到最小来对因子分进行估计,但是它还增加了因子分估计值之间的相互正交条件。

二、因子的命名

因素分析的目的是建立合适的拟合模型,即用较少的几个因子解释大量的数据变化。经过了因子提取、因子数确定、因子旋转等几个步骤之后,我们就能够确定繁杂数据之间的内在关系,获得相对简单的因子模型。

但是,通过统计学的方法所获得的结果仅仅具有数学上的意义。作为心理学研究者,我们更关心数据间所隐含的心理学意义。所以,在对提取的因子模型进行解释的过程中,我们不应局限于统计学知识,而应结合心理学的专业知识以及相关经验,对数据做出心理学层面的解释。因此,因子的命名和解释带有很强的专业性,也会带有主观性,能够体现出研究者的专业素养和个人倾向。

在对因素分析的结果进行解释的时候,需要注意,通过因素分析所得到的结果只能反映因子与众多变量的相关关系,而不是因果关系。提取的公共因子仅能反映某些变动的相互联系性,而不能说明这种联系的因果方向性。所以,并不能简单地认为我们所提取的因子导致了变量的变化。如果要证明变量间变化的因果关系,则需要进一步研究。

第六节　因素分析的 SPSS 过程

在因素分析的过程中,需要将原始数据转化为标准分数,然后根据标准分数求得变量间的相关矩阵,并进行下一步分析。但是,在 SPSS 软件中,可以直接用原始数据做因素分析,而不需要将它们转化为标准分数。原始分数和经过标准化处理的数据分析结果是一样的。

一、因素分析的操作步骤

下面结合具体示例来介绍使用 SPSS 进行因素分析的操作过程。

【例 10 - 1】　表 10 - 3 是一项关于大学生心理压力源的调查,其中包括 25 名学生在 10 个测验上的得分。试采用因素分析的方法探索 10 个测验之间的结构。

表 10 - 3　大学生心理压力调查数据

健康	年龄压力	学业	前途与就业	恋爱	家庭状况	人际	经济	价值观	社会状况
18	18	12	15	19	16	16	15	16	10
19	18	20	22	13	22	10	23	15	16
21	20	18	19	13	17	11	19	15	13
25	20	13	15	16	13	20	12	18	11
15	10	22	21	18	24	13	26	17	17
21	17	17	16	17	18	16	18	16	13
19	17	10	14	19	11	19	13	15	11
20	19	20	22	18	24	21	21	17	18
13	12	17	18	17	17	19	19	14	14
22	20	13	15	17	19	18	19	18	13
18	17	16	17	18	19	20	16	13	12
13	15	19	18	16	19	15	17	12	15
12	13	21	19	18	24	19	25	11	16
23	23	18	21	19	21	20	23	16	14
24	22	18	21	20	23	31	23	20	14
12	13	16	18	18	15	17	19	13	12
13	12	22	20	17	25	20	23	12	17
18	17	17	19	20	15	25	21	15	16
18	17	15	18	21	21	27	21	15	16
23	24	15	13	15	12	17	14	19	12
22	21	23	21	21	25	28	25	17	16
11	9	20	19	18	10	22	18	13	14
19	18	16	18	24	20	29	20	17	13
19	20	18	20	15	23	14	19	14	14
17	18	16	16	17	13	18	15	15	11

【解】 借助于 SPSS 系统完成这一因素分析,其操作大致可以分为以下几个部分:数据文件的建立、因素分析适合度检验、因子提取、获得因子载荷矩阵和进行因子旋转、因子命名和因子分的计算等。下边分步予以介绍。

步骤1:数据文件的建立

表10-3中的数据来自于25名被试,包含10项测验得分,所以建立的 SPSS 数据文件有25个个案行、10个变量列,如图10-5所示。

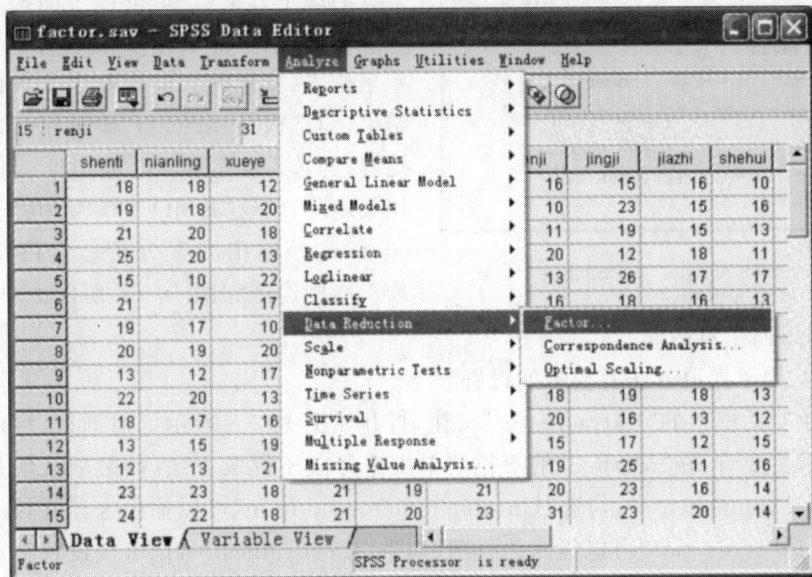

图 10-5 因子分析的数据文件及菜单示意图

步骤2:打开主对话框,选择相应的变量列表

单击菜单"Analyze"选择"Data Reduction"中的"Factor",打开对话框,如图10-6所示。从对话框左侧窗口中的变量列表中选择参与因素分析的所有原变量,点击"　▶　"将这些变量置入右侧"Variables"之下的方框中。

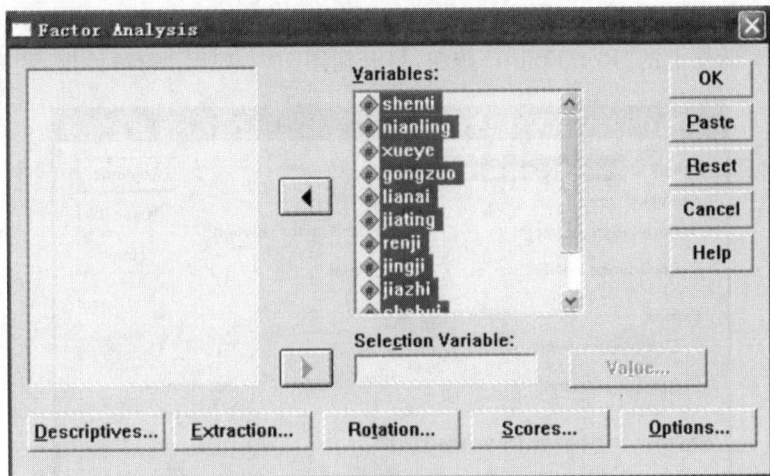

图 10-6 因素分析的主对话框

步骤 3：描述性统计量的输出设置

单击主对话框上的"Descriptives…"按钮，打开如图 10-7 所示的对话框。此对话框

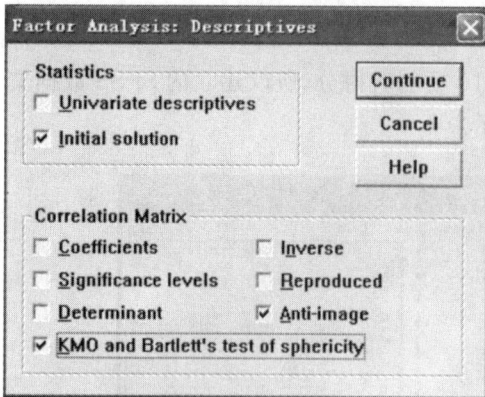

图 10-7 Factor Analysis：Descriptives 对话框

可以设置输出结果的按钮是：勾选"Univariate descriptives"可以输出各个原变量的平均数和标准差；勾选"Initial solution"可以输出基本的因素分析结果，按照默认的提取因子数的决定方案（提取的因子的特征值大于1）确定因子数，然后输出公共因子的解释方差累积表、变量的共同度和因子载荷矩阵等结果；勾选"Coefficients"输出原变量的相关矩阵；勾选"Anti-image"输出原变量的反像相关矩阵；勾选"KMO and Bartlett's test of sphericity"输出因素分析适合度检验的参数。本例勾选如图 10-7 所示。单击"Continue"按钮返回主对话框。

步骤 4：因子提取方法及要求的设置

单击主对话框上的"Extraction…"按钮，打开如图 10-8 所示的对话框，可以进行的选择和设置主要有：在"Method"的下拉菜单中选择因子提取方法，一般默认的是主成份法（Principal components）；勾选"Unrotated factor solution"可以输出未经旋转的因子载荷矩阵；勾选"Scree plot"可以输出碎石图；勾选"Eigenvalues over"可以设置筛选公共因子的特征值标准，SPSS 系统中默认的特征值标准是大于 1；勾选"Number of factors"可以在其后输入要提取的因子数。在实际的因子分析操作中，研究者起初不能确定提取多少个因子比较合适，第一轮操作中不对此项进行设置，而是让系统按照默认的标准提取因子，然后根据对第一轮输出结果的综合分析，确定是否尝试改变提取的因子数。这一过程可以重复若干次，直至得到满意的因子结构为止。本例的初始默认设置如图 10-8 所示。单击"Continue"按钮返回主对话框。

步骤 5：因子旋转的设置

单击主对话框上的"Rotation…"按钮，打开如图 10-9 所示的对话框，利用此对话框

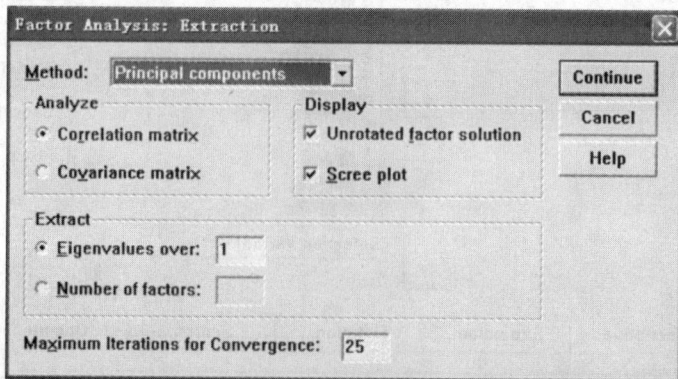

图 10-8 Factor Analysis：Extraction 对话框

可以设置是否作因子旋转，以及如何进行因子旋转。具体操作方法是：在对话框的"Method"栏中可以选择因子旋转的方法，SPSS系统的默认状态是"None"，即不进行因子旋转；常用的勾选是正交旋转（Varimax，即方差极大化）、斜交旋转（Promax）。本例选择正交旋转方法，同时勾选"Rotated solution"以输出旋转后的因子载荷矩阵，如图10-9所示。单击"Continue"按钮返回主对话框。

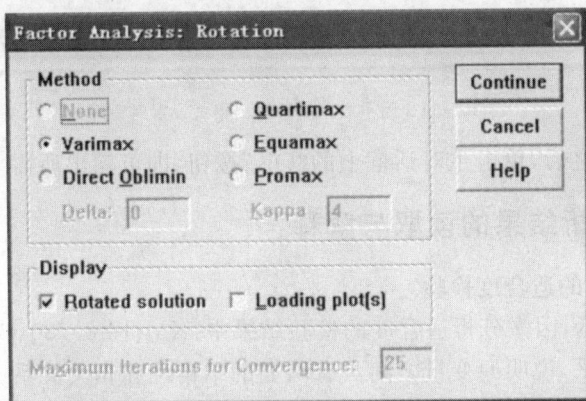

图 10-9　Factor Analysis：Rotation 对话框

步骤6：设置计算因子分

单击主对话框上的"Scores…"按钮，打开如图10-10所示的对话框，可以设置因子分的计算方法和因子分的相关矩阵。本例的操作是：勾选"Save as variables"激活对话框选项，然后系统默认的因子分计算方法是回归法（Regression），一般也都是使用这种方法；同时，勾选"Display factor score coeffcient matrix"可以输出因子得分的系数矩阵，实际上就是计算因子分的回归方程中的回归系数。做这些设置后，系统会计算每个被试的各项因子分，并将其作为生成的新变量加载到数据文件上去。单击"Continue"按钮返回主对话框。

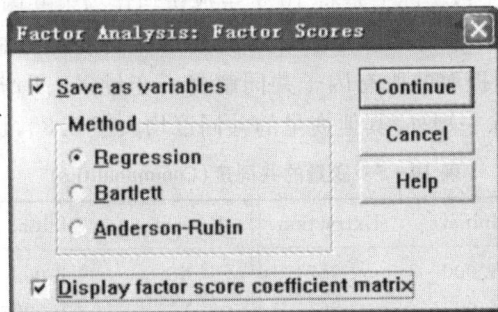

图 10-10　Factor Analysis：Factor Scores 对话框

步骤7：设置因子载荷矩阵输出格式

单击主对话框上的"Options…"按钮，打开如图10-11所示的对话框。在该对话框上设置因子载荷矩阵的排列：勾选"Sorted by size"，尽量使载荷按由大到小的顺序自上而下的排列；勾选"Suppress absolute values less than"可以设置载荷的显示下限，即要求系统不要显示低于某一值的载荷。本例中设置的显示下限是0.50，如图10-11所示。

单击"Continue"按钮返回主对话框。

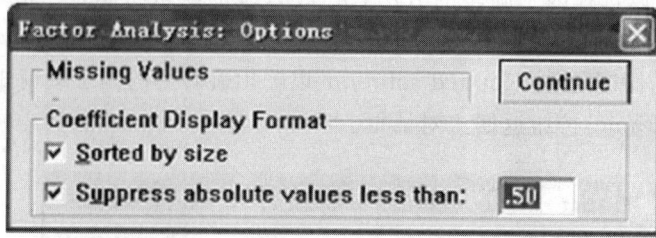

图 10-11　因子载荷矩阵输出格式设置对话框

完成上述设置之后,单击主对话框上的"OK"按钮,即可输出所需要的结果。

二、因素分析结果的读取与解释

(一)因素分析的适合度检验

如表 10-4 所示,因素分析适合度的检验结果中:KMO=0.730、Bartlett 球形检验达到极其显著性的水平,说明原变量之间具有明显的结构性和相关关系。根据 Kaiser 给出的 KMO 度量标准,这些变量可以进行因素分析。

表 10-4　因素分析适合度检验结果(KMO and Bartlett's Test)

Kaiser-Meyer-Olkin Measure of Sampling Adequacy.		.730
Bartlett's Test of Sphericity	Approx. Chi-Square	204.407
	df	45
	Sig.	.000

(二)变量的共同度

表 10-5 所示是输出的变量共同度,表中第一列是原变量名;第二列是根据初始解计算出的变量共同度,均为 1,实际上是将 10 个主成份均作为公共因子时计算的共同度;第三列是系统确认只提取三个公共因子后计算的变量共同度。例如,表中第一个变量 X1 的共同度为 0.957,表明提取的所有因子共同解释了变量 X1 所产生的 95.7% 的变异信息。这一输出结果中,除一项外,其他变量的共同度均大于 0.80,是比较理想的状态。

表 10-5　变量的共同度(Communalities)

Variables	Initial	Extraction	Variables	Initial	Extraction
X1	1.000	.957	X6	1.000	.805
X2	1.000	.867	X7	1.000	.904
X3	1.000	.844	X8	1.000	.901
X4	1.000	.843	X9	1.000	.788
X5	1.000	.940	X10	1.000	.853

(三)主成份、公共因子的特征值和方差贡献

表 10-6 所示的数据包括三个部分:第一部分是初始的解,即尚未进行因子提取时,

主成份的特征值、方差贡献率和累积的方差贡献率,它是按照从大到小的顺序来排列的;第二部分是提取三个公共因子后的方差贡献率和累积的方差贡献率,确定提取的三个因子依据是默认的提取标准,即特征值大于 1 的主成份可提取出来作为公共因子;第三部分是旋转后因子的特征值、方差贡献率和累积的方差贡献率。

由表 10－6 我们知道,第一个因子解的特征值为 4.363,它解释了所有 10 个变量变异信息总量中的 43.63%,是方差贡献最大的一个主成份,所以是第一主成份;同理,第二个因子解解释了所有变量变异信息总量中的 26.607%,第三个因子解释了 16.806%。从第四个因子解开始,特征值都小于 1(第四个为 0.353,第五个为 0.208,……),所以只提取了前三个因子解作为公共因子。并且,前三个因子解共解释了所有变量变异信息总量中的 87.044%,达到了比较好的水平。由此看来,该例提取三个公共因子是比较恰当的。

表 10－6　主成份和提取的因子的特征值与方差贡献(Total Variance Explained)

F	初始解特征值及方差贡献			三个因子的方差贡献		旋转后因子的特征与方差贡献		
	特征值	方差贡献率	累积贡献率	方差贡献率	累积贡献率	特征值	方差贡献率	累积贡献率
1	4.363	43.630	43.630	43.630	43.630	4.108	41.079	41.079
2	2.661	26.607	70.237	26.607	70.237	2.700	26.997	68.076
3	1.681	16.806	87.044	16.806	87.044	1.897	18.967	87.044
4	.353	3.528	90.571					
5	.347	3.474	94.046					
6	.208	2.075	96.121					
7	.154	1.540	97.661					
8	$9.934E-02$	.993	98.654					
9	$7.853E-02$	.785	99.439					
10	$5.607E-02$	.561	100.000					

主成分特征值的变化也可以以碎石图的形式输出,如图 10－12 就是本例输出的碎石图。碎石图显示,从第四个因子解开始曲线就变得很平缓,也就是说第四个因子解以后

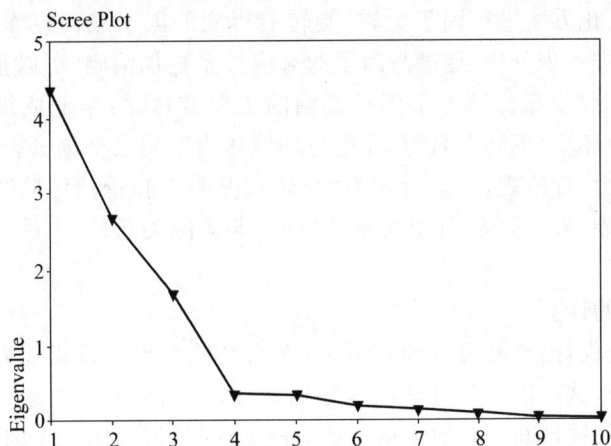

图 10－12　主成份特征值变化的碎石图

的各主成份的方差贡献变得都很小,甚至可以忽略。所以此碎石图可以很直观地显示:提取三个公共因子是合适的。

(四) 未经旋转的因子载荷矩阵

表 10-7 所示的是未经旋转的因子载荷矩阵。按照对话框操作的要求,因子载荷在该矩阵中的排列是按照从大到小的顺序的,而且凡是小于 0.50 的载荷均不显示出来。这一载荷矩阵还是比较好的,基本上可以看出公共因子与原变量之间的对应关系:有五个变量在第一个因子上的载荷比较高,分别为 0.912、0.911、0.903、0.884、0.783;有三个变量在第二个因子上的载荷比较高,分别为 0.809、0.808、0.737;还有一个变量在第二个因子上的载荷为中等水平,是 0.588;有两个变量在第三个因子上有较高载荷,分别为 0.860、0.741。这个载荷矩阵也同时显示,有一个变量同时在两个因子上的载荷超过了 0.50,可以考虑进行因子旋转。

表 10-7　未经旋转的因子载荷矩阵

原变量	Component		
	1	2	3
X10	.912		
X8	.911		
X3	.903		
X4	.884		
X6	.783		
X1		.809	
X9		.808	
X2		.737	
X5			.860
X7		.588	.741

表 10-8　旋转后的因子载荷矩阵

原变量	Component		
	1	2	3
X8	.929		
X4	.915		
X10	.906		
X6	.883		
X3	.879		
X1		.973	
X2		.924	
X9		.862	
X5			.969
X7			.932

(五) 旋转后的因子载荷矩阵

采用方差极大化方法进行因子旋转,旋转后得到的因子载荷矩阵如表 10-8 所示。旋转后,载荷大小进一步分化,变量与因子的对应关系更加清晰,可以很容易地标识出各个因子所影响的主要变量。第一个因子影响的主要变量是:学业成绩、工作与就业、家庭、经济状况、社会环境,不妨命名为"任务与环境压力";第二个因子影响的变量主要是:身体状况、年龄压力、价值观,不妨命名为"身体状况与自我价值体验";第三个因子影响的变量主要是:恋爱、人际关系,不妨命名为"情感与人际关系"。

(六) 因子分的计算

经过前述的过程,因子就可以确定下来,然后系统会根据设置的方法计算出每一个被试的所有因子分,这些因子分自动记入数据文件,它们可以作为进一步统计分析的资料,也可以作为评估被试间差异的依据。就本例来说,抽取得到三个因子分,采用回归方法计算得到的因子分如图 10-13 所示。

factor.sav - SPSS Data Editor

File Edit View Data Transform Analyze Graphs Utilities Window Help

1 : shenti   18

	renji	jingji	jiazhi	shehui	fac1_1	fac2_1	fac3_1	var	var
1	16	15	16	10	-1.40128	.08236	.08827		
2	10	23	15	16	1.25081	.35345	-2.01560		
3	11	19	15	13	.09675	.59267	-1.92746		
4	20	12	18	11	-1.40453	1.19098	-.34451		
5	13	26	17	17	1.49237	-.60065	-.39754		
6	16	18	16	13	-.34640	.33051	-.47989		
7	19	13	15	11	-1.90445	-.17864	.39891		
8	21	21	17	18	1.36113	.69435	.03535		
9	19	19	14	14	-.20885	-1.14940	-.03780		
10	18	19	18	13	-.53637	1.03980	-.21411		
11	20	16	13	12	-.93304	-.51998	.10126		
12	15	17	12	15	.03438	-1.11716	-.82520		
13	19	25	11	16	.98445	-1.45951	.03529		
14	20	23	16	14	.73552	1.13757	.13807		

◄ ► \Data View \ Variable View /   ◄

SPSS Processor is ready

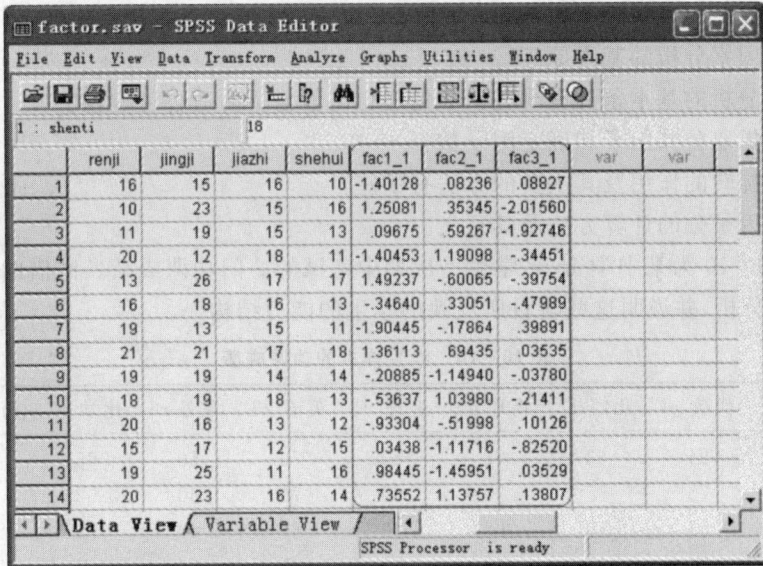

图 10 - 13　系统自动记入数据文件的因子分(标准分)示意图

因子分计算系数矩阵如表 10 - 9 所示。

用回归方程的形式表达就是：

$$
\begin{cases}
F_1 = 0.038X_1 + 0.034X_2 + \cdots + 0.220X_{10} \\
F_2 = 0.376X_1 + 0.360X_2 + \cdots + 0.013X_{10} \\
F_3 = 0.056X_1 + 0.085X_2 + \cdots + 0.014X_{10}
\end{cases}
$$

表 10 - 9　因子分计算系数矩阵(Component Score Coefficient Matrix)

Variables	Component		
	1	2	3
X1	.038	.376	−.056
X2	.034	.360	−.085
X3	.215	−.034	−.078
X4	.229	.030	−.027
X5	−.043	−.077	.530
X6	.234	.111	−.025
X7	−.016	.002	.493
X8	.224	.017	.055
X9	.031	.321	.051
X10	.220	−.013	−.014

━━◢►◀━━〜〜复习思考与练习题〜〜━━►◀━━

1. 解词

因素分析(因子分析)、公共因子、共同度、方差贡献、因子载荷、巴特利特球形检

验、KMO

2. 试述因素分析的基本原理。

3. 因素分析的基本条件有哪些？如何进行因素分析的适合度检验？

4. 如何提取公共因子和确定因子数？

5. 因子旋转的作用及其主要的方法有哪些？

6. 说明因子分的计算方法及其意义。

7. 表 10-10 为某中学 15 名学生一次期中考试的 8 门功课成绩。试借助于 SPSS 系统进行因素分析，并说明这些科目所反映的学生的能力结构。

表 10-10 学生样本的功课成绩

编号	代数 $x1$	几何 $x2$	物理 $x3$	地理 $x4$	英语 $x5$	语文 $x6$	化学 $x7$	历史 $x8$
1	94	83	78	80	70	50	65	80
2	73	75	80	65	70	60	52	75
3	52	55	65	40	80	40	55	70
4	50	45	68	60	80	60	65	80
5	68	85	75	40	60	72	63	75
6	67	67	72	62	65	62	62	75
7	55	56	70	80	80	60	75	80
8	70	84	65	60	60	62	55	73
9	88	82	78	68	65	80	50	82
10	40	60	75	62	70	75	60	70
11	75	65	85	60	80	82	72	82
12	88	86	90	85	82	82	90	80
13	72	86	70	70	75	90	70	85
14	65	60	60	50	65	62	60	80
15	96	86	75	70	82	65	88	82

第十一章　比率的差异性检验

内容提要

在分析了比率的抽样分布之后,利用二项分布的原理把总体比率的区间估计,以及比率的显著性检验纳入到标准正态分布的系统中,即利用标准正态 Z 分布对样本比率的显著性、独立样本间比率的差异显著性、相关样本间比率的差异显著性进行检验。本章较为详细地介绍了三类关于比率显著性检验的 SPSS 过程,及其输出结果的读取和解释。

此前讨论的各种统计分析方法,基本上都是针对测量数据来说的,而且大都要求数据是连续变化的。但是,在实际研究中,特别是社会科学领域,常常出现一些计数资料,即在对有性质差异的研究对象进行分组之后,或者是对不同被试群体的某种行为次数进行统计之后,都会出现计数资料。基于计数资料比较不同总体差异的时候,前述的许多差异检验方法都不能使用(Z 检验方法除外,它可被用于比率检验)。

第一节　总体比率的估计

在心理和教育研究中,经常会出现一些百分数或比率,并用它们来表示实验或调查结果。但是这些百分数或比率一般是来自总体的一个或多个样本,那么如何从样本比率来估计总体比率呢?

一、样本比率的抽样分布

通常,用小写的 p 表示样本比率,大写的 P 表示总体比率,而比率的出现往往意味着对象被划分为性质不同的两类,可分别被称为 A 与非 A(可表示为 $\overline{A}$),所以随机抽样的样本比率分布符合二项分布。

假如在被研究的总体中,具有某种属性的个体或事件(即二项试验中的成功事件)出现的概率设为 P,则不具有这种属性的个体或事件(即失败事件)出现的概率即为 $Q=1-P$,从这样的总体中随机抽取一个容量为 n 的样本,可计算其成功事件出现的比率为 $p=\dfrac{X}{n}$(X 为成功事件出现的次数),失败事件的比率即为 $q=1-p$。采用返回式的重复抽样,就可以从总体中得到容量为 n 的所有可能的样本,也由此形成了一个比率 p 的抽样分布。当 $np\geqslant5$ 和 $nq\geqslant5$ 条件成立时,二项分布接近正态分布,所以比率的抽样分布也近似于正态分布,对样本比率进行的显著性检验也可以采用 Z 分布。

就二项分布来说,反映的是随机样本中成功次数的分布。其中成功次数的平均数 $\mu = n \cdot P$、标准差 $\sigma = \sqrt{nPQ}$;就比率的抽样分布来说,反映的是随机样本中成功比率的分布,而比率等于次数除以容量 n。所以,比率分布的平均数与标准差均由二项分布中的平均数、标准差除以 n 得到:

比率分布的总体平均数:$\mu_p = \dfrac{n \cdot P}{n} = P$ （公式 11 - 1）

比率分布的总体标准差:$\sigma_p = \dfrac{\sqrt{nPQ}}{n} = \sqrt{\dfrac{PQ}{n}}$ （公式 11 - 2）

而这里作为比率分布的标准差的 σ_p,也就是其分布的标准误 SE_p(是统计量 p 的标准差)。

当总体比率未知时,可用样本比率 $p = \dfrac{X}{n}$ 作为总体比率 P 的点估计值,那么总体比率的标准误的估计值就为:

$$s_p = \sqrt{\dfrac{pq}{n}}$$ （公式 11 - 3）

二、总体比率的区间估计

根据所抽取样本的比率,估计总体比率的置信区间,称为总体比率的区间估计。对于总体比率的区间估计,从理论上讲,可以按二项展开式来求,但是计算繁琐。为了简化计算过程,可以利用下面的简单方法。

当 $np \geqslant 5$ 和 $nq \geqslant 5$ 条件成立时,二项分布曲线与正态分布曲线已经相当接近,即比率的抽样分布近似于正态分布。此时,二项分布的概率可以用正态分布的概率作为近似值,此条件下 Z 值可以表示为:

$$Z = \dfrac{p - P}{\sigma_p} = \dfrac{p - P}{\sqrt{\dfrac{pq}{n}}}$$ （公式 11 - 4）

于是,可得出总体比率 P 分布中的置信区间的 Z 分数区间为:

$$P(-Z_{\alpha/2} < Z < Z_{\alpha/2}) = 1 - \alpha$$

将公式 11 - 4 代入上式,可以得到 $P\left(-Z_{\alpha/2} < \dfrac{p - P}{\sqrt{\dfrac{pq}{n}}} < Z_{\alpha/2}\right) = 1 - \alpha$

$$P\left(p - Z_{\alpha/2}\sqrt{\dfrac{pq}{n}} < P < p + Z_{\alpha/2}\sqrt{\dfrac{pq}{n}}\right) = 1 - \alpha$$

于是,总体比率在 $(1 - \alpha)\%$ 置信水平上的置信区间可写作:

$$p - Z_{\alpha/2}\sqrt{\dfrac{pq}{n}} < P < p + Z_{\alpha/2}\sqrt{\dfrac{pq}{n}}$$ （公式 11 - 5）

例如,置信度为 95% 时,则总体比率 P 的置信区间为:

$$p - 1.96\sqrt{\dfrac{pq}{n}} < P < p + 1.96\sqrt{\dfrac{pq}{n}}$$ （公式 11 - 6）

置信度为 99% 时,则总体比率 P 的置信区间为:

$$p-2.58\sqrt{\frac{pq}{n}}<P<p+2.58\sqrt{\frac{pq}{n}} \qquad \text{(公式 11-7)}$$

【例 11-1】 随机抽取某区的 400 名初三学生,调查其视力情况,发现其中 180 名学生患有不同程度的近视,试估计该地区初三学生患近视的真实比率大概在什么范围?

【解】 这一问题,是从样本比率来估计总体比率的置信区间。我们可以将置信度分别定为 95% 和 99% 两个水平,然后计算总体比率的置信区间。

已知样本近视者比率 $p=\dfrac{180}{400}=0.45$,未近视者比率 $q=1-0.45=0.55$。

所以,比率分布的标准误为:$SE_p=\sigma_p=\sqrt{\dfrac{pq}{n}}=\sqrt{\dfrac{0.45\times0.55}{400}}\approx0.025$

因为 $np=180>5$、$nq=220>5$,比率的抽样分布近似于正态,可以使用公式 11-5 计算置信区间。

当置信度为 95% 时,总体比率的置信区间为:

$0.45-1.96\times0.025<P<0.45+1.96\times0.025$,即 $0.401<P<0.499$;

当置信度为 99% 时,总体比率的置信区间为:

$0.45-2.58\times0.025<P<0.45+2.58\times0.025$,即 $0.386<P<0.515$。

第二节 单样本比率的差异检验

单样本比率的显著性检验,就是看比率为 p 的样本是不是比率为 P 的已知总体的一个随机样本。如果实际观察样本比率 p 落在总体比率 P 的样本分布的置信区间之外,则可以推断,样本和总体之间存在显著性差异,它们之间的差异不能仅用抽样的随机误差解释。如果实际观察样本比率 p 落在总体比率 P 的样本分布的置信区间之内,则可以推断样本是已知总体的一个随机样本,观察样本比率和总体比率之间的差异是由抽样的随机误差引起的。

一、检验假设与虚无假设

单样本比率的显著性检验(双侧检验),首先提出研究假设和虚无假设:

虚无假设 $H_0:p=P$,即观察样本比率 p 和已知总体比率 P 之间无显著性差异,实际观察的样本是已知总体的一个随机样本,它们之间的差异是由随机抽样误差引起的。

研究假设 $H_1:p\neq P$,观察样本比率 p 和已知总体比率 P 之间存在显著性差异,观察样本所属的总体和已知总体并不是同一个总体,也就是观察样本不是已知总体的随机样本,样本比率 p 和总体比率 P 之间的差异并不仅仅是由抽样误差引起的。

二、检验统计量的计算

在第二章已经讲过,当 $np\geqslant5$ 和 $nq\geqslant5$ 条件成立时,二项分布接近正态分布,此时可以用正态分布来计算检验统计量。

我们已经提出虚无假设 $p=P$，也就是假设实际观察样本是已知总体的一个随机样本，因此已知总体的比率分布的标准误为：$\sigma_p=\sqrt{\dfrac{PQ}{n}}$。

检验统计量的计算公式是：$Z=\dfrac{p-P}{\sqrt{\dfrac{PQ}{n}}}$ （公式 11-8）

三、统计决策

如果 $|Z|<Z_{\alpha/2}$，接受虚无假设，表明实际观察的样本比率 p 落在已知总体的样本分布置信区间内，实际观察样本与已知总体之间没有显著性差异。

如果 $|Z|>Z_{\alpha/2}$，拒绝虚无假设，表明实际观察样本比率 p 落在已知总体的样本分布置信区间之外，实际观察样本和已知总体之间存在显著性差异。

【例 11-2】 某大学一年级公共英语考试的不及格率为 3％，其中某学院的 120 名大一学生中有 6 人不及格，问该学院公共英语考试成绩的不及格率和全校的不及格率是否有显著性差异？

【解】 根据题意，已知 $P=0.03$，$Q=0.97$，$p=\dfrac{6}{120}=0.05$，$n=120$。

虚无假设 $H_0：p=P$

研究假设 $H_1：p\neq P$

因为 $np\geqslant 5$ 且 $nq\geqslant 5$，所以使用公式 11-8 计算检验统计量：

$$Z=\frac{p-P}{\sqrt{\dfrac{PQ}{n}}}=\frac{0.05-0.03}{\sqrt{\dfrac{0.03\times 0.97}{120}}}=1.285，而\ Z_{0.05/2}=1.96$$

因 $|Z|<Z_{0.05/2}$，在 0.05 显著性水平上接受虚无假设，认为该学院学生公共英语考试成绩不及格率与全校学生的不及格率无显著性差异。

第三节　相关样本比率的差异检验

两个样本相关，即同一组被试参加前后两次实验（两次实验的项目完全相同），或调查同一组被试在实验前后的情况，那么就可以得到两组一一对应的数据（两次实验的数据或实验前后的两组数据）。根据这两组数据分别计算出来的比率，就是相关样本比率。

一、2×2 资料登记四格表

在心理教育研究中，有的测量结果只有两种类别，如男性和女性；也有因为研究需要而将本来属于测量得到的正态连续变量的数据，按一定的标准分为不同类别，如将学生的成绩分为及格和不及格。分别计算每一类别的累计频数，并将它们登记到四格表中，如表 11-1 所示。

【例 11-3】 随机抽取 120 名学生代表，在听取某种奖学金制度宣讲前后两次征求他们对该新制度的意见，每一位学生有前后两次调查结果，统计资料如表 11-1。

心理统计学与 SPSS 应用

		会　前		合　计
		赞　成	反　对	
会　后	赞　成	37(a)	51(b)	88
	反　对	16(c)	16(d)	32
合　计		53	67	120

从表 11－1 可知：(a)表示有 37 位同学在听取奖学金制度宣传前后都赞成这项新制度。(b)表示有 51 位同学在听取奖学金制度宣传之前反对这项新制度，但在听过宣讲之后，转而赞成该制度。(c)表示有 16 位同学在听取奖学金制度宣传之前是赞成这项新制度的，但在听过宣传之后转而反对该制度。(d)表示有 16 位同学在听取奖学金制度宣讲前后都反对这项制度。

二、检验假设与虚无假设

相关样本比率差异显著性检验(双侧检验)的统计假设为：

虚无假设 H_0：$P_1 = P_2$，表示两个样本来自于总体比率相等的两个总体，也可以说两个样本来自于同一个总体，两样本比率的差异是由于抽样的随机误差引起的。

研究假设 H_1：$P_1 \neq P_2$，表示两个样本的总体比率不同，即两个样本分别来自于两个不同总体。

就上例来说，虚无假设的意思是：奖学金制度宣讲前后，学生对这种新制度的总体赞成和反对率无变化，也就是宣传前后学生的态度没有改变，样本中出现的差异是由抽样误差造成的。研究假设的意思是：奖学金制度宣传前后，学生对这种新制度的总体赞成率和反对率确实发生了改变。

三、检验统计量 Z 分数计算

从四格表中可以看出，a 和 d 是在前后两次调查中态度未发生改变的人数，所以 a 和 d 不会带来两次调查中的反应差异；b 和 c 是前后两次调查中态度发生了改变的人数（b 是第一次调查持反对态度，第二次赞成的人数；c 是第一次赞成，第二次反对的人数），所以 b 和 c 才是可能造成两次调查结果差异的原因。

两次调查中持赞成态度的比率之差为：$p_1 - p_2 = \dfrac{a+c}{n} - \dfrac{a+b}{n} = \dfrac{c-b}{n}$，这样，前后两次调查的比率之差的显著性检验就成为 $\dfrac{c}{n}$ 和 $\dfrac{b}{n}$ 之间的差异是否显著的问题。

我们可以另外假设一个二项分布总体，即态度发生了变化的总体，从中随机抽取了一个容量为 $n = b + c$ 的样本。根据两个总体无显著性差异的假设，则 $P_1 - P_2 = 0$，即 $b = c$，b 和 c 在态度发生了改变的总体中出现的概率分别为 $\dfrac{1}{2}$。即第一次调查持反对意见而第二次赞成（成功事件）的同学在态度发生变化的总体中出现的概率为 $p = \dfrac{1}{2}$；而第一次调查持赞成意见第二次反对（失败事件）的同学在态度发生变化的总体中出现的概率为 $q = 1 - p = \dfrac{1}{2}$。于是这个发生了变化的二项分布的总体的平均数，标准差为：

$$\mu = nP = \frac{b+c}{2} \qquad \text{(公式 11-9)}$$

$$\sigma = \sqrt{nPQ} = \sqrt{(b+c) \times \frac{1}{2} \times \frac{1}{2}} = \frac{1}{2}\sqrt{b+c} \qquad \text{(公式 11-10)}$$

由于抽样误差的存在,每次取样 b 和 c 不可能完全相等,总是在一定范围内波动。于是两相关样本比率差异的显著性检验,就成了检验样本比率为 $p = \frac{c}{n}$ 与 $P = \frac{1}{2}$ 的总体之间是否有显著性差异的问题。

$b+c = n \geq 10$,即 $np \geq 5$ 时,可以用正态分布概率解释,其检验统计量为:

$$Z = \frac{p-P}{\sqrt{\frac{PQ}{n}}} = \frac{\frac{b}{b+c} - \frac{1}{2}}{\sqrt{\frac{\frac{1}{2} \times \frac{1}{2}}{b+c}}} = \frac{b-c}{\sqrt{b+c}} \qquad \text{(公式 11-11)}$$

四、统计决策

如果 $|Z| > Z_{\alpha/2}$,则拒绝虚无假设,认为 b 或 c 落在 $\left(\frac{1}{2} + \frac{1}{2}\right)^{b+c}$ 的置信区间之外,两相关样本比率存在显著性差异。

若临界值 $|Z| < Z_{\alpha/2}$,则接受虚无假设。表明 b 或 c 落在 $\left(\frac{1}{2} + \frac{1}{2}\right)^{b+c}$ 这一分布的置信区间之内,两相关样本比率不存在显著性差异,两样本之间的差异是由抽样误差引起。

例 11-3 的相关样本比率差异的显著性检验的过程如下:

【解】 (1) 提出假设:$H_0 : P_1 = P_2$

$\qquad\qquad\qquad H_1 : P_1 \neq P_2$

(2) 计算检验统计量

$$Z = \frac{b-c}{\sqrt{b+c}} = \frac{51-16}{\sqrt{51+16}} = 4.276,\text{而 } Z_{0.01/2} = 2.58$$

因为 $|Z| > Z_{0.01/2}$,$p < 0.01$,于是在 0.01 显著性水平上拒绝虚无假设,认为奖学金宣传活动前后,学生对该制度的态度有显著性改变。

【例 11-4】 一个 50 人的班级对某一班干部前后两次的民主评议如表 11-2。问前后两次评议结果是否有显著性差异?如果在第一次评议之后,给予该干部一定的指导和帮助,问帮助有效吗?

表 11-2　两次民主测评结果

		第一次评议		合　计
		拥　护	反　对	
第二次评议	拥　护	8(a)	19(b)	27
	反　对	5(c)	18(d)	23
合　计		13	37	50

【解】 (1) 提出假设:$H_0 : P_1 = P_2$

$$H_1 : P_1 \neq P_2$$

（2）计算检验统计量：

$$Z = \frac{b-c}{\sqrt{b+c}} = \frac{19-5}{\sqrt{19+5}} = 2.858, Z_{0.01/2} = 2.58$$

$|Z| > Z_{0.01/2}$，所以在 0.01 显著性水平上拒绝虚无假设，认为前后两次民主测评结果有显著性差异，也就是说，对该干部的指导帮助是有效的。

第四节　独立样本比率的差异检验

一、独立样本比率差异的抽样分布

从一个总体比率为 P_1、另一个总体比率为 P_2 的两个二项分布总体中独立地抽取容量为 n_1 和 n_2 的两个样本，比率之差为 $p_1 - p_2$。如果随机抽取所有可能独立样本组合，并且对每对组合计算两个样本的比率之差，就形成了两独立样本比率之差的抽样分布。当样本容量足够大，且两个样本的最小频数都大于 5 时（即 $n_1 p_1 > 5$，$n_1 q_1 > 5$ 且 $n_2 p_2 > 5$，$n_2 q_2 > 5$），独立样本比率之差的抽样分布接近正态。

独立样本比率之差的抽样分布的平均数，就等于样本所来自的两个总体的比率差，即：

$$\mu_{p_1 - p_2} = P_1 - P_2 \qquad （公式\ 11-12）$$

独立样本比率之差的抽样分布的标准误：

$$\sigma_{p_1 - p_2} = \sqrt{\sigma_{p_1}^2 + \sigma_{p_2}^2} = \sqrt{\frac{P_1 Q_1}{n_1} + \frac{P_2 Q_2}{n_2}} \qquad （公式\ 11-13）$$

当总体比率未知时，可以用两样本比率 p_1 和 p_2 作为 P_1 和 P_2 的点估计值，所以样本比率之差标准误的估计值为：

$$S_{p_1 - p_2} = \sqrt{\frac{p_1 q_1}{n_1} + \frac{p_2 q_2}{n_2}} \qquad （公式\ 11-14）$$

二、检验假设与虚无假设

独立样本比率差异显著性检验（双侧）的统计假设是：

虚无假设 $H_0 : P_1 = P_2$，表明样本所来自的两个总体的比率 P_1 和 P_2 无显著性差异，即两个样本来自同一个总体，样本所表现出来的比率差异是由随机抽样误差引起的。

研究假设 $H_1 : P_1 \neq P_2$，表明样本所来自的两个总体的比率 P_1 和 P_2 之间存在显著性差异，样本所表现出来的比率差异无法仅由随机抽样误差所解释。

三、检验统计量的计算

进行独立样本差异的显著性检验时，样本所来自的两个总体比率 P_1 和 P_2 都未知，可以利用两样本的比率 p_1 和 p_2 作为其点估计值。因为事先假设两总体比率相等，两个样本来自同一总体，所以两样本比率 p_1 和 p_2 都可以作为总体比率 P 的点估计值，这时

就用两样本比率的加权平均数作为总体比率的估计量,所以:

$$P_e = \frac{n_1 p_1 + n_2 p_2}{n_1 + n_2}$$ (公式 11-15)

$$Q_e = 1 - P_e = \frac{n_1 q_1 + n_2 q_2}{n_1 + n_2}$$ (公式 11-16)

$$S_{p_1-p_2} = \sigma_{P_1-P_2} = \sqrt{P_e Q_e \left(\frac{1}{n_1} + \frac{1}{n_2}\right)} = \sqrt{\frac{(n_1 p_1 + n_2 p_2)(n_1 q_1 + n_2 q_2)}{n_1 n_2 (n_1 + n_2)}}$$ (公式 11-17)

那么,独立样本比率差异的显著性检验的统计量计算公式为:

$Z = \dfrac{(p_1 - p_2) - (P_1 - P_2)}{S_{p_1-p_2}}$。因为检验的虚无假设是 $P_1 = P_2$,所以:

$$Z = \frac{(p_1 - p_2) - (P_1 - P_2)}{S_{p_1-p_2}} = \frac{p_1 - p_2}{\sqrt{\dfrac{(n_1 p_1 + n_2 p_2)(n_1 q_1 + n_2 q_2)}{n_1 n_2 (n_1 + n_2)}}}$$ (公式 11-18)

四、统计决策

如果检验统计量 $|Z| > Z_{\alpha/2}$,则拒绝虚无假设,认为两总体比率存在显著性差异;如果检验统计量 $|Z| < Z_{\alpha/2}$,则接受虚无假设,认为两总体比率差异不显著,样本比率所表现出来的差异更可能是由抽样误差引起的。

【例 11-5】 为了比较两种复习方法的效果,随机抽取 240 名被试再随机分为两组。两组被试分别使用不同的复习方法,在复习一段时间后,分别施以同一测验,测验结果如表 11-3 所示。能否认为两种复习方法的效果不同?

表 11-3   240 名被试的测验成绩

	优良	一般	合计
复习方法 A	64	56	120
复习方法 B	46	74	120
合计	110	130	240

【解】 两个独立样本各自独立地采用不同的复习方法学习,本例采用独立样本比率的显著性检验来比较两组被试考试成绩的优良率。由已知条件知道:

样本 1:$n_1 = 120$,$p_1 = 0.533$,$q_1 = 1 - p_1 = 0.467$;

样本 2:$n_2 = 120$,$p_2 = 0.383$,$q_2 = 1 - p_2 = 0.617$;

提出假设:虚无假设 $H_0 : P_1 = P_2$;研究假设 $H_1 : P_1 \neq P_2$

检验统计量的计算,将上述数据代入公式 11-18 即可得到:

$$Z = \frac{p_1 - p_2}{\sqrt{\dfrac{(n_1 p_1 + n_2 p_2)(n_1 q_1 + n_2 q_2)}{n_1 n_2 (n_1 + n_2)}}} = \frac{\dfrac{8}{15} - \dfrac{23}{60}}{\sqrt{\dfrac{(64 + 46) \times (56 + 74)}{120 \times 120 \times 240}}} = 2.332$$

而 $Z_{0.05/2} = 1.96$

所以 $|Z| > Z_{0.05/2}$,可在 0.05 显著性水平上拒绝虚无假设,采用两种不同复习方法的两个独立样本的优良率存在显著性差异,可以认为两种复习方法的效果不同。

第五节 比率假设检验的 SPSS 过程

一、单样本比率检验的 SPSS 过程

前文已经讨论论过,样本比率的抽样分布符合二项分布,可以采用二项分布检验的方法来完成样本与总体比率的差异性检验。

在实际调研中,经常会遇到非此即彼的二项选择,而在此类调研中我们期望了解被调查样本中二项选择的分布情况,如两项选择的比例是否相等,或是否满足某种比例关系(如 1∶3、1∶10 等)。这就需要使用二项分布检验方法和程序。下面通过例题的形式介绍这一 SPSS 过程。

【例 11-6】 表 11-4 中的数据是某班 30 名同学的英语期终考试成绩,并且将成绩等级划分为"优良"和"未达到良好",用 1 表示"优良"、2 表示"未达到良好"。如果考虑到误差因素,能否认为该班同学英语的真实成绩优良率达到 80%。

表 11-4 30 名学生的英语成绩及其等级

成 绩	等 级	成 绩	等 级	成 绩	等 级
98.00	1	82.00	1	82.00	1
92.00	1	87.00	1	91.00	1
89.00	1	85.00	1	70.00	2
89.00	1	70.00	2	79.00	2
95.00	1	73.00	2	68.00	2
90.00	1	65.00	2	70.00	2
100.00	1	90.00	1	89.00	1
98.00	1	95.00	1	82.00	1
98.00	1	98.00	1	83.00	1
78.00	2	85.00	1	82.00	1

步骤 1:建立正确的数据文件

根据题意,本例只有一个 30 人组成的研究样本,所以建立 SPSS 数据文件时不需要分组变量。每个学生的信息包括其以百分制记录的英语考试分数和所达到的等级,优良等级记为 1、未达到良好的记为 2。所以这一 SPSS 数据文件包括 30 个个案行、2 个变量列,如图 11-1 所示。

步骤 2:打开对话框并完成界面设置

单击"Analyze"选择"Nonparametric Tests"(非参数检验)中的"Binomial Test"命令,打开二项分布检验对话框,如图 11-2 所示。在左侧的变量列表中选择"等级"变量,点击" ▶ "将其置入"Test Variables List"下的方框中。

在对话框上"Define Dichotomy"栏指定对个案的二分方法。当检验变量本身就是二分变量的时候,就采用系统默认的"Get from data",直接从数据文件中读取二分变量数

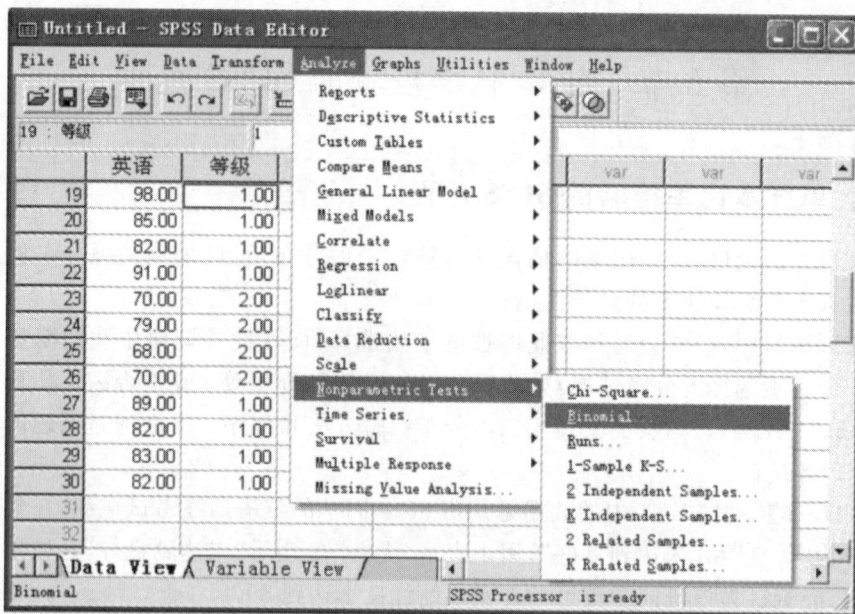

图 11-1　单样本比率检验的数据文件与菜单示意图

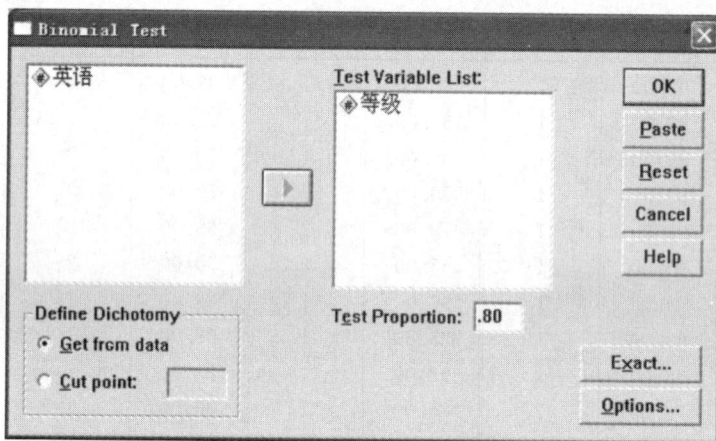

图 11-2　二项分布检验对话框

据;当检验变量是连续变量或多等级变量时,勾选"Cut point"激活其后的小方框,输入一个具体数值,使得对应变量值小于等于此数值的被试被自动定义为第一组,大于该数值的被试被定义为第二组。本例采用默认方式即可。

在 Test Proportion 框中输入检验值,即为总体比率或假设的总体比率,其系统默认为 0.5,本例中总体比率被假设为 0.80,所以需要将 0.50 改为 0.80。这里需要特别注意一个问题:对话框中输入的总体比率值是指在数据文件中第一个个案所在类占总体的比率,本例中第一个个案是属于"优良"等级,因为本例所检验的总体比率假定为 0.80,所以输入 0.80。假如在本例的数据文件中,第一个个案是属于"2"即"未达到良好"者,那么按照假设,未达到良好者的总体比率被假定为 0.20,这时就需要输入 0.20 而不是 0.80。

完成上述操作后,单击"OK"按钮输出检验结果。

步骤3:结果的读取与解释

就比率检验本身来说,其输出的结果主要就是一个表格,如表11-5所示。

表11-5 二项分布检验结果(Binomial Test)

	Category	N	Observed Prop.	Test Prop.	Asymp. Sig. (1-tailed)
Group 1	1.00	22	.7	.8	.247
Group 2	2.00	8	.3		
Total		30	1.0		

表11-5显示,30个个案中,英语成绩达到优良等级的有22人、未达到优良等级的有8人,所占比率分别为0.7、0.3。优良率与0.80之间的差异未达到显著性水平(显著性水平为0.247>0.05),所以不能拒绝虚无假设,可以认为该班同学的优良率基本达到80%。

二、相关样本比率检验的 SPSS 过程

相关样本比率的差异性检验涉及到两个数据样本,而且两个样本之间可能存在相关,可以使用 SPSS 系统的"Nonparametric Tests"中的"McNemar"命令来完成。McNemar 检验法适合于两个相关样本的二分变量总体检验。以例题说明这一 SPSS 过程。

【例11-7】 某体育教师为改进学校体育工作,有效增进学生体质并提高其体育达标率,他对学生进行了一段特训,表11-6中数据即为20名学生在训练前后的达标测试结果,其中0表示"不达标"、1表示"达标"。请问特训前后学生的达标率是否有显著变化?

步骤1:建立正确的数据文件

根据题意,本例只有一个20人组成的研究样本,但是每人均参加了两次测试,测试结果记为"达标"或"不达标",所以建立 SPSS 数据文件时不需要分组变量。每个学生的测试信息包括训练前后两次,所以这一 SPSS 数据文件包括20个个案行、2个变量列,如图11-3所示。

表11-6 体育训练前后学生达标测试结果登记表

序 号	训练前	训练后	序 号	训练前	训练后
1	1	1	11	1	1
2	0	1	12	1	0
3	0	0	13	0	1
4	1	1	14	0	1
5	0	1	15	1	1
6	0	1	16	0	1
7	1	1	17	0	1
8	0	0	18	0	1
9	0	1	19	0	1
10	0	1	20	1	1

步骤2:打开对话框并完成界面设置

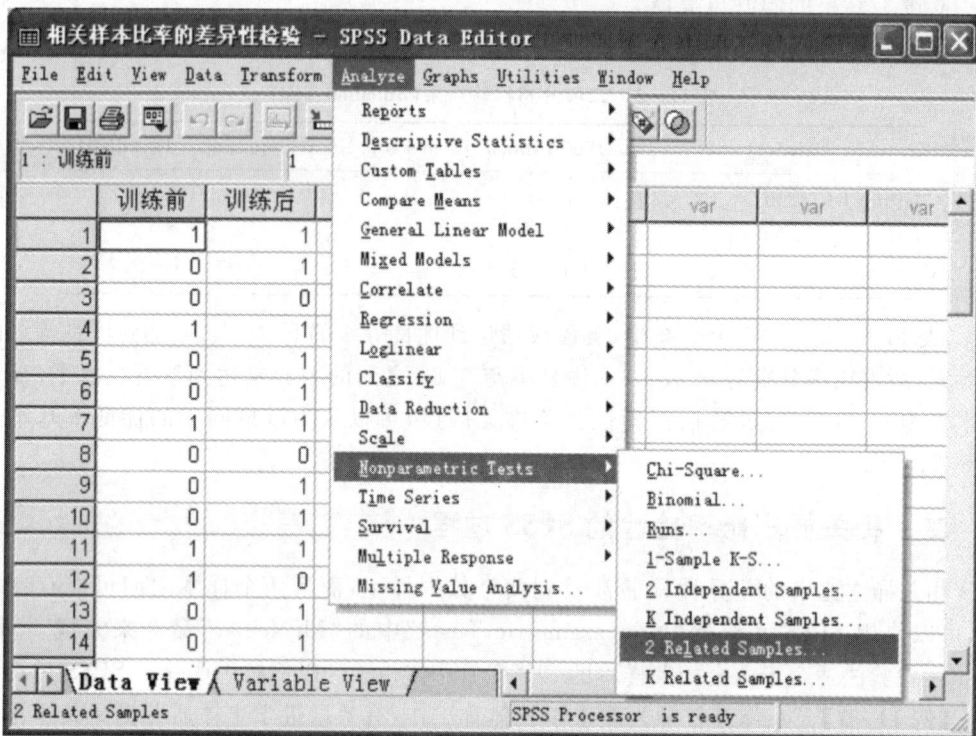

图 11-3　相关样本比率差异检验的数据文件与菜单示意图

单击"Analyze"选择"Nonparametric Tests"（非参数检验）中的"2 Related Sample"命令，打开两个相关样本分布检验对话框，如图 11-4 所示。在左侧的变量列表中同时选择对应的两个变量名形成配对变量列，本例中为"训练前"与"训练后"，点击" ▶ "将配对变量置入"Test Pairs List"下的方框中。在检验类型"Test Type"栏中勾选"Mc-Nemar"，单击"OK"即可输出结果。

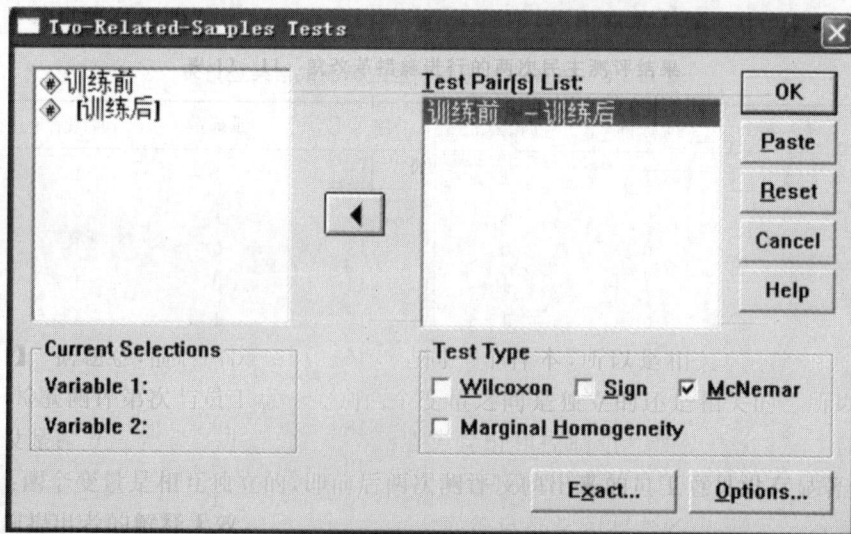

图 11-4　两个相关样本的二项分布检验对话框

步骤 3:结果的读取与解释

就两个相关样本的比率检验来说,其输出的结果主要有两部分,一部分是对两个相关样本中二分类情况的统计,如表 11-7 所示;另一部分是两个样本比率的差异显著性检验结果,如表 11-8 所示。

表 11-7　训练前后达标与不达标情况

训练前	训练后	
	0	1
0	3	10
1	1	6

表 11-7 显示,训练前后都不达标的有 3 人,经过训练由不达标变为达标的有 10 人,由达标变为不达标的有 1 人,训练前后都能达标的有 6 人。

表 11-8　训练前后达标比率显著性水平(Test Statistics)

	达标前 & 达标后
N	20
Exact Sig. (2-tailed)	.012

表 11-8 显示,两个相关样本比率显著性检验的伴随概率为 0.012,即差异的显著性水平达到了 0.012,小于 0.05,所以拒绝虚无假设,可以认为训练前后学生的达标率发生了显著性变化。

三、独立样本比率检验的 SPSS 过程

在 SPSS 中,可以利用交叉列联表(Crosstab)来进行独立样本比率的差异性检验。交叉列联表分析除了可以列出交叉分组下的频数分布,还可以分析两个变量之间是否具有独立性或一定的相关性。如果两个变量之间相互独立,一个分组变量所形成的不同类间的比率并不受另一分组变量的影响;如果两个变量存在相关,就意味着一个分组变量所形成的不同类间的比率受另一分组变量的影响,这第二个分组变量所划分出来的两个独立组的比率差异显著。所以,两个独立组之间的比率差异性可以用交叉列联表方法来检验。比如就例 11-5 来说,其中实际上存在两个分组变量,一个变量是复习方法,分 A 和 B;另一个分组变量是成绩等级,分"优良"和"一般"。要检验在 A 方法组和 B 方法组里,"优良"的和"一般"的比率是否有显著性差异,就成了两个分组变量是否具有显著性交叉相关的问题了。

现在,就以例 11-5 中的数据来说明独立样本比率检验的 SPSS 过程。

步骤 1:建立 SPSS 数据文件并作加权处理

根据题意,已知条件包括三个变量,复习方法分两个水平、成绩等级分两个水平、两个分组变量划分出来的四个独立组中的人数。每个学生的原始测试成绩未给出。所以这一数据按照汇总后的资料来建立,还是设三个变量列,但只能有四个个案行,但是这里的一个个案行并不是代表一个个案,而是代表四个独立的样本组。数据文件如图 11-5 所示。

因为这个文件是根据汇总后的结果建立的,所以进行统计分析之前必须对数据性质

图 11-5 两个独立样本比率的差异检验的数据文件

进行一定的转换：在这个例子中，研究的全部被试实际上是 240 个，所以不能直接以四个个案来反映研究的数据结构。我们可以很容易地看到，数据区的每一行反映的并不是一个被试的信息，如第一行是代表了 64 人的信息、第二行代表了 56 人的信息，…，为了使计算机能"认识"到这一点，必须根据"人数"对每一行进行"加权"，即将"人数"作为加权变量来看待。

加权处理的方法是：单击菜单"Data"选择"Weight Cases…"命令打开对话框，勾选"Weight Cases by"激活对应的方框，然后将变量"人数"置入到"Frequency Variable"之下的方框中，单击"OK"即完成加权变量的设置。

步骤 2：打开对话框并完成界面设置

单击菜单"Analyze"选择"Descriptive Statistics"中的"Crosstabs…"命令，打开交叉列联表分析对话框，如图 11-6 所示。然后将不同的分组变量分别置入到行变量框中(Rows)和列(Columns)变量框中，本例中将"复习方法"作为行变量、"成绩等级"作为列变量，如图 11-6 所示。

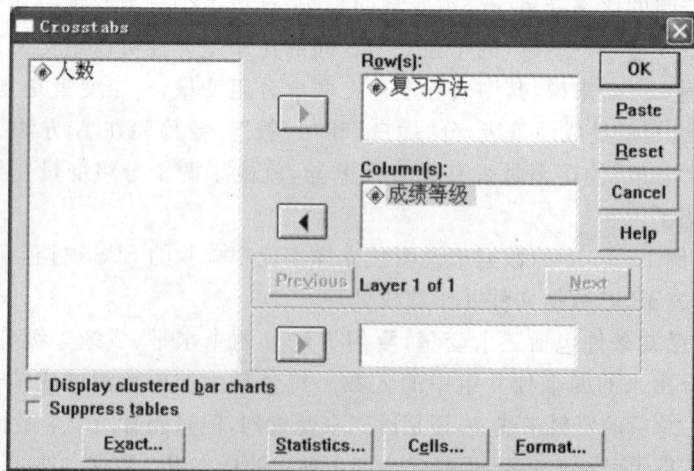

图 11-6 交叉列联表分析的对话框

单击"Statistics…"按钮打开相应的对话框,并勾选对话框上的"Chi-square"项(意为采取卡方检验。注:关于卡方检验的详细讨论见下一章)。单击"Continue"返回交叉列联表分析的主对话框,最后点击"OK"按钮即可输出结果。

步骤3:结果的读取与解释

独立样本比率的差异检验借助于交叉列联表分析方法,其输出结果主要是卡方检验的结果。就本例来说,其主要结果如表11-9所示。

表11-9　交叉列联表分析结果(卡方检验:Chi-Square Tests)

	Value	df	Asymp. Sig. (2-sided)
Pearson Chi-Square	5.438	1	.020
Continuity Correction	4.850	1	.028
Likelihood Ratio	5.459	1	.019
Linear-by-Linear Association	5.415	1	.020
N of Valid Cases	240		

表11-9中的结果显示,$\chi^2 = 5.438$,伴随概率 $p = 0.020 < 0.05$。所以可以认为"复习方法"与"成绩等级"两个变量之间并非独立,而是存在相关性。换句话说:"复习方法"不同,则学生在"成绩等级"上的人数分布也不同,这是因为不同复习方法产生的效果不同。

表中还同时输出了其他检验方法得到的结果,效果非常接近,可以互相替代。对于这些方法,此处不再赘述。

◀━━━复习思考与练习题━━━▶

1. 从某校随机抽取高三学生50名,其中体育不达标者有7人,计算该校高三学生体育不达标人数的95%的置信区间,或高三学生体育不达标人数的置信区间。

2. 假定某一年某省高考报名人数309876人,最后被录取人数为180859人。而当年全国高考录取率为52%,能否认为该省的高考录取率高于全国录取率?

3. 某研究者随机抽取20名儿童做注意力发展实验。在实验前后分别对儿童进行一次注意品质检测,结果如表11-10所示。根据表中数据,能否认为实验前后儿童的注意品质有显著性变化?

表11-10　儿童注意品质检测结果

		第一次测验		合计
		达到标准	未达到标准	
第二次测验	达到标准	4(a)	12(b)	16
	未达到标准	2(c)	2(d)	4
	合计	6	14	20

4. 某大学在教学评估期间对学生的上课情况进行抽查,分别随机从一年级、二年级

中各抽查了38名和36名学生的出勤情况,结果如表11-11所示。能否认为两个年级学生的出勤率有显著性差异?

表 11-11 两个年级学生出勤抽查结果

	出勤	缺课	合计
1 年级	36	2	38
2 年级	30	6	36
合计	66	8	74

第十二章 卡方(χ^2)检验

内容提要

χ^2 检验是分析计数资料的最常用的非参数检验方法,它实际上是一种差异性检验技术,即对观测样本中的次数分布形态与某种假设或理想的次数分布形态的差异性进行检验,或是对不同样本间次数分布的差异性进行检验。概括地说,χ^2 检验主要包括适合度检验和独立性检验,其中独立性检验是对不同分类变量间是否相互独立的检验。本章介绍的 χ^2 检验在 SPSS 系统的实现过程是基于次数统计之后的资料。

1936 年,乔治·盖洛普凭借民意调查的方式成功地预测了美国总统大选的结果,此后,民意调查成为美国以及其他许多国家政治和经济生活中常用的信息获取手段。毫无疑问,通过民意调查得到的资料主要是计数资料,那么如何分析这些计数数据才能从有限的样本调查推断广泛的民意呢? 本章介绍的卡方检验正是处理这些计数资料常用的、有效的方法。

第一节 χ^2 检验的基本原理

一、行为科学中的计数资料

心理与行为科学研究中,除了借助于等距、等比量表获得的一些计量数据外,还常常会借助于称名量表或等级量表获取一些计数资料。例如,在民意调查中,将公众的意见分为"赞成"、"反对"、"不确定"三类,然后可以得到三类选择的人次比较;在产品质量评价中,将产品的质量分为"很好"、"较好"、"中等"、"较差"、"很差"五个等级,然后可以获得每一等级上的人数,……,这样的数据资料都属于计数资料。另外,根据研究的需要,一些连续变化的数据资料也可以转换为计数资料,比如按照一定的分数线将学生的考试成绩划分为"合格"和"不合格"两个类别后,统计两类成绩的学生人数,这样就将计量资料转换成了计数资料。

下面,就几个研究范例来具体了解一下心理与行为研究中的计数资料形式,以及这类数据资料所面临的统计分析问题。

1. 品牌调查

【例 12-1】 某广告公司为一种商品设计了四种不同类型的外包装。为了解哪一种设计的效果更能够引起消费者的购买欲,公司将这四种包装的相同产品并排陈列在超市货架上,一段时间后,统计到有 200 位顾客购买了该种产品,不同包装的选择人数如表 12-1 所示。那么,能否借此推断顾客对四种包装设计的喜好度确实存在差异?

表 12-1　四种不同包装的同一种产品的购买人数

包装类型	A	B	C	D	合计
购买人数	42	59	48	51	200

此例研究的是产品选择问题,可以是对同一品牌不同色装设计的选择,也可以是对同一种产品的不同品牌的选择,总而言之,是通过消费者对不同产品购买的发生频率反映何种营销策略更为有效,或者研究消费者的心理活动规律,这种方法是市场调查中最为常用的手段。这个例子中只涉及到一个分类维度,是单变量的研究。资料分析的统计任务就是通过样本频数的分布对样本所在总体的分布做出推断。

2.态度取向评估

【例 12-2】　某省最近出台了新的高考制度,为了解学生对这一高考新模式的态度,一位教师从自己所在学校的高中生中随机抽取了 90 名学生进行调查,其中男生 40 人,女生 50 人。调查的问题是:

作为一名高考备考生,您对最近新推出的高考方案持什么态度?请从下列三个备选项中选择一项最符合您想法的选项。

A.赞成　　　　B.反对　　　　C.无所谓

学生选择的情况汇总如表 12-2 所示。那么该校学生对高考新方案的态度存在性别差异吗?

表 12-2　男、女生对高考新模式的态度

	态　度			合　计
	赞　成	反　对	无所谓	
男	21	13	6	40
女	19	17	14	50
合　计	40	30	20	90

这一问题涉及到社会民意调查中最常见的资料类型,即态度偏好,这里的态度类别具有等级性质,它统计的数据反映的是被试人数在各态度等级上的分布。这类调查还往往涉及到不同的人群,所得资料面临的分析任务主要有两个:一是分析调查对象总体的主要态度偏向,二是比较不同被试群体的态度偏向是否存在差异。

3.成绩等级评定

【例 12-3】　在高校教学管理中,往往采用学生评教的方法促进教学。比如,某一学期末,有三个班的学生对同一位英语教师的教学质量进行了评价,结果如表 12-3 所示。那么这三个班级的学生对这位教师的评价是否存在明显差异呢?

这一问题涉及到对人、事或物的评价问题,也是教育学、心理学研究中常见的问题。像表 12-3 中的数据资料,其统计分析面临的问题也主要有两个方面,一是被试总体评价等级的人数分布及其差异性问题,二是不同的被试群体评价取向的差异性问题。

表 12-3　三个班的学生对一英语教师教学的评估结果

		教学评估成绩			合　计
		很　好	一　般	较　差	
班　级	1	22	12	15	49
	2	30	10	6	46
	3	35	12	3	50
合　计		87	34	24	145

上述例子中的数据资料都是计数资料,一般都是借助于称名量表或等级量表获得的,而且这类资料不能采用前述介绍的各种参数分析方法来处理,只能采用非参数检验方法,主要是卡方检验来进行分析和推断。卡方检验适用于计数资料的分析。由于卡方检验这一独特的便利性,它在心理学等行为科学研究领域具有广泛的应用价值。

上一章中的某些资料也可以通过卡方检验来完成。

二、χ^2 分布及其应用领域

1. χ^2 分布

卡方检验所依据的分布是卡方分布。卡方分布是一种正偏态分布,其自由度不同时,分布曲线的偏斜程度也会不同。卡方分布的统计量用希腊字母 χ^2 表示。

卡方分布曲线下的总面积为 1,不同显著性水平下(曲线下方右侧的面积)的卡方临界值见附表 9 所示,卡方检验一般采用的是单侧检验。在计算出自由度后,根据显著性水平要求,在卡方临界值表中查出临界值,如果计算的卡方值大于这个临界值,说明卡方值对应的曲线下右侧的面积小于这个显著性水平对应的 α 值。例如,当自由度为 5 时,0.05 显著性水平对应的临界值是 11.1,这就是说,在自由度为 5 的卡方分布曲线下,卡方值大于 11.1 的右边尾部的面积是 0.05。

图 12-1 给出了自由度分别为 1、4、10、20 时的 χ^2 分布概率密度函数曲线。

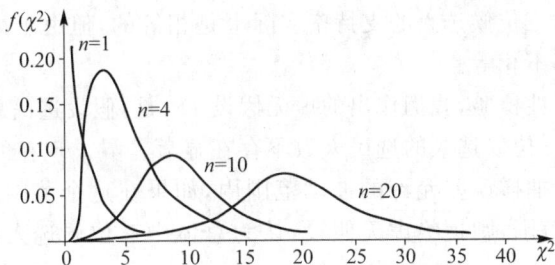

图 12-1　不同自由度下卡方分布的密度函数曲线

由图 12-1 可以看出,卡方分布具有以下的特点:

(1) 卡方值都是正值。

(2) 卡方分布呈正偏态,右端无限延伸,但永不与基线相交。

(3) 卡方分布随自由度的变化而形成了一族分布。自由度不同,卡方分布曲线的形状也不同:自由度越小,分布越偏斜;自由度越大,分布形态越趋于对称;其极限分布为正态分布,即当 $df \to \infty$ 时,卡方分布即为正态分布。

此外,卡方变量还有一个很有用的性质:几个相互独立的卡方变量的和仍然服从卡方分布,即 $\sum \chi^2$ 是一个遵从 $df = df_1 + df_2 + \cdots + df_k$ 的 χ^2 分布。这一性质称为卡方变量的可加性。

2. χ^2 分布的应用

卡方检验可以用来处理很多离散型随机变量的统计检验问题。当某一事物或现象的属性不能用等距量表测量,只能用称名或等级量表测量时,由此得到的次数形式的数据,或者由连续型数据转换而来的次数形式的数据,都可以进行卡方检验。

在卡方检验过程中,并不涉及总体的平均数、方差或相关系数等参数,因此卡方检验是一种非参数检验。其主要用途有两个:一是用于一个变量多项分类的资料,检验各类别的观察频数与期望频数是否吻合,即适合性检验;二是用于两个或两个以上变量,每个变量又有多项分类的资料,检验这两个或两个以上变量之间是否独立,即独立性检验。

三、χ^2 检验的基本原理

在实际研究中,有时会进行一些抽样调查,然后根据样本所得的数据对总体的某些特性做出推断,例如民意调查等。假设在某次大选期间,民意测验中心随机抽取了1500名选民,了解他们对三位候选人的支持情况,具体结果如表 12-4 所示。三位候选人的支持率是否存在显著差异?

表 12-4 假想的三位候选人的支持人数

候选人	Jim	Bob	Chris	合计
支持人数	600	500	400	1500

表面上看,支持 Jim 的人数较多,三位候选人的支持率不同。但因为这是抽样研究,这种抽样调查结果可能有以下两方面的原因:

(1) 选民总体对三位候选人的支持率确实不相等,所以抽取的样本对候选人的支持率不相等;

(2) 选民总体对三位候选人的支持率实际上是相等的,但由于抽样误差而造成了样本对候选人的支持率不相等。

为进行差异显著性检验,我们作出的虚无假设 H_0 是:假设选民总体中三位候选人的支持率相等,即支持三位候选人的选民人数不存在显著差异。现在的任务就是要检验样本频数的分布是否在抽样误差允许的波动范围内,如果在这个范围之内,则接受虚无假设;如果超出了这个范围,则拒绝虚无假设,认为总体中三位候选人的支持率不相等,即存在显著性差异。

从样本中实际调查得到的不同类别的频数称为观察频数 f_0,按期望分布计算得到的频数称为期望频数或理论频数 f_e,则卡方检验的统计量:

$$\chi^2 = \sum \frac{(f_0 - f_e)^2}{f_e} \qquad (公式\ 12-1)$$

卡方值反映了实际的观察频数与期望频数的偏离程度:f_0 与 f_e 总是相等时,$\chi^2 = 0$;f_0 与 f_e 相差很小时,χ^2 值也很小;f_0 与 f_e 相差很大时,χ^2 值也很大。一旦 χ^2 值大于某一临界值,我们就认为样本频数的分布已超出了抽样误差允许的范围,也即样本所在总

体的分布不符合期望分布。

在某一显著性水平下，必定存在一个临界值 $\chi^2_{a,n}$，如图 12-2 所示，若 $\chi^2 < \chi^2_{a,n}$，则认为观察频数与期望频数的差异在抽样误差允许的范围之内，样本所在总体的分布符合期望分布；若 $\chi^2 > \chi^2_{a,n}$，则认为观察频数与期望频数的差异已经超出了抽样误差允许的范围，样本所在总体的分布不符合期望分布。临界值 $\chi^2_{a,n}$ 可以理解为在显著性水平 α 上拒绝虚无假设所必须达到的最小 χ^2 值。

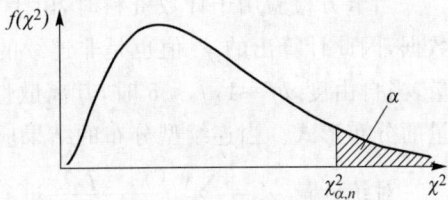

图 12-2　卡方检验示意图

需要注意的是：卡方检验是单侧检验，因为只有当 χ^2 值很大时，即观察频数与期望频数相差很大时，才能拒绝虚无假设。如果 χ^2 值很小，甚至接近于零，则观察频数与期望频数相差很小，样本所在总体的分布与期望分布非常吻合，此时接受虚无假设。也即只有当实际计算的 χ^2 值大于临界值 $\chi^2_{a,n}$ 时，才拒绝虚无假设。

四、χ^2 检验的主要步骤

χ^2 检验的一般过程与参数检验相同，它的关键步骤在于期望频数的计算和临界值的确定。现以表 12-4 所示的民意调查结果为例说明卡方检验的一般过程。

【解】　根据表 12-4 所示的数据及其结构，可对样本数据进行卡方检验，以分析选民总体的态度。

步骤 1：提出假设

虚无假设 H_0：三位候选人的支持率不存在差异；

研究假设 H_1：三位候选人的支持率存在差异。

步骤 2：计算检验统计量 χ^2 值

在本例中，观察频数为实际调查所得各位候选人的支持人数，分别为 600、500、400；虚无假设中三位候选人的支持率不存在差异，所以期望频数均为 500、500、500。于是：

$$\chi^2 = \sum \frac{(f_0 - f_e)^2}{f_e} = \frac{(600-500)^2}{500} + \frac{(500-500)^2}{500} + \frac{(400-500)^2}{500} = 40$$

将计算过程列成表格形式，就如表 12-5 所示：

表 12-5　χ^2 值计算表

	f_0	f_e	$f_0 - f_e$	$(f_0 - f_e)^2$	$(f_0 - f_e)^2 / f_e$
赞成	600	500	100	10000	20
反对	500	500	0	0	0
不置可否	400	500	-100	10000	20
$\sum$	1500	1500			40

步骤 3：统计决断

本例中，数据分类的类别数 $k=3$，所以 $df = 3-1 = 2$。查附表 9 的 χ^2 值分布表，$\chi^2_{0.05,2} = 5.99$。$\chi^2 = 40 > \chi^2_{0.05,2}$，拒绝虚无假设，认为三位候选人的支持率存在显著差异。

五、χ^2 检验的连续性校正

当卡方检验用于计数资料时,由于用分类量尺或等级量尺测量的结果是非连续型的数据,因此计算出的 χ^2 值也是非连续的。也就是说,这里的 χ^2 是非连续的离散型随机变量,当自由度 $df=1$,$f_e<5$ 时,其离散性尤为明显。但是,χ^2 分布本质上是连续型随机变量的分布形式。当连续型分布的结果应用于离散型分布时,必须对连续性做某些修正。

对统计量 $\chi^2=\sum\dfrac{(f_0-f_e)^2}{f_e}$ 进行简单连续性修正的方法是由统计学家 Frank Yates 提出的,因此这种校正方法称为 Yates 连续性校正法。其基本公式为:

$$\chi^2=\sum\frac{(|f_0-f_e|-0.5)^2}{f_e} \qquad\qquad (公式12-2)$$

当自由度 $df=1$,某一分组的期望频数 $f_e<5$ 时,必须用该公式对 χ^2 值进行校正。我们将在下面的两节内容中,结合具体的问题来介绍这一校正公式的应用。

第二节　适合性 χ^2 检验

适合性检验也称配合度检验,其主要原理是借助 χ^2 统计量的实得指标来考察观察频数 f_0 与某一理论假定下的期望频数 f_e 之间的差异是否显著,从而确定样本所在总体的分布是否与期望分布相符合。由于适合性检验的内容只涉及一个分类变量的计数资料,因而又称为单因素 χ^2 检验。

一、适合性 χ^2 检验的具体应用

适合性检验中,自由度 $df=k-m$。其中,k 是实验或调查中的类别数;m 为计算期望频数时用到的样本统计量的个数。通常情况下,在计算期望频数时要用到样本总数这一统计量,所以适合性检验的自由度一般为分类的项数减 1。

适合性检验的过程中,要计算统计量 χ^2,必须先计算期望频数。根据计算期望频数时所依据的期望分布的不同,适合性检验的应用可大致分为三种情况。

1. 期望频数服从均匀分布

期望频数服从均匀分是指变量各项分类的期望频数相等,期望频数等于样本总数除以分类类别数。前一节所举例 12-1 的问题就属于这一类的适合性检验。

【例 12-4】 根据例 12-1 提供的数据,判断顾客对四种包装设计的偏好是否存在显著差异。

【解】 根据题意已知:

样本容量 $N=200$,类别数 $k=4$,A、B、C、D 四类的实际观测次数分别为 42、59、48、和 51。

检验的虚无假设 H_0:顾客对四种包装设计的喜好度不存在显著差异

根据虚无假设得出期望次数分布:$f_{e.A}=f_{e.B}=f_{e.C}=f_{e.D}=N/4=50$

所以,检验统计量和自由度分别为:

$$\chi^2 = \sum \frac{(f_0 - f_e)^2}{f_e} = \frac{(42-50)^2}{50} + \frac{(59-50)^2}{50} + \frac{(48-50)^2}{50} + \frac{(51-50)^2}{50} = 2.98$$

$$df = k-1 = 4-1 = 3$$

查附表9的 χ^2 值分布表,当 $df=3$ 时,$\chi^2_{0.05,3} = 7.81$。由于 $\chi^2 = 2.98 < 7.81$,所以接受虚无假设,认为顾客对四种包装设计不存在特别偏爱,对各种包装设计的选择无显著差异。

2. 期望频数服从某一经验分布

期望频数服从某一经验分布是指期望频数服从某一特定的比率,这一比率是由长期的经验总结而来的,各类的期望频数分别等于样本总容量与相应类别所占比率的乘积。

【例 12-5】 某高校教务处统计了多年来全校本科毕业生毕业论文成绩的等级分布情况,如表 12-6 所示。今年某学院 150 名本科毕业生的论文成绩等级分布也列入了表 12-6,试分析该学院今年对毕业生毕业论文的成绩评定是否符合全校多年来平均的成绩分布模式?

表 12-6 某高校学生毕业论文成绩等级分布和某学院今年毕业论文成绩等级分布

	成绩评定等级					合 计
	优	良	中	及格	不及格	
全校成绩分布比例(%)	10	50	25	11	4	100
某学院学生各等级成绩人数	20	80	35	12	3	150

【解】 根据题意已知:

样本总容量 $N=150$;分类类别数 $k=5$;

实际观察次数分别为:$f_{01}=20$、$f_{02}=80$、$f_{03}=35$、$f_{04}=12$、$f_{05}=3$。

虚无假设 H_0:该学院学生毕业论文成绩等级分布符合全校的分布模式。

根据虚无假设和全校分布模式得出期望次数分布:$f_{e1}=15$、$f_{e2}=75$、$f_{e3}=37.5$、$f_{e4}=16.5$、$f_{e5}=6$。

所以,检验统计量和自由度分别为:

$$\chi^2 = \sum \frac{(f_0 - f_e)^2}{f_e} = \frac{(20-15)^2}{15} + \frac{(80-75)^2}{75} + \frac{(35-37.5)^2}{37.5}$$
$$+ \frac{(12-16.5)^2}{16.5} + \frac{(3-6)^2}{6} = 4.894$$

$$df = k-1 = 5-1 = 4$$

查附表9"χ^2 分布临界值表",当 $df=4$ 时,$\chi^2_{0.05,4} = 9.49$。由于 $\chi^2 = 4.894 < 9.49$,所以接受虚无假设,认为该学院对学生毕业论文的成绩评定基本符合全校的一般分布模式,不存在显著差异。

3. 期望频数服从某一经典分布

经典分布如正态分布,它的概率密度曲线已知,因此需要时可以通过查正态分布表来确定每个类别的期望频数。另外,前一节还提到,有时会根据研究需要,将一些连续变化的计量数据资料转换为计数资料。现在,我们将这两个方面结合起来分析例 12-6 中的数据。

【例 12-6】 120 名成年男子的体重分布如表 12-7 所示(单位:kg),且这一分布的平均值为 64.21，标准差为 8.14。问这一体重分布是否符合正态分布？

表 12-7　120 名成年男子体重的分布表

分组	45～	50～	55～	60～	65～	70～	75～	80～	合计
人数	5	9	16	35	27	13	11	4	120

本例中，将 120 名成年男子的体重整理成频数分布表的形式，体重这一连续随机变量的计量数据就转换成了计数资料，就可以运用 χ^2 检验来考察频数分布与正态分布之间的吻合程度，以检验样本所在的总体是否为正态总体，这一方法称为正态分布拟合优度 χ^2 检验。正态分布拟合优度检验是心理学研究中整理分析数据时常用的统计方法，它与前面介绍的适合性检验的基本思路是一致的，但在期望频数的计算与自由度的确定上有所不同。

正态分布拟合优度 χ^2 检验中，期望频数的计算可以分为以下几个步骤：

（1）确定各组的分界点，根据平均数和标准差计算出各组分界点所对应的 Z 分数；

（2）从正态分布表中查出各个 Z 分数所对应的 P 值，然后计算出每个分组的期望概率；

（3）将各组的期望概率乘以样本容量，就可以得到各组对应的理论期望频数。

需要注意的是，如果出现期望频数小于 5 的组，应将该组与其相邻组合并，计算出合并后的期望频数；如果还不到 5，则继续与相邻组合并，直到合并后的期望频数大于或等于 5 为止。

在计算期望频数的过程中，共用到了总数、平均数、标准差三个样本统计量，所以正态分布拟合优度 χ^2 检验的自由度 $df = k - 3$，其中，k 为合并后保留下来的组数。

现在来解决例 12-6 的数据分布检验问题，即正态分布拟合优度 χ^2 检验问题。

【解】　虚无假设 H_0：这一结果服从正态分布。

计算检验统计量 χ^2，如表 12-8 所示。

表 12-8　120 名成年男子体重频数分布正态性 χ^2 值计算表

分组	f_0	分界点	分界点对应 Z 值	与分界点 Z 值对应 P 值	期望概率	f_e	$\dfrac{(f_0 - f_e)^2}{f_e}$
80～	4	80	1.94	0.47381	0.02619　3.14 ⎫	11.01	0.812
75～	11				0.06557　7.87 ⎭		
		75	1.33	0.40824			
70～	13	70	0.71	0.26115	0.14709　17.65		0.154
65～	27				0.25716　30.86		0.555
		65	0.01	0.00399			
60～	35	60	−0.52	0.19847	0.20246　24.30		0.300
55～	16				0.17229　20.67		2.846
		55	−1.13	0.37076			
50～	9	50	−1.75	0.45994	0.08918　10.70 ⎫	15.51	0.017
45～	5				0.04006　4.81 ⎭		
合计	120				1.00000	120	$\chi^2 = 4.684$

表 12-8 中数据的计算过程是：

（1）根据已知条件知道，数据被划分成了8组，对应的7个组间分界点分别是50、55、60、65、70、75、80，即表中第三列数据。以每个分界点值减去平均数并除以标准差得到各分界点对应的Z分数，即表中第四列数据。

（2）查正态分布表得到各个Z分数对应的P值，即表中第五列数据。

（3）计算8个数据组区间内对应的正态曲线下的面积即概率，即表中第六列数据。

（4）将依据正态分布计算所得的各组期望频率乘以样本总数120，得到各组理论期望频数。因第一组和最后一组期望频数均小于5，所以将这两个组频数合并到其相邻的组中去，如表中第七列数据。

（5）因已知条件中给出了各组的观察频数（也与期望频数对应地合并成6个组），可以结合计算出来的各组的期望频数求出χ^2值，如表中第八列所示：$\chi^2 = 4.684$。

再计算自由度。因合并后且数为6，所以该检验的自由度为：$df = 6 - 3 = 3$。

查附表9的χ^2值分布表，当$df = 3$时，$\chi^2_{0.05,3} = 7.81$，$\chi^2 = 4.86 < 7.81$，所以接受虚无假设，认为表12-7中的数据服从正态分布。

二、适合性 χ^2 检验与比率检验的关系

当一个分类变量为两个水平时，就是所谓的二分变量，按照这一变量的水平可以将研究对象划分为两个类别。对于这样的资料，既可以采用比率的显著性检验进行统计分析，也可以用 χ^2 检验来进行分析，两种方法所得结果一致。下面，我们用第十一章中的例11-2数据来分析说明之，即这里采用 χ^2 检验，然后将结果与以 Z 分布完成的比率检验结果对照。

【例12-7】 请运用卡方检验方法完成对例11-2数据的分析，并与第十一章比率检验的结果对照。

【解】 根据题意，已知：样本容量 $N = 120$，其被分为不及格6人、及格114人两类。

全校一年级学生的不及格率为3%。为检验被分析学院的及格与不及格人数分布是否符合全校的分布，提出虚无假设 H_0：该学院真实的不及格率与全校一年级学生的不及格率不存在显著差异。

根据虚无假设计算期望频数：不及格的期望频数：$f_{e1} = 120 \times 3\% = 3.6$

及格的期望频数：$f_{e3} = 120 \times 97\% = 116.4$

这里需要注意的是：不及格一组的期望频数未达到5，所以要采用修正公式12-2来计算卡方值，于是检验统计量 χ^2 和自由度计算如下：

$$\chi^2 = \sum \frac{(|f_0 - f_e| - 0.5)^2}{f_e} = \frac{(|6 - 3.6| - 0.5)^2}{3.6}$$
$$+ \frac{(|114 - 116.4| - 0.5)^2}{116.4} = 1.034$$
$$df = 2 - 1 = 1$$

查附表9"χ^2分布临界值表"，当 $df = 1$ 时，$\chi^2_{0.05,1} = 3.84$，由于 $\chi^2 = 1.034 < 3.84$，接受虚无假设，认为该学院学生的不及格率和全校一年级学生的不及格率不存在显著性差异。

对照第十一章例11-2的检验结果，可以看出这里的适合性 χ^2 检验与比率显著性检验所得统计结论是一致的，而且这里的 χ^2 检验计算更为简便。

第三节　独立性 χ^2 检验

研究连续变量相关关系时，一般采用计算相关系数和回归分析的方法；研究分类变量或等级变量如性格与血型、对某一问题所持的态度与性别等离散变量之间是否相关时，通常采用独立性 χ^2 检验方法。

一、独立性 χ^2 检验的一般过程

独立性 χ^2 检验主要用于两个变量多项分类的计数资料的分析。对于两个变量多项分类的计数资料，在统计整理时通常将其编制成列联表的形式。即把一个变量的分类资料写在行内，另一个变量的分类资料写在列内，用 r 表示行变量的分类项数，用 c 表示列变量的分类项数，这样的表格在统计学上称为 $r \times c$ 列联表。如在例 12-2 中，对某一问题所持的态度与性别是否相关的研究，其数据资料可以整理成一个 2×3 的列联表，如表 12-2 所示。

$r \times c$ 列联表的自由度为 $df = (r-1)(c-1)$。

利用列联表提供的数据，可以推算出在某一假设条件下各个格子中的期望频数。如例 12-2，要检验在态度方面是否存在性别差异，就要先提出虚无假设 H_0：男生与女生的态度取向相同。也就是说，男生与女生中持赞成态度的人数比率相等；持反对态度的人数比率相等；持无所谓态度的人数比率也相等。基于这样的虚无假设就可以计算各单元格中的期望人数。

比如，计算"男生×赞成"这一单元格的期望人数。所有 90 人中有 40 名学生赞成，所以赞成人数比率为 $\frac{40}{90}$，按男、女生中持赞成态度的比率相等的假设，就应该都是占 $\frac{40}{90}$，即"赞成"这一列的总人数除以全部人数。再看，男生总人数为 40 人，所以男生中持"赞成"态度的期望频数 $f_e = 40 \times \frac{40}{90} = 17.78$。用相同的方法可计算出其他格子的期望频数。

由上述计算过程可以看出，一个单元格中的期望频数可以用以下公式计算：

$$f_e = \frac{n_r n_c}{N} \qquad \text{（公式 12-3）}$$

公式中，n_r 为要计算的单元格所在行的总次数；n_c 为其所在列的总次数。

计算出各个单元格的期望频数之后，再结合各单元格的实际观察次数，就可以计算检验统计量 χ^2 值和对应的自由度了。经推导变换，$r \times c$ 列联表的独立性 χ^2 检验可以采用下列公式直接计算 χ^2 值和自由度：

$$\chi^2 = N\left(\sum \frac{f_0^2}{n_r n_c} - 1\right) \qquad \text{（公式 12-4）}$$

$$df = (r-1)(c-1) \qquad \text{（公式 12-5）}$$

就刚才讨论的例 12-2 的问题，可以利用上述方法进行检验。计算如下：

$$\chi^2 = N\left(\sum \frac{f_0^2}{n_r n_c} - 1\right) = 90 \times \left(\frac{21^2}{40 \times 40} + \frac{13^2}{40 \times 30} + \cdots + \frac{14^2}{50 \times 20} - 1\right) = 2.756$$

$$df = (r-1)(c-1) = (2-1)(3-1) = 2$$

查附表 9"χ^2 分布临界值表",当 $df=2$ 时,$\chi^2_{0.05,2}=5.99$。由于 $\chi^2=2.756<5.99$,接受虚无假设,认为学生在这一问题上的态度与性别无关,即不存在明显的性别差异。

二、四格表的独立性 χ^2 检验

当调查只涉及两个二分变量时,调查结果可以整理成四格表的形式。四格表的 χ^2 检验在很多情况下与两个比率的差异性检验有着相同的统计功用。独立样本四格表的 χ^2 检验,相当于独立样本比率差异的显著性检验;相关样本四格表的 χ^2 检验,相当于相关样本比率差异的显著性检验。

四格表是最简单的列联表形式,在进行统计量 χ^2 的计算和校正时,除可以运用基本的公式 12-1 和公式 12-2 外,还可以变换出一些更简捷的公式。下面我们讨论四格表独立性检验的方法,以及四格表独立性检验与两个比率差异显著性检验的一致性。

1. 独立样本四格表的独立性 χ^2 检验

在有两个独立样本参加研究的过程中,使用一个二分变量将每个样本都区分为两个类别,由此统计形成的 2×2 的计数表,叫做独立样本四格表,这其中也因此包含了两个分组变量。如表 12-9 所示,表中 a、b、c、d 分别代表各单元格对应的实际观察次数。

表 12-9 独立样本四格表的一般形式

		分组变量 1		合 计
		1	2	
分组变量 2	1	a	b	$a+b$
	2	c	d	$c+d$
合 计		$a+c$	$a+d$	N

在使用卡方分布对两个分组变量进行独立性检验时,χ^2 值计算的简捷公式为:

$$\chi^2=\frac{N(ad-bc)^2}{(a+b)(c+d)(a+c)(b+d)} \qquad \text{(公式 12-6)}$$

如果存在某一单元格的期望频数小于 5 时,可使用的校正公式为:

$$\chi^2=\frac{N\left(|ad-bc|-\dfrac{N}{2}\right)^2}{(a+b)(c+d)(a+c)(b+d)} \qquad \text{(公式 12-7)}$$

【例 12-8】 为了改进体育训练的方法,某高校体育课教师提出了一套新的体育教学方法。为了比较新旧教学方法的效果,随机抽取 240 名大一新生,再随机分为两组。两组被试分别接受新旧两种方法的训练。学期结束时进行相应项目的达标测试,测试结果汇总如表 12-10 所示,据此能否认为两种训练方法的效果不同?

表 12-10 两种体育教学方法效果的比较

	未达标	达 标	合 计
旧的训练方法	64(a)	56(b)	120($a+b$)
新的训练方法	46(c)	74(d)	120($c+d$)
合 计	110($a+c$)	130($a+d$)	240

【解】 由题意可知,本例属于四格表的独立性卡方检验,即通过对次数分布的分析,

检验两个分组变量是独立的还是具有相关性的。

虚无假设 H_0：两个分组变量是相互独立的。即训练方法的不同不会引起达标率的差异性。

根据公式 12-6 计算统计量卡方值：

$$\chi^2 = \frac{N(ad-bc)^2}{(a+b)(c+d)(a+c)(b+d)}$$

$$= \frac{240 \times (64 \times 74 - 56 \times 46)^2}{(64+56)(46+74)(64+46)(56+74)} = 5.438$$

$$df = (r-1)(c-1) = 1$$

查附表 9"χ^2 分布临界值表"，当 $df=1$ 时，$\chi^2_{0.05,1} = 3.84$。由于 $\chi^2 = 5.438 > 3.84$，故应拒绝虚无假设，认为两个分组变量具有相关性，也即不同的训练方法所产生的训练效果不同。结合表 12-10 中的数据可以看出，新的教学训练方法效果更好。

2. 相关样本四格表的独立性 χ^2 检验

如果参与研究的是同一个样本或是配对的两个两本，分别在两种不同的条件下接受观测，而观测成绩的评定又分为两个水平，那么这样的研究就可以得到相关样本四格表。这里也存在两个变量，进行独立性卡方检验时的 χ^2 值计算的简捷公式为：

$$\chi^2 = \frac{(b-c)^2}{b+c} \qquad \text{（公式 12-8）}$$

当某一单元格中的期望频数小于 5 时，使用校正公式计算卡方值，即：

$$\chi = \frac{(|b-c|-1)^2}{b+c} \qquad \text{（公式 12-9）}$$

式中 b、c 表示在相关样本四格表中两次观测发生变化的个案数或频数。

【例 12-9】 某单位的一项工作改革措施一公布，受到 50 名员工中大部分员工的反对，但是改革措施提出者还是坚持认为，为了推进事业发展必须推行此项改革。为此他对这一改革措施的基本依据和意义进行了讲解，然后发现有一些员工的意见发生了改变。统计的结果如表 12-11 所示。问前后两次评议结果是否存在显著性差异？改革措施提出者的讲解有效吗？

表 12-11 就改革措施进行的两次民主测评结果

		第一次评议		合 计
		拥 护	反 对	
第二次评议	拥 护	8(a)	19(b)	27
	反 对	5(c)	18(d)	23
合 计		13	37	50

【解】 据题意，前后两次参与测评的是同一个样本，所以是相关样本的独立性卡方检验，即检验测评次与员工意见类别两个变量之间是独立的还是相关的。所以检验的虚无假设是：

H_0：两个变量是相互独立的，即前后两次测评反映出来的员工意见没有显著性差异，改革措施提出者的解释无效。

使用公式 12-8 计算检验统计量 χ^2 值：

心理统计学与SPSS应用

$$\chi^2 = \frac{(b-c)^2}{b+c} = \frac{(19-5)^2}{19+5} = 8.167$$

$$df = (r-1)(c-1) = 1$$

查附表 9 的"χ^2 值分布表",当 $df=1$ 时,$\chi^2_{0.05,1}=3.84$。由于 $\chi^2=8.167>3.84$,故应拒绝虚无假设,认为前后两次测评结果存在显著性差异。结合表 12-11 的数据可知,改革措施提出者的解释有效。因为第二次测评中有 19 人改变了原来的反对意见,而只有 5 人改变了原来的赞同意见,即有更多的人赞同改革措施。

在以四格表形式出现的计数资料,采用独立性卡方检验的效果与前一章介绍的比率差异性检验的效果是一致的。

第四节 χ^2 检验的 SPSS 过程

现在结合一些例题来分别介绍两类卡方检验的 SPSS 过程。

一、适合性 χ^2 检验的 SPSS 过程

根据前文讨论,适合性检验也分两类不同的情况:均匀分布和不均匀分布,即按照某种经验或理论假设,各类别的期望次数相等和不相等。

我们首先以例 12-1 中的数据来说明均匀分布的适合性卡方检验的 SPSS 操作过程。根据例 12-1 的题意,观察到的 200 名顾客对四种包装设计产品的选择次数分别为42、59、48、51,要分析的任务就是看各种设计被选择的人次分布在统计学意义上是否相等,所以检验的虚无假设就是:

H_0:选择各种包装设计的顾客人次数相等。

根据虚无假设可以得到期望的人数分布:50、50、50、50,所以这一适合性检验就是比较实际观察到的人次分布与期望分布的差异性是否显著。其 SPSS 过程是:

步骤 1:建立数据文件并作加权处理

这一资料分析所需要的 SPSS 数据文件比较简单,其包含两个变量和四个个案行,每一行代表了一个包装设计类别,如图 12-3 所示。

本例中,"人次数"是汇总后数据,所以要作加权处理。加权处理的方法是:单击菜单

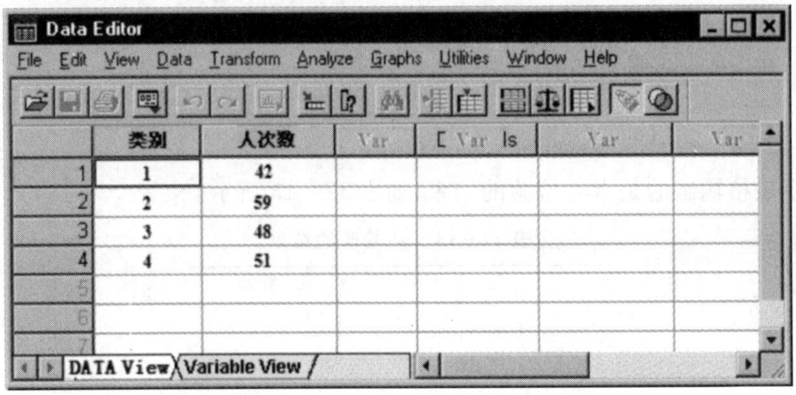

图 12-3 适合性卡方检验的数据文件示意图

"Data"选择"Weight Cases…"命令打开对话框,勾选"Weight Casesby"激活对应的方框,然后将变量"人次数"置入到"Frequency Variable"之下的方框中,单击"OK"即完成加权变量的设置。

步骤2:打开对话框并进行相应的设置

单击菜单"Analyze"选择"Nonparametric Test"中的"Chi-square(卡方)"命令,打开卡方检验的对话框,如图12-4所示。

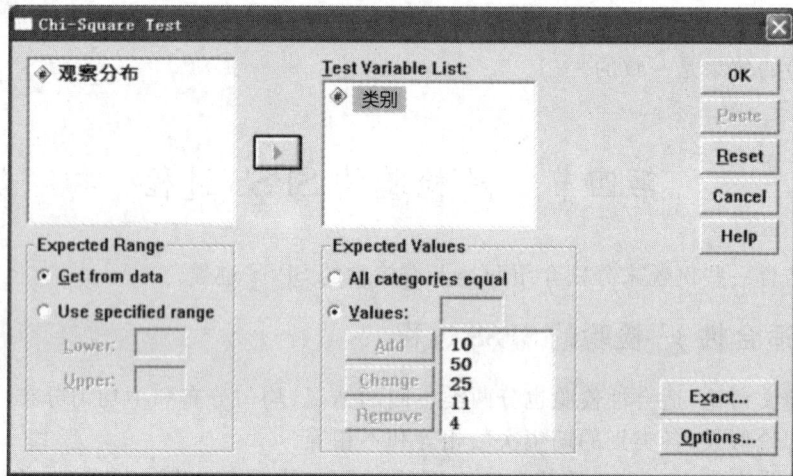

图 12-4 适合性卡方检验的对话框操作示意图

从对话框左边的变量列表中选择分类变量名并将其置入"Test Variables"下面的方框中,本例中就是将"类别"变量添加到这个方框中。勾选对话框上的"All categories e-qual"项(此选项也是系统的默认选项)。单击"OK"即可输出结果。

步骤3:读取并解释结果

此形式的卡方检验,主要输出两个数据表格。第一个表格输出的是实际观察次数分布、期望次数分布,以及二者的差异量,如表12-12所示。

表 12-12 适合性 χ^2 检验的输出结果(次数分布)

类别	Observed N	Expected N	Residual
1	42	50.0	−8.0
2	59	50.0	9.0
3	48	50.0	−2.0
4	51	50.0	1.0
Total	200		

第二个表格输出的是卡方检验的结果,如表12-13所示。

表 12-13 χ^2 检验的结果

	类别
Chi-Square	3.000
df	3
Asymp. Sig.	.392

表 12-12 和表 12-13 显示的结果说明,本例中的人次数分布虽然存在一些差异性,但是这种差异性未达到显著性水平($\chi^2 = 3.00, p = 0.392 > 0.05$),所以可以认为顾客对各种包装设计产品的选择未表现出特别的偏好。

现在再以例 12-5 中的数据为例来介绍不均匀分布的适合性检验过程。

步骤 1:建立数据文件并作加权处理

根据例 12-5 中的已知信息,该数据文件包含两个变量:成绩等级、观察到的某学院学生的成绩等级分布,建立 SPSS 数据如图 12-5 所示。

图 12-5　适合性卡方检验的数据文件示意图

本例中,"观察分布"已经是汇总后次数,所以要作加权处理。单击菜单"Data"选择"Weight Cases…"命令打开对话框,勾选"Weight Casesby"激活对应的方框,然后将变量"观察分布"置入到"Frequency Variable"之下的方框中,单击"OK"即完成加权变量的设置。

步骤 2:打开对话框并进行相应的设置

单击菜单"Analyze"选择"Nonparametric Test"中的"Chi-square(卡方)"命令,打开卡方检验的对话框,如图 12-6 所示。

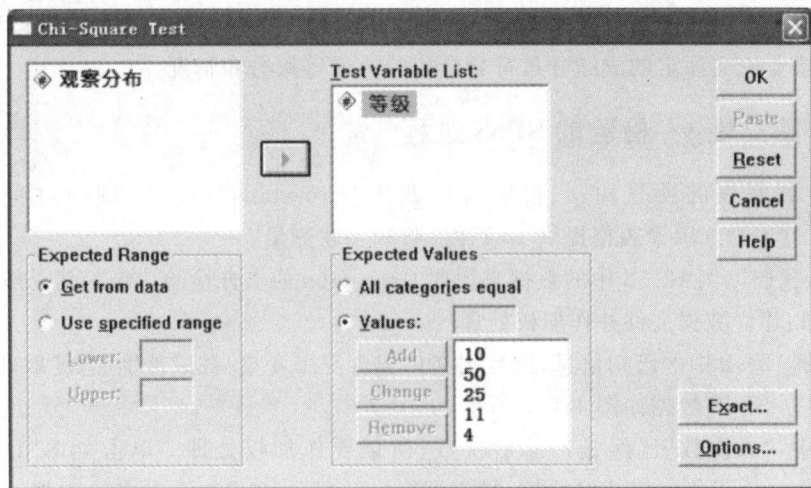

图 12-6　适合性卡方检验的对话框操作示意图

从对话框左边的变量列表中选择分类变量名并将其置入"Test Variables"下面的方框中,本例中就是将"等级"变量添加到这个方框中。设置期望的次数分布模式:勾选对话框上的"Values"项,激活其后边的方框,然后填写10,单击"Add"使其添加到方框中,接着按照同样的方法将期望分布的比例数50、25、11、4也依次添加到方框中,如图12-6所示。单击"OK"即可输出结果。

步骤3:读取并解释结果

此一形式的卡方检验,也主要是输出两个数据表格。第一个表格输出的是实际观察次数分布、期望次数分布,以及二者的差异量,如表12-14所示。

表 12-14　适合性 χ^2 检验的输出结果(次数分布)

类别	Observed N	Expected N	Residual
1	20	15.0	5.0
2	80	75.0	5.0
3	35	37.5	−2.5
4	12	16.5	−4.5
5	3	6.0	−3.0
Total	150		

第二个表格输出的是卡方检验的结果,如表12-15所示。

表 12-15　χ^2 检验的结果

	类别
Chi-Square	4.894
df	4
Asymp. Sig.	.298

表12-14和表12-15显示的结果说明,本例中某学院学生的成绩等级分布与全校的成绩等级分布没有达到显著性差异($\chi^2 = 4.894$,$p = 0.298 > 0.05$),所以可以认为该学院对学生毕业论文评定的成绩分布符合全校的一般等级分布情况。

二、独立性 χ^2 检验的 SPSS 过程

$r \times c$ 列联表的独立性 χ^2 检验可以调用"Crosstabs"(交叉列联)过程来完成。Crosstabs 过程为二因素表格提供了数种检验和关联测量。

现在,我们以例12-2中的数据来说明 Crosstabs 的卡方检验功能。其一般过程是:

步骤1:建立数据文件并作加权处理

根据例12-2中的已知信息,该数据文件包含三个变量:被试性别、态度取向、汇总的人次数,建立 SPSS 数据如图12-7所示。

本例中,"人次数"已经是汇总后次数,所以要作加权处理。单击菜单"Data"选择"Weight Cases…"命令打开对话框,勾选"Weight Casesby"激活对应的方框,然后将变量"人次数"置入到"Frequency Variable"之下的方框中,单击"OK"即完成加权变量的

图 12-7 独立性卡方检验的数据文件示意图

设置。

步骤 2：打开对话框并进行相应的设置

单击菜单"Analyze"选择"Descriptive statistics"中的"Crosstabs…"命令，打开交叉列联分析的主对话框，如图 12-8 所示。

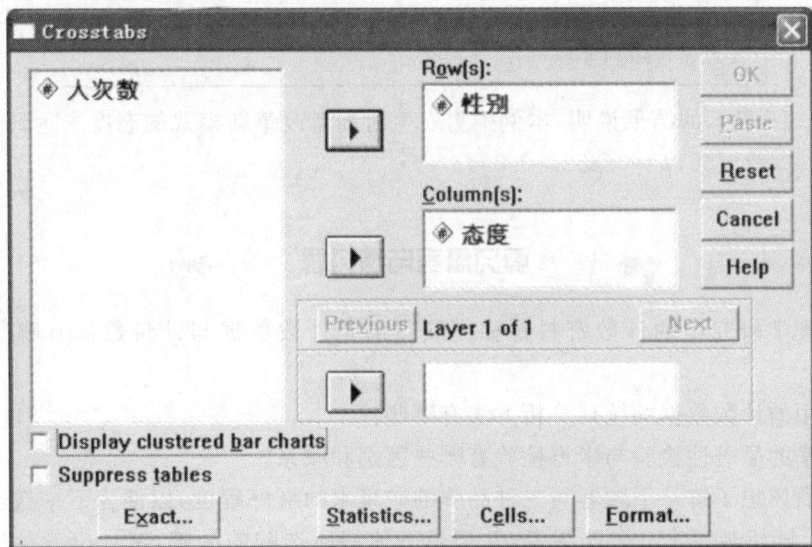

图 12-8 Crosstabs 分析主对话框

从对话框左边的变量列表中选择分类变量"性别"置入到"Rows"下边的变量框中，选择分类变量"态度"置入到"Columns"下边的变量框中，如图 12-8 所示。

单击主对话框上的"Statistics…"打开如图 12-9 所示的对话框，在此对话框上勾选"Chi-square"（卡方），然后单击"Continue"按钮返回主对话框。

单击主对话框上的"OK"按钮输出分析结果。

步骤 3：读取并解释结果

此一形式的卡方检验，主要的输出结果如表 12-16 所示。

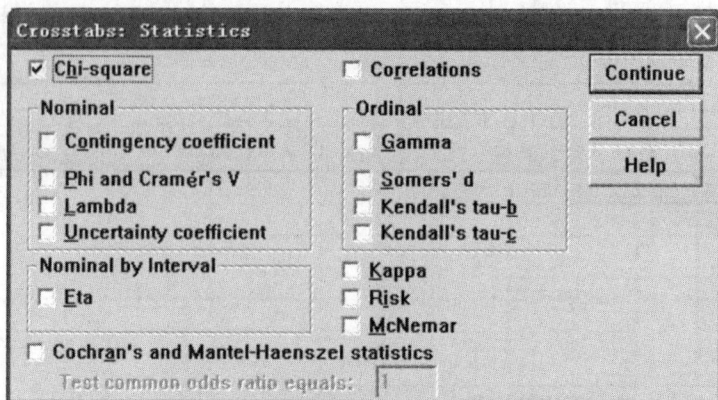

图 12 - 9 Crosstabs 分析之设置卡方检验对话框

表 12 - 6 独立性 χ^2 检验结果（Chi-Square Tests）

	Value	df	Asymp. Sig. (2-sided)
Pearson Chi-Square	2.756	2	.252
Likelihood Ratio	2.813	2	.245
Linear-by-Linear Association	2.692	1.	101
N of Valid Cases	90		

表 12 - 16 显示的结果说明，本例中男女生对高考改革新模式的态度未达到显著性的性别差异（$\chi^2 = 2.756, p = 0.252 > 0.05$）。

复习思考与练习题

1. 心理学研究中的计数资料是如何获得的？计数数据与计量数据有哪些区别和联系？

2. 常用的计数数据的统计分析方法有哪些？

3. 比率的显著性检验与卡方检验有哪些区别和联系？

4. 某商场想了解一下顾客对三种品牌的矿泉水的喜好程度，以便为下一次进货提供决策依据。随机观察 150 名购买者，并记录下他们所选购的品牌，统计出三种品牌购买的人数，如表 12 - 17 所示。这些数据是否可以说明顾客对这三种矿泉水的喜好度存在差异？

表 12 - 17 三种品牌的选购人数

品牌	甲	乙	丙	合计
人数	61	53	36	150

5. 某地区是苗族、瑶族、侗族、布依族等多个少数民族聚居区。随机抽取 200 人，其中各个民族所占的人数如表 12 - 18 所示。请问：这些数据能否说明该地区各个少数民族的人口数存在显著差异？

表 12－18　样本中各少数民族的人数

民族	苗族	瑶族	侗族	布依族	合计
人数	60	55	45	40	200

6. 学校要求各院系在本科生毕业设计的成绩评定中，要注意成绩等级的人数分布，一般应符合表 12－19 中第一行数据所示的比例。某院 65 名本科生毕业设计成绩等级分布如表 12－19 中的第二行数字所示。请问：该院系学生毕业设计的成绩评定是否符合学校要求？

表 12－19　毕业论文各等级比例要求和某学院各等级人数

评定等级	优	良	中	及格或不及格	合计
要求比例	10%	50%	30%	10%	100%
某院各等级人数	8	42	12	3	65

7. 检验表 12－20 中数学成绩的频数分布是否符合正态分布。

表 12－20　数学成绩的次数分布表

分组	45～	50～	55～	60～	65～	70～	75～	80～	85～	90～	合计
频数	4	9	10	22	23	20	11	6	4	1	110

8. 在一次就一项重大决策的表决中，民主党与共和党人士的态度如表 12－21 所示。请问：在有关此项决策的态度上，两党派是否存在显著差异。

表 12－21　两党派人士对该项决策的不同态度的人数分布

	态度取向			合计
	赞成	反对	未表态	
民主党	85	78	37	200
共和党	116	59	25	200
合计	201	137	62	400

9. 表 12－22 中数据是 120 名学生的期中与期末英语考试成绩。请问这两次考试的及格率是否有显著性的差异。

表 12－22　学生期中与期末考试成绩分布

		期末考试		合计
		及格	不及格	
期中考试	及格	61	15	76
	不及格	33	11	44
合计		94	26	120

第十三章　非　参　数　检　验

内容提要

参数检验一般要求数据总体呈正态分布或近似于正态分布,还常常要求作差异性比较的独立组之间方差齐性。但有时这些条件不能满足,就需要非参数检验。非参数检验是相对于 t 检验、Z 检验和 F 检验等参数检验方法而言的,对数据样本要求较低,适用于计数资料、等级资料和一些偏态分布的资料。本章只介绍四种常用、简单的非参数检验方法:符号检验、符号秩次检验、秩和检验、中位数检验。其中前两种适用于相关样本的资料,后两种适用于独立样本的资料。

统计推断中计量资料的 t 检验、Z 检验和 F 检验,几乎都是基于总体正态分布、总体方差齐性条件下的对总体参数的检验,所以称为参数检验(parametric test)。但是当总体分布未知或已知总体分布与检验所要求的条件不符,或者虽经数据转换仍然不能满足参数检验条件时,就需要一些不依赖于总体分布、与总体参数无关的检验方法了。该方法不受总体参数的影响,且检验的是分布,而不是参数,所以称为非参数检验(nonparametric test)。

第一节　非参数检验概述

非参数检验方法在处理资料时所比较的是分布而不是参数。它不考虑资料总体的分布形态,直接用样本数据的符号、大小顺序码、综合判断划分的名次、严重程度、优劣等级等作比较;检验时不对总体分布作假设,或者只作一些诸如对称性之类的简单假设。在总体分布未知的情况下,可以把数据按大小排队,使每个数据都有自己的"地位",统计学称之为秩(rank),大小为 n 的样本也就产生了 n 个秩。这样,问题就简化为对这些秩的研究了。这些秩及由其产生的统计量的性质和分布与原来的总体分布无关,所以也叫做自由分布(distribution-free)。除了与秩有关的方法外,本章还会介绍一些其他的非参数检验方法。需要注意的是:参数检验与非参数检验之间的界线并非泾渭分明,有些统计问题,既可以理解为参数性的,也可以理解为非参数性的。

一、非参数检验的适用范围

非参数检验常用于下述资料的分析:

（1）顺序变量、等级变量的测量资料：即按某种属性的不同程度将观察单位分组计数，得到各组观察单位数，这些资料不是精确计量的。

（2）偏态资料：当观察资料成偏态或极端偏态分布，而又未经变量变换或虽经变换但仍未达到正态或近似正态分布时，宜选用非参数检验。

（3）分布形态未知的资料：当观察资料的分布形态未知时，可用非参数检验。

（4）分组资料的同质性较差：要比较的各组资料变异性相差较大，其方差不齐，且不易变换达到齐性，宜选用非参数检验。

（5）资料的初步分析：当需要迅速得到结果时，也可以用非参数检验方法进行初步分析，然后再挑选其中更有意义的部分做进一步分析，包括进一步的参数分析。

非参数检验依然遵循假设检验的基本思想和准则，在缺乏总体分布信息的情况下，利用统计思想、数学方法和技巧构造相应的统计量，检验数据资料是否来自同一个总体。

二、非参数检验的优缺点

和参数检验相比，非参数检验有以下优点：

（1）一般不需要严格的假设前提。可用来分析由等级构成的数据资料，要求资料的计量水平较低，因而适用的范围也比较广泛，这是它与参数检验相比的最大优点。

（2）稳定性。因为对总体分布的条件约束大大放宽，所以一般不需要对总体作过于理想化的假设而使之脱离研究实际，对个别较大的偏离数据也不会太敏感。

（3）运算比较简单。不需要太多的数学基础和统计学知识，可以迅速完成运算，比较节约时间。

（4）很适用于小样本、无分布样本、数据污染样本、混杂样本等，且方法简单。心理学研究中，在进行一些规模较大、设计复杂的实验之前，往往需要预实验，预实验的被试数较少，又需要对资料作快速处理，这时非参数检验方法比较方便。

但非参数检验方法也有以下缺点：

（1）最大不足是未能充分利用资料的全部信息。由于方法简单，使用的计量水平较低，未能充分地使用数据中的信息，对个别数据的变化也不敏感。所以，为追求简单而使用非参数检验方法时，其检验功效要差些。在给定的显著性水平下进行检验时，与参数检验方法相比，非参数检验过程中的Ⅱ类错误的概率 β 要大些。

（2）对于大样本资料，如不采用适当的近似计算，会使运算变得十分庞杂。

（3）目前，还不能处理变量间的"交互作用"。

第二节　符　号　检　验

符号检验（Sign Test）是利用正、负号的数目对某种假设作出判定的非参数检验方法。

一、符号检验的基本原理

在比较两个有相关的样本之差异时，如果样本数据来自于顺序量表，无法采用配对样本的 t 检验，则可以采用符号检验。它与参数检验中配对样本差异显著性的 t 检验相对应，是根据两个配对样本的每对数据之差的符号(正号或负号)进行的样本差异显著性检验。

符号检验法也是将中数作为集中趋势的量度,虚无假设是配对样本资料差值来自中位数为零的总体。它是将两样本的每对数据之差($X_i - Y_i$)用正负号表示,若两样本没有显著性差异,则正差值与负差值应大致各占一半。

其基本原理是:不能确定总体是否为正态分布时,检验同一组被试在实验处理前后分别接受同样的测试得到两组数据,或者配对的两组被试直接接受测试与实验处理后的测试分别得到的两组数据之间是否存在差异时,可以使用符号检验。具体做法是:用第二组数据减去对应的第一组数据,得正数记为正号;得负数记为负号,然后作单样本的二项分布检验,即可判断正负号数是否存在显著性差异。

二、符号检验的基本步骤

1. 提出虚无假设与研究假设

虚无假设 H_O:甲、乙两处理差值 d 总体中位数为 0;

研究假设 H_A:甲、乙两处理差值 d 总体中位数 $\neq 0$。

此时进行双侧检验。若将 H_A 中的"$\neq$"改为"$<$"或"$>$",则进行单侧检验。

2. 计算差值并赋予符号

计算甲、乙两个处理的配对数据的差值 d;$d > 0$ 则记为"$+$";$d < 0$ 则记为"$-$";$d = 0$ 记为"0"。统计"$+$"、"$-$"、"0"的个数,分别记为 n_+、n_-、n_0;令 $N = n_+ + n_-$,检验的统计量为 k,等于 n_+,n_- 中的较小者,即 $k = \min(n_+, n_-)$。

3. 统计推断

由 N 查附表 10"符号检验表",得临界值 $k_{0.05(N)}$ 或 $k_{0.01(N)}$。如果 $r > k_{0.05(N)}$,则 $p > 0.05$,不能拒绝虚无假设 H_O,两个实验处理所得结果差异不显著;如果 $k_{0.01(N)} < k \leq k_{0.05(N)}$,则 $0.01 < p < 0.05$,可在 0.05 显著性水平上否定虚无假设 H_O,接受研究假设 H_A,两个实验处理差异显著;如果 $k \leq k_{0.01(N)}$,则 $p < 0.01$,在 0.01 显著性水平上拒绝虚无假设 H_O,接受研究假设 H_A,两个实验处理所得结果的差异很显著(注意:当 k 恰好等于临界 k 值时,其确切概率常小于附表 10 中列出的相应概率)。

【例 13-1】 某研究者测定了噪声刺激前后 15 名成人被试的心率变化,结果如表 13-1 所示。请问:噪声对这些被试的心率有无显著影响?

表 13-1 噪声刺激前后被试的心率(次/分钟)

被试号	1	2	3	4	5	6	7	8	9	10	11	12	13	14	15
刺激前	61	70	68	73	85	81	65	62	72	84	76	60	80	79	71
刺激后	75	79	85	77	84	87	88	76	74	81	85	78	88	80	84
差 值	−14	−9	−17	−4	1	−6	−23	−14	−2	3	−9	−18	−8	−1	−13
符 号	−	−	−	−	+	−	−	−	−	+	−	−	−	−	−

【解】 这是一个配对资料的双侧检验问题。如果采用符号检验,则其检验步骤是:

1. 提出虚无假设与研究假设:

虚无假设 H_O:噪声刺激前后被试的心率差值 d 总体中位数 $= 0$;

研究假设 H_A:噪声刺激前后被试的心率差值 d 总体中位数 $\neq 0$。

2. 计算差值并赋予符号：

经过计算，噪声刺激前后的差值及符号列于表 13-1 中的第 4 行和第 5 行，从而得到 $n_+ = 2$、$n_- = 13$，$N = n_+ + n_- = 2 + 13 = 15$，$k = \min(n_+, n_-) = n_+ = 2$。

3. 统计推断：

当 $n = 15$ 时，查附表 10 得临界值 $k_{0.002/2} = 2$，所以 $k = 2 = k_{0.002/2}$，$p < 0.02$，表明噪声刺激对被试的心率影响基本上达到了 0.02 的显著性水平。

在附表 10 中，虽然 N 是从 1 至 90，就是说 N 在这个范围内时都可以查附表 10，但是在实际研究中，当 $n > 25$ 时常近似使用正态分布完成检验。

将 N 分成 n_+ 和 n_- 两部分，n_+ 或 n_- 服从二项分布，当 $N > 25$ 时，可将二项分布近似看成正态分布，则：

$$\mu = np = \frac{1}{2}N, \sigma = \sqrt{Npq} = \frac{\sqrt{N}}{2}$$

$$Z = \frac{k - \mu}{\sigma} = \frac{k - \dfrac{N}{2}}{\dfrac{\sqrt{N}}{2}} \qquad \text{(公式 13-1)}$$

因为二项分布是间断性变量的概率分布，而正态分布是连续变量的概率分布，所以要使用正态分布来分析二项分布的资料时，最好使用连续性校正后的公式来计算 Z 值，即：

$$Z = \frac{(k \pm 0.5) - \dfrac{N}{2}}{\dfrac{\sqrt{N}}{2}} \qquad \text{(公式 13-2)}$$

当 $k > \dfrac{N}{2}$ 时，式中括号内要用 $k - 0.5$；当 $k < \dfrac{N}{2}$ 时，括号内要用 $k + 0.5$。而前面曾规定 k 为 n_+ 和 n_- 中较小的一个，必然有 $k < \dfrac{N}{2}$，所以使用公式 13-2 时，括号内应为 $k + 0.5$。

需要注意的是：虽然符号检验较简单，但是由于利用的信息较少，所以效率较低。在样本的配对数少于 6 时，此方法几乎无效，不能使用；在样本配对数为 7~12 时，此方法也不敏感，但可以使用；样本配对数在 20 以上时，符号检验就较为有效。

第三节 符号秩次检验

符号检验会丢失很多信息，因为它只利用了每对数据差值的正负号。为此，威尔克松（F. Wilcoxon）提出了既考虑差值正负号，又考虑差值大小的符号秩次检验方法。符号秩次检验又称为符号等级检验（signed rank test）、符号秩和检验（signed rank-sum test）等，是一种经过改进的符号检验，有时也称为威尔克松检验法（Wilcoxontest）。

一、符号秩次检验的基本原理

符号秩次检验的适用条件与符号检验法相同，也适合于配对比较，但它的精确度好于符号检验方法。因为它除了比较各对数据的差值符号外，还要比较各对数据差值大小的秩次高低。

其基本原理是：首先求出每一对数据的差值 d，若 $d=0$ 则剔除该对数据；接着对各个差值取绝对值，并将所有差值的绝对值按从小到大的顺序编排并赋予其高低等次，即秩次；最后，将各个差值的正负号标在该差值对应的秩次前。这样，秩次就有了正秩和负秩之分。显然，当两个样本没有显著差异时，正秩和与负秩和应大致相等。

于是，符号秩次检验的虚无假设就是 H_0：差值 d 总体的中位数 $=0$。

二、符号秩次检验的基本步骤

1. 提出虚无假设与研究假设

虚无假设 H_0：差值 d 总体的中位数 $=0$；

研究假设 H_A：差值 d 总体的中位数 $\neq 0$。

此时进行双侧检验。若将 H_A 中的"$\neq$"改为"$<$"或"$>$"，则进行单侧检验。

2. 编秩次与定符号

先计算配对数据的差值 d，然后按 d 的绝对值从小到大编排秩次（注意：差值为零的不参加秩次编排和计算），再根据原差值正负在各秩次前标上正负号。若差值 $d=0$，则舍去不记，样本数相应地减去 $d=0$ 的个案数后记为 N；若有若干个差值 d 的绝对值相等，若正负号一致，则按顺序编秩即可，若有符号不同者，则应取平均秩次。编秩后，按差值的正负号给秩次添上符号。

3. 确定检验统计量 T

分别计算正秩次及负秩次的和，正秩次和用 T_+ 表示，负秩次和的绝对值用 T_- 表示。T_+ 与 T_- 之和应该正好等于 $N(N+1)/2$，所以此式可验证 T_+ 和 T_- 的计算是否正确，并以绝对值较小的秩和绝对值为检验的统计量 T。

4. 统计推断

将正、负差值的总个数记为 N，根据 N 查附表 11 "符号秩次检验表"得到临界值 $T_{0.05(N)}$ 或 $T_{0.01(N)}$。如果 $T>T_{0.05(N)}$，$p>0.05$，则不能拒绝虚无假设 H_0，两个实验处理的差异量不显著；如果 $T_{0.01(N)}<T\leqslant T_{0.05(N)}$，$0.01<p\leqslant 0.05$，则在 0.05 显著性水平上拒绝虚无假设 H_0，接受研究假设 H_A，两个实验处理之间的差异显著；如果 $T\leqslant T_{0.01(N)}$，$p\leqslant 0.01$，则可在 0.01 显著性水平上拒绝虚无假设 H_0，接受研究 H_A，两个实验处理的差异达到很显著的水平（注意：当 T 恰好等于临界 T 值时，其确切概率常小于附表 11 中列出的相应概率）。

【例 13-2】 经配对的两个学生样本分别参加两种条件下的某项测试，测试结果如表 13-2 所示，请用符号秩次检验方法检验两个组成绩的差异是否显著。

表 13-2　两个配对样本测试的成绩

次数	1	2	3	4	5	6	7	8	9	10	11	12	13	14	15	16
组1	81	100	94	75	82	100	98	84	100	66	97	87	86	99	80	91
组2	74	100	98	78	94	90	99	缺	98	83	97	100	100	79	85	94
d	7	0	-4	-3	-12	10	-1		2	-10	0	-13	-14	20	-5	-3
$\mid d \mid$	7	0	4	3	12	10	1		2	10	0	13	14	20	5	3
符号	+		$-$	$-$	$-$	+	$-$		+	$-$		$-$	$-$	+	$-$	$-$

【解】 两个数据样本为相关样本，使用符号秩次检验的过程如下：

1. 建立虚无假设和研究假设：

虚无假设 H_0：差值 d 总体的中位数＝0；

研究假设 H_A：差值 d 总体的中位数≠0。

2. 编秩次与定符号：

使用每一配对数据中组一中的数减去组二中的数，得到二者的差值 d，取 d 的绝对值并记录对应的符号，如表13-2所示。将 d 按照绝对值从小到大的顺序排列：

$-1,+2,-3,-3,-4,-5,+7,+10,+10,-12,-13,-14,-20$

于是得到它们的秩次为：

$-1,+2,-3.5,-3.5,-5,-6,+7,+8.5,+8.5,-10,-11,-12,+13$

其中：正的秩次和：$T_+=39$；负的秩次和：$T_-=52$

所以，$T=T_+=39$

查附表11"符号秩次检验表"得到：当 $N=13$ 时 $T_{0.05/2}=17$，$T=39>T_{0.05/2}$，两个相关的数据样本未达到显著性的差异。

另外，与符号检验同样的道理，当 $N>25$ 时，T 的分布接近于正态分布，可以使用正态分布进行差异性检验，即：

$$\mu_T=\frac{N(N+1)}{4} \tag{公式 13-3}$$

$$\sigma_T=\sqrt{\frac{N+(N+1)(2N+1)}{24}} \tag{公式 13-4}$$

因而，检验的统计量 Z 值计算公式为：

$$Z=\frac{T-\mu_T}{\sigma_T} \tag{公式 13-5}$$

当出现相同秩次较多时，应计算校正统计量 Z_C：

$$Z_C=\frac{|T-n(n+1)/4|-0.5}{[n(n+1)(2n+1)-0.5\sum(t_k^3-t_k)]/24} \tag{公式 13-6}$$

式中，t_k 为第 $k(k=1,2,\cdots)$ 个相同差值的个数，假定差值中有2个0.1，3个0.2，5个0.3，则 $t_1=2,t_2=3,t_3=5$，$\sum(t_k^3-t_k)=(2^3-2)+(3^3-3)+(5^3-5)=150$。

需要说明的是：同一个问题既用符号检验又用符号秩次检验时，有可能出现矛盾的结果，这时应该以符号秩次检验的结果为准。因为符号检验只考虑对应数据差值 d 的符号，忽略其差异量的大小，丢失了一部分信息。而符号秩次检验同时考虑了 d 的大小（对其大小进行秩次编排），利用了更多的信息，所得结果的可靠性相对更高。

符号检验和符号秩次检验都是针对连续性数据或者有序分类数据，若要检验每一对二分变量之间的差异是否显著，则应使用麦克内玛检验（McNemar test）。

第四节　秩　和　检　验

秩和（the sum of ranks）即秩次的和，也就是等级之和。这一方法首先由威尔克松提出,后来由曼—惠特尼(Mann-Whitney)将其应用到两样本容量不等的情况,因而又称做曼—惠特尼威尔克松秩和检验(Mann-Whitney-Wilcoxon rank sum test),曼—惠特尼 U 检验法。

一、秩和检验的基本原理

如果要比较两个独立样本的差异性,所给条件又不符合 t 检验的要求,这时可以采用秩和检验法。这是一种检验功效极强的非参数检验方法,适用于两个独立样本的资料。

秩和检验的基本思想是:如果两个样本的观察值没有显著差异,把这两组观察值放在一起来排序,总体来说,两个样本中的观测值所占的地位数也应该没有差异。换句话说,如果两个样本来自同一总体,两个样本的观察值的位次就应当分布均匀,就不会出现一个样本中的观测值集中在高位次、另一个样本的观测值集中在低位次的情况。

设有两个独立样本的容量分别为 n_1 和 n_2。为了叙述方便,我们设定 $n_1 \leqslant n_2$。就是说,两个样本的容量可以相等也可以不相等,如果不相等,则较小样本的容量记为 n_1。当我们把两个样本中的所有观察值由小到大排序时,各个观察值排列的位次称为秩;各个样本中所有观察值对应的秩的总和称为秩和,用 T 表示。如果两个样本的观察值没有显著差异,那么两个秩和 T 的大小就会比较接近。反之,两个秩和 T 的大小则相差较大,可以据此推测两个样本的观察值有显著差异。

二、秩和检验的基本步骤

1. 提出虚无假设与研究假设

虚无假设 H_0:各个样本所分别代表的总体分布位置相同;

研究假设 H_A:各个样本所分别代表的总体分布位置不完全相同。

2. 编秩次并计算秩和

将两个样本的所有观测值混合后,按照由小到大的顺序排成 $1, 2, \cdots, n$ 个秩次。不同样本的相同观测值,取平均秩次;一个样本内的相同观测值,不求平均秩次。将容量较小的样本(n_1)中各数据的秩次相加,以 T 表示。

3. 统计推断

查附表12"秩和检验表"得到 T 值的临界区间值 $[T_1, T_2]$,若 $T \leqslant T_1$ 或 $T \geqslant T_2$,则说明两个样本的差异量达到了显著性水平;若 $T_1 < T < T_2$,则说明两个样本的差异量未达到显著性水平。

【例 13-3】 某学校两个教学班采用不同的教学方法进行数学教学,经过一个试验周期后,抽测11名学生的数学成绩,结果如下:

甲班学生的数学成绩:76,77,79,81,88

乙班学生的数学成绩:78,82,85,86,89,91

问两种教学法的教学效果有无显著性差异?(检验显著性水平 $\alpha=0.05$)

【解】

首先,提出虚无假设与研究假设,即:

虚无假设 H_0:两种教学法的教学效果无显著差异;

研究假设 H_A:两种教学法的教学效果有显著差异。

然后编秩次表和计算较小样本的秩和:将两班学生的数学成绩混合后,按照由小到大的顺序排列,求出对应于每一个观测值的秩次,如表 13-3 所示。

表 13-3　两个样本中各观测值的秩次

	等				级						
	1	2	3	4	5	6	7	8	9	10	11
甲班	76	77		79	81				88		
乙班			78			82	85	86		89	91

计算可以得到较小样本的秩和:$T=1+2+4+5+9=21$。

查附表 12,得 $n_1=5$,$n_2=6$ 时,$T_1=19$,$T_2=41$,所以本例中 $T_1<T<T_2$,两个样本的数据差异未达到显著性水平,可以认为两种教学法的教学效果差异性未达到统计学上的显著性。

当两个样本容量都大于 10 时,一般认为秩和 T 的分布接近正态,其平均数和标准差如下:

$$\mu_T=\frac{n_1(n_1+n_2+1)}{2} \qquad (公式 13-7)$$

$$\sigma_T=\sqrt{\frac{n_1n_2(n_1+n_2+1)}{12}} \qquad (公式 13-8)$$

其中 n_1 为较小的样本容量,即 $n_1\leqslant n_2$,这样,检验统计量为:

$$Z=\frac{T-\mu_T}{\sigma_T} \qquad (公式 13-9)$$

【例 13-4】　在一项无意义音节记忆实验中,14 名男生(n_2)在一定的时间内,记住的无意义音节的保存数量为:19,23,26,24,28,27,23,24,29,25,30,18,25,24;11 名女性被试(n_1)记住的无意义音节的保存数量为:25,23,27,20,21,18,22,18,17,31,30。问无意义音节的保存数量是否有性别差异?

【解】　将两组实验数据混合从小到大排序,然后标出男生、女生每个人相应的秩次。结果男生分数的秩次依次为:5,10,18,13,21,19.5,10,13,22,16,23.5,3,16,13;女生分数的秩次依次为:16,10,19.5,6,7,3,8,3,1,25,23.5。

根据定义,女生的秩和为:

$T=16+10+19.5+6+7+3+8+3+1+25+23.5=122$

因为本例中的两个样本的容量均超过 10,所以可以近似地采用正态分布来检验。

$$\mu_T=\frac{n_1(n_1+n_2+1)}{2}=\frac{11\times(11+14+1)}{2}=143$$

$$\sigma_T=\sqrt{\frac{n_1n_2(n_1+n_2+1)}{12}}=\sqrt{\frac{11\times14\times(11+14+1)}{12}}=18.27$$

其中 n_1 为较小的样本容量,则有:

$$Z=\frac{T-\mu_T}{\sigma_T}=\frac{122-143}{18.27}=-1.149$$

两样本的差异未达到显著性水平,可认为无意义音节的保存量未出现显著的性别差异。

秩和检验对样本具体观察值的相互关系予以关注,比符号检验法对数据信息的利用率高,故其检验效能较高。在正态总体下可达 t 检验效率的 95%。而在偏态分布总体下,其检验效能一般高于 t 检验。

第五节 中位数检验

一、中位数检验的基本原理

中位数检验(median test)与秩和检验的适用条件基本相同,是适合于两个独立样本数据差异性的一种非参数检验方法。

中位数检验的基本思想是:如果两个样本的观察值没有显著差异,那么把这两组观察值合并放在一起,各样本中的数据在共同中位数的上、下应各有一半;反之,则说明两个样本存在差异,不是来自于同一总体。但是在应用中位数检验时,实际上是将中位数作为集中趋势的量度,因而其虚无假设为:两个独立样本是从具有相同中位数的总体中抽取的,可以是双侧检验或单侧检验。双侧检验结果若有统计学意义,意味着两个总体中位数有差异(并没有方向);单侧检验结果若有统计学意义,则表明研究假设"一个总体中位数大于另一个总体的中位数"成立。

二、中位数检验的基本步骤

1. 提出虚无假设与研究假设
虚无假设 H_0:各个样本所分别代表的各总体分布位置相同;
研究假设 H_A:各个样本所分别代表的各总体分布位置不完全相同。

2. 合并排序并计算共同的中位数
将两个样本的所有观测值混合后,由小到大排序,找出它们共同的中位数。

3. 列四格表
分别找出每个样本中大于共同中位数及小于共同中位数的数据个数,列成四格表。

4. 统计推断
对四格表进行 χ^2 检验。若 χ^2 检验结果显著,则说明两个样本的集中趋势(中位数)差异显著。

【例 13-5】 假设某医疗研究机构研制了一种治疗儿童多动症的药物,为了试验此种药物是否有效,研究人员筛选了 20 名多动症儿童参加试验。为了试验的实施,他们编制了甲、乙两套学习材料,这两套材料经检验在难度等方面相当,以分别用于前测和后测。为了更可靠地进行比较,他们选取了年龄相近的某个年级一个班的学生(30 人)作为对照组。实验分三个阶段进行:第一阶段是实验组和控制组均使用甲套材料进行前测,即均在同样长的时间里学习材料甲,然后检测学习成绩;第二阶段,多动症儿童接受药物治疗,而控制组不接受;第三阶段是两个组儿童各自都学习材料乙并进行学习效果的测试,这是后测。试验的结果如表 13-4 所示。

表 13 − 4　不等组实验组控制组前测后测设计研究数据

实验组			控制组		
前测	后测	变化量	前测	后测	变化量
20	36	16.00	40	45	5.00
25	30	5.00	55	50	−5.00
40	38	−2.00	35	40	5.00
20	50	30.00	60	65	5.00
30	40	10.00	65	65	0.00
40	55	15.00	50	60	10.00
30	45	15.00	35	40	5.00
20	30	10.00	40	50	10.00
50	60	10.00	55	65	15.00
30	45	15.00	50	65	15.00
30	40	10.00	40	55	15.00
25	45	20.00	35	40	5.00
30	50	20.00	30	40	10.00
40	45	5.00	40	55	15.00
50	70	20.00	50	55	5.00
30	50	20.00	60	65	5.00
40	55	15.00	60	70	10.00
30	35	5.00	50	60	10.00
20	45	25.00	55	65	10.00
50	60	10.00	65	60	−5.00
			40	55	15.00
			45	50	5.00
			40	50	10.00
			30	45	15.00
			40	45	5.00
			50	65	15.00
			60	65	5.00
			65	70	5.00
			50	70	20.00
			40	55	15.00

【解】　假设两个样本 X 和 Y 是来自有相同分布的总体,于是可以认为来自 X 的随机样本 $X_1, X_2, X_3, \cdots\cdots, X_{n1}$ 和来自 Y 的随机样本 Y_1、Y_2、Y_3、$\cdots\cdots$、Y_{n2} 的中位数也应该大致相同。如果两个样本的中位数差异较大,则应否定两总体 X 和 Y 取值的平均状况相同的假设,或者说 X 和 Y 不具有相同的分布律。

步骤 1:计算实验组 X 的后测与前测的差异量、控制组 Y 的后测与前测的差异量:

X:16　5　−2　30　10　15　15　10　10　15　10　20　20　5　20　20　15　5　25　10

Y:5　−5　5　5　0　10　5　10　5　15　15　5　10　15　5　5　10　10　10　−5　15　5　10　15　5　15　5　5　20　15

步骤 2：计算样本 X 和样本 Y 的数据合并后数据的中位数 m：

按从小到大的顺序排列合并样本的数据：

-5 -5 -2 0 5 5 5 5 5 5 5 5 5 5 5 5 5 5 5 5 10 10
10 10 10 10 10 10 10 10 10 10 15 15 15 15 15 15 15 15 15
15 15 16 20 20 20 20 20 25 30

计算合并样本的中位数得到 $m=10.00$。

步骤 3：统计出 X 样本和 Y 样本中大于 m 和小于 m 的个案数，如表 13-5 所示：

表 13-5 两组成绩中位数的卡方检验用表

组 别	$>m$ 的个数	$\leqslant m$ 的个数	合 计
实验组	$a=11$	$b=9$	20
控制组	$c=8$	$d=22$	30
合 计	19	31	50

于是得到卡方值：

$$\chi^2 = \frac{N(ad-bc)^2}{(a+b)(c+b)(a+c)(b+d)} = 4.089$$

当 $df=1$ 时，查附表 9 "χ^2 分布临界值表" 得到 $\chi^2_{0.05}=3.84$，所以本研究中 $\chi^2 > \chi^2_{0.05}$，样本 X 和样本 Y 在前测和后测的成绩变化具有显著性差异，表明引入的实验处理对实验组产生了明显影响。从具体数据可以看出，实验组的后测成绩更明显的高于前测成绩，因此可以说，多动症儿童在服用药物之后其学习成绩提高的幅度比控制组儿童成绩提高的幅度要大。

需要注意的是，如果任何一个单元格中期望次数低于 1，或者有超过 20% 的单元格中的期望次数低于 5 时，就不能使用中位数检验法。

第六节 非参数检验的 SPSS 过程

我们还使用上述例题的研究模式和数据形式说明其 SPSS 过程。

一、符号与符号秩次检验的 SPSS 过程

利用例 13-1 中的数据说明两个相关样本观测值的符号检验和符号秩次检验的 SPSS 过程。根据表 13-1 中的数据建立 SPSS 数据文件。该数据文件应该包含 15 个个案行、2 个变量列。两个变量列分别为前测和后测心率，分别记为 x1、x2。

单击"Analyze"选择"Nonparametric Tests"中的"2 Related Samples…"命令，打开如图 13-1 所示的对话框。

从对话框上左边变量表列中选中配对的两个变量 x1 和 x2，单击"▶"将其置入"Test Pairs List"下面的方框中，勾选对话框上的"Sign"项可以输出符号检验结果、勾选"Wilcoxon"项可以输出符号秩次检验结果。然后单击"OK"按钮即可输出分析结果。

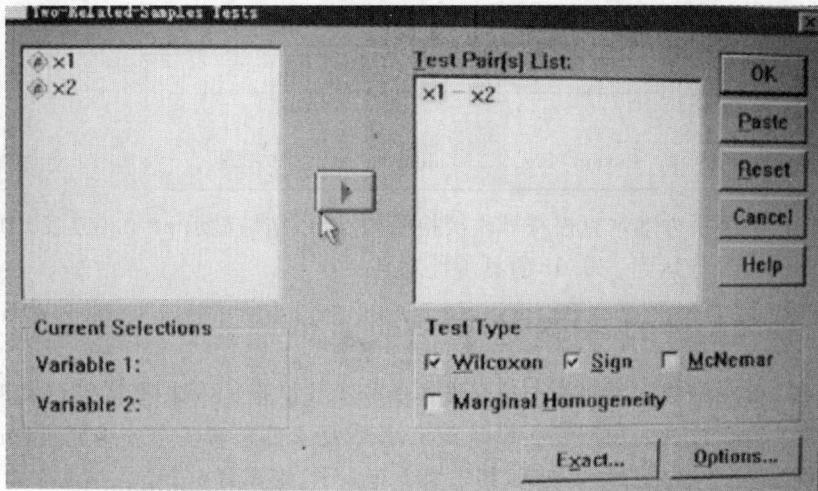

图 13-1　符号与符号秩次检验对话框

本例中输出的符号检验结果如表 13-6 和表 13-7 所示。

表 13-6　正负号的频次表 (Frequencies)

		N
X2 − X1	Negative Differences	2
	Positive Differences	13
	Ties	0
	Total	15

从表 13-6 可知,后测数据减前测数据,所得结果为正的有 13 个;为负的有 2 个。

表 13-7　符号检验结果 (Test Statistics)

	X2 − X1
Exact Sig. (2 - tailed)	.007

从表 13-7 可知,$p=0.07<0.01$,符号检验的结果说明两个相关样本数据的差异达到了 0.01 的显著性水平。

符号秩次检验是按维尔克松 (Wilcoxon) 检验方法进行的,结果如表 13-8 和表13-9所示。

表 13-8 的结果显示,差异量为正值的平均秩次为 2.75、差异量为负值的平均秩次为 8.81。

表 13-8　符号秩次表 (Ranks)

		N	Mean Rank	Sum of Ranks
X2 − X1	Negative Ranks	2	2.75	5.50
	Positive Ranks	13	8.81	114.50
	Total	15		

表 13 - 9　符号秩次检验的结果（Test Statistics）

		X2 － X1
	Z	－3.097
Asymp. Sig. （2 - tailed）		0.002

表 13 - 9 的结果为维尔克松符号秩次检验的结果，结果显示 p＝0.002＜0.01 两个相关数据样本的差异性达到了 0.01 的显著性水平。

二、秩和检验的 SPSS 过程

以例 13 - 3 中的数据说明两个独立样本的非参数检验——曼-惠特尼 U 检验过程。

根据表 13 - 3 提供的数据建立数据文件，该数据文件包含一个分组变量（group）、一个观测变量（score），共有 11 个被试，其中组 1 有 5 个、组 2 有 6 个。

单击"Analyze"选择"Nonparametric Tests"中的"2 Independent Samples..."命令，打开如图 13 - 2 所示的对话框。

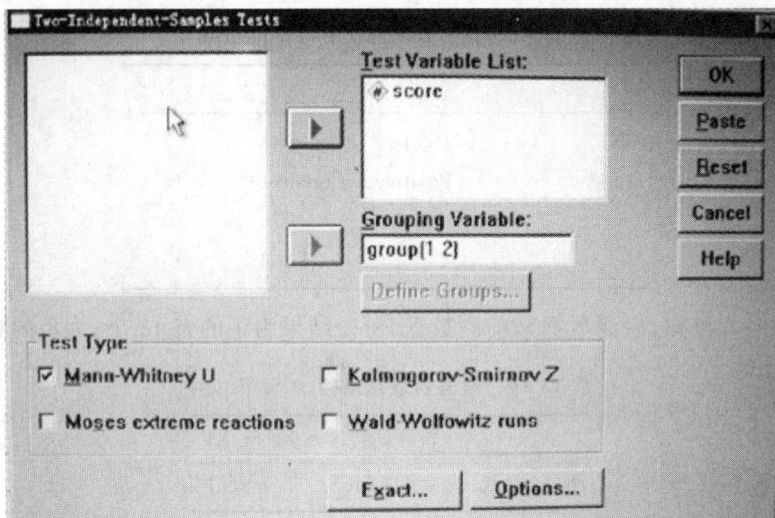

图 13 - 2　两个独立样本的秩和检验对话框

将分组变量添加到"Grouping Variables"下的方框中并设置拟比较的两个组的变量值，将观测变量置入"Test Variables List"下的方框中。勾选对话框上的"Mann-Whitney U"项，如图 13 - 2 所示。单击"OK"按钮即可输出结果，如表13 - 10和表 13 - 11 所示。

表 13 - 10　两个数据样本的秩次和（Ranks）

	GROUP	N	Mean Rank	Sum of Ranks
SCORE	1.00	5	4.20	21.00
	2.00	6	7.50	45.00
	Total	11		

从表 13-10 所示的结果可知,两个独立样本数据的秩次和分别为 21.0 和45.0。

表 13-11　秩和检验的结果(Test Statistics)

	SCORE
Mann-Whitney U	6.000
Wilcoxon W	21.000
Z	-1.643
Asymp. Sig. (2-tailed)	.100
Exact Sig. [2*(1-tailed Sig.)]	.126

从表 13-11 所示的结果可知,两个独立样本观测值之间未达到显著性差异($p=$ 0.100＞0.05)。

三、中位数检验的 SPSS 过程

以例 13-5 中的数据说明两个独立样本的非参数检验——中位数检验过程。

根据表 13-4 提供的数据建立数据文件,该数据文件包含一个分组变量(group)、一个前测变量(score1)、一个后测变量(score1),共有 50 个被试,其中组 1 有 20 人,组 2 有 30 人。建立数据文件后,使用"Transform"菜单中的"Compute"命令计算后测成绩的增量,即以后测成绩减去前测成绩得到增量,记为变量"score"。

单击"Analyze"选择"Nonparametric Tests"中的"K Independent Samples…"命令,打开如图 13-3 所示的对话框。

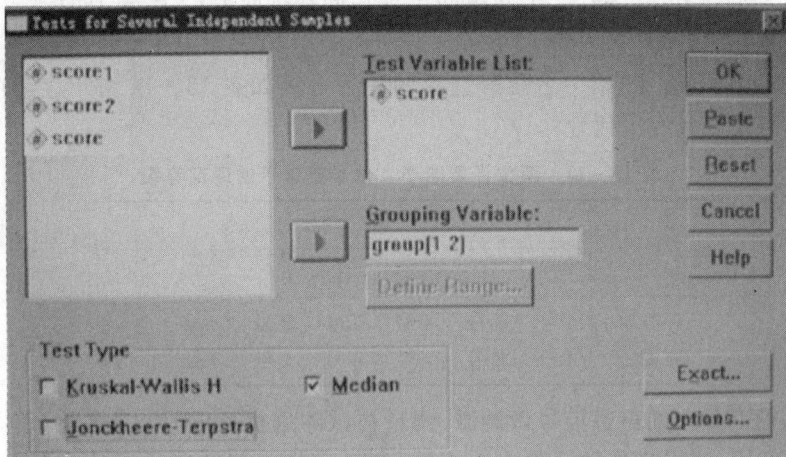

图 13-3　独立样本间的中位数检验对话框

将要检验的变量 score 置入到对话框上"Test Variables List"下面的方框中,将分组变量 group 置入到"Grouping Variables"下面的方框中并设置变量值。然后勾选"Median"项,再单击"OK"按钮即可输出结果,如表 13-12 和 13-13 所示。

从表 13-12 可以看出,SPSS 系统将两个独立样本的数据合并在一起,计算得到共同的或混合的中位数后,就可以汇总出各个样本中的观测值大于混合中位数的个案数、小于或等于混合中位数的个案数,形成一个四格表的计数资料

表 13-12　各单元格中的频数（Frequencies）

	GROUP	
	2.00	1.00
SCORE　>Median	11	8
<= Median	9	22

表 13-13　中位数检验的结果（Test Statistics）

	SCORE
N	50
Median	10.0000
Chi-Square	4.089
df	1
Asymp. Sig.	.043

从表 13-13 所示的结果可知，SPSS 输出的 $\chi^2 = 4.089$，其显著性水平 $p = 0.043 <$ 0.05，即两个样本在成绩提高幅度上存在显著性差异。

复习思考与练习题

1. 参数检验与非参数检验的主要区别是什么？各有什么优缺点？

2. 秩和检验过程中，为什么不同组间出现相同数据时要给予"平均秩次"，而同一组中相同的数据不必计算"平均秩次"？

3. 有甲、乙两位评委，给 7 名参赛选手的评定等级如表 13-14 所示。请问甲、乙两人评定的结果是否具有一致性？

表 13-14　两位评委给予 7 位参赛选手的评定等级

	评定等级						
	7	1	2	3	4	5	6
评委甲	4号	1号	6号	5号	3号	2号	7号
评委乙	4号	2号	5号	6号	1号	3号	7号

4. 用高低两种不同声音信号做刺激，测量被试的选择反应时，10 名被试的反应时测量结果如下所示，请用非参数检验方法检验：刺激信号音调的高低对反应时是否有显著性的影响（$\alpha = 0.05$）？

高音调：365,372,382,394,403,412,428,439,446,481

低音调：376,388,389,391,409,411,437,439,456,458

5. 请 10 名被试评价比较两种果汁的质量，如果被试认为第一种果汁的质量好，记为"＋"，如果被试认为第二种果汁的质量好，记为"一"。评价比较的结果如下，问两种果汁的质量是否有差异？

被试号码：1,2,3,4,5,6,7,8,9,10

评价结果:＋,＋,＋,0,－,－,＋,＋,＋,＋

6.由 10 名员工组成一个评估小组,每个员工都对 5 名领导管理方式的优劣进行排序,认为是最好的排在第 1 位、认为是最差的排在第 5 位,结果如表 13－15 所示。请问,在五位领导之间,评价等级存在显著差异吗($\alpha=0.05$)? 试采用 SPSS 系统进行分析。

表 13－15　对五位领导管理方式的排列等级

员工	领导				
	A	B	C	D	E
1	1	3	2	4	5
2	2	3	1	5	4
3	1	4	2	3	5
4	1	2	3	5	4
5	2	1	3	4	5
6	2	3	1	5	4
7	1	2	4	3	5
8	2	1	3	4	5
9	1	2	4	3	5
10	2	1	3	4	5

附录　常用统计检验用表

附表 1　随机数字表

Row/Col	(1)	(2)	(3)	(4)	(5)	(6)	(7)	(8)	(9)	(10)
00000	10097	32533	76520	13586	34673	54876	80959	09117	39292	74945
00001	37542	04805	64894	74296	24805	24037	20636	10402	00822	91665
00002	08422	68953	19645	09303	23209	02560	15953	34764	35080	33606
00003	99019	02529	09376	70715	38311	31165	88676	74397	04436	27659
00004	12807	99970	80157	36147	64032	36653	98951	16877	12171	76833
00005	66065	74717	34072	76850	36697	36170	65813	39885	11199	29170
00006	31060	10805	45571	82406	35303	42614	86799	07439	23403	09732
00007	85269	77602	02051	65692	68665	74818	73053	85247	18623	88579
00008	63573	32135	05325	47048	90553	57548	28468	28709	83491	25624
00009	73796	45753	03529	64778	35808	34282	60935	20344	35273	88435
00010	98520	17767	14905	68607	22109	40558	60970	93433	50500	73998
00011	11805	05431	39808	27732	50725	68248	29405	24201	52775	67851
00012	83452	99634	06288	98083	13746	70078	18475	40610	68711	77817
00013	88685	40200	86507	58401	36766	67951	90364	76493	29609	11062
00014	99594	67348	87517	64969	91826	08928	93785	61368	23478	34113
00015	65481	17674	17468	50950	58047	76974	73039	57186	40218	16544
00016	80124	35635	17727	08015	45318	22374	21115	78253	14385	53763
00017	74350	99817	77402	77214	43236	00210	45421	64237	96286	02655
00018	69916	26803	66252	29148	36936	87203	76621	13990	94400	56418
00019	09893	20505	14225	68514	46427	56788	96297	78822	54382	14598
00020	91499	14523	68479	27686	46162	83554	94750	89923	37089	20048
00021	80336	94598	26940	36858	70297	34135	53140	33340	42050	82341
00022	44104	81949	85157	47954	32979	26575	57600	40881	22222	06413
00023	12550	73742	11100	02040	12860	74697	96644	89439	28707	25815
00024	63606	49329	16505	34484	40219	52563	43651	77082	07207	31790

Row/Col	(1)	(2)	(3)	(4)	(5)	(6)	(7)	(8)	(9)	(10)
00025	61196	90446	26457	47774	51924	33729	65394	59593	42582	60527
00026	15474	45266	95270	79953	59367	83848	82396	10118	33211	59466
00027	94557	28573	67897	54387	54622	44431	91190	42592	92927	45973
00028	42481	16213	97344	08721	16868	48767	03071	12059	25701	46670
00029	23523	78317	73208	89837	68935	91416	26252	29663	05522	82562
00030	04493	52494	75246	33824	45862	51025	61962	79335	65337	12472
00031	00549	97654	64051	88159	96119	63896	54692	82391	23287	29529
00032	35963	15307	26898	09354	3351	35462	77974	50024	90103	39333
00033	59808	08391	45427	26842	83609	49700	13021	24892	78565	20106
00034	46058	85236	01390	92286	77281	44077	93910	83647	70617	42941
00035	32179	00597	87379	25241	05567	07007	86743	17157	85394	11838
00036	69234	61406	20117	45204	15956	60000	18743	92423	97118	96338
00037	19565	41430	01758	75379	40419	21585	66674	36806	84962	85207
00038	45155	14938	19476	07246	43667	94543	59047	90033	20826	69541
00039	94864	31994	36168	10851	34888	81553	01540	35456	05014	51176
00040	98086	24826	45240	28404	44999	08896	39094	73407	35441	31880
00041	33185	16232	41941	50949	89435	48581	88695	41994	37548	73043
00042	80951	00406	96382	70774	20151	23387	25016	25298	94624	61171
00043	79752	49140	71961	28296	69861	02591	74852	20539	00387	59579
00044	18633	32537	98145	06571	31010	24674	05455	61427	77938	91936
00045	74029	43902	77557	32270	97790	17119	52527	58021	80814	51748
00046	54178	45611	80993	37143	05335	12969	56127	19255	36040	90324
00047	11664	49883	52079	84827	59381	71539	09973	33440	88461	23356
00048	48324	77928	31249	64710	02295	36870	32307	57546	15020	09994
00049	69074	94138	87637	91976	35584	04401	10518	21616	01848	76938

附录　常用统计检验用表

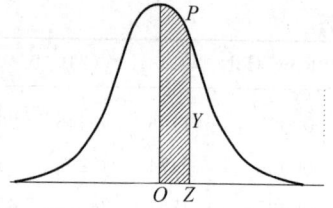

附表2 正态分布的 PZY 转换表

（曲线下的面积 P 与纵高 Y）

Z	Y	P	Z	Y	P	Z	Y	P
.00	.39894	00000	.30	.38139	.11791	.60	.33322	.22575
.01	.39892	.00399	.31	.38023	.12172	.61	.33121	.25907
.02	.39886	.00798	.32	.37903	.12552	.62	.32918	.23237
.03	.39876	.01197	.33	.37780	.12930	.63	.32713	.23565
.04	.39862	.01695	.34	.37654	.13307	.64	.32506	.23891
.05	.39844	.01994	.35	.37524	.13683	.65	.32297	.24215
.06	.39822	.02392	.36	.37391	.14058	.66	.32086	.24537
.07	.39797	.02790	.37	.37255	.14431	.67	.31874	.24857
.08	.39767	.03188	.38	.37115	.14803	.68	.31659	.25175
.09	.39733	.03586	.39	.36973	.15173	.69	.31443	.25490
.10	.39695	.03983	.40	.36827	.15542	.70	.31225	.25804
.11	.39654	.04380	.41	.36678	.15910	.71	.31006	.26115
.12	.39608	.04776	.42	.36526	.16276	.72	.30785	.26424
.13	.39559	.05172	.43	.36371	.16640	.73	.30563	.26730
.14	.39505	.05567	.44	.36213	.17003	.74	.30339	.27035
.15	.39448	.05962	.45	.36053	.17364	.75	.30114	.27337
.16	.39387	.06356	.46	.35889	.17721	.76	.29887	.27637
.17	.39322	.06749	.47	.35723	.18082	.77	.29659	.27935
.18	.39253	.07142	.48	.35553	.18439	.78	.29431	.28230
.19	.39181	.07535	.49	.35381	.18793	.79	.29200	.28524
.20	.39104	.07926	.50	.35207	.19146	.80	.28969	.28814
.21	.39024	.08317	.51	.35029	.19497	.81	.28737	.29103
.22	.38940	.08706	.52	.34849	.19847	.82	.28504	.29389
.23	.38853	.09095	.53	.34667	.20194	.83	.28269	.29673
.24	.38762	.09483	.54	.34482	.20540	.84	.28034	.29955
.25	.38667	.09871	.55	.34294	.20884	.85	.27798	.30234
.26	.38568	.10257	.56	.34105	.21226	.86	.27562	.30511
.27	.38466	.10642	.57	.33912	.21566	.87	.27324	.30785
.28	.38361	.11026	.58	.33718	.21904	.88	.27986	.31057
.29	.38251	.11409	.59	.33521	.22240	.89	.28848	.31327

Z	Y	P	Z	Y	P	Z	Y	P
.90	.26609	.31594	1.20	.19419	.38493	1.50	.12952	.43319
.91	.26369	.331859	1.21	.19186	.38686	1.51	.12758	.43448
.92	.26129	.32121	1.22	.18954	.38877	1.52	.12566	.43574
.93	.25888	.32381	1.23	.18724	.39065	1.53	.12376	.43699
.94	.25647	.32639	1.24	.18494	.39251	1.54	.12188	.43822
.95	.25406	.32894	1.25	.18265	.39435	1.55	.12001	.43943
.96	.25164	.33147	1.26	.18037	.39617	1.56	.11816	.44062
.97	.24923	.33398	1.27	.17810	.39796	1.57	.11632	.44179
.98	.24681	.33646	1.28	.17585	.39973	1.58	.11450	.44295
.99	.24439	.33891	1.29	.17360	.40147	1.59	.11270	.44408
1.00	.24197	.34134	1.30	.17137	.40320	1.60	.11092	.44520
1.01	.23955	.34375	1.31	.16915	.40490	1.61	.10915	.44630
1.02	.23713	.34614	1.32	.16694	.40658	1.62	.10741	.44738
1.03	.23471	.34850	1.33	.16474	.40824	1.63	.10567	.44845
1.04	.23230	.35083	1.34	.16256	.40988	1.64	.10396	.44950
1.05	.22988	.35314	1.35	.16038	.41149	1.65	.10226	.45053
1.06	.22747	.35543	1.36	.15822	.41309	1.66	.10059	.45154
1.07	.22506	.35769	1.37	.15608	.41466	1.67	.09893	.45254
1.08	.22265	.35993	1.38	.15395	.41621	1.68	.09728	.45352
1.09	.22025	.36214	1.39	.15183	.41774	1.69	.09566	.45449
1.10	.21785	.36433	1.40	.14973	.41924	1.70	.09405	.45543
1.11	.21546	.36650	1.41	.14764	.42073	1.71	.09246	.45637
1.12	.21307	.36864	1.42	.14556	.42220	1.72	.09089	.45728
1.13	.21069	.37076	1.43	.14350	.42364	1.73	.08933	.45818
1.14	.20831	.37286	1.44	.14146	.42507	1.74	.08780	.45907
1.15	.20594	.37493	1.45	.13943	.42647	1.75	.08628	.45994
1.16	.20357	.37698	1.46	.13742	.42786	1.76	.08478	.46080
1.17	.20121	.37900	1.47	.13542	.42922	1.77	.08329	.46164
1.18	.19886	.38100	1.48	.13344	.43056	1.78	.08183	.46246
1.19	.19652	.38298	1.49	.13147	.43189	1.79	.08038	.46327

Z	Y	P	Z	Y	P	Z	Y	P
1.80	.07895	.46407	2.10	.04398	.48214	2.40	.02239	.49180
1.81	.07754	.46485	2.11	.04307	.48257	2.41	.02186	.49202
1.82	.07614	.46562	2.12	.04217	.48300	2.42	.02134	.49224
1.83	.07477	.46638	2.13	.04128	.48341	2.43	.02083	.49245
1.84	.07341	.46712	2.14	.04041	.48382	2.44	.02033	.49266
1.85	.07206	.46784	2.15	.03955	.48422	2.45	.01984	.49286
1.86	.07074	.46856	2.16	.03871	.48461	2.46	.01936	.49305
1.87	.06943	.48926	2.17	.03788	.48500	2.47	.01889	.49324
1.88	.06814	.46995	2.18	.03706	.48537	2.48	.01842	.49343
1.89	.06687	.47062	2.19	.03626	.48574	2.49	.01797	.49361
1.90	.06562	.47128	2.20	.03547	.48610	2.50	.01753	.49379
1.91	.06439	.47193	2.21	.03470	.48645	2.51	.01709	.49396
1.92	.06316	.47257	2.22	.03394	.48679	2.52	.01667	.49413
1.93	.06195	.47320	2.23	.03319	.48713	2.53	.01625	.49430
1.94	.06077	.47381	2.24	.03246	.48745	2.54	.01585	.49446
1.95	.05959	.47441	2.25	.03174	.48778	2.55	.01545	.49461
1.96	.05844	.47500	2.26	.03103	.48809	2.56	.01506	.49477
1.97	.05730	.47558	2.27	.03034	.48840	2.57	.01468	.49492
1.98	.05618	.47615	2.28	.02965	.48870	2.58	.01431	.49506
1.99	.05508	.47670	2.29	.02898	.48899	2.59	.01394	.49520
2.00	.05399	.47725	2.30	.02833	.48928	2.60	.01358	.49534
2.01	.02592	.47778	2.31	.02768	.48956	2.61	.01323	.49547
2.02	.05186	.47831	2.32	.02705	.48983	2.62	.01289	.49560
2.03	.05082	.47882	2.33	.02643	.49010	2.63	.01256	.49573
2.04	.04980	.47982	2.34	.02582	.49036	2.64	.01223	.49585
2.05	.04879	.47982	2.35	.02522	.49061	2.65	.01191	.49598
2.06	.04780	.48030	2.36	.02463	.49086	2.66	.01160	.49609
2.07	.04682	.48077	2.37	.02406	.49111	2.67	.01130	.49621
2.08	.04586	.48124	2.38	.02349	.49134	2.68	.01100	.49632
2.09	.04491	.48169	2.39	.02294	.49158	2.69	.01071	.49643

Z	Y	P	Z	Y	P	Z	Y	P
2.70	.01042	.49653	3.00	.00443	.49865	3.30	.00172	.49952
2.71	.01014	.49664	3.01	.00430	.49869	3.31	.00167	.49953
2.72	.00987	.49674	3.02	.00417	.49874	3.32	.00161	.49955
2.73	.00961	.49683	3.03	.00405	.49878	3.33	.00156	.49957
2.74	.00935	.49693	3.04	.00393	.49882	3.34	.00151	.49958
2.75	.00909	.49702	3.05	.00381	.49886	3.35	.00146	.49960
2.76	.00885	.49711	3.06	.00370	.49889	3.36	.00141	.49961
2.77	.00861	.49720	3.07	.00358	.49893	3.37	.00136	.49962
2.78	.00837	.49728	3.08	.00348	.49897	3.38	.00132	.49964
2.79	.00814	.49736	3.09	.00337	.49900	3.39	.00127	.49965
2.80	.00792	.49744	3.10	.00327	.49903	3.40	.00123	.49966
2.81	.00770	.49752	3.11	.00317	.49906	3.41	.00119	.49968
2.82	.00748	.49760	3.12	.00307	.49910	3.42	.00115	.49969
2.83	.00727	.49767	3.13	.00298	.49913	3.43	.00111	.49970
2.84	.00707	.49774	3.14	.00288	.49916	3.44	.00107	.49971
2.85	.00687	.49781	3.15	.00279	.49918	3.45	.00104	.49972
2.86	.00668	.49788	3.16	.00271	.49921	3.46	.00100	.49973
2.87	.00649	.49795	3.17	.00262	.49924	3.47	.00097	.49974
2.88	.00631	.49801	3.18	.00251	.49926	3.48	.00094	.49975
2.89	.00613	.49807	3.19	.00246	.49929	3.49	.00090	.49976
2.90	.00525	.49813	3.20	.00238	.49931	3.50	.00087	.49977
2.91	.00578	.49819	3.21	.00231	.49934	3.51	.00084	.49978
2.92	.00562	.49825	3.22	.00224	.49936	3.52	.00081	.49978
2.93	.00545	.49831	3.23	.00216	.49938	3.53	.00079	.49979
2.94	.00530	.49836	3.24	.00210	.49940	3.54	.00076	.49980
2.95	.00514	.49841	3.25	.00203	.49942	3.55	.00073	.49981
2.96	.00499	.49846	3.26	.00196	.49944	3.56	.00071	.49981
2.97	.00485	.49851	3.27	.00190	.49946	3.57	.00068	.49982
2.98	.00471	.49856	3.28	.00184	.49948	3.58	.00066	.49983
2.99	.00457	.49861	3.29	.00178	.49950	3.59	.00063	.49983

附录 常用统计检验用表

289

Z	Y	P	Z	Y	P	Z	Y	P
3.60	.00061	.49984	3.75	.00035	.49991	3.90	.00020	.49995
3.61	.00059	.49986	3.76	.00034	.49992	3.91	.00019	.49995
3.62	.00057	.49985	3.77	.00033	.49992	3.92	.00018	.49996
3.63	.00055	.49986	3.78	.00031	.49992	3.93	.00018	.49996
3.64	.00053	.49986	3.79	.00030	.49992	3.94	.00017	.49996
3.65	.00051	.49987	3.80	.00029	.49993	3.95	.00016	.49996
3.66	.00049	.49987	3.81	.00028	.49993	3.96	.00016	.49996
3.67	.00047	.49988	3.82	.00027	.49993	3.97	.00015	.49996
3.68	.00046	.49988	3.83	.00026	.49994	3.98	.00014	.49997
3.69	.00044	.49989	3.84	.00025	.49994	3.99	.00014	.49997
3.70	.00042	.49989	3.85	.00024	.49994			
3.71	.00041	.49990	3.86	.00023	.49994			
3.72	.00039	.49990	3.87	.00022	.49995			
3.73	.00038	.49990	3.88	.00021	.49995			
3.74	.00037	.49991	3.89	.00021	.49995			

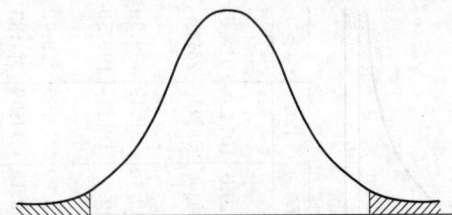

df	最大 *t* 值的概率（双侧界限）								
	0.5	0.4	0.3	0.2	0.1	0.05	0.02	0.01	0.001
1	1.000	1.376	1.963	3.078	6.314	12.706	31.821	63.657	636.619
2	0.816	1.061	1.386	1.886	2.920	4.303	6.965	9.925	31.598
3	0.765	0.978	1.250	1.638	2.353	3.182	4.541	5.841	12.941
4	0.741	0.941	1.190	1.533	2.132	2.776	3.747	4.604	8.610
5	0.727	0.920	1.156	1.476	2.015	2.571	3.365	4.032	6.859
6	0.718	0.906	1.134	1.440	1.943	2.447	3.143	3.707	5.959
7	0.711	0.896	1.119	1.415	1.896	2.365	2.998	3.499	5.405
8	0.706	0.889	1.108	1.397	1.860	2.306	2.896	3.355	5.041
9	0.703	0.883	1.100	1.383	1.833	2.262	2.821	3.250	4.781
10	0.700	0.879	1.093	1.372	1.812	2.228	2.764	3.169	4.587
11	0.697	0.876	1.088	1.363	1.796	2.201	2.718	3.106	4.437
12	0.695	0.873	1.083	1.356	1.782	2.179	2.681	3.055	4.318
13	0.694	0.870	1.079	1.350	1.771	2.160	2.650	3.012	4.221
14	0.692	0.868	1.076	1.345	1.761	2.145	2.624	2.977	4.140
15	0.691	0.866	1.074	1.341	1.753	2.131	2.602	2.947	4.073
16	0.690	0.865	1.071	1.337	1.746	2.120	2.583	2.921	4.015
17	0.689	0.863	1.069	1.333	1.740	2.110	2.567	2.898	3.965
18	0.688	0.862	1.067	1.330	1.734	2.101	2.552	2.878	3.922
19	0.688	0.861	1.066	1.328	1.729	2.093	2.539	2.861	3.883
20	0.687	0.860	1.064	1.325	1.725	2.086	2.528	2.845	3.850
21	0.686	0.859	1.063	1.323	1.721	2.080	2.518	2.831	3.819
22	0.686	0.858	1.061	1.321	1.717	2.074	2.508	2.819	3.792
23	0.685	0.858	1.060	1.319	1.714	2.069	2.500	2.807	3.767
24	0.685	0.857	1.059	1.318	1.711	2.064	2.492	2.797	3.745
25	0.684	0.856	1.058	1.316	1.708	2.060	2.485	2.787	3.725
26	0.684	0.856	1.058	1.315	1.706	2.056	2.479	2.779	3.707
27	0.684	0.855	1.057	1.314	1.703	2.052	2.473	2.771	3.690
28	0.683	0.855	1.056	1.313	1.701	2.048	2.467	2.763	3.674
29	0.683	0.854	1.055	1.311	1.699	2.045	2.462	2.756	3.659
30	0.683	0.854	1.055	1.310	1.697	2.042	2.457	2.750	3.646
40	0.681	0.851	1.050	1.303	1.684	2.021	2.423	2.704	3.551
60	0.679	0.848	1.046	1.296	1.671	2.000	2.390	2.660	3.460
120	0.677	0.845	1.041	1.289	1.658	1.980	2.358	2.617	3.373
∞	0.674	0.842	1.036	1.282	1.645	1.960	2.326	2.576	3.291
df	0.25	0.2	0.15	0.1	0.05	0.025	0.01	0.005	0.0005
	更大 *t* 值的概率（单侧界限）								

附表 4　F 值表（双侧检验）

分母 df	a	分子自由度 df																		
		1	2	3	4	5	6	7	8	9	10	12	15	20	24	30	40	60	120	∞
1	0.05	647.8	799.5	864.2	899.5	921.8	937.1	948.2	956.7	963.3	968.6	976.7	984.9	993.1	997.2	1001.0	1006.0	1010.0	1014.0	1018.0
	0.01	16211.0	20000.0	21615.0	22500.0	23056.0	23437.0	23715.0	23925.0	24091.0	24224	24426.0	24630.0	24836.0	24940.0	25044.0	25148.0	25253.0	25359.0	25465
2	0.05	38.51	39.00	39.17	39.25	39.30	39.33	39.36	39.37	39.39	39.40	39.41	39.43	39.45	39.46	39.46	39.47	39.48	39.49	39.50
	0.01	198.5	199.0	199.2	199.2	199.3	199.3	199.4	199.4	199.4	199.4	199.4	199.4	199.4	199.5	199.5	199.5	199.5	199.5	199.50
3	0.05	17.44	16.04	15.44	15.10	14.88	14.73	14.62	14.54	14.47	14.42	14.34	14.25	14.17	14.12	14.08	14.04	13.99	13.95	13.90
	0.01	55.55	49.80	47.47	46.19	45.39	44.84	44.43	44.13	43.88	43.69	43.39	43.08	42.78	42.62	42.47	42.31	42.15	41.99	41.83
4	0.05	12.22	10.65	9.98	9.60	9.36	9.20	9.07	8.98	8.90	8.84	8.75	8.66	8.56	8.51	8.46	8.41	8.36	8.31	8.26
	0.01	31.33	26.28	24.26	23.15	22.46	21.97	21.62	21.35	21.14	20.97	20.70	20.44	20.17	20.03	19.89	19.75	19.61	19.47	19.32
5	0.05	10.01	8.43	7.76	7.39	7.15	6.98	6.85	6.76	6.68	6.62	6.52	6.43	6.33	6.28	6.23	6.18	6.12	6.07	6.02
	0.01	22.78	18.31	16.53	15.56	14.94	14.51	14.20	13.96	13.77	13.62	13.38	13.15	12.90	12.78	12.66	12.53	12.40	12.27	12.14
6	0.05	8.81	7.26	6.60	6.23	5.99	5.82	5.70	5.60	5.52	5.46	5.37	5.27	5.17	5.12	5.07	5.01	4.96	4.90	4.85
	0.01	18.63	14.54	12.92	12.03	11.46	11.07	10.79	10.57	10.39	10.25	10.03	9.81	9.59	9.47	9.36	9.24	9.12	9.00	8.88
7	0.05	8.07	6.54	5.89	5.52	5.29	5.12	4.99	4.90	4.82	4.76	4.67	4.57	4.47	4.42	4.36	4.31	4.25	4.20	4.14
	0.01	16.24	12.40	10.88	10.05	9.52	9.16	8.89	8.68	8.51	8.38	8.18	7.97	7.75	7.65	7.53	7.42	7.31	7.19	7.08
8	0.05	7.57	6.06	5.42	5.05	4.82	4.65	4.53	4.43	4.36	4.30	4.20	4.10	4.00	3.95	3.89	3.84	3.78	3.73	3.67
	0.01	14.69	11.04	9.60	8.81	8.30	7.95	7.69	7.50	7.34	7.21	7.01	6.81	6.61	6.50	6.40	6.29	6.18	6.06	5.95
9	0.05	7.21	5.71	5.08	4.72	4.48	4.32	4.20	4.10	4.03	3.96	3.87	3.77	3.67	3.61	3.56	3.51	3.45	3.39	3.33
	0.01	13.61	10.11	8.72	7.96	7.47	7.13	6.88	6.69	6.54	6.42	6.23	6.03	5.83	5.73	5.62	5.52	5.41	5.30	5.19

分母 df	a	分子自由度 df																		
		1	2	3	4	5	6	7	8	9	10	12	15	20	24	30	40	60	120	∞
10	0.05	6.94	5.46	4.83	4.47	4.24	4.07	3.95	3.85	3.78	3.72	3.62	3.52	3.42	3.37	3.31	3.26	3.20	3.14	3.08
	0.01	12.83	9.43	8.08	7.34	5.87	6.54	6.30	6.12	5.97	5.85	5.66	5.47	5.27	5.17	5.07	4.97	4.86	4.75	4.64
12	0.05	6.55	5.10	4.47	4.12	3.89	3.73	3.61	3.51	3.44	3.37	3.28	3.18	3.07	3.02	2.96	2.91	2.85	2.79	2.72
	0.01	11.75	8.51	7.23	6.52	6.07	5.76	5.52	5.35	5.20	5.09	4.91	4.72	4.53	4.43	4.33	4.23	4.12	4.01	3.90
15	0.05	6.20	4.77	4.15	3.80	3.58	3.41	3.29	3.20	3.12	3.06	2.96	2.86	2.76	2.70	2.64	2.59	2.52	2.46	2.40
	0.01	10.80	7.70	6.48	5.80	5.37	5.07	4.85	4.67	4.54	4.42	4.25	4.07	3.88	3.79	3.69	3.58	3.48	3.37	3.26
20	0.05	5.87	4.46	3.86	3.51	3.29	3.13	3.01	2.91	2.84	2.77	2.68	2.57	2.46	2.41	2.35	2.29	2.22	2.16	2.09
	0.01	9.94	6.99	5.82	5.17	4.76	4.47	4.26	4.09	3.96	3.85	3.68	3.50	3.32	3.22	3.12	3.02	2.92	2.81	2.59
24	0.05	5.72	4.32	3.72	3.38	3.15	2.99	2.87	2.78	2.70	2.64	2.54	2.44	2.33	2.27	2.21	2.15	2.08	2.01	1.94
	0.01	9.55	6.66	5.52	4.89	4.49	4.20	3.99	3.83	3.69	3.59	3.42	3.25	3.06	2.97	2.87	2.77	2.65	2.55	2.43
30	0.05	5.57	4.18	3.59	3.25	3.03	2.87	2.75	2.66	2.51	2.51	2.41	2.31	2.20	2.14	2.07	2.01	1.94	1.87	1.79
	0.01	9.18	6.35	5.24	4.62	4.23	3.95	3.74	3.58	3.45	3.34	3.18	3.01	2.82	2.73	2.63	2.52	2.42	2.30	2.18
40	0.05	5.42	4.05	3.46	3.13	2.90	2.74	2.62	2.53	2.45	2.39	2.29	2.18	2.07	2.01	1.94	1.88	1.80	1.72	1.64
	0.01	8.83	6.07	4.98	4.37	3.99	3.71	3.51	3.35	3.22	3.12	2.95	2.78	2.60	2.50	2.40	2.30	2.18	2.06	1.93
60	0.05	5.29	3.93	3.34	3.01	2.79	2.63	2.51	2.41	2.33	2.27	2.17	2.06	1.94	1.88	1.82	1.74	1.67	1.58	1.48
	0.01	8.49	5.79	4.73	4.14	3.70	3.49	3.29	3.13	3.01	2.90	2.74	2.57	2.38	2.29	2.19	2.08	1.98	1.83	1.69
120	0.05	5.15	3.80	3.23	2.89	2.67	2.52	2.39	2.30	2.22	2.16	2.05	1.94	1.82	1.76	1.69	1.61	1.53	1.43	1.31
	0.01	8.13	5.54	4.50	3.92	3.55	3.28	3.09	2.93	2.81	2.71	2.54	2.37	2.19	2.09	1.98	1.87	1.75	1.61	1.43
∞	0.05	5.02	3.69	3.12	2.79	2.57	2.41	2.29	2.19	2.11	2.05	1.94	1.83	1.71	1.64	1.57	1.48	1.39	1.27	1.00
	0.01	7.88	5.30	4.28	3.72	3.33	3.09	2.90	2.74	2.53	2.52	2.36	2.19	2.00	1.90	1.79	1.67	1.53	1.36	1.00

附表5 F值表（单侧检验）

分子 df

分母 df	α	1	2	3	4	5	6	7	8	9	10	11	12	14	16	20	24	30	40	50	75	100	200	500	∞
1	0.05	161	200	216	225	230	234	237	239	241	242	243	244	245	246	248	249	250	251	252	253	253	254	254	254
	0.01	4052	4999	5403	5625	5764	5859	5928	5981	6022	6056	6082	6016	6142	6169	6208	6234	6258	6286	6302	6323	6334	6352	6361	6366
2	0.05	18.51	19.00	19.16	19.25	19.30	19.33	19.36	19.37	19.38	19.39	19.40	19.41	19.42	19.43	19.44	19.45	19.46	19.47	19.47	19.48	19.49	19.49	19.50	19.50
	0.01	98.49	99.01	99.17	99.25	99.30	99.33	99.34	99.36	99.38	99.40	99.41	99.42	99.43	99.44	99.45	99.46	99.47	99.48	99.48	99.49	99.49	99.49	99.50	99.50
3	0.05	10.13	9.55	9.28	9.12	9.01	8.94	8.88	8.84	8.81	8.78	8.76	8.74	8.71	8.69	8.66	8.64	8.62	8.60	8.58	8.57	8.56	8.54	8.54	8.53
	0.01	34.12	30.81	29.46	28.71	28.24	27.91	27.67	27.49	27.34	27.23	27.13	27.05	26.92	26.83	26.69	26.60	26.50	26.41	26.30	26.27	26.23	26.18	26.14	26.12
4	0.05	7.71	6.94	6.59	6.39	6.26	6.16	6.09	6.04	6.00	5.96	5.93	5.91	5.87	5.84	5.80	5.77	5.74	5.71	5.70	5.68	5.66	5.65	5.64	5.63
	0.01	21.20	18.00	16.69	15.98	15.52	15.21	14.98	14.80	14.66	14.54	14.45	14.37	14.24	14.15	14.02	13.93	13.83	13.74	13.69	13.61	13.57	13.52	13.48	13.46
5	0.05	6.61	5.79	5.41	5.19	5.05	4.95	4.88	4.82	4.78	4.74	4.70	4.68	4.64	4.60	4.56	4.53	4.50	4.46	4.44	4.42	4.40	4.38	4.40	4.36
	0.01	16.26	13.27	12.06	11.39	10.97	10.67	10.45	10.27	10.15	10.05	9.96	9.89	9.77	9.68	9.55	9.47	9.38	9.29	9.24	9.17	9.13	9.07	9.04	9.02
6	0.05	5.99	5.14	4.76	4.53	4.39	4.28	4.21	4.15	4.10	4.06	4.03	4.00	3.96	3.92	3.87	3.84	3.81	3.77	3.75	3.72	3.71	3.69	3.68	3.67
	0.01	13.74	10.92	9.78	9.15	8.75	8.47	8.26	8.10	7.98	7.87	7.79	7.72	7.60	7.52	7.39	7.31	7.23	7.14	7.09	7.02	6.99	6.94	6.90	6.88
7	0.05	5.59	4.74	4.35	4.12	3.97	3.87	3.79	3.73	3.68	3.63	3.60	3.57	3.52	3.49	3.44	3.41	3.38	3.34	3.32	3.29	3.28	3.25	3.24	3.23
	0.01	12.25	9.55	8.45	7.85	7.46	7.19	7.00	6.84	6.71	6.62	6.54	6.47	6.35	6.27	6.15	6.07	5.98	5.90	5.85	5.78	5.75	5.70	5.67	5.65
8	0.05	5.32	4.46	4.07	3.84	3.69	3.58	3.50	3.44	3.39	3.34	3.31	3.28	3.23	3.20	3.15	3.12	3.08	3.05	3.03	3.00	2.98	2.96	2.94	2.93
	0.01	11.26	8.65	7.59	7.01	6.63	6.37	6.19	6.03	5.91	5.82	5.74	5.67	5.56	5.48	5.36	5.28	5.20	5.11	5.06	5.00	4.96	4.91	4.88	4.86
9	0.05	5.12	4.26	3.86	3.63	3.48	3.37	3.29	3.23	3.18	3.13	3.10	3.07	3.02	2.98	2.93	2.90	2.86	2.82	2.80	2.77	2.76	2.73	2.72	2.71
	0.01	10.56	8.02	6.99	6.42	6.06	5.80	5.62	5.47	5.35	5.26	5.18	5.11	5.00	4.92	4.80	4.73	4.64	4.56	4.51	4.45	4.41	4.36	4.33	4.31

（续表）

分母 df	α	分子 df 1	2	3	4	5	6	7	8	9	10	11	12	14	16	20	24	30	40	50	75	100	200	500	∞
10	0.05	4.96	4.10	3.71	3.48	3.33	3.22	3.14	3.07	3.02	2.97	2.94	2.91	2.86	2.82	2.77	2.74	2.70	2.67	2.64	2.61	2.59	2.56	2.55	2.54
	0.01	10.04	7.56	6.55	5.99	5.64	5.39	5.21	5.06	4.95	4.85	4.78	4.71	4.60	4.52	4.41	4.33	4.25	4.17	4.12	4.05	4.01	3.96	3.93	3.91
11	0.05	4.84	3.98	3.59	3.36	3.20	3.09	3.01	2.95	2.90	2.86	2.82	2.79	2.74	2.70	2.65	2.61	2.57	2.53	2.50	2.47	2.45	2.42	2.41	2.40
	0.01	9.65	7.20	6.22	5.67	5.32	5.07	4.88	4.74	4.63	4.54	4.46	4.40	4.29	4.21	4.10	4.02	3.94	3.86	3.80	3.74	3.70	3.66	3.62	3.60
12	0.05	4.75	3.88	3.49	3.26	3.11	3.00	2.92	2.85	2.80	2.76	2.72	2.69	2.64	2.60	2.54	2.50	2.46	2.42	2.40	2.36	2.35	2.32	2.31	2.30
	0.01	9.33	6.93	5.95	5.41	5.06	4.82	4.65	4.50	4.39	4.30	4.22	4.16	4.05	3.98	3.86	3.78	3.70	3.61	3.56	3.49	3.46	3.41	3.38	3.36
13	0.05	4.67	3.80	3.41	3.18	3.02	2.92	2.84	2.77	2.72	2.67	2.63	2.60	2.55	2.51	2.46	2.42	2.38	2.34	2.32	2.28	2.26	2.24	2.22	2.21
	0.01	9.07	6.70	5.74	5.20	4.86	4.62	4.44	4.30	4.19	4.10	4.02	3.96	3.85	3.78	3.67	3.59	3.51	3.42	3.37	3.30	3.27	3.21	3.18	3.16
14	0.05	4.60	3.74	3.34	3.11	2.96	2.85	2.77	2.70	2.65	2.60	2.56	2.53	2.48	2.44	2.39	2.35	2.31	2.27	2.24	2.21	2.19	2.16	2.14	2.13
	0.01	8.86	6.51	5.56	5.03	4.69	4.46	4.28	4.14	4.03	3.94	3.86	3.80	3.70	3.62	3.51	3.43	3.34	3.26	3.21	3.14	3.11	3.06	3.02	3.00
15	0.05	4.54	3.68	3.29	3.06	2.90	2.79	2.70	2.64	2.59	2.55	2.51	2.48	2.43	2.39	2.33	2.29	2.25	2.21	2.18	2.15	2.12	2.10	2.08	2.07
	0.01	8.68	6.36	5.42	4.89	4.56	4.32	4.14	4.00	3.89	3.80	3.73	3.67	3.56	3.48	3.36	3.29	3.20	3.12	3.07	3.00	2.97	2.92	2.89	2.87
16	0.05	4.49	3.63	3.24	3.01	2.85	2.74	2.66	2.59	2.54	2.49	2.45	2.42	2.37	2.33	2.28	2.24	2.20	2.16	2.13	2.09	2.07	2.04	2.02	2.01
	0.01	8.53	6.23	5.29	4.77	4.44	4.20	4.03	3.89	3.78	3.69	3.61	3.55	3.45	3.37	3.25	3.18	3.10	3.01	2.96	2.89	2.86	2.80	2.77	2.75
17	0.05	4.45	3.59	3.20	2.96	2.81	2.70	2.62	2.55	2.50	2.45	2.41	2.38	2.33	2.29	2.23	2.19	2.15	2.11	2.08	2.04	2.02	1.99	1.97	1.96
	0.01	8.40	6.11	5.18	4.67	4.34	4.10	3.93	3.79	3.68	3.59	3.52	3.45	3.35	3.27	3.16	3.08	3.00	2.92	2.86	2.79	2.76	2.70	2.67	2.65
18	0.05	4.41	3.55	3.16	2.93	2.77	2.66	2.58	2.51	2.46	2.41	2.37	2.34	2.29	2.25	2.19	2.15	2.11	2.07	2.04	2.00	1.98	1.95	1.93	1.92
	0.01	8.28	6.01	5.09	4.58	4.25	4.01	3.85	3.71	3.60	3.51	3.44	3.37	3.27	3.19	3.07	3.00	2.91	2.83	2.78	2.71	2.68	2.62	2.59	2.57

附录　常用统计检验用表

（续表）

分子 df

分母 df	α	1	2	3	4	5	6	7	8	9	10	11	12	14	16	20	24	30	40	50	75	100	200	500	∞
19	0.05	4.38	3.52	3.13	2.90	2.74	2.63	2.55	2.48	2.43	2.38	2.34	2.31	2.26	2.21	2.15	2.11	2.07	2.02	2.00	1.96	1.94	1.91	1.90	1.88
	0.01	8.18	5.93	5.01	4.50	4.17	3.94	3.77	3.63	3.52	3.43	3.36	3.30	3.19	3.12	3.00	2.92	2.84	2.76	2.70	2.63	2.60	2.54	2.51	2.49
20	0.05	4.35	3.49	3.10	2.87	2.71	2.60	2.52	2.45	2.40	2.35	2.31	2.28	2.23	2.18	2.12	2.08	2.04	1.99	1.96	1.92	1.90	1.87	1.85	1.84
	0.01	8.10	5.85	4.94	4.43	4.10	3.87	3.71	3.56	3.45	3.37	3.30	3.23	3.13	3.05	2.94	2.86	2.77	2.69	2.63	2.56	2.53	2.47	2.44	2.42
21	0.05	4.32	3.47	3.07	2.84	2.68	2.57	2.49	2.42	2.37	2.32	2.28	2.25	2.20	2.15	2.09	2.05	2.00	1.96	1.93	1.89	1.87	1.84	1.82	1.81
	0.01	8.02	5.78	4.87	4.37	4.04	3.81	3.65	3.51	3.40	3.31	3.24	3.17	3.07	2.99	2.88	2.80	2.72	2.63	2.58	2.51	2.47	2.42	2.38	2.36
22	0.05	4.30	3.44	3.05	2.82	2.66	2.55	2.47	2.40	2.35	2.30	2.26	2.23	2.18	2.13	2.07	2.03	1.98	1.93	1.91	1.87	1.84	1.81	1.80	1.78
	0.01	7.94	5.72	4.82	4.31	3.99	3.76	3.59	3.45	3.35	3.26	3.18	3.12	3.02	2.94	2.83	2.75	2.67	2.58	2.53	2.46	2.42	2.37	2.33	2.31
23	0.05	4.28	3.42	3.03	2.80	2.64	2.53	2.45	2.38	2.32	2.28	2.24	2.20	2.14	2.10	2.04	2.00	1.96	1.91	1.88	1.84	1.82	1.79	1.77	1.76
	0.01	7.88	5.66	4.76	4.26	3.94	3.71	3.54	3.41	3.30	3.21	3.14	3.07	2.97	2.89	2.78	2.70	2.62	2.53	2.48	2.41	2.37	2.32	2.28	2.26
24	0.05	4.26	3.40	3.01	2.78	2.62	2.51	2.43	2.36	2.30	2.26	2.22	2.18	2.13	2.09	2.02	1.98	1.94	1.89	1.86	1.82	1.80	1.76	1.74	1.73
	0.01	7.82	5.61	4.72	4.22	3.90	3.67	3.50	3.36	3.25	3.17	3.09	3.03	2.93	2.85	2.74	2.66	2.58	2.49	2.44	2.36	2.33	2.27	2.23	2.21
25	0.05	4.24	3.38	2.99	2.76	2.60	2.49	2.41	2.34	2.28	2.24	2.20	2.16	2.11	2.06	2.00	1.96	1.92	1.87	1.84	1.80	1.77	1.74	1.72	1.71
	0.01	7.77	5.57	4.68	4.18	3.86	3.63	3.46	3.32	3.21	3.13	3.05	2.99	2.89	2.81	2.70	2.62	2.54	2.45	2.40	2.32	2.29	2.23	2.19	2.17
26	0.05	4.22	3.37	2.89	2.74	2.59	2.47	2.39	2.32	2.27	2.22	2.18	2.15	2.10	2.05	1.99	1.95	1.90	1.85	1.82	1.78	1.76	1.72	1.70	1.69
	0.01	5.72	5.53	4.64	4.14	3.82	3.59	3.42	3.29	3.17	3.09	3.02	2.96	2.86	2.77	2.66	2.58	2.50	2.41	2.36	2.28	2.25	2.19	2.15	2.13
27	0.05	4.21	3.35	2.96	2.73	2.57	2.46	2.37	2.30	2.25	2.20	2.16	2.13	2.08	2.03	1.97	1.93	1.88	1.84	1.80	1.76	1.74	1.71	1.68	1.67
	0.01	7.68	5.49	4.60	4.11	3.79	3.56	3.39	3.26	3.14	3.06	2.98	2.93	2.83	2.74	2.63	2.55	2.47	2.38	2.33	2.25	2.21	2.16	2.12	2.10

分母 df	α	分子 df																							
		1	2	3	4	5	6	7	8	9	10	11	12	14	16	20	24	30	40	50	75	100	200	500	∞
28	0.05	4.20	3.34	2.95	2.71	2.56	2.44	2.36	2.29	2.24	2.19	2.15	2.12	2.06	2.02	1.96	1.91	1.87	1.81	1.78	1.75	1.72	1.69	1.67	1.65
	0.01	7.64	5.45	4.57	4.07	3.76	3.53	3.36	3.23	3.11	3.03	2.95	2.90	2.80	2.71	2.60	2.52	2.44	2.35	2.30	2.22	2.18	2.13	2.09	2.06
29	0.05	4.18	3.33	2.93	2.70	2.54	2.43	2.35	2.28	2.22	2.18	2.14	2.10	2.05	2.00	1.94	1.90	1.85	1.80	1.77	1.73	1.71	1.68	1.65	1.64
	0.01	7.60	5.52	4.54	4.04	3.73	3.50	3.33	3.20	3.08	3.00	2.92	2.87	2.77	2.68	2.57	2.49	2.41	2.32	2.27	2.19	2.15	2.10	2.06	2.03
30	0.05	4.17	3.32	2.92	2.69	2.53	2.42	2.34	2.27	2.21	2.16	2.12	2.09	2.04	1.99	1.93	1.89	1.84	1.79	1.76	1.72	1.69	1.66	1.64	1.62
	0.01	7.56	5.39	4.51	4.02	3.70	3.47	3.30	3.17	3.06	2.98	2.90	2.84	2.74	2.66	2.55	2.47	2.38	2.29	2.24	2.16	2.13	2.07	2.03	2.01
32	0.05	4.15	3.30	2.90	2.67	2.51	2.40	2.32	2.25	2.19	2.14	2.10	2.07	2.02	1.97	1.91	1.86	1.82	1.76	1.74	1.69	1.67	1.64	1.61	1.59
	0.01	7.50	5.34	4.46	3.97	3.66	3.42	3.25	3.12	3.01	2.94	2.86	2.80	2.70	2.62	2.51	2.42	2.34	2.25	2.20	2.12	2.08	2.02	1.98	1.96
34	0.05	4.13	3.28	2.88	2.65	2.49	2.38	2.30	2.23	2.17	2.12	2.08	2.05	2.00	1.95	1.89	1.84	1.80	1.74	1.71	1.67	1.64	1.61	1.59	1.57
	0.01	7.44	5.29	4.42	3.93	3.61	3.38	3.21	3.08	2.97	2.89	2.82	2.76	2.66	2.58	2.47	2.38	2.30	2.21	2.15	2.08	2.04	1.98	1.94	1.91
36	0.05	4.11	3.26	2.86	2.63	2.48	2.36	2.28	2.21	2.15	2.10	2.06	2.03	1.98	1.93	1.87	1.82	1.78	1.72	1.69	1.65	1.62	1.59	1.56	1.55
	0.01	7.39	5.25	4.38	3.89	3.58	3.35	3.18	3.04	2.94	2.86	2.78	2.72	2.62	2.54	2.43	2.35	2.26	2.17	2.12	2.04	2.00	1.94	1.90	1.87
38	0.05	4.10	3.25	2.85	2.62	2.46	2.35	2.26	2.19	2.14	2.09	2.05	2.02	1.96	1.92	1.85	1.80	1.76	1.71	1.67	1.63	1.60	1.57	1.54	1.53
	0.01	7.35	5.21	4.34	3.86	3.54	3.32	3.15	3.02	2.91	2.82	2.75	2.69	2.59	2.51	2.40	2.32	2.22	2.14	2.08	2.00	1.97	1.90	1.86	1.84
40	0.05	4.08	3.23	2.84	2.61	2.45	2.34	2.25	2.18	2.12	2.07	2.04	2.00	1.95	1.90	1.84	1.79	1.74	1.69	1.66	1.61	1.59	1.55	1.53	1.51
	0.01	7.31	5.18	4.31	3.83	3.51	3.29	3.12	2.99	2.88	2.80	2.73	2.66	2.56	2.49	2.37	2.29	2.20	2.11	2.05	1.97	1.94	1.88	1.84	1.81
42	0.05	4.07	3.22	2.83	2.59	2.44	2.32	2.24	2.17	2.11	2.06	2.02	1.99	1.94	1.89	1.82	1.78	1.73	1.68	1.64	1.60	1.57	1.54	1.51	1.49
	0.01	7.27	5.15	4.29	3.80	3.49	3.26	3.10	2.96	2.86	2.77	2.70	2.64	2.54	2.46	2.35	2.26	2.17	2.08	2.02	1.94	1.91	1.85	1.80	1.78

（续表）

分母 df	α	分子 df 1	2	3	4	5	6	7	8	9	10	11	12	14	16	20	24	30	40	50	75	100	200	500	∞
44	0.05	4.06	3.21	2.82	2.58	2.43	2.31	2.23	2.16	2.10	2.05	2.01	1.98	1.92	1.88	1.81	1.76	1.72	1.66	1.63	1.58	1.56	1.52	1.50	1.48
	0.01	7.24	5.12	4.26	3.78	3.46	3.24	3.07	2.94	2.84	2.75	2.68	2.62	2.52	2.44	2.32	2.24	2.15	2.06	2.00	1.92	1.78	1.82	1.78	1.75
46	0.05	4.05	3.20	2.81	2.57	2.42	2.30	2.22	2.14	2.09	2.04	2.00	1.97	1.91	1.87	1.80	1.75	1.71	1.65	1.62	1.57	1.54	1.51	1.48	1.46
	0.01	7.21	5.10	4.24	3.76	3.44	3.22	3.05	2.92	2.82	2.73	2.66	2.60	2.50	2.42	2.30	2.22	2.13	2.04	1.98	1.90	1.86	1.80	1.76	1.72
48	0.05	4.04	3.19	2.80	2.56	2.41	2.30	2.21	2.14	2.08	2.03	1.99	1.96	1.90	1.86	1.79	1.74	1.70	1.64	1.61	1.56	1.53	1.50	1.47	1.45
	0.01	7.19	5.08	4.22	3.74	3.42	3.20	3.04	2.90	2.80	2.71	2.64	2.58	2.48	2.40	2.28	2.20	2.11	2.02	1.96	1.88	1.84	1.78	1.73	1.70
50	0.05	4.03	3.18	2.79	2.56	2.40	2.29	2.20	2.13	2.07	2.02	1.98	1.95	1.90	1.85	1.78	1.74	1.69	1.63	1.60	1.55	1.52	1.48	1.46	1.44
	0.01	7.17	5.06	4.20	3.72	3.41	3.18	3.02	2.88	2.78	2.70	2.62	2.56	2.46	2.39	2.26	2.18	2.10	2.00	1.94	1.86	1.82	1.76	1.71	1.68
55	0.05	4.02	3.17	2.78	2.54	2.38	2.27	2.18	2.11	2.05	2.00	1.97	1.93	1.88	1.83	1.76	1.72	1.67	1.61	1.58	1.52	1.50	1.46	1.43	1.41
	0.01	7.12	5.01	4.16	3.68	3.37	3.15	2.98	2.85	2.75	2.66	2.59	2.53	2.43	2.35	2.23	2.15	2.06	1.96	1.90	1.82	1.78	1.71	1.66	1.64
60	0.05	4.00	3.15	2.76	2.52	2.37	2.25	2.17	2.10	2.04	1.99	1.95	1.92	1.86	1.81	1.75	1.70	1.65	1.59	1.56	1.50	1.48	1.44	1.41	1.39
	0.01	7.08	4.98	4.13	3.65	3.34	3.12	2.95	2.82	2.72	2.63	2.56	2.50	2.40	2.32	2.20	2.12	2.03	1.93	1.87	1.79	1.74	1.68	1.63	1.60
65	0.05	3.99	3.14	2.75	2.51	2.36	2.24	2.15	2.08	2.02	1.98	1.94	1.90	1.85	1.80	1.73	1.68	1.63	1.57	1.54	1.49	1.46	1.42	1.39	1.37
	0.01	7.04	4.95	4.10	3.62	3.31	3.09	2.93	2.79	2.70	2.61	2.54	2.47	2.37	2.30	2.18	2.09	2.00	1.90	1.84	1.76	1.71	1.64	1.60	1.56
70	0.05	3.98	3.13	2.74	2.50	2.35	2.23	2.14	2.07	2.01	1.97	1.93	1.89	1.84	1.79	1.72	1.67	1.62	1.56	1.53	1.47	1.45	1.40	1.37	1.35
	0.01	7.01	4.92	4.08	3.60	3.29	3.07	2.91	2.77	2.67	2.59	2.51	2.45	2.35	2.28	2.15	2.07	1.98	1.88	1.82	1.74	1.69	1.62	1.56	1.53
80	0.05	3.96	3.11	2.72	2.48	2.33	2.21	2.12	2.05	1.99	1.95	1.91	1.88	1.82	1.77	1.70	1.65	1.60	1.54	1.51	1.45	1.42	1.38	1.35	1.32
	0.01	6.96	4.88	4.04	3.56	3.25	3.04	2.87	2.74	2.64	2.55	2.48	2.41	2.32	2.24	2.11	2.03	1.94	1.84	1.78	1.70	1.65	1.57	1.52	1.49

分母 df	α	分子 df																							
		1	2	3	4	5	6	7	8	9	10	11	12	14	16	20	24	30	40	50	75	100	200	500	∞
100	0.05	3.94	3.09	2.70	2.46	2.30	2.19	2.10	2.03	1.97	1.92	1.88	1.85	1.79	1.75	1.68	1.63	1.57	1.51	1.48	1.42	1.39	1.34	1.30	1.28
	0.01	6.90	4.82	3.98	3.51	3.20	2.99	2.82	2.69	2.59	2.51	2.43	2.36	2.26	2.19	2.06	1.98	1.89	1.79	1.73	1.64	1.59	1.51	1.46	1.43
125	0.05	3.92	3.07	2.68	2.44	2.29	2.17	2.08	2.01	1.95	1.90	1.86	1.83	1.77	1.72	1.65	1.60	1.55	1.49	1.45	1.39	1.36	1.31	1.27	1.25
	0.01	6.84	4.78	3.94	3.47	3.17	2.95	2.79	2.65	2.56	2.47	2.40	2.33	2.23	2.15	2.03	1.94	1.85	1.75	1.68	1.59	1.54	1.46	1.40	1.37
150	0.05	3.81	3.06	2.67	2.43	2.27	2.16	2.07	2.00	1.94	1.89	1.85	1.82	1.76	1.71	1.64	1.59	1.54	1.47	1.44	1.37	1.34	1.29	1.25	1.22
	0.01	6.81	4.75	3.91	3.44	3.13	2.92	2.76	2.62	2.53	2.44	2.37	2.30	2.20	2.12	2.00	1.91	1.83	1.72	1.66	1.56	1.51	1.43	1.37	1.33
200	0.05	3.89	3.04	2.65	2.41	2.26	2.14	2.05	1.98	1.92	1.87	1.83	1.80	1.74	1.69	1.62	1.57	1.52	1.45	1.42	1.35	1.32	1.26	1.22	1.19
	0.01	6.76	4.71	3.88	3.41	3.11	2.90	2.73	2.60	2.50	2.41	2.34	2.28	2.17	2.09	1.97	1.88	1.79	1.69	1.62	1.53	1.48	1.39	1.33	1.28
400	0.05	3.86	3.02	2.62	2.39	2.23	2.12	2.03	1.96	1.90	1.85	1.81	1.78	1.72	1.67	1.60	1.54	1.49	1.42	1.38	1.32	1.28	1.22	1.16	1.13
	0.01	6.70	4.66	3.83	3.36	3.06	2.85	2.69	2.55	2.46	2.37	2.29	2.23	2.12	2.04	1.92	1.84	1.74	1.64	1.57	1.47	1.42	1.32	1.24	1.19
1000	0.05	3.85	3.00	2.61	2.38	2.22	2.10	2.02	1.95	1.89	1.84	1.80	1.76	1.70	1.05	1.58	1.53	1.47	1.41	1.36	1.30	1.26	1.19	1.13	1.08
	0.01	6.66	4.62	3.80	3.34	3.04	2.82	2.66	2.53	2.43	2.34	2.26	2.20	2.09	2.01	1.89	1.81	1.71	1.61	1.54	1.44	1.38	1.28	1.19	1.11
∞	0.05	3.84	3.00	2.60	2.37	2.21	2.10	2.01	1.94	1.88	1.83	1.79	1.75	1.69	1.64	1.57	1.52	1.46	1.40	1.35	1.28	1.24	1.17	1.11	1.00
	0.01	6.64	4.60	3.78	3.32	3.02	2.80	2.64	2.51	2.41	2.32	2.24	2.18	2.07	1.99	1.87	1.79	1.69	1.59	1.52	1.41	1.36	1.25	1.15	1.00

附表 6 F_{max} 的临界值(哈特莱方差齐性检验)

$$F_{max}=最大\ \sigma^2/最小\ \sigma^2$$

t_i 的 $-df$	σ	k=变异数的数目										
		2	3	4	5	6	7	8	9	10	11	12
4	0.05	9.60	15.5	20.6	25.2	29.5	33.6	37.5	41.4	44.6	48.0	51.4
	0.01	23.2	37.	49.	59.	69.	79.	89.	97.	106.	113.	120.
5	0.05	7.15	10.8	13.7	16.3	18.7	20.8	22.9	24.7	26.5	28.2	29.9
	0.01	14.9	22.	28.	33.	38.	42.	46.	50.	54.	57.	60.
6	0.05	5.82	8.38	10.4	12.1	13.7	15.0	16.3	17.5	18.6	19.7	20.7
	0.01	11.1	15.5	19.1	22.	25.	27.	30.	32.	34.	36.	37.
7	0.05	4.99	6.94	8.44	9.70	10.8	11.8	12.7	13.5	14.3	15.1	15.8
	0.01	8.89	12.1	14.5	16.5	18.4	20.	22.	23.	24.	26.	27.
8	0.05	4.43	6.00	7.18	8.12	9.03	9.78	10.5	11.1	11.7	12.2	12.7
	0.01	7.50	9.9	11.7	13.2	14.5	15.8	16.9	17.9	18.9	19.8	21.
9	0.05	4.03	5.34	6.31	7.11	7.80	8.41	8.95	9.45	9.91	10.3	10.7
	0.01	6.54	8.5	9.9	11.1	12.1	13.1	13.9	14.7	15.3	16.0	16.5
10	0.05	3.72	4.85	5.67	6.34	6.92	7.42	7.87	8.28	8.66	9.01	9.34
	0.01	5.85	7.4	8.6	9.6	10.4	11.1	11.8	12.4	12.9	13.4	13.9
12	0.05	3.28	4.16	4.79	5.30	5.72	6.09	6.42	6.72	7.00	7.25	7.48
	0.01	4.91	6.1	6.9	7.6	8.2	8.7	9.1	9.5	9.9	10.2	10.6
15	0.05	2.86	3.54	4.01	4.37	4.68	4.95	5.19	5.40	5.59	5.77	5.93
	0.01	4.07	4.9	5.5	6.0	6.4	6.7	7.1	7.3	7.5	7.8	8.0
20	0.05	2.46	2.95	3.29	3.54	3.76	3.94	4.10	4.24	4.37	4.49	4.59
	0.01	3.32	3.8	4.3	4.6	4.9	5.1	5.3	5.5	5.6	5.8	5.9
30	0.05	2.07	2.40	2.61	2.78	2.91	3.02	3.12	3.21	3.29	3.36	3.39
	0.01	2.63	3.0	3.3	3.4	3.6	3.7	3.8	3.9	4.0	4.1	4.2
60	0.05	1.67	1.85	1.95	2.04	2.11	2.17	2.22	2.26	2.30	2.33	2.36
	0.01	1.96	2.2	2.3	2.4	2.4	2.5	2.5	2.6	2.6	2.7	2.7
∞	0.05	1.00	1.00	1.00	1.00	1.00	1.00	1.00	1.00	1.00	1.00	1.00
	0.01	1.00	1.00	1.00	1.00	1.00	1.00	1.00	1.00	1.00	1.00	1.00

附表 7 **Fisher** *Zr* 转换表

r	Zr	r	Zr	r	Zr	r	Zr	r	Zr
.000	.000	.200	.203	.400	.424	.600	.693	.800	1.099
.005	.005	.205	.208	.405	.430	.605	.701	.805	1.113
.010	.010	.210	.213	.410	.436	.610	.709	.810	1.127
.015	.015	.215	.218	.415	.442	.615	.717	.815	1.142
.020	.020	.220	.224	.420	.448	.620	.725	.820	1.157
.025	.025	.225	.229	.425	.454	.625	.733	.825	1.172
.030	.030	.230	.234	.430	.460	.630	.741	.830	1.188
.035	.035	.235	.239	.435	.465	.635	.750	.835	1.204
.040	.040	.240	.245	.440	.472	.640	.758	.840	1.221
.045	.045	.245	.250	.445	.478	.645	.767	.845	1.238
.050	.050	.250	.255	.450	.485	.650	.775	.850	1.256
.055	.055	.255	.261	.455	.491	.655	.784	.855	1.274
.060	.060	.260	.266	.460	.497	.660	.793	.860	1.293
.065	.065	.265	.271	.465	.504	.665	.802	.865	1.313
.070	.070	.270	.277	.470	.510	.670	.811	.870	1.333
.075	.075	.275	.282	.475	.517	.675	.820	.875	1.354
.080	.080	.280	.288	.480	.523	.680	.829	.880	1.376
.085	.085	.285	.293	.485	.530	.685	.838	.885	1.398
.090	.090	.290	.299	.490	.536	.690	.848	.800	1.422
.095	.095	.295	.304	.495	.543	.695	.868	.895	1.447
.100	.100	.300	.310	.500	.549	.700	.867	.900	1.472
.105	.105	.305	.315	.505	.556	.705	.877	.905	1.499
.110	.110	.310	.321	.510	.563	.710	.887	.910	1.528
.115	.116	.315	.326	.515	.570	.715	.897	.915	1.557
.120	.121	.320	.332	.520	.576	.720	.908	.920	1.589
.125	.126	.325	.337	.525	.583	.725	.918	.925	1.623
.130	.131	.330	.343	.530	.590	.730	.929	.930	1.658
.135	.136	.335	.348	.535	.597	.735	.910	.935	1.697
.140	.141	.340	.354	.540	.604	.740	.950	.940	1.788
.145	.146	.345	.360	.545	.611	.745	.962	.945	1.783
.150	.151	.350	.365	.550	.618	.750	.973	.950	1.832
.155	.156	.355	.371	.555	.626	.755	.984	.955	1.886
.160	.161	..360	.377	.560	.633	.760	.996	.960	1.916
.165	.167	.365	.383	.565	.640	.765	1.008	.965	2.014
.170	.172	.370	.388	.570	.648	.770	1.020	.970	2.092
.175	.177	.375	.394	.575	.655	.775	1.033	.975	2.185
.180	.182	.380	.400	.580	.662	.780	1.045	.980	2.298
.185	.187	.385	.406	.585	.670	.785	1.058	.985	2.443
.190	.192	.390	.412	.590	.678	.790	1.071	.990	2.647
.195	.198	.395	.418	.595	.685	.795	1.085	.995	2.994

$df=N-2$	$a=.10$	.05	.02	.01
1	.988	.997	.9995	.9999
2	.900	.950	.980	.990
3	.805	.878	.934	.959
4	.729	.811	.882	.917
5	.669	.754	.833	.874
6	.622	.707	.789	.834
7	.582	.666	.750	.793
8	.549	.632	.716	.765
9	.521	.602	.685	.735
10	.497	.576	.658	.708
11	.476	.553	.634	.684
12	.458	.532	.612	.661
13	.441	.514	.592	.641
14	.426	.497	.574	.623
15	.412	.482	.558	.606
16	.400	.468	.542	.590
17	.389	.456	.528	.575
18	.378	.444	.516	.561
19	.369	.433	.503	.549
20	.360	.423	.492	.537
21	.352	.413	.482	.526
22	.344	.404	.472	.515
23	.337	.396	.462	.505
24	.330	.388	.453	.496
25	.323	.381	.445	.487
26	.317	.374	.437	.479
27	.311	.367	.430	.471
28	.306	.361	.423	.463
29	.301	.355	.416	.456
30	.296	.349	.409	.449
35	.275	.325	.381	.418
40	.257	.304	.358	.393
45	.243	.288	.338	.372
50	.231	.273	.322	.354
60	.211	.250	.295	.325
70	.195	.232	.274	.302
80	.183	.217	.256	.283
90	.173	.205	.242	.267
100	.164	.195	.230	.254

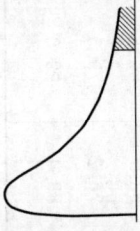

附表 9 χ^2 分布临界值表

χ^2 大于表内所列 χ^2 值的概率

df	0.995	0.990	0.975	0.950	0.900	0.750	0.500	0.250	0.100	0.050	0.025	0.010	0.005
1	0.00004	0.00016	0.00098	0.0039	0.0158	0.102	0.455	1.32	2.71	3.84	5.02	6.63	7.88
2	0.0100	0.0201	0.0506	0.103	0.211	0.575	1.39	2.77	4.61	5.99	7.38	9.21	10.6
3	0.0717	0.115	0.216	0.352	0.584	1.21	2.37	4.11	6.25	7.81	9.35	11.3	12.8
4	0.267	0.297	0.484	0.711	1.06	1.92	3.36	5.39	7.78	9.49	11.1	13.3	14.9
5	0.412	0.354	0.831	1.15	1.61	2.67	4.35	6.63	9.24	11.1	12.8	15.1	16.7
6	0.676	0.872	1.24	1.64	2.20	3.45	5.85	7.84	10.6	12.6	14.4	16.8	18.5
7	0.989	1.24	1.69	2.17	2.83	4.25	6.35	9.04	12.0	14.1	16.0	18.5	20.3
8	1.34	1.65	2.18	2.73	3.49	5.07	7.34	10.2	13.4	15.5	17.5	20.1	22.0
9	1.73	2.09	2.70	3.33	4.17	5.90	8.34	11.4	14.7	16.9	19.0	21.7	23.6
10	2.76	2.56	3.25	3.94	4.87	6.74	9.34	12.5	16.0	18.3	20.5	23.2	25.2
11	2.60	3.05	3.82	4.57	5.58	7.58	10.3	13.7	17.3	19.7	21.9	24.7	26.8
12	3.07	3.57	4.40	5.23	6.30	8.44	11.3	14.8	18.5	21.0	23.3	26.2	28.3
13	3.57	4.11	5.01	5.89	7.04	9.30	12.3	16.0	19.8	22.4	24.7	27.7	29.8
14	4.07	4.66	5.68	6.57	7.79	10.2	13.3	17.1	21.1	23.7	26.1	29.1	31.3
15	4.60	5.23	6.26	7.26	8.55	11.0	14.3	18.2	22.3	25.0	27.5	30.6	32.8

（续表）

χ² 大于表内所列 χ² 值的概率

df	0.995	0.990	0.975	0.950	0.900	0.750	0.500	0.250	0.100	0.050	0.025	0.010	0.005
16	5.14	5.81	6.91	7.96	9.31	11.9	15.3	19.4	23.5	26.3	28.8	32.0	34.3
17	5.70	6.41	7.56	8.67	10.1	12.8	16.3	20.5	24.8	27.6	30.2	33.4	35.7
18	6.26	7.01	8.23	9.39	10.9	13.7	17.3	21.6	26.0	28.9	31.5	34.8	37.2
19	6.84	7.63	8.91	10.1	11.7	14.6	18.3	22.7	27.2	30.1	32.9	36.2	38.6
20	7.43	8.29	9.59	10.9	12.4	15.5	19.3	23.8	28.4	31.4	34.2	37.6	40.0
21	8.03	8.90	10.3	11.6	13.2	16.3	20.3	24.9	29.6	32.7	35.5	38.9	41.4
22	8.64	9.54	11.0	12.3	14.0	17.2	21.3	26.0	30.8	33.9	36.8	40.3	42.8
23	9.26	10.2	11.7	13.1	14.8	18.1	22.3	27.1	32.0	35.2	38.1	41.6	44.2
24	9.89	10.9	12.4	13.8	15.7	19.0	23.3	28.2	33.2	36.4	39.4	43.0	45.6
25	10.5	11.5	13.1	14.6	16.5	19.9	24.3	29.3	34.4	37.7	40.6	44.3	46.9
26	11.2	12.2	13.8	15.4	17.3	20.8	25.3	30.4	35.6	38.9	41.9	45.6	48.3
27	11.8	12.9	14.6	16.2	18.1	21.7	26.3	31.5	36.7	40.1	43.2	47.0	49.6
28	12.5	13.6	15.3	16.9	18.9	22.7	27.3	32.6	37.9	41.3	44.5	48.3	51.0
29	13.1	14.3	16.0	17.7	19.8	23.6	28.3	33.7	39.1	42.6	45.7	49.6	52.3
30	13.8	15.0	16.8	18.5	20.6	24.5	29.3	34.8	40.3	43.8	47.0	50.9	53.7
40	20.7	22.2	24.4	26.5	29.1	33.7	39.3	45.6	51.8	55.8	59.3	63.7	65.8
50	28.0	29.7	32.4	34.8	37.7	42.9	49.3	56.3	63.2	67.5	71.4	76.2	79.5
60	35.5	37.5	40.5	43.2	46.5	52.3	59.3	67.0	74.4	79.1	53.3	88.4	92.0

表 10　符号检验表

N 对子数	.01	.05	.10	N 对子数	.01	.05	.10	N 对子数	.01	.05	.10
1				31	7	9	10	61	20	22	23
2				32	8	9	10	62	20	22	24
3				33	8	10	11	63	20	23	24
4				34	9	10	11	64	21	23	24
5			0	35	9	11	12	65	21	24	25
6		0	0	36	9	11	12	66	22	24	25
7		0	0	37	10	12	13	67	22	25	26
8	0	0	1	38	10	12	13	68	22	25	26
9	0	1	1	39	11	12	13	69	23	25	27
10	0	1	1	40	11	13	14	70	23	26	27
11	0	1	2	41	11	13	14	71	24	26	28
12	1	2	2	42	12	14	15	72	24	27	28
13	1	2	3	43	12	14	15	73	25	27	28
14	1	2	3	44	13	15	16	74	25	28	29
15	2	3	3	45	13	15	16	75	25	28	29
16	2	3	4	46	13	15	16	76	26	28	30
17	2	4	4	47	14	16	17	77	26	29	30
18	3	4	5	48	14	16	17	78	27	29	31
19	3	4	5	49	15	17	18	79	27	30	31
20	3	5	5	50	15	17	18	80	28	30	32
21	4	5	6	51	15	18	19	81	28	31	32
22	4	5	6	52	16	18	19	82	28	31	33
23	4	6	7	53	16	18	20	83	29	32	33
24	5	6	7	54	17	19	20	84	29	32	33
25	5	7	7	55	17	19	20	85	30	32	34
26	6	7	8	56	17	20	21	86	30	33	34
27	6	7	8	57	18	20	21	87	31	33	35
28	6	8	9	58	18	21	22	88	31	34	35
29	7	8	9	59	19	21	22	89	31	34	36
30	7	9	10	60	19	21	23	90	32	35	36

注:此表为单测检验,双侧检验的概率应为.02、.10、.20。

附录　常用统计检验用表

附表 11　符号秩次检验表

N	单侧检验显著水准		
	.025	.01	.005
	双侧检验显著水准		
	.05	.02	.01
6	0	—	—
7	2	0	—
8	4	2	0
9	6	3	2
10	8	5	3
11	11	7	5
12	14	10	7
13	17	13	10
14	21	16	13
15	25	20	16
16	30	24	20
17	35	28	23
18	40	33	28
19	46	38	32
20	52	43	38
21	59	49	43
22	66	56	49
23	73	62	55
24	81	69	61
25	89	77	68

n_1	n_2	T_1	T_2	n_1	n_2	T_1	T_2	n_1	n_2	T_1	T_2
2	4	3	11	4	4	11	25	6	7	28	56
2	5	3	13	4	4	12	24	6	7	30	54
2	6	3	15	4	5	12	28	6	8	29	61
2	6	4	14	4	5	13	27	6	8	32	58
2	7	3	17	4	6	12	32	6	9	31	65
2	7	4	16	4	6	14	30	6	9	33	63
2	8	3	19	4	7	13	35	6	10	33	69
2	8	4	18	4	7	15	33	6	10	35	67
2	9	3	21	4	8	14	38	7	7	37	68
2	9	4	20	4	8	16	36	7	7	39	66
2	10	4	22	4	9	15	41	7	8	39	73
2	10	5	21	4	9	17	39	7	8	41	71
3	3	6	15	4	10	16	44	7	9	41	78
				4	10	18	42	7	9	43	76
3	4	6	18	5	5	18	37	7	10	43	83
3	4	7	17	5	5	19	36	7	10	46	80
3	5	6	21	5	6	19	41	8	8	49	87
3	5	7	20	5	6	20	40	8	8	52	84
3	6	7	23	5	7	20	45	8	9	51	63
3	6	8	22		7	22	43	8	9	54	90
3	7	8	25		8	21	49	8	10	54	98
3	7	9	24	5	8	23	47	8	10	57	95
3	8	8	28	5	9	22	53	9	9	63	108
3	8	9	27	5	9	25	50	9	9	66	105
3	9	9	30	5	10	24	56	9	10	66	114
3	9	10	29	5	10	26	54	9	10	69	111
3	10	9	33	6	6	26	52	10	10	79	131
3	10	11	31	6	6	28	50	10	10	83	127

注：表中数值上行表示.025 显著性水平；下行表示.05 显著性水平。（此表为单侧检验）

（各平均数间差异显著时所需之 q 值）

dfw		r＝等级相差数								
	$1-\alpha$	2	3	4	5	6	7	8	9	10
1	0.95	18.0	27.0	32.8	37.1	40.4	43.1	45.4	47.4	49.1
	0.99	90.0	135	164	186	202	216	227	237	246
2	0.95	6.09	8.3	9.8	10.9	11.7	12.4	13.0	13.5	14.0
	0.99	14.0	19.0	22.3	24.7	26.6	28.2	29.5	30.7	31.7
3	0.95	4.50	5.91	6.82	7.50	8.04	8.48	8.85	9.18	9.46
	0.99	8.26	10.6	12.2	13.3	14.2	15.0	15.6	16.2	16.7
4	0.95	3.93	5.04	5.76	6.29	6.71	7.05	7.35	7.60	7.83
	0.99	6.51	8.12	9.17	9.96	10.6	11.1	11.5	11.9	12.3
5	0.95	3.64	4.60	5.22	5.67	6.03	6.33	6.58	6.80	6.99
	0.99	5.70	6.97	7.80	8.42	8.91	9.32	9.67	9.97	10.2
6	0.95	3.46	4.34	4.90	5.31	5.63	5.89	6.12	6.32	6.49
	0.99	5.24	6.33	7.03	7.56	7.97	8.32	8.61	8.87	9.10
7	0.95	3.34	4.16	4.69	5.06	5.36	5.61	5.82	6.00	6.16
	0.99	4.95	5.92	6.54	7.01	7.37	7.68	7.94	8.17	8.37
8	0.95	3.26	4.04	4.53	4.89	5.17	5.40	5.60	5.77	5.92
	0.99	4.74	5.63	6.20	6.63	6.96	7.24	7.47	7.68	7.87
9	0.95	3.20	3.95	4.42	4.76	5.02	5.24	5.43	5.60	5.74
	0.99	4.60	5.43	5.96	6.35	6.66	6.91	7.13	7.32	7.49
10	0.95	3.15	3.88	4.33	4.65	4.91	5.12	5.30	5.46	5.60
	0.99	4.48	5.27	5.77	6.14	6.43	6.67	6.87	7.05	7.21
11	0.95	3.11	3.82	4.25	4.57	4.82	5.03	5.20	5.35	5.49
	0.99	4.39	5.14	5.62	5.97	6.25	6.48	6.67	6.84	6.99
12	0.95	3.08	3.77	4.20	4.51	4.75	4.95	5.12	5.27	5.40
	0.99	4.32	5.04	5.50	5.84	6.10	6.32	6.51	6.67	6.81
13	0.95	3.06	3.73	4.15	4.45	4.69	4.88	5.05	5.19	5.32
	0.99	4.26	4.96	5.40	5.73	5.98	6.19	6.37	6.53	6.67
14	0.95	3.03	3.70	4.11	4.41	4.64	4.83	4.99	5.13	5.25
	0.99	4.21	4.89	5.32	5.63	5.88	6.08	6.26	6.41	6.54
16	0.95	3.00	3.65	4.05	4.33	4.56	4.74	4.90	5.03	5.15
	0.99	4.13	4.78	5.19	5.49	5.72	5.92	6.08	6.22	6.35
18	0.95	2.97	3.61	4.00	4.28	4.49	4.67	4.82	4.96	5.07
	0.99	4.07	4.70	5.09	5.38	5.60	5.79	5.94	6.08	6.20
20	0.95	2.95	3.58	3.96	4.23	4.45	4.62	4.77	4.90	5.01
	0.99	4.02	4.64	5.02	5.29	5.51	5.69	5.84	5.97	6.09
24	0.95	2.92	3.53	3.90	4.17	4.37	4.54	4.68	4.81	4.92
	0.99	3.96	4.54	4.91	5.17	5.37	5.54	5.69	5.81	5.92
30	0.95	2.89	3.49	3.84	4.10	4.30	4.46	4.60	4.72	4.83
	0.99	3.89	4.45	4.80	5.05	5.24	5.40	5.54	5.56	5.76
40	0.95	2.86	3.44	3.79	4.04	4.23	4.39	4.52	4.63	4.74
	0.99	3.82	4.37	4.70	4.93	5.11	5.27	5.39	5.50	5.60
60	0.95	2.83	3.40	3.74	3.98	4.16	4.51	4.44	4.55	4.65
	0.99	3.76	4.28	4.60	4.82	4.99	5.12	5.25	5.36	5.45
120	0.95	2.80	3.36	3.69	3.92	4.10	4.24	4.36	4.48	4.56
	0.99	3.70	4.20	4.50	4.71	4.87	5.01	5.12	5.21	5.30
∞	0.95	2.77	3.31	3.63	3.86	4.03	4.17	4.29	4.39	4.47
	0.99	3.64	4.12	4.40	4.60	4.76	4.88	4.99	5.08	5.16

参考文献

1. 车宏生、王爱平、卞冉:《心理与社会研究统计方法》,北京师范大学出版社,2006 年版

2. 车宏生、朱敏:《心理统计》,科学出版社,1988 年版

3. 邓铸:《应用实验心理学》,上海教育出版社,2006 年版

4. 洪立基:《非参数检验适用于哪些情况》,中国卫生统计,1987,4(2),第 8~9 页

5. 黄希庭、张志杰:《心理学研究方法》,高等教育出版社,2005 年版

6. 贾怀勤:《应用统计》,对外经济贸易大学出版社,2006 年版

7. 金瑜:《心理测量》华东师范大学出版社,2005 年版

8. 阮桂海、蔡建琼、朱志海:《统计分析应用教程——SPSS,LISREL & SAS 实例精选》,
   清华大学出版社,2003 年版

9. 邵志芳:《心理与教育统计学》,上海科学普及出版社,2004 年版

10. 舒华:《心理与教育研究中的多因素实验设计》,北京师范大学出版社,1994 年版

11. 陶靖轩、刘春雨、鲁统宇等:《应用统计学》,中国计量出版社,2007 年版

12. 王权:《现代因素分析》,杭州大学出版社,1993 年版

13. 王孝玲:《教育统计学》,华东师范大学出版社,2001 年版

14. 王晓柳:《教育统计学》,苏州大学出版社,2001 年版

15. 温忠麟、邢最智:《现代教育与心理统计技术》,江苏教育出版社,2001 年版

16. 谢小庆、王丽编:《因素分析:一种科学研究的工具》,中国社会科学院出版社,1989
    年版

17. 薛薇:《基于 SPSS 的数据分析》,中国人民大学出版社,2006 年版

18. 杨晓明:《SPSS 在教育统计中的应用》,高等教育出版社,2004 年版

19. 余建英、何旭宏:《数据统计分析与 SPSS 应用》,人民邮电出版社,2003 年版

20. 袁淑君、孟庆茂:《数据统计分析——SPSS/PC＋原理及其应用》,北京师范大学出版
    社,1995 年版

21. 朱滢:《实验心理学》,北京大学出版社,2000 年版

22. 张厚粲:《心理与教育统计学》,北京师范大学出版社,1988 年版

23. 张厚粲、徐建平:《现代心理与教育统计学》,北京师范大学出版社,2003 年版

24. 张积家、陈栩茜:《句子背景下缺失音素的中文听觉词理解的音义激活进程》,《心理学
    报》,2005,37(5),第 582~589 页

25. 张敏强:《教育与心理统计学》,人民教育出版社,2002 年版

26. 张文彤、闫洁:《SPSS 统计分析基础教程》,高等教育出版社,2004 年版

27. 芝祐顺、曹亦薇译:《因素分析法》,人民教育出版社,1999 年版

28. [美]弗雷德里克·J. 格拉维特、罗妮安·B. 佛泽诺著,邓铸、姜子云、蒋小慧译:《行为

科学研究方法》，陕西师范大学出版社，2005年版

29. ［美］梅雷迪斯·D. 高尔等著，许庆豫等译：《教育研究方法导论》，江苏教育出版社，2002年版

30. D. P. Schultz、S. E. Schultz 著，时勘等译：《工业与组织心理学》，中国轻工业出版社，2004年版

31. R. West. (1991). (Ed.). Computing for Psychologists Statistical Analysis Using SPSS and MINITAB. London：Harwood Academic Publishers

32. G. Levine，& S. Parkinson. (1994). Experimental Methods in Psychology. New Jersey：Lawrence Erlbaum Associates，Inc

后　记

近年,全国的心理系新增迅速,已有200多家高校招收心理学专业的本科生。为了心理学类人才的专业化发展,加强学生的方法学训练,显得非常重要,这方面的训练还必须讲究实效性。心理学类专业本科生的方法学课程主要包括:实验心理学、心理测量学、心理学研究方法、心理统计学、SPSS应用等五门课程,其中前三门课程的必需基础是《心理统计学》和《SPSS应用》。从目前心理学硕士研究生的招生情况看,学生在方法学课程上的基础不够扎实,这需要我们认真研究和改进本科阶段的教学体系和教学安排,包括教材建设。

我们认为,在《心理统计学》课程的教学改革上,需要注重两个方面的结合:一是统计学与心理学研究过程的结合,即要切实地实现统计学为心理学的学习与研究服务,而不是游离于心理学之外来讲解统计学的基本概念和基本技术;二是统计学基本方法与技术的教学和SPSS软件使用紧密结合,这是心理学本科生人才培养目标的一个自然要求,也是近年来心理学本科生教学的明显趋势。这些想法,一直萦绕于心。感谢华东师范大学出版社高等教育分社给了我们机会,把我们的想法付诸实践。

我们在本书的撰写中,力求在以下几个方面做出特点:

第一,注重统计学基本概念和假设检验基本逻辑的把握与表述,使读者能够准确地理解抽样研究过程中所收集资料的随机性,以及基于随机事件研究的思维方式。

第二,注重统计学的方法、技术与心理学研究设计的紧密结合,突出统计学为心理学研究和学习服务的意识。也就是说,在教材中,首先考虑的是心理学研究中变量的性质、测量的性质、资料的类型、研究设计的模式,然后针对这些测量与研究来选择和介绍统计学的概念和方法,使学生容易将统计学方法应用到心理学的研究中去。

第三,注重统计学技术的分析与SPSS软件使用的紧密结合。现在,心理学研究中越来越多的是大样本的、多变量的研究,数据资料繁杂,依靠手工或借助于计算器是无法完成数据分析的,常常要用到SPSS软件。所以,越来越需要将SPSS的操作方法直接融入统计学课程的教学中。

我的同事朱晓红副教授从事本科生的《心理统计学》教学已有许多年,积累了不少素材和体验。她对于这一选题非常感兴趣,我们开始共同为此书的撰写而劳作,并得到南京师范大学教科院叶浩生教授、谭顶良教授的大力支持。为使书稿的内容更为系统和全面,我们组织了一个团队撰写初稿。具体分工如下:第一章,邓铸;第二章,朱晓红、邓铸;第三章,张晓丽,邓铸;第四章,朱晓红;第五章,朱晓红,毛艳莉;第六章,吴欣、邓铸;第七章,孙丽伟、邓铸;第八章,范秀菊、邓铸;第九章,杨秀珍、邓铸;第十章,周临、邓铸;第十一章,焦倩、邓铸;第十二章,王梦娟、邓铸;第十三章,韩慧娟、邓铸;附录,邓铸。此外,非常感谢吴欣老师、赵小焕同学阅读了部分书稿,提出了宝贵的修改意见。初稿完成后,我和朱晓红共同承担了书稿的审定和修改工作,保持了各章体例、语言风格的前后一致性。

我国心理学专业的学生多半偏文,他们对数据分析大多有一种由来已久的"畏惧",这导致对心理学研究方法类课程普遍产生"敬畏"之感。我们需要一些有效的方法,将数据分析的这一"难题"消解在平常的教学过程中。所以,我们需要把数据分析方法的教学与研究方法的教学有机地结合起来,逐渐化解学生对数据分析的"敬畏";在学生擅长数据分析之后,更加透彻地理解心理学研究的技术与逻辑。这便是我们撰写本书的初衷。

本书既可以作为心理学专业本科生的教学用书,也可以作为心理学专业、人力资源管理、社会工作类专业、临床心理学专业的本科生、研究生的教材或教育参考书。

最后,要说的是:毕竟我们的学识有限,加之时间仓促,书中必然会存在诸多疏漏,甚至错误,恳请读者不吝赐教。我们将在未来的教学实践中使之日臻完善,先致谢意!

邓铸

于南京师范大学随园

2008 年 9 月

图书在版编目（CIP）数据

心理统计学与SPSS应用/邓铸，朱晓红编著.—上海：华东师范大学出版社，2009

ISBN 978-7-5617-6906-5

Ⅰ.心⋯　Ⅱ.①邓⋯②朱⋯　Ⅲ.心理统计-高等学校-教材　Ⅳ.B841.2

中国版本图书馆CIP数据核字（2009）第009785号

心理统计学与SPSS应用

编　　著	邓　铸　朱晓红
策划编辑	曹利群
责任编辑	王国红
封面设计	卢晓红

出版发行　华东师范大学出版社
社　　址　上海市中山北路3663号　邮编200062
网　　址　www.ecnupress.com.cn
电　　话　021-60821666　行政传真021-62572105
客服电话　021-62865537　门市（邮购）电话　021-62869887
地　　址　上海市中山北路3663号华东师范大学校内先锋路口
网　　店　http://hdsdcbs.tmall.com

印 刷 者　常熟高专印刷有限公司
开　　本　787×1092　16开
印　　张　20.25
字　　数　436千字
版　　次　2009年2月第1版
印　　次　2020年11月第11次
印　　数　26001-27100
书　　号　ISBN 978-7-5617-6906-5/B·451
定　　价　42.00元

出版人　王　焰

（如发现本版图书有印订质量问题，请寄回本社客服中心调换或电话021-62865537联系）